JIANZHU HUANJING YU SHEBEI GONGCHENG

PUTONG GAODENG XUEXIAO
JIANZHU HUANJING YU SHEBEI GONGCHENG
XILIE JIAOCAI

重大版·建筑

普通高等学校
建筑环境与设备工程系列教材

制冷空调装置控制技术

ZHILENG KONGTIAO ZHUANGZHI KONGZHI JISHU

●主　编　杜　垲
●副主编　王铁军　龚延风
●主　审　丁国良

重庆大学出版社

内容提要

本书从制冷空调装置的特性及运行过程控制着手，介绍自动控制原理的基础理论、控制的方法和专业控制元器件工作原理，避开复杂的控制理论与控制器内部线路分析，重点介绍了自动控制在制冷装置和空调工程中的应用技术。通过本书的学习，使读者能较好地认知与掌握制冷空调装置的控制技术，初步达到对制冷空调装置自动控制系统进行分析、控制方案拟订和正确选择与应用调节设备的基本要求，提高其制冷空调装置的设计和运行管理能力。

本书内容全面、实用，反映了最新技术，可作为制冷与低温技术、建筑环境与设备工程本科教材，也可以成为制冷空调行业工程技术人员的学习与参考资料。

图书在版编目(CIP)数据

制冷空调装置控制技术/杜垲主编.—重庆：重庆大学出版社，2007.9(2020.8 重印)
(普通高等学校建筑环境与设备工程系列教材)
ISBN 978-7-5624-4145-8

Ⅰ.制… Ⅱ.杜… Ⅲ.制冷—空气调节器—自动控制—高等学校—教材 Ⅳ.TB657.2

中国版本图书馆 CIP 数据核字(2007)第 115007 号

普通高等学校建筑环境与设备工程系列教材
制冷空调装置控制技术
主 编 杜 垲
副主编 王铁军 龚延风
主 审 丁国良
责任编辑：陈红梅 版式设计：陈红梅
责任校对：邹 忌 责任印制：赵 晟
*
重庆大学出版社出版发行
出版人：饶帮华
社址：重庆市沙坪坝区大学城西路 21 号
邮编：401331
电话：(023) 88617190 88617185(中小学)
传真：(023) 88617186 88617166
网址：http://www.cqup.com.cn
邮箱：fxk@cqup.com.cn (营销中心)
全国新华书店经销
POD：重庆新生代彩印技术有限公司
*
开本：787mm×1092mm 1/16 印张：16.25 字数：406千
2007 年 9 月第 1 版 2020 年 8 月第 3 次印刷
ISBN 978-7-5624-4145-8 定价：39.00元

特别鸣谢单位

（排名不分先后）

天津大学
广州大学
湖南大学
东南大学
苏州大学
西华大学
江苏科技大学
中国矿业大学
南京工程学院
南京林业大学
武汉理工大学
天津工业大学
安徽工业大学
广东工业大学
福建工程学院
江苏制冷学会
解放军后勤工程学院
新疆伊犁师范学院
江苏省建委定额管理站
重庆大学
江苏大学
南华大学
扬州大学
同济大学
东华大学
上海理工大学
南京工业大学
华中科技大学
武汉科技大学
山东科技大学
河北工业大学
合肥工业大学
重庆交通大学
重庆科技学院
西安交通大学
西安建筑科技大学
安徽建筑工业学院

前　言

随着制冷与空调技术的飞速发展，自动控制技术在制冷空调装置中的运用越来越显示出其在这一领域的重要地位。我们在多年从事制冷空调技术科学研究与教学中深深体会到，控制技术对保证制冷空调装置的正常、可靠、高效运行起到了举足轻重的作用。制冷装置的制造成本、市场竞争力、运行的经济性和可靠性与其机电一体化技术（即自动控制技术）的实际应用密切相关。从事制冷与空调专业的技术人员，不但要熟悉制冷空调的基本原理和工艺过程，还必须了解和掌握自动控制理论与技术。

本书主要从新时期社会对应用型人才需求出发，在结合我们多年教学实践的基础上编写而成。全书力求从制冷空调装置的特性及运行过程控制着手，在介绍自动控制原理基础理论、控制的方法和专业控制元器件工作原理与控制线路分析的基础上，重点介绍了自动控制在制冷装置和空调工程中的应用技术。通过本书的学习，使读者较好地认知与掌握制冷空调装置的控制技术，初步达到对制冷空调装置自动控制系统进行分析、控制方案拟订和正确选择与应用调节设备的基本要求，提高其制冷空调装置的设计和运行管理能力。

本书内容深入浅出，与工程实际结合紧密，并注重教材本身的科学性、启发性和实用性，全书共分 6 章，具体内容如下：

第 1,2 章以自动调节经典理论为基础，从制冷空调装置的工作特点和基本要求出发，着重介绍制冷空调装置自动控制系统的结构和分类、控制品质和调节对象特性分析的基本方法；同时，从制冷空调装置控制技术的实际应用出发，以 PID 调节器为基础，重点介绍单回路系统的基本调节结构原理、动态特性和调节器设计技术，并简要地介绍了复合调节、PID 数字控制、模糊控制等先进控制系统。

第 3,4 章在介绍了制冷与空调装置常用电器控制器件与基本电路的基础上，详细介绍了制冷与空调系统的自控基本回路与专用控制部件，并分析了实用制冷、空调系统自动调节的基本方法。

第 5 章主要从应用角度介绍了定频与变频单元式空调器、中央空调冷冻站、空气处理机组 3 类常用设备系统的控制功能、要求和控制逻辑，以及实现控制功能的基本方法。特别介绍了微处理器和模糊控制技术在变容量压缩机、电子膨胀阀中的应用。

第6章较详细地介绍了可编程控制器的工作原理及其编程方法，分析了可编程控制器在制冷空调装置中的应用实例。

参加本书编写工作的有:合肥工业大学王铁军(第1,2章)、东南大学杜垲(第3,4章)、南京工业大学龚延风(第5章)、江苏科技大学周根明(第6章)。全书由杜垲统稿，由上海交通大学丁国良教授担任主审。

本书在编写过程中得到了程波、张少谦、付红春等同学的协助，在此一并表示感谢。书中的不妥之处,恳请读者批评指正。

编　者

2007年9月

目　录

1　制冷空调装置自动控制理论基础

制冷空调装置是集机、电、热为一体的机械设备,在国民经济和人民生活中获得广泛应用。本章从制冷空调装置的工作特点出发,围绕着安全、稳定和高效 3 项基本要求,介绍了制冷空调装置自动控制系统的基本任务和技术发展;以经典自动控制技术为重心,概述自动控制系统的结构和分类;分析调节的动态过程和控制品质的组成要素。在简单介绍拉普拉斯变换数学工具的基础上,讨论建立调节系统动态特性数学模型的基本方法,以及调节对象特性参数的物理含义和获取方法;最后介绍控制系统方框图的分析和计算。

1.1　基本概念

1.1.1　制冷空调装置自动控制技术及其发展

自动控制技术研究的是工程技术中被控对象(或广义系统,见图 1.1)在一定的外界条件(内部和外部干扰)作用下,从系统的初始状态出发,所经历的由其内部固有特性(即由系统的结构与参数所决定的特性)所决定的整个动态过程;研究被控对象及其输入、输出三者之间的动态关系,通过自动控制技术的应用,获得理想的输出。

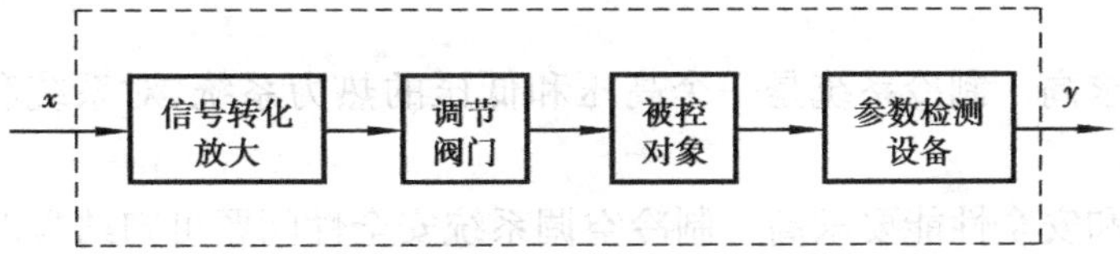

图 1.1　广义对象

工程技术发展的一个重要动向是越来越广泛而深入地应用自动控制技术,“提高产品质量、降低生产成本和能耗、减轻劳动强度”已成为当今工程研究和应用的热门课题。

1)制冷空调装置自动控制的任务

制冷空调装置是为完成某种制冷空调工艺任务而采用的机器和设备。制冷机的主要任务是提供一定温度的冷源或满足生产对工艺介质的温度要求;空调装置的主要任务是制造使人感到舒适的室内气候环境,以及制造符合工艺过程所要求的生产环境。与其他机械设备一样,为了完成指定的工艺过程,需要对有关过程参数和性能指标进行调节和控制,以保证系统安

全、稳定和高效地运行。为了满足上述3项基本要求,制冷空调装置自动控制的主要任务包括以下内容:

(1)参数检测　对制冷空调工艺参数(如压力、温度、湿度、流量、液位、成分等)进行自动检测,参数检测是实现自动控制的依据。

(2)自动调节工艺参数　使工艺参数恒定或者按一定规律变化,如对蒸发压力、冷凝压力、供液量、制冷剂循环量、被调库房温湿度等所进行的调节。

(3)自动调节性能参数　使制冷空调装置运行的性能参数始终处于最佳运行状态。

(4)执行程序控制　根据编制的工艺流程和规定的操作程序,对机器设备执行一定的程序控制(如压缩机、风机、水泵、油泵等的程序启动与停机,制冷空调设备的季节工况的转换、蒸发器除霜控制等操作)。

(5)实现自动保护　在装置工作异常、参数达到警戒值,以及将出现事故苗头时,使装置故障性停机或执行保护性操作,并发出报警信号,确保人机的安全。

2)制冷空调装置自动控制系统的特点

(1)控制对象的特性复杂　控制对象是由多个热工和动力环节组成,涉及多元流流动和换热等复杂的过程;再之,大迟延分布于热工、动力过程中,某些环节且含有一定的非线性因素,有的难以用解析方法得到可靠的数学模型。

(2)负荷变化大、干扰多　制冷空调系统的干扰主要来源于以下3方面:

①外部环境的变化(如季节的变化、昼夜气温的变化),以及维护结构传热的扰动。

②负荷变化的扰动,即被调空间内负荷变化,以及被调对象物流或工艺参数变化的影响。

③给定值的变化。

为了能及时抑制或消除这些干扰,除了在建筑热工和空调工艺及设备方面采取措施外,在自动控制设计中应分析干扰的来源及影响的大小,选择合理的控制方案。

(3)经济节能　制冷空调装置占全球能源消耗的比重大,节能控制的经济和社会需求强烈。

(4)密闭性要求高　制冷系统是一个高压和低压的热力系统,对系统和控制元器件有很高的密闭性要求。

(5)系统可靠和安全性能要求高　制冷空调系统安全性问题可归纳为以下2方面:

①制冷系统的运行参数(如压力、温度、流量等)必须在工艺流程所设定的范围波动,否则易引起设备和生产事故。

②对于使用易燃、易爆和有毒性的制冷剂,必须要有相关的安全保护措施。

3)制冷空调装置"机电一体化"的发展

以微电子、计算机信息技术与现代机械设计及制造技术相结合的"机电一体化"技术对提升制冷空调装置的整体水平起到了积极地推动作用,从而为达到最大化地节约投资和运行成本、高效低耗和提高安全性创造了技术基础。制冷空调机电一体化的发展和应用,给制冷空调产品和制冷工程技术带来了新的变革。具体特征如下:

①产品设计阶段引入计算机技术。由传统的静态特性研究发展到应用动态分布参数的方

法,建立制冷空调系统的动态数学模型,从装置与系统的总体性能出发,寻求各部件参数与尺寸的最佳匹配的设计方法。

②不仅在产品设计阶段引入了计算机技术,并将电子器件的信息处理和控制功能融合到制冷空调装置中。

③控制元器件的更新与发展。自20世纪后半叶以来,制冷空调自控元器件的结构和形式都取得了巨大的进步,如控制精度比较高的电动恒压阀;响应速度较快、调节范围宽的电子膨胀阀;变频调速器和信息化的测量敏感器件等都陆续应用于制冷空调装置中,使制冷空调装置的控制精度、运行合理性和可靠性都得到很大的提高。

④由简单控制系统向复杂控制系统和智能化控制系统发展。随着电子自控元器件、测量技术和计算机应用技术的发展,如串级、前馈反馈复合调节系统、解耦控制、模糊控制、自适应控制和优化控制技术等,在制冷空调装置或工程中得到应用。

制冷空调装置机电一体化从系统观点出发,应用机械、电子、信息等有关技术,使装置跳出了单技术、单功能的圈子,朝着具有复合技术、复合功能的方向发展,使制冷空调装置的能源效率、可靠性和自动化程度等都得到大幅度提高。先进的制冷空调产品已具备自动控制、自动补偿,自动校验、自选量程、自诊断、自恢复和智能化等多种功能。

1.1.2 自动控制系统的结构与分类

1)按反馈情况分类

(1)开环控制系统　如果控制系统的方框图中没有反馈回路时,这种系统称为开环控制系统。如图1.2所示,该系统被控对象是加热炉,被调参数是炉内温度,执行机构是调压器。由于电源波动和加热炉负荷的扰动,实际炉温与期望的温度(给定值)会出现偏差。但该系统不可能由于偏差的存在而自动调节调压器来消除温度偏差,即输出量对系统的控制作用没有任何影响。其系统方框图见图1.3。

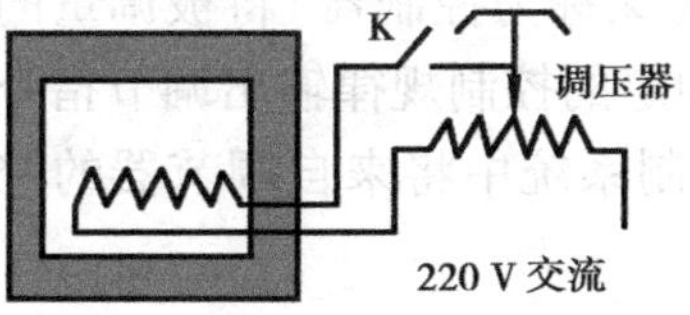

图1.2　电加热炉控制原理图

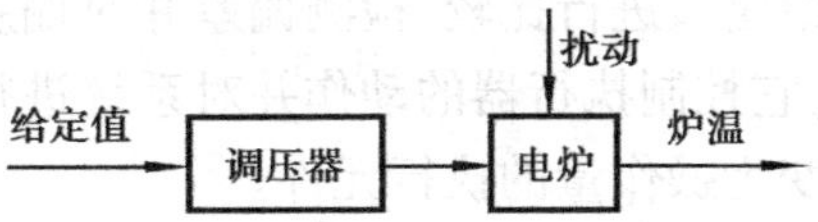

图1.3　炉温开环控制方框图

(2)闭环控制系统　系统的输出被引入到系统输入端的做法称为反馈。对于自动控制系统,任何一个环节的输入都可以受到系统输出的反馈作用。控制系统的输入受到输出的反馈作用时,则称为全闭环控制系统,简称闭环系统。如果反馈信号使被调参数的偏差减小,则称为负反馈;反之,称为正反馈,自动调节系统中一般都采用负反馈。闭环控制系统是基于偏差的调节系统,由于偏差包含了所有的干扰信息,因而具有较强的抗干扰能力。

如图1.4和图1.5所示,冷库为被调对象,库房温度为被调参数,制冷剂流量为操作量,影响冷库温度的主要干扰有冷库的热负荷扰动和制冷机运行参数变化等。控制系统的工作原理是:发信器测得库房温度 z,经反馈与给定值 r 比较得到温度偏差 e,调节器基于偏差按照设定的调节规律输出调节量 u,执行器完成给定的调节动作 q 以消除或减少偏差,保持制冷量与热负荷的动态平衡。

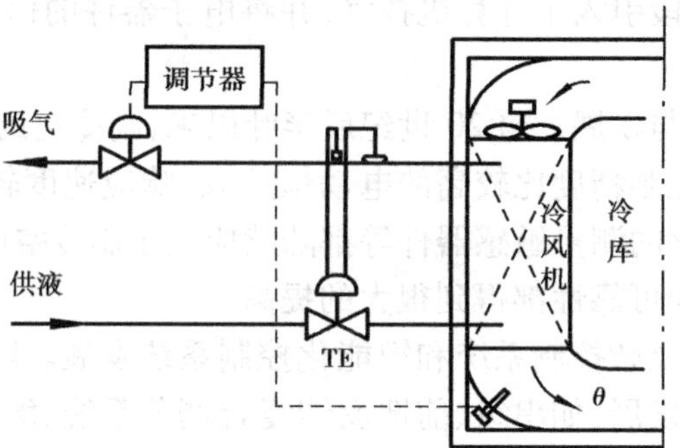

图 1.4　冷库温度闭环控制系统原理图

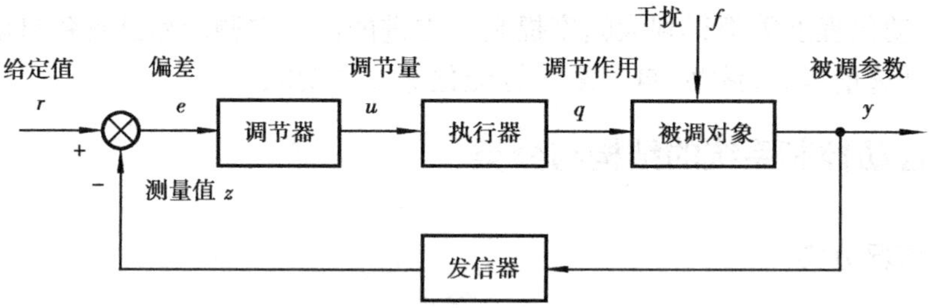

图 1.5　冷库温度调节系统方框图

在闭环调节系统中,调节对象(也称为被控对象)或广义对象都是指自动控制系统中需要进行调节的某空间或某机器设备。被调参数是被控对象中要求实现自动控制的物理量,是系统的输出。发信器(也称为敏感元件、一次仪表)将被测量按一定规律转换成便于处理和传输的另一种物理量。此信息被反馈到系统的输入端,由调节器(又称为控制器)将被调量的检测值与给定值进行比较,检测偏差并对偏差进行运算,并按照预定的控制规律输出调节指令给执行器,它控制执行器的动作并对系统进行控制。执行器是控制系统中将来自调节器的控制信号转变为操作量的执行元件。

需要指出的是:调节器、执行器和发信器可以集成为一体,也可以独立分散于系统中。例如,热力膨胀阀是一种比例型调节器,感温包作为发信器测量过热度的变化并反馈到膜片上,压力膜片既作为计算元件(调节器),又为执行机构提供驱动力,阀芯机构为执行器。

2)按自动控制系统输出变化规律分类

(1)定值控制系统　定值控制系统的被调参数是一确定的数值或在设定的范围内变化的数值。

(2)程序控制系统　程序控制系统的输出事先不确定,取决于系统以外的某一进行着的过程,并按预定程序变化。若被调参数的给定值是时间的某一函数,该控制系统称为时间程序控制系统,如无霜冰箱的融霜,多数采用时间控制;若被调参数的给定值是其他参数(如温度、压力等)的函数,则称为参数程序控制系统,如制冷机中,电子膨胀阀就是根据蒸发器出口过热度进行制冷剂流量调节的。

(3)随动系统　在外界条件作用下,随动系统的输出能相应于输入在广阔范围内按任意规律变化。例如,炮瞄雷达系统就是随动系统,飞机的位置是输入,高射炮的指向是输出,高射炮的指向随飞机位置的变化而变化。

(4)自适应控制系统　它能自动地测量被控对象当前状态的连续信息以辨识对象,并用当前系统的性能与期望的或最优的性能进行比较,利用差值以改变控制系统的可调特性参数,或产生一个控制信号,从而保证不论外界干扰如何变化,自适应控制系统的输出都能使被调对象处于最佳运行状态。

在制冷空调装置控制系统中,定值控制系统较为普遍。近年来,程序控制系统、自适应控制系统以及模糊控制等智能控制系统已得到越来越多地应用,并获得了良好的控制品质。

3)按控制系统的反应特性分类

(1)连续控制系统　控制系统中的信号传递和被控对象的反应是不间断的,则称为连续控制系统。在连续控制系统中,又有线性控制系统和非线性控制系统之分。线性控制系统最重要的性质是叠加性和均匀性,叠加性是指几个输入信号或扰动同时作用于系统上产生的效果等于每个信号或扰动单独作用的效果的代数和;均匀性是指输入的信号量增大或缩小 K(K 为实数)倍时,系统输出量也按同倍数增大或缩小。而非线性控制系统的特点是输入与输出的函数关系方程的系数随变量的大小而变化,并且不满足叠加原理。

(2)断续控制系统　控制系统中的信号传递和被控对象的反应是断续的,则称为断续控制系统。断续控制系统包括继电控制系统和脉冲控制系统。

1.1.3　自动控制系统的设计步骤

1)确定控制目标

对于给定的被控对象,可以根据具体情况提出各种不同的控制目标。以图 1.4 为例,可以有以下不同目标:

①在安全运行条件下,保证冷库温度稳定。

②在安全运行条件下,保证冷库温度稳定,而且制冷系统运行效率最高。

显然,为实现不同的控制目标,应有不同的控制方案。

2)选择测量参数(被调量)

无论采用什么控制方案,都需要通过某些参数的测量来控制和监视整个生产过程。例如,在冷库控制中,冷库温度、蒸发温度、冷凝温度、流量和能效比等,在确定被测参数后,应该选择合适的发信器。应该注意的是,有些参数不能直接测量,而是应通过间接测量或参数估算的方法得到。

3)操作量的选择

一般情况下,操作量都是工艺规定的,在控制系统的设计中没有多大选择余地。但是,在有多个操作量和被调量的情况下,用哪个操作量去控制哪个被调量要认真加以选择。例如,在耦合多变量系统中,必须就操作量和被调量如何配对问题作出抉择。

4)控制方案和控制器的确定

控制方案与控制目标有密切的关系。仅考虑温度控制精度的不同,有双位控制、PID(Proportion Integral Derivative)控制、串级控制和模糊控制等方案;如再考虑运行效率最高的要求,则有自适应控制和优化控制等方案备选。可以看出,控制策略随控制目标和控制精度的要求而不同,它是设计过程中的关键步骤。

5)执行器的选择

在确定了控制方案和控制算法后,才可以选择执行器。目前,可供选择的商品化执行器有各类调节阀和变速调能装置,可根据操作量的工艺条件和对调节阀流量特性的要求来选择。需要注意的是,执行器的选择对整个控制系统的造价和运行的可靠性、经济性和控制品质意义重大。

6)设计报警和联锁保护系统

对关键参数,应根据工艺要求规定其高低报警值。当参数超过报警值时,应立即进行越限报警(如压缩机的排气温度或压力、润滑油的温度或压力等)。报警系统的作用在于及时提醒操作人员密切监视生产状况,以便采取措施减少事故的发生。联锁保护系统是指当生产出现事故时,为保护设备和人生安全,使各个设备按一定次序紧急停止运转的系统。因此,针对生产过程而设计的报警和联锁保护系统是保证生产安全性的重要措施。

7)控制系统的调试和运行

控制系统安装完毕后应对装置或生产过程进行试运行,按控制要求检查和调整各控制仪表和设备的工作状况,包括调节器参数的整定等,依次将全部控制系统投入运行。

制冷空调装置自动控制的设计任务就是在了解、掌握设备对象和工艺流程的静态和动态特性的基础上,根据安全、稳定和高效的要求,应用理论对控制系统进行分析和综合,最后采用适宜的技术手段加以实现。

1.2 调节过程与性能指标

1.2.1 调节过程

1）平衡状态

当一个系统的输入、输出及其内部状态参数不随时间变化，均处于相对稳定状态时，则称为平衡状态或静态。此时，系统输入与输出的关系称为系统的静态关系。例如，某一受控的恒温恒湿空调房间，当进入室内的热湿量与流出室内的热湿量相等时，室内的温度和相对湿度就达到平衡，此时称室内温湿度处于稳定状态。

自然界中有许多系统具有自动恢复平衡状态的能力。例如，人体在炎热的夏季，通过扩张毛细管和加强排汗，使体内热量得到平衡；在某一空间中，由于热量 $Q_{入}$ 的流入，室温上升，同时伴随着室温的升高，系统向外的传热 $Q_{出}$ 也增加，最终达到 $Q_{入} = Q_{出}$，室内温度自动重新获得平衡。流入量和流出量的变化会影响被调量的变化；同时，被调量的变化亦会影响流入量和流出量的变化。具有上述特性的系统称为自平衡系统。一般来说，热工对象都具有自平衡能力。

2）干扰作用

干扰，也称为扰动。凡能引起被调参数发生变化而偏离给定值的所有因素都称为干扰，它能使调节系统的平衡状态遭到破坏。一般把外界环境、负荷等因素产生的干扰称为外部干扰（如冷库热负荷和传热的扰动、外界环境温度变化等）；而由于给定值变化所引起的扰动，称为内部干扰。

影响被调参数使其偏离给定值的外界因素很多。在控制系统中，各种干扰作用的大小随时间的不同而变化，并且没有固定的形式和规律。为了分析问题的方便，常常假设一种对控制系统极为不利的干扰作用形式——阶跃干扰，如图1.6所示。幅度为 a 的干扰 $f(t)$ 在 t_0 时刻作用于被调节系统以后，干扰量就不再随时间变化，其动态方程为：

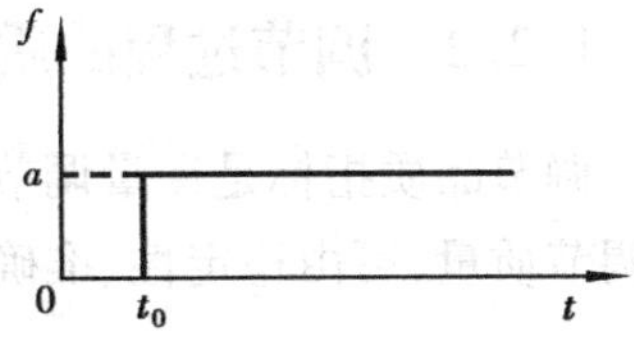

图1.6 阶跃干扰

$$f(t) = \begin{cases} 0 & t < t_0 \\ a & t \geqslant t_0 \end{cases} \tag{1.1}$$

若干扰幅度等于1时，则为单位阶跃干扰。

阶跃干扰对控制系统来说是最不利的干扰形式，同时又是最容易实现的干扰形式。如果一个控制系统能满足阶跃干扰的控制要求，则在其他形式干扰影响下便都能满足要求。因此，在分析控制系统的特性时，常以阶跃干扰为输入来进行。

3）调节过程

系统的平衡是相对的、有条件的，不平衡才是绝对的、普遍的。若一个系统原来处于静态，由于干扰的作用，或输入发生了变化，系统的平衡就受到破坏。

在自动控制系统中，当被调参数偏离设定值时，自动调节作用就会产生，以克服干扰的影响，使系统恢复平衡。从初始的平衡状态被破坏开始到新的平衡状态建立，在整个过程中，自动控制系统各环节和被调参数都处于变动之中，这一过程中系统所处的状态则为动态。这种被调参数随时间变化的过程称为自动控制系统的过渡过程（见图1.7），也称为调节过程。可见，调节过程是自动控制系统对内外部干扰的动态反应。动态过程具有广泛的意义，通过对动态过程的分析，可以获得调节系统的动态特性，并对调节品质进行评估。

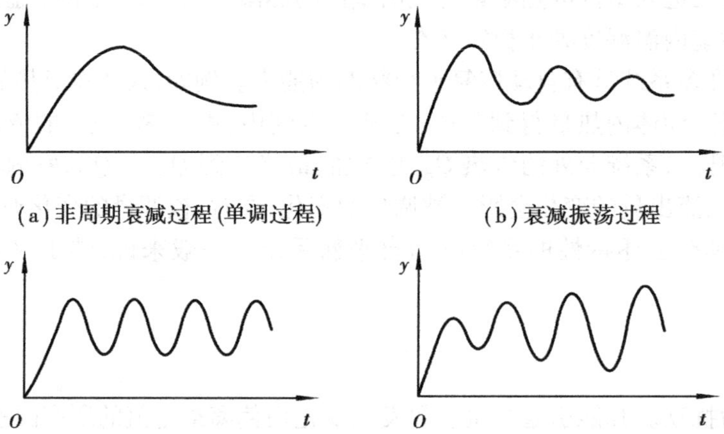

（a）非周期衰减过程（单调过程） （b）衰减振荡过程

（c）等幅振荡过程 （d）扩散振荡过程

图1.7 过渡过程的几种形态

1.2.2 调节过程的质量评定

调节品质指标是衡量调节质量优劣的标准，是进行控制系统设计的基本依据。控制系统的调节质量，可由稳定性、准确性和快速性3个方面的要求加以评定。

1）稳定性

稳定性是控制系统能正常工作的必要条件，只有在保证系统稳定的前提下，讨论其他调节品质指标才有意义。控制系统的稳定性可直观地用控制系统受扰动后过渡过程的形态或震荡过程的衰减程度来说明。

从稳定性的要求出发，当$t\to\infty$时，偏差$e(\infty)$是定值，调节过程就是稳定的；$e(\infty)$在允许的上下限范围周期性波动，则过程处于临界稳定状态；如$e(\infty)$是发散的，则不稳定。

图1.7a，图1.7b所示的过渡过程中，当$t\to\infty$时，被调参数能稳定在某一数值，系统是稳定的。如图1.7a所示，在干扰作用下，被调参数偏离给定值后，逐渐缓慢地趋近于给定值，过渡时间比较长，调节效果不理想。如图1.7b所示，被调参数经过几个周期的调节后很快趋于

平衡值,是自动调节系统中比较理想的过渡过程。

如图1.7c所示,被调参数在给定的差动值之间来回波动,系统处于临界稳定状态。在连续调节系统中,它是不稳定和不允许的。在家用电器(如冰箱和空调)双位调节系统中,只要被调参数的波幅及波动频率在工艺所允许的范围内即可。

如图1.7d所示,被调参数越来越大地偏离给定值,是一种不稳定的调节过程,在自动控制系统中应避免。

图1.8表示一个闭环系统(系统方框见图1.5)在阶跃扰动下的被调量的响应曲线。衰减率是指震荡过程每经过1个周期以后,波动幅度衰减的百分比,即:

$$\varphi = \frac{M - M'}{M} = 1 - \frac{M'}{M} = 1 - \frac{1}{n} \tag{1.2}$$

式中 M——过渡过程的第一个波幅值;

M'——过渡过程的第三个波幅值;

n——衰减比,它是常用的稳定性指标。

用 φ 值可以判断振荡是否衰减和衰减速度:$1>\varphi>0$,系统稳定;$\varphi<0$ 时,系统发散振荡;$\varphi=0$,系统等幅振荡;φ 接近0时,衰减很慢,接近于等幅振荡;φ 接近1时,衰减过快以致动态偏差较大,也不适宜。通常 φ 取0.25~0.9,表明调节作用能够很快克服干扰,将被调参数恢复到允许的波动范围之内。

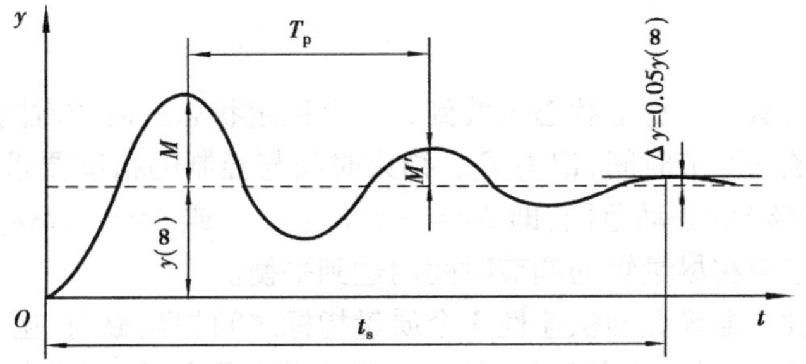

图1.8 周期性衰减振荡过程

2)准确性

准确性可用系统的偏差大小来表示。在如图1.8所示的调节过程中,偏差 $e(t)=r(t)-y(t)$。对于给定值 $r(t)=0$,则 $e(t)=-y(t)$。

表示准确性的偏差指标可分为静态偏差、动态偏差和积分偏差。

(1)静态偏差　静态偏差也称为残余偏差或稳态偏差,是指过渡过程终了时($t\to\infty$),被调量新的稳态值 $y(\infty)$ 与设定值的偏差值 $e(\infty)$,它是控制系统稳态准确性的衡量指标。根据拉氏变换的终值定理,有:

$$e(\infty) = \lim_{s\to 0} E(s) \tag{1.3}$$

(2)最大动态偏差和超调量　在过渡过程中 $e(t)$ 的最大值,记为 e_{max},$e_{max}=y(\infty)+M$,它是控制系统动态准确性的衡量指标。超调量则为最大动态偏差占被调量稳态变化幅度的百分比。

(3)偏差积分指标　偏差积分指标是指过渡过程中 $e(t)$ 沿时间轴的积分。无论偏差的幅度大，还是延续的时间长，都会使系统的偏差积分增大。因此，它是一类综合性指标，其值越小越好。偏差积分可以有各种不同的形式，常用的有以下几种：

①偏差积分(IE)：

$$\mathrm{IE} = \int_0^\infty e(t)\,\mathrm{d}t \tag{1.4}$$

②绝对偏差积分(IAE)：

$$\mathrm{IAE} = \int_0^\infty |e(t)|\,\mathrm{d}t \tag{1.5}$$

③平方偏差积分(ISE)：

$$\mathrm{ISE} = \int_0^\infty e^2(t)\,\mathrm{d}t \tag{1.6}$$

④时间与绝对偏差乘积积分(ITAE)：

$$\mathrm{ITAE} = \int_0^\infty t|e(t)|\,\mathrm{d}t \tag{1.7}$$

采用不同的积分公式意味着评价整个过渡过程优良程度时的侧重点不同。例如，ISE 着重于抑制过渡过程中的最大偏差，而 ITAE 则着重惩罚过渡过程拖得过长，因而可以结合被控对象和经济性的具体要求进行选择。

3)快速性

系统受到扰动后，从一个稳定状态过渡到另一个稳定状态所需的时间，反映了控制系统调节的快速性，称为系统的调节时间，记为 T_s。结束时间与控制的精度要求有关，通常以达到新的稳态值的5%(或2%)的波动范围，即 $\Delta y = \pm 5\% y(\infty)$[或 $\Delta y = \pm 2\% y(\infty)$]为调节结束。显然，工程控制中总希望在尽量短的调节时间内达到平衡。

调节系统的稳定性、准确性和快速性3个质量指标之间相互影响、互为制约。如提高快速性指标，则衰减率 φ 增大，动态偏差增加，被调参数震荡范围加大，准确性指标下降。因此，在自动控制系统设计时，要权衡利弊，统筹考虑。

调节质量指标与被控对象的特性、调节器的设计、发信器及执行机构的选择和设计密切相关，应该根据实际需求来合理设计控制系统，没有必要片面追求调节品质而使控制系统过于复杂和昂贵。

1.3　拉普拉斯变换

拉普拉斯变换(Laplace Fransfrom)简称拉氏变换，是控制理论中广泛使用的数学工具。在控制工程中，应用拉氏变换求解线性微分方程，可将经典数学中的微积分运算问题转换为代数运算问题；更为重要的是，应用拉氏变换把描述系统运动状态的微分方程转换为系统的传递函数，并由此发展出用传递函数的零点和极点分布、频率特性等间接地分析和设计控制系统的工程方法。本节从应用角度出发，介绍拉氏变换的基本原理和方法。

1.3.1 拉氏变换

1)拉氏变换定义

实变函数 $x(t)$ 的拉氏变换定义为:

$$L[x(t)] = X(s) = \int_0^\infty x(t)e^{-st}dt \tag{1.8}$$

式中,$L[\ ]$ 表示对 $[\ ]$ 中的实变函数求拉氏变换,变换的结果是 s 的函数,记为 $X(s)$,它是一个复变函数;s 是复变量,$s=\sigma+j\omega$。其中,σ,ω 为实变量,$j=\sqrt{-1}$。

已知 $x(t)$ 的拉氏变换 $X(s)$ 求 $x(t)$,称为拉氏反变换,通常用 $L^{-1}[\ ]$ 表示,计算式为:

$$x(t) = L^{-1}[X(s)] = \frac{1}{2\pi j}\int_{\sigma-j\infty}^{\sigma+j\infty} X(s)e^{st}ds \tag{1.9}$$

通常称 $X(s)$ 为 $x(t)$ 的象函数,称 $x(t)$ 为 $X(s)$ 的原函数。由定义可知:

①$x(t)\ (t\geqslant 0)$ 和 $X(s)$ 是一一对应的。

②拉氏变换 $X(s)$ 存在的条件是:$x(t)$ 分段连续,且存在一个实数 σ,使 $\int_0^\infty |x(t)e^{-\sigma t}|dt < \infty$。控制理论中用到的函数一般都存在拉氏变换。

2)拉氏变换的主要性质

(1)线性　由拉氏变换的定义可知,拉氏变换是一种线性变换,故满足线性性质。

若 $L[x_1(t)]=X_1(s)$,$L[x_2(t)]=X_2(s)$,a 和 b 为常数,则:

$$L[ax_1(t) + bx_2(t)] = aX_1(s) + bX_2(s) \tag{1.10}$$

此性质可直接由拉氏变换的定义证明。

(2)延迟定理　若 $L[x(t)]=X(s)$,且 $t<0$ 时,$x(t)=0$,则:

$$L[x(t-\tau)] = e^{-s\tau}X(s) \tag{1.11}$$

函数 $x(t-\tau)$ 为原函数 $x(t)$ 沿时间轴延迟了 τ。

(3)位移定理　在控制理论中,经常遇到 $e^{-at}x(t)$ 一类的函数,若 $L[x(t)]=X(s)$,则:

$$L[e^{-at}x(t)] = X(s+a) \tag{1.12}$$

证明:

$$L[e^{-at}x(t)] = \int_0^\infty e^{-at}x(t)e^{-st}dt = \int_0^\infty x(t)e^{-(s+a)t}dt = X(s+a)$$

(4)时标变换定理　若 $L[x(t)]=X(s)$,则:

$$L\left[x\left(\frac{t}{a}\right)\right] = aX(as) \quad 或 \quad L[x(at)] = \frac{1}{a}X\left(\frac{s}{a}\right) \tag{1.13}$$

证明:

$$L\left[x\left(\frac{t}{a}\right)\right] = \int_0^\infty x\left(\frac{t}{a}\right)e^{-st}dt$$

设 $\lambda=\dfrac{t}{a}$,则:　　原式 $= \int_0^\infty x(\lambda)e^{-a\lambda s}a\,d\lambda = aX(as)$

(5)微分定理　若 $L[x(t)]=X(s)$，且 $L\left[\frac{\mathrm{d}x(t)}{\mathrm{d}t}\right]$ 存在，则：

$$L\left[\frac{\mathrm{d}x(t)}{\mathrm{d}t}\right]=sX(s)-x(0) \tag{1.14}$$

式中，$x(0)$ 是函数 $x(t)$ 在 $t=0$ 时的初始值。

对于高阶微分，$x^{(n)}(t)=\frac{\mathrm{d}^n x(t)}{\mathrm{d}t^n}$，若其拉氏变换存在，则：

$$L[x^{(n)}(t)]=s^n X(s)-\sum_{i=0}^{n-1}s^{n-1-i}x^{(i)}(0) \tag{1.15}$$

式中，$x^{(i)}(0)$ 为函数 $x(t)$ 在 $t=0$ 时的各阶倒数 $\frac{\mathrm{d}^n x(t)}{\mathrm{d}t^n}$ 的值。

(6)复微分定理　若 $L[x(t)]=X(s)$ 存在，则除了在 $X[s]$ 的极点以外，有：

$$\frac{\mathrm{d}}{\mathrm{d}s}X(s)=-L[tx(t)] \tag{1.16}$$

同理：

$$\frac{\mathrm{d}^2}{\mathrm{d}s^2}X(s)=L[t^2x(t)]$$

一般有：

$$\frac{\mathrm{d}^n}{\mathrm{d}s^n}X(s)=(-1)^n L[t^n x(t)] \qquad (n=1,2,3\cdots) \tag{1.17}$$

(7)积分定理　若 $L[x(t)]=X(s)$，则：

$$L\left[\int x(t)\,\mathrm{d}t\right]=\frac{1}{s}X(s)+\frac{1}{s}\left[\int x(t)\,\mathrm{d}t\right]_{t=0} \tag{1.18}$$

对于 $x(t)$ 的多重积分的拉氏变换为：

$$L\left[\int\cdots\int x(t)\,\mathrm{d}^n t\right]=\frac{1}{s^n}\left[\int x(t)\,\mathrm{d}t\right]_{t=0}+\frac{1}{s^{n-1}}\left[\int\int x(t)\,\mathrm{d}^2 t\right]_{t=0}+\cdots+\frac{1}{s}\left[\int\cdots\int x(t)\,\mathrm{d}^n t\right]_{t=0} \tag{1.19}$$

式中，$\left[\int\cdots\int x(t)\,\mathrm{d}^n t\right]_{t=0}$ 为 $x(t)$ 的各重积分在 $t=0$ 时的值，若均为0，则对于定积分有：

$$L\left[\int_0^t\cdots\int_0^t x(t)\,\mathrm{d}^n t\right]=\frac{1}{s^n}X(s) \tag{1.20}$$

(8)初值定理　若 $L[x(t)]=X(s)$，且 $\lim\limits_{s\to\infty}sX(s)$ 存在，则：

$$\lim_{t\to 0^+}x(t)=\lim_{s\to\infty}sX(s) \tag{1.21}$$

(9)终值定理　若 $L[x(t)]=X(s)$，且 $\lim\limits_{s\to 0}sX(s)$ 和 $\lim\limits_{t\to\infty}x(t)$ 存在，则：

$$\lim_{t\to\infty}x(t)=\lim_{s\to 0}sX(s) \tag{1.22}$$

(10)卷积定理　若 $L[x_1(t)]=X_1(s)$，$L[x_2(t)]=X_2(s)$，且在 $t<0$ 时，$x_1(t)=x_2(t)=0$，则：

$$L[x_1(t)*x_2(t)]=X_1(s)X_2(s) \tag{1.23}$$

即2个原函数的卷积分的拉氏变换等于它们象函数的乘积。

3)常用函数的拉氏变换与拉氏变换对照表

(1)单位阶跃函数 $1(t)$ 的拉氏变换　单位阶跃函数是控制理论中广泛应用的一种典型函数。在采用输入响应法研究系统特性时,考虑到理论分析的简单性和实际工程中的易实现性,单位阶跃函数是应用最广泛的一种特定输入函数。根据拉氏变换的定义,有:

$$L[1(t)] = \int_0^\infty e^{-st}dt = \frac{1}{s} \tag{1.24}$$

(2)斜坡函数　斜坡函数亦称线性函数,$x(t) = \begin{cases} 0, t<0 \\ t, t\geqslant 0 \end{cases}$,根据拉氏变换的定义,有:

$$L[t] = \int_0^\infty te^{-st}dt = -\frac{1}{s}\int_0^\infty t de^{-st} = -\frac{1}{s}te^{-st}\Big|_0^\infty + \frac{1}{s}\int_0^\infty e^{-st}dt = \frac{1}{s^2} \tag{1.25}$$

(3)单位脉冲函数 $\delta(t)$　单位脉冲函数是在持续时间 $t=\varepsilon(\varepsilon\to 0)$ 期间幅值为 $1/\varepsilon$ 的矩型波,其幅值与作用时间的乘积为 1。为了求拉氏变换,将其写成:

$$\delta(t) = \lim_{\varepsilon\to 0}\frac{1}{\varepsilon}[1(t) - 1(t-\varepsilon)] \tag{1.26}$$

$$L[\delta(t)] = \lim_{\varepsilon\to 0}\frac{1-e^{-\varepsilon t}}{s\varepsilon} = 1 \tag{1.27}$$

$\delta(t)$ 函数在控制理论中有特别重要的意义,在系统分析中也常取其作为输入函数。但严格的 $\delta(t)$ 函数在物理上是不能实现的,工程中常用幅度尽量大、宽度尽量窄的方波函数来近似。

(4)指数函数　若 $x(t)=e^{-at}$,则其拉氏变换为:

$$L[e^{-at}] = \int_0^\infty e^{-at}e^{-st}dt = \int_0^\infty e^{-(a+s)t}dt = \frac{1}{s+a} \tag{1.28}$$

在实际应用时,可利用拉氏变换表 1.1 及拉氏变换的性质,查找和计算原函数与拉氏变换式之间的相互对应关系。

表 1.1　常用函数的拉氏变换对照表

序　号	$x(t)$	$X(s)$	序　号	$x(t)$	$X(s)$
1	$\delta(t)$	1	2	$\delta(t-\tau)$	e^{-s}
3	$1(t)$	$\frac{1}{s}$	4	t	$\frac{1}{s^2}$
5	$\frac{t^k}{k!}$	$\frac{1}{s^{k+1}}$	6	e^{-at}	$\frac{1}{s+a}$
7	te^{-at}	$\frac{1}{(s+a)^2}$	8	$\frac{t^k e^{-at}}{k!}$	$\frac{1}{(s+a)^{k+1}}$
9	$\sin\omega t$	$\frac{\omega}{s^2+\omega^2}$	10	$\cos\omega t$	$\frac{s}{s^2+\omega^2}$
11	$e^{-at}\sin\omega t$	$\frac{\omega}{(s+a)^2+\omega^2}$	12	$e^{-at}\cos\omega t$	$\frac{s+a}{(s+a)^2+\omega^2}$

1.3.2　拉氏反变换

直接利用式(1.9)由 $X(s)$ 求其反变换 $x(t)$,要进行复变函数积分是困难的。通常用部分分式法将复变函数展开成有理分式函数之和,然后用拉氏变换表一一查出对应的反变换函数,即所求的原函数 $x(t)$。

设 $X'(s)=\dfrac{C(s)}{A(s)}$,其中 $C(s)$ 和 $A(s)$ 皆为 s 的实系数多项式。当 $C(s)$ 的次数大于 $A(s)$ 的次数时,则 $X'(s)$ 可表示为:

$$X'(s)=\frac{C(s)}{A(s)}=a_p s^p+a_{p-1}s^{p-1}+\cdots+a_0+\frac{B(s)}{A(s)} \tag{1.29}$$

式中,$\dfrac{B(s)}{A(s)}$ 为真分式,即 $A(s)$ 的次数大于 $B(s)$ 的次数。因此,仅讨论真分式情况,即令 $X(s)=\dfrac{B(s)}{A(s)}$,其中 $A(s)$ 为 n 次,$B(s)$ 为 m 次,$n>m$,则:

$$X(s)=\frac{B(s)}{A(s)}=\frac{(s+s_1')(s+s_2')\cdots(s+s_m')}{(s+s_1)(s+s_2)\cdots(s+s_n)} \tag{1.30}$$

当 $s=-s_1',-s_2',\cdots,-s_m'$ 时,$X(s)=0$,这些点被称为 $X(s)$ 的零点;当 $s=-s_1,-s_2,\cdots,-s_n$ 时,$X(s)=\infty$,这些点被称为 $X(s)$ 的极点。按照极点的性质或分布,可分为以下几种情况来研究。

1)$X(s)$ 具有单实极点的拉氏反变换

$X(s)$ 具有若干个单实极点时(即 $s_1,s_2,\cdots,s_n$ 互不相同),$X(s)$ 可表示为:

$$X(s)=\frac{B(s)}{A(s)}=\frac{B(s)}{(s+s_1)(s+s_2)\cdots(s+s_n)}=\frac{A_1}{s+s_1}+\frac{A_2}{s+s_2}+\cdots+\frac{A_n}{s+s_n} \tag{1.31}$$

式中,$A_i(i=1,2,\cdots,n)$ 待定,求解方法:对式(1.31)两边同乘以 $s+s_i$,并令 $s=-s_i$,可得:

$$A_i=X(s)(s+s_i)\big|_{s=-s_i}$$

于是:

$$x(t)=A_1e^{-s_1t}+A_2e^{-s_2t}+\cdots+A_ne^{-s_nt} \qquad t\geqslant 0 \tag{1.32}$$

因为拉氏变换是在 $t=0\sim\infty$ 内的积分,故反变换结果对应在 $t>0$ 的范围。

【例 1.1】 常见的一阶惯性系统的传递函数为:$G(s)=\dfrac{Y(s)}{X(s)}=\dfrac{K}{Ts+1}$,求其阶跃响应曲线方程。

【解】 阶跃输入 $x(t)=1$,则 $X(s)=1/s$,有:

$$Y(s)=G(s)X(s)=\frac{K}{(Ts+1)s}=\frac{K}{s}-\frac{K}{s+1/T}$$

查表 1.1 得,一阶惯性系统阶跃响应曲线方程为:$y(t)=K(1-e^{-\frac{t}{T}})$。

2)$X(s)$ 具有复实极点的拉氏反变换

设 $s=-s_1=\sigma+j\omega$,$s=-s_2=\sigma-j\omega$ 为 $X(s)$ 的一对共轭极点,其他都为单实极点,则:

$$\begin{aligned}X(s)&=\frac{B(s)}{(s+s_1)(s+s_2)\cdots(s+s_n)}\\&=\frac{A_1s+A_2}{(s+s_1)(s+s_2)}+\frac{A_3}{s+s_3}+\cdots+\frac{A_n}{s+s_n}\end{aligned} \tag{1.33}$$

为求 A_1,A_2,对式(1.33)两边同乘以 $(s+s_1)(s+s_2)$,并令 $s=-s_1$(或 $-s_2$),则:

$$A_1 s + A_2 \big|_{s=-s_1} = X(s)(s+s_1)(s+s_2)\big|_{s=-s_1} \tag{1.34}$$

式(1.34)为一复数方程,可变成 2 个实数方程,求解得到实数 A_1,A_2。

式(1.33)中,除第一项外,其他各项的反变换均为指数函数。对于第一项,变换为:

$$\frac{A_1 s + A_2}{(s+s_1)(s+s_2)} = \frac{A_1 s + A_2}{(s+\sigma+\mathrm{j}\omega)(s+\sigma-\mathrm{j}\omega)} = \frac{A_1 s + A_2}{(s+\sigma)^2+\omega^2} = \frac{A_1(s+\sigma)}{(s+\sigma)^2+\omega^2} + \frac{A_2 - A_1\sigma}{(s+\sigma)^2+\omega^2}$$

所以 $$L^{-1}\left[\frac{A_1 s + A_2}{(s+s_1)(s+s_2)}\right] = A_1 \mathrm{e}^{-\sigma t}\cos \omega t + \frac{A_2 - A_1\sigma}{\omega}\mathrm{e}^{-\sigma t}\sin \omega t$$

于是,$X(s)$ 的拉氏反变换即可求出。

【例 1.2】 已知 $X(s)=\dfrac{5s^3+11s^2+20s+10}{s(s+1)(s^2+2s+5)}$,求 $x(t)$。

【解】 $X(s)$ 有 4 个极点为 $0,-1,-1\pm \mathrm{j}2$

$$X(s)=\frac{5s^3+11s^2+20s+10}{s(s+1)(s^2+2s+5)}=\frac{A_1}{s}+\frac{A_2}{s+1}+\frac{A_3 s+A_4}{s^2+2s+5}$$

求 A_1,两边同乘 s,并令 $s=0$

$$A_1=\frac{5s^3+11s^2+20s+10}{(s+1)(s^2+2s+5)}\bigg|_{s=0}=2$$

求 A_2,两边同乘 $s+1$,并令 $s+1=0$

$$A_2=\frac{5s^3+11s^2+20s+10}{(s+1)(s^2+2s+5)}\bigg|_{s=-1}=1$$

求 A_3,A_4,两边同乘 s^2+2s+5,并令 $s=-1-\mathrm{j}2$

$$A_3 s + A_4\big|_{s=-1-\mathrm{j}2}=\frac{5s^3+11s^2+20s+10}{s(s+1)}\bigg|_{s=-1-\mathrm{j}2}$$

整理得:$A_4-A_3-\mathrm{j}2A_3=-1-\mathrm{j}4$

令实部、虚部分别相等,可得:$A_3=2,A_4=1$。

于是 $$X(s)=\frac{2}{s}+\frac{1}{s+1}+\frac{2s+1}{s^2+2s+5}=\frac{2}{s}+\frac{1}{s+1}+\frac{2(s+1)}{(s+1)^2+4}-\frac{1}{(s+1)^2+4}$$

所以 $$x(t)=2+\mathrm{e}^{-t}+2\mathrm{e}^{-t}\cos 2t-\frac{1}{2}\mathrm{e}^{-t}\sin 2t$$

3) $X(s)$ 具有重极点的拉氏反变换

设 $X(s)$ 有一个 K 重极点 $-s_1$,其余皆为单实极点,则 $X(s)$ 可表示为:

$$X(s)=\frac{B(s)}{A(s)}=\frac{B(s)}{(s+s_1)^k(s+s_{k+1})\cdots(s+s_n)}$$

$$= \frac{A_1}{(s+s_1)^k} + \frac{A_2}{(s+s_1)^{k-1}} + \cdots + \frac{A_k}{s+s_1} + \frac{A_{k+1}}{s+s_{k-1}} + \cdots + \frac{A_n}{s+s_n}$$

系数 $A_{k+1},\cdots,A_n$ 可按单实极点的情况求出。求 $A_1,\cdots,A_k$ 的方法如下：
两边同乘以 $(s+s_1)^k$，并令 $s=-s_1$ 得：

$$A_1 = \frac{A(s)}{B(s)}(s+s_1)^k \Big|_{s=-s_1}$$

$$A_2 = \frac{\mathrm{d}}{\mathrm{d}s}\left[\frac{A(s)}{B(s)}(s+s_1)^k\right] \Big|_{s=-s_1}$$

于是，$A_i(i=1,2,\cdots,k)$ 的一般表达式：

$$A_i = \frac{1}{(i-1)!}\frac{\mathrm{d}^{i-1}}{\mathrm{d}s^{i-1}}\left[\frac{A(s)}{B(s)}(s+s_1)^k\right] \Big|_{s=-s_1}$$

【例 1.3】 给定 $X(s)=\dfrac{4s^3+7s^2+5s+1}{s(s+1)^3}$，求 $x(t)$。

【解】

$$X(s) = \frac{4s^3+7s^2+5s+1}{s(s+1)^3} = \frac{A_1}{(s+1)^3} + \frac{A_2}{(s+1)^2} + \frac{A_3}{s+1} + \frac{A_4}{s}$$

$$A_4 = \frac{4s^3+7s^2+5s+1}{(s+1)^3}\Big|_{s=0} = 1$$

$$A_1 = \frac{4s^3+7s^2+5s+1}{s}\Big|_{s=-1} = 4s^2+7s+5+\frac{1}{s}\Big|_{s=-1} = 1$$

$$A_2 = \frac{\mathrm{d}}{\mathrm{d}s}\left(4s^2+7s+5+\frac{1}{s}\right)\Big|_{s=-1} = 8s+7-\frac{1}{s^2}\Big|_{s=-1} = -2$$

$$A_3 = \frac{1}{2}\frac{\mathrm{d}}{\mathrm{d}s}\left(8s+7-\frac{1}{s^2}\right)\Big|_{s=-1} = \frac{1}{2}\left(8+\frac{2}{s^3}\right)\Big|_{s=-1} = 3$$

所以

$$X(s) = \frac{1}{s} + \frac{1}{(s+1)^3} - \frac{2}{(s+1)^2} + \frac{3}{s+1}$$

查拉氏变换表 1.1 得：$x(t)=1+3\mathrm{e}^{-t}-2t\mathrm{e}^{-t}+\frac{1}{2}t^2\mathrm{e}^{-t}, t\geqslant 0$。

1.3.3 应用拉氏变换解线性微分方程

应用拉氏变换求解线性微分方程时，采用下列步骤（见图 1.9）：
①对线性微分方程中每一项进行拉氏变换，使微分方程变为 s 的代数方程；
②解代数方程，得到有关变量 s 的拉氏变换表达式；
③用拉氏反变换得到微分方程的时域解。

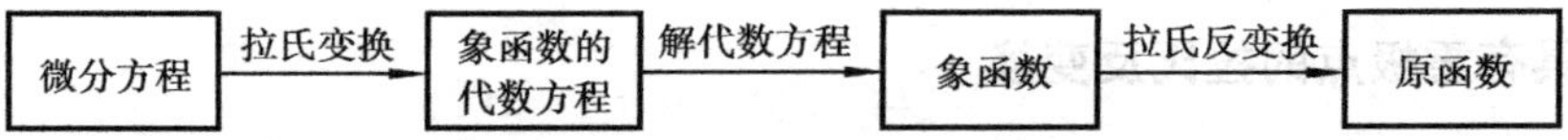

图 1.9 应用拉氏变换求解线性微分方程的过程

【例 1.4】 利用拉氏变换解微分方程 $\dfrac{\mathrm{d}^2y}{\mathrm{d}t^2}+5\dfrac{\mathrm{d}y}{\mathrm{d}t}+6y=6$，初始条件：$y(0)=2,\dfrac{\mathrm{d}y}{\mathrm{d}t}\Big|_{t=0}=2$。

【解】 方程两边取拉氏变换为：

$$s^2Y(s) - sy(0) - \left.\frac{\mathrm{d}y}{\mathrm{d}t}\right|_{t=0} + 5sY(s) - 5y(0) + 6Y(s) = \frac{6}{s}$$

$$(s^2 + 5s + 6)Y(s) - 2s - 2 - 10 = \frac{6}{s}$$

$$Y(s) = \frac{\frac{6}{s} + 2s + 12}{s^2 + 5s + 6} = \frac{2s^2 + 12s + 6}{s(s+3)(s+2)} = \frac{A_1}{s} + \frac{A_2}{s+2} + \frac{A_3}{s+3}$$

利用部分分式法，求得：$A_1 = 1, A_2 = 5, A_3 = -4$。所以：

$$y(t) = 1 + 5e^{-2t} - 4e^{-3t}, \qquad t \geqslant 0$$

1.4 调节对象特性

控制系统特性是由组成系统的各个环节的结构和特性参数，以及环节之间的连接方式所决定的。调节对象是控制系统中最基本的环节，一切调节装置都服务于它，并根据调节对象的特性来设计和调整。调节对象特性在一定程度上决定了调节过程和调节品质，只有了解调节对象特性，才可能合理地选择控制方案；同时，在控制系统调试运行中，也是根据对象特性或其反应曲线来整定调节器设计参数，使调节质量指标加以改善。因此，研究对象的特性是控制系统设计的基础工作。

1.4.1 容量与容量系数

调节对象中所进行的工作过程几乎都伴随着与外界之间的物质流和能量流，把调节对象视为控制体，从外部流入对象的物质或能量称为流入量；反之，则称为流出量。显然，只有在流入量与流出量保持平衡时，对象才会处于稳定状态。平衡关系一旦遭到破坏，就必然会反映在某一个量的变化上。例如，液位变化就反映物质平衡关系遭到破坏，温度变化就反映能量平衡关系遭到破坏等。

1）容量

容量是指对象储存能量或质量的能力，是对象的固有特性。如某空调室对象，室内温度为θ，则室内所储存的总热量就是对象的容量。其数学表达关系为：

$$U = \sum_{i=1}^{n} m_i c_i \theta \tag{1.35}$$

式中 m_i——空调室内物品设备等各部分的质量，kg；

c_i——空调室内物品设备等各部分的比热容，kJ/(kg·℃)。

对于如图1.10所示的液位对象，其截面积为A，液位高度为H，对象储存液体的体积$\int A\mathrm{d}H$或质量$\int A\rho \mathrm{d}H$就是对象的容量。显然，被调参数液位H增大，容量也增大，故容量是个随工况变化的参数。

2)容量系数

容量系数是指被调参数改变一个单位时,对象容量的变化量,即容量对被调参数的一阶导数。

由式(1.35)得容量系数为:

$$\mu = \frac{\mathrm{d}U}{\mathrm{d}\theta} = \sum_{i=1}^{n} m_i c_i \tag{1.36}$$

容量系数随调节对象及其所处的运动状态变化而变化。式(1.36)中的比热容 c_i 是温度 θ 的函数;在图1.10中,前者的容量系数为常量 A,而后者为一变量。在控制工程中,调节对象经常地在平衡状态附近小幅度变化,若误差允许,容量系数可被近似处理为定值。

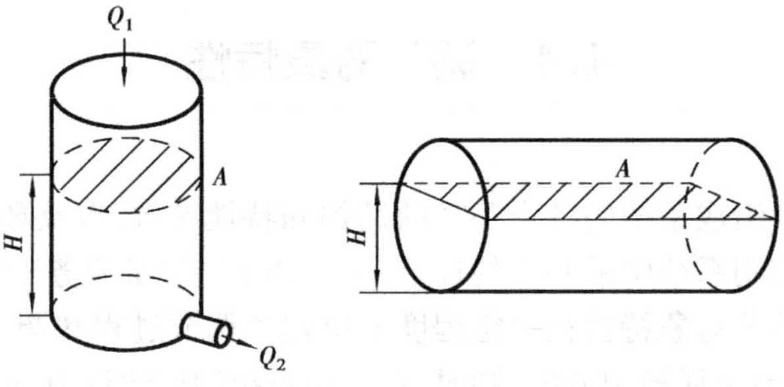

(a)立式容器　(b)卧式容器

图1.10　液位调节对象

在控制系统中,容量系数反映了被调参数对干扰的敏感程度,是由对象的结构参数等固有特性所决定的。在等量干扰作用下,容量系数越大,被调参数变化量越小。容量系数大的对象具有较大的储蓄能量(或质量)的能力,因而具有较大的惯性。对于制冷空调等热工流体对象,被调参数的变化大多具有大惯性和慢过程的特点。

1.4.2　时间常数与放大系数

1)时间常数

为了能够深入理解时间常数的物理意义,以图1.10a的单容水箱为例,建立以水位 H 为输出的关于流入量 Q_1 扰动的动态方程:

$$A\frac{\mathrm{d}H}{\mathrm{d}t} = Q_1 - Q_2 \tag{1.37}$$

$$Q_2 = \alpha\sqrt{H} \tag{1.38}$$

式中　Q_2——流出量;

α——管道的阻力系数。

于是:

$$A\frac{\mathrm{d}H}{\mathrm{d}t} + \alpha\sqrt{H} = Q_1 \tag{1.39}$$

式(1.39)是一个非线性方程,在 H 变化有限的情况下可进行线性化处理。线性化的方法在工程分析中经常采用，而物理系统总或多或少地含有非线性因素，在非线性不很严重的情况下，即可使之线性化。

设在 $t = t_0$时，系统处于相对平衡状态，流入量、流出量和水位分别为 Q_{10}, Q_{20}, H_0，于是：$Q_1 = Q_{10} + \Delta Q_1, Q_2 = Q_{20} + \Delta Q_2, H = H_0 + \Delta H$。式(1.38)的非线性项$\sqrt{H}$在 H_0点用泰勒级数展开式为：

$$\sqrt{H} = \sqrt{H_0} + \frac{\mathrm{d}}{\mathrm{d}H}\sqrt{H}\Big|_{H=H_0}\Delta H + \frac{1}{2}\frac{\mathrm{d}^2}{\mathrm{d}H^2}\sqrt{H}\Big|_{H=H_0}\Delta H^2 + \cdots$$

当 ΔH 很小时，忽略高次项，得：

$$\sqrt{H} = \sqrt{H_0} + \frac{\mathrm{d}}{\mathrm{d}H}\sqrt{H}\Big|_{H=H_0}\Delta H$$

把上式和 $H = H_0 + \Delta H, Q_1 = Q_{10} + \Delta Q_1$代入式(1.39)，得：

$$A\frac{\mathrm{d}\Delta H}{\mathrm{d}t} + \alpha\sqrt{H_0} + \alpha\frac{\mathrm{d}}{\mathrm{d}H}\sqrt{H}\Big|_{H=H_0}\Delta H = Q_{10} + \Delta Q_1$$

由式(1.38)可知：
$$Q_{20} = \alpha\sqrt{H_0} \qquad \frac{\mathrm{d}Q_2}{\mathrm{d}H} = \alpha\frac{\mathrm{d}}{\mathrm{d}H}\sqrt{H}$$

所以
$$A\frac{\mathrm{d}\Delta H}{\mathrm{d}t} + Q_{20} + \frac{\mathrm{d}Q_2}{\mathrm{d}H}\Bigg|_{H=H_0}\Delta H = Q_{10} + \Delta Q_1$$

又知，水箱在 t_0时刻为平衡状态，即 $Q_{10} = Q_{20}$，并记 $R_L = \dfrac{1}{\dfrac{\mathrm{d}Q_2}{\mathrm{d}H}\Big|_{H=H_0}}$为 t_0时流出管道的阻力系数，则以 H 为输出 Q_1为输入的微分方程为：

$$A\frac{\mathrm{d}\Delta H}{\mathrm{d}t} + \frac{1}{R_L}\Delta H = \Delta Q_1$$

令 $R_L A = T$，并略去增量符号“Δ”，得：

$$T\frac{\mathrm{d}H}{\mathrm{d}t} + H = R_L Q_1 \tag{1.40}$$

式(1.40)为单容水箱液位 H 关于来流量 Q_1扰动的动态方程，是一阶微分方程式，即一阶惯性系统，只含有一个时间常数 T。其对应的传递函数为：

$$G(s) = \frac{H(s)}{Q_1(s)} = \frac{R_L}{Ts + 1} \tag{1.41}$$

输入阶跃扰动 $Q_1(t) = a$，参考例 1.1，应用拉氏反变换求得液位对象的原函数，即阶跃反应曲线方程：

$$H(t) = H_\infty(1 - \mathrm{e}^{-\frac{t}{T}}) \tag{1.42}$$

其中，$H_\infty = aR_L$。

式(1.42)的变化过程就是液位受扰动的过渡过程，见图 1.11。

T 为调节对象的时间常数，由对象的结构参数等固有特性决定。从式(1.42)可知：$t=0$时，$H=0$；$t=T$ 时，$H=0.632H_\infty$；$t=3T$ 时，$H=0.95H_\infty$；$t\to\infty$ 时，$H\to H_\infty$。

这表明，时间常数 T 在数值上等于对象受阶跃干扰作用，被调参数从开始变化至新的稳定值的 0.632 倍时所经历的时间。它的另一种描述是：在阶跃干扰作用下，被调参数保持最大速

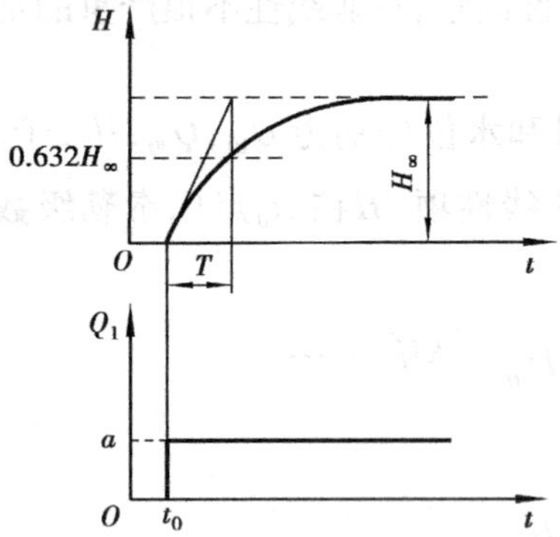

图 1.11　单容水箱阶跃反应曲线

度变化至新的稳态值所经历的时间。在反应曲线上通过 t_0 处作切线，该切线与新的稳态值线的交点所对应的时间间隔即为 T，见图 1.11。

时间常数反映了对象在干扰作用后过渡过程的收敛速度，时间常数大，对象惯性大，过渡时间长；反之则惯性小，过渡时间短。

2）放大系数

放大系数（也称为传递函数），记为 K，表示对象受到干扰，又重新到达平衡的性能。其数值等于被调参数新旧稳态值之差（$y_\infty - y_0$）与干扰幅度 Δx 之比：

$$K = \frac{y_\infty - y_0}{\Delta x} \tag{1.43}$$

放大系数与被调参数的变化过程无关，而只与过程的始态和终态值有关，它表征了对象的静态特性。对象的放大系数愈大，表示输入信号对输出信号的静态影响愈大。严格地说，放大系数 K 随负荷的大小而有变化，但对于实际物理系统被调参数及干扰量的变化范围都有一定限制，通常情况可近似作为常数处理。

对于上例介绍的一阶惯性系统，放大系数 $K = R_L$。

1.4.3　迟延

迟延是调节对象的一个重要的特性参数，对于调节对象，当调节（或干扰）作用加入后，被调参数并不立即改变，而总要滞后一段时间后才变化，这一滞后的时间称为迟延，记为 τ。

调节对象迟延由纯迟延和容量迟延 2 部分组成。

（1）纯迟延 τ_1　纯迟延也叫做传递迟延。其产生的原因主要有调节信号传递时间、调节与执行机构动作时间及发信器信号传递时间等。

（2）容量迟延 τ_2　容量迟延是由于调节系统具有 2 个或 2 个以上的容量，在容量之间传递能量或质量时存在阻力（如热阻、流阻、电阻）所造成的，调节作用总是要克服这些阻力才能使被调参数发生变化。以冷库为例，进入蒸发器的制冷剂蒸发吸收冷库内空气的热量，必须克服制冷剂与库内空气之间的金属管壁热阻，然后才能使被调参数（库温）发生变化。因此，库温的变化总是滞后于制冷剂冷却量的变化。如果蒸发器管壁增厚，容量滞后时间 τ_2 则会增加；改变系统运行条件时，如蒸发器管外结霜和管内存有油垢，都会使中间容量增大，传热系数减小，热阻增大，从而导致容量滞后时间 τ_2 增大。从自动调节的观点来看，在设计制冷空调装置时，亦应尽量减小金属管壁热容量与热阻，提高传热系数。

调节对象的总迟延为传递迟延 τ_1 与容量迟延 τ_2 之和，即：

$$\tau = \tau_1 + \tau_2 \tag{1.44}$$

迟延是调节过程中的特征参数，由于迟延的存在，将对调节过程产生很不利的影响。在迟延时间内，调节作用将无法影响到被调参数，致使被调参数自发变化，因而降低了调节质量，加大了动态偏差，延长了调节时间，严重时甚至引起调节系统剧烈振荡。

为了减少迟延,在设计安装调节系统时,应该选择惯性小、灵敏度高的传感元件与调节仪表,现场安装时根据实际情况,尽可能减少传感元件信号传递路径;尽可能缩短执行机构与调节对象之间的距离;改进换热器等设备的结构与运行条件,尽量减少中间容量及其容阻。

1.5 系统动态特性的数学描述

1.5.1 概述

1)基本任务

一个系统及其输出与输入的关系,如图1.12所示。这个系统可大可小、可繁可简,甚至可"实"可"虚",包揽了人类的一切科学、生产、经济和人文活动。系统研究主要有以下5个命题:

图1.12 系统的方框图

①当系统已定、输入已知时,求系统的输出(或响应)并通过输出来研究系统本身的有关问题,此即系统分析问题。

②当系统已定时,确定输入,且所确定的输入应使得输出尽可能符合给定的最佳要求,此即最优控制问题。

③当输入已知时,确定系统,且所确定的系统应使得输出尽可能符合给定的最佳要求,此即最优设计问题。

④当输出已知时,确定系统,以识别输入或输出中的有关信息,此即滤波与预测问题。

⑤当输出与输入均已知时,求出系统的结构与参数,即建立系统的数学模型,此即系统识别或系统辨识问题。

控制技术的首要任务是进行系统分析(问题1),然后完成控制系统的设计(问题3)。在进行系统分析的过程中,常采用系统建模与实验的方法,实现系统识别或系统辨识(问题5),这正是本节的学习内容和任务。

2)系统动态特性与数学模型

(1)动静态特性及其关系　在图1.12所示的系统中,x和y分别为系统的输入和输出量,它们皆为时间的函数,可以是标量或矢量,y与x的关系反映了系统的特性。在系统处于稳态—静态(即x和y不随时间而变,各阶导数均为0)时,y与x之间的关系反映了系统的静态特性,它是一个代数方程;在系统处于动态(过渡状态,x和y皆随时间而变)时,y与x之间的关系反映了系统的动态特性,它是一个微分方程(或差分方程——相对于离散系统)。在表示系统动态特性的微分方程中,令x和y的各阶导数为0,即可得系统的静态特性。可见,稳态是动态的一种特殊形式,因而讨论系统的动态特性具有普遍意义。

(2)数学模型　数学模型是描述系统输入、输出量,以及内部各变量之间关系的数学表达式。建立数学模型是对控制系统及其调节过程进行理论分析的重要手段之一,它揭示了系统结构和参数与其性能之间的内在关系。

描述系统动态特性的方法,取决于系统的变量和坐标系的选择。在时间域通常采用微分方程或一阶微分方程组的形式,在复数域采用传递函数的形式,而在频域则采用频率特性的形式。微分方程、传递函数和输入响应法以不同形式建立了系统的输入与输出关系,特别适用于单输入、单输出的线性定常系统,是经典控制理论的基础;对于多输入、多输出的非线性时变系统,则采用作为现代控制理论基础的状态变量表示法,相关内容可参考其他文献。

在建立数学模型过程中,由于不可能将系统实际的错综复杂的物理现象完全表达出来,因而要对模型的简洁性和精确性进行折中考虑。一般是根据系统的实际结构参数和建模对象物理量的变化规律(如能量平衡、质量平衡、力平衡等),按照系统分析所要求的精度,忽略一些次要因素,建立既能反映系统内在本质特性,又能简化分析计算工作的模型。

1.5.2 系统动态特性的数学描述

1)系统动态特性的微分方程(运动方程)

微分方程是描述系统动态特性的最基本的方法。系统的动态特性如能用一个线性微分方程来表示,称此系统为线性系统;否则,称为非线性系统。微分方程的系数如果为常数,则系统为定常系统;否则,为时变系统。在此仅讨论线性定常系统,可用如下常系数线性微分方程来表示:

$$a_n \frac{d^n y}{dt^n} + a_{n-1} \frac{d^{n-1} y}{dt^{n-1}} + \cdots + a_1 \frac{dy}{dt} + a_0 y = b_m \frac{d^m x}{dt^m} + b_{m-1} \frac{d^{m-1} x}{dt^{m-1}} + \cdots + b_1 \frac{dx}{dt} + b_0 x \tag{1.45}$$

对于实际物理系统,有 $n \geq m$,n 为系统的阶次。在系统分析中,通常将输入量和输出量的坐标从起始平衡状态(x_0, y_0)平移到坐标原点。因此,式(1.45)也可作为增量形式的微分方程,即用(x,y)代替了$(\Delta x, \Delta y)$。

2)传递函数

微分方程虽然是表示系统动态特性的基本方法之一,但不便于分析综合,故控制理论中常采用传递函数法。

定义在零初始条件下,线性定常系统输出与输入的拉氏变换之比为系统的传递函数。在零初始条件下,对式(1.45)取拉氏变换得:

$$\begin{aligned} & a_n s^n Y(s) + a_{n-1} s^{n-1} Y(s) + \cdots + a_1 s Y(s) + a_0 Y(s) \\ & = b_m s^m X(s) + b_{m-1} s^{m-1} X(s) + \cdots + b_1 s X(s) + b_0 X(s) \end{aligned} \tag{1.46}$$

故系统的传递函数 $G(s)$ 为:

$$G(s) = \frac{Y(s)}{X(s)} = \frac{b_m s^m + b_{m-1} s^{m-1} + \cdots + b_1 s + b_0}{a_n s^n + a_{n-1} s^{n-1} + \cdots + a_1 s + a_0} = \frac{B(s)}{A(s)} \tag{1.47}$$

式(1.47)中分母 $A(s)$ 的次数为系统的阶次。方程 $A(s)=0$ 即为系统的特征方程,特征方程的根为传递函数的极点,$B(s)=0$ 的根为传递函数的零点。

比较式(1.45)和式(1.47),可由微分方程直接写出传递函数。传递函数表示系统的固有特性,与系统的输入和初始状态无关。

传递函数是由微分方程经拉氏变换得来,拉氏变换是一种线性变换,只是将变量从时间域变换到复数域，将微分方程变换为 s 域的代数方程，所以不会改变所描述系统的动态本质。

3）数学描述的应用举例

用解析法建立系统模型的一般步骤：

①分析系统的工作原理和信号传递变换的过程，确定系统和各环节的输入和输出量。

②从系统的输入端开始，按照信号传递变换过程，依据各变量所遵循的物理学定律，依次列出各环节的微分方程。

③消除中间变量，得到一个描述系统输入和输出关系的运动方程或传递函数。

【例 1.5】 求取图 1.13 所示热电偶以介质温度 θ 为输入，以热电偶热电势 E 为输出的微分方程和传递函数。

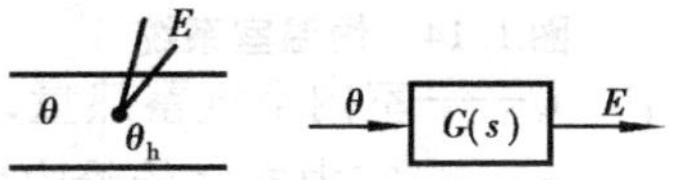

图 1.13 热电偶

【解】 设热电偶热端温度为 θ_h，由于 $\theta \neq \theta_h$，热电偶热端与介质间有热量交换，交换的热量 q 和热端温度 θ_h 的变化满足：

$$q = \frac{1}{R}(\theta - \theta_h) \tag{1.48}$$

$$q = c\frac{d\theta_h}{dt} \tag{1.49}$$

式中 R——热电偶热端与介质间的热阻；

c——热电偶热端的热容。在有限的温度变化范围可以近似为常量，记 $Rc = T$。

设冷端温度为 0 ℃，则 θ_h 和 E 之间近似地满足：

$$E = \gamma\theta_h \tag{1.50}$$

式中 γ——比例系数。

联合式(1.48)～式(1.50)，可得热电势 E 的运动方程为：

$$Rc\frac{dE}{dt} + E = \gamma\theta$$

令 $Rc = T$，则：

$$T\frac{dE}{dt} + E = \gamma\theta \tag{1.51}$$

热电势 E 对于来流介质温度 θ 的传递函数为：

$$G(s) = \frac{\gamma}{Ts + 1} \tag{1.52}$$

热电势 E 对于来流介质温度 θ 的阶跃反应曲线方程为：

$$E(t) = E_\infty(1 - e^{-\frac{t}{T}}) \tag{1.53}$$

比较式(1.53)与式(1.42)，具有完全相同的形式，都属于只有 1 个容量的一阶惯性系统。

【例 1.6】 求取恒温室系统的微分方程（运动方程）。

恒温室系统简化见图 1.14。室容积为 V，单位为 m^3；室内温度、室外温度、送风温度分别为 $\theta_t, \theta_a, \theta_i$，单位为 K；送风进入房间的热量为 q_i，单位为 kJ/s；换气次数为 n，单位为 s^{-1}；室内人体和设备发热量为 q_m，单位为 kJ/s；空气的定容比热容为 c_v，单位为 kJ/(m^3·K)；被调参数为室内空气温度 θ_t。

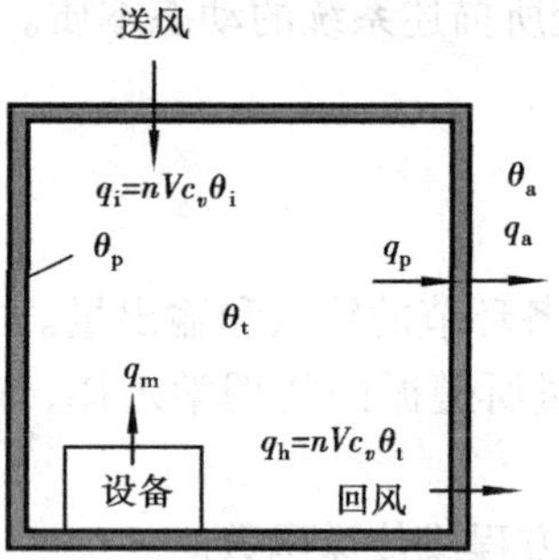

图 1.14 恒温室系统

为了分析问题简化起见，首先把恒温室看作单容对象，忽略家具等的蓄热作用，不考虑系统的滞后因素。根据能量守恒定律，室内储热量的变化为：

$$\frac{dU}{dt}=Q_{入}-Q_{出} \tag{1.54}$$

进入室内的热量为：

$$Q_{入}=q_i+q_m=nc_vV\theta_i+q_m \tag{1.55}$$

流出室内的热量为：

$$Q_{出}=q_p+q_h=nc_vV\theta_t+q_p \tag{1.56}$$

式中 U——室内空气蓄热量，$U=c_vV\theta_t$，kJ；

q_p——室内空气传给内壁的热量，$q_p=\alpha A(\theta_t-\theta_p)$，kJ/s；

q_h——回风热损失，$q_h=nVc_v\theta_t$，kJ/s；

α——室内空气与内壁表面的对流传热系数，kJ/(m^2·K)；

θ_p——室内壁温度。

将式(1.55)和式(1.56)代入式(1.54)，得单容对象的运动方程为：

$$c_vV\frac{d\theta_t}{dt}=nc_vV\theta_i+q_m-q_p-nc_vV\theta_t$$

即：

$$c_vV\frac{d\theta_t}{dt}+(nc_vV+\alpha A)\theta_t=nc_vV\theta_i+\alpha A\theta_p+q_m \tag{1.57}$$

考虑维护结构的蓄热作用，简化的蓄热方程式为：

$$c_p\frac{d\theta_p}{dt}=q_p-q_a \tag{1.58}$$

$$c_p\frac{d\theta_p}{dt}=\alpha A(\theta_t-\theta_p)-kA(\theta_p-\theta_a)$$

$$c_p\frac{d\theta_p}{dt}+(\alpha+k)A\theta_p=\alpha A\theta_t+kA\theta_a \tag{1.59}$$

式中 q_a——围壁传给外界的热量，kJ/s；

c_p——维护结构的容量系数，$c_p=\sum m_ic_i$，其中 m_i，c_i 分别为维护结构各部分材料的质量和比热容；

A——室内壁表面积，m^2；

k——维护结构传热系数，kJ/(m^2·K)。

联立式(1.57)和式(1.59)并简化，得双容对象的运动方程为：

$$T_1T_2\frac{d^2\theta_t}{dt^2}+T_1T_2\frac{d\theta_t}{dt}+(1-a_1a_2)\theta_t=b_1\left(T_1\frac{d\theta_i}{dt}+\theta_i\right)+b_2\left(T_2\frac{dq_m}{dt}+q_m\right)+a_1b_3\theta_a \tag{1.60}$$

式中，$T_1=\dfrac{c_vV}{nc_vV+\alpha A}$，$T_2=\dfrac{\sum m_ic_i}{\alpha A+kA}$，$a_1=\dfrac{\alpha A}{nc_vV+\alpha A}$，$a_2=\dfrac{\alpha}{k+\alpha}$，$b_1=\dfrac{nc_vV}{nc_vV+\alpha A}$，

$b_2 = \dfrac{1}{nc_v V + \alpha A}, b_3 = \dfrac{k}{k + \alpha}$。

由式(1.60)知,被调参数分别受到送风温度 θ_i,室内人体和设备发热量 q_m 和室外温度 θ_a 的干扰作用,对应的传递函数分别为:

$$G_1(t) = \frac{\theta_t(s)}{\theta_i(s)} = \frac{b_1(T_1 s + 1)}{T_1 T_2 s^2 + T_1 T_2 s + (1 - a_1 a_2)}$$

$$G_2(t) = \frac{\theta_t(s)}{q_m(s)} = \frac{b_2(T_2 s + 1)}{T_1 T_2 s^2 + T_1 T_2 s + (1 - a_1 a_2)}$$

$$G_3(t) = \frac{\theta_t(s)}{\theta_a(s)} = \frac{a_1 b_3}{T_1 T_2 s^2 + T_1 T_2 s + (1 - a_1 a_2)}$$

在上述建模过程中,由于考虑了维护结构的蓄热作用,系统具有空气和围壁2个蓄热容积,即成为双容对象,有2个时间常数,故其动态特性为二阶微分方程式。若系统具有 n 个蓄热容积,则系统的动态特性则为 n 阶微分方程式,分析工作非常繁琐。所以,在系统特性分析中应尽量简化对象的模型,以便获得低阶的微分方程式。

1.5.3 系统动态特性的实验测定

传递函数的概念和基本思想在控制理论中具有重要的意义。当一个系统内部结构不清楚,或者根本无法弄清楚它的内部结构时,借助于实验从系统的输入来分析系统的输出,也可以研究系统的固有特性,这就是所谓的"系统辨识"。即通过外部观测所获得的数据,辨识系统的结构及参数,从而建立系统的数学模型。输入响应法是"系统辨识"的一种有效方法。

对于制冷空调这类热工系统,仅依靠对于基础部件已知的数字模型来推导建立系统的数学模型是比较困难的,因而工程研究中常常用实验的方法测定对象的动态特性,作为控制系统设计和分析的基础。

此外,在理论分析系统的数学模型时,为简化问题,都做了一些必要的假设,为了检验所得模型的正确性,亦需要实验予以验证。

1)系统动态特性的实验测定方法

用实验法测定制冷空调对象的动态特性的方法大致有4种,即阶跃响应法、脉冲响应法、频率响应法、机组启动→运行→停车动态分析法。

(1)阶跃响应法　当系统输入为阶跃函数时,系统的输出叫做阶跃响应,或飞升曲线。由于在热工过程中,阶跃输入容易实现,故用阶跃响应描述系统动态特性十分普遍。

基本方法是:给系统输入阶跃干扰,记录下系统的输出信号(被调参数)随时间变化的反应曲线,如图1.11所示。

(2)脉冲响应法(矩形波反应曲线法)　给系统输入矩形波干扰 $x(t) = \delta(t)$,记录下系统的输出信号随时间变化的反应曲线,输出的 $y(t) = g(t)$ 被称为系统的脉冲响应,如图1.15所示。

输入单位脉冲函数的拉氏变换为 $X(s) = 1$,则 $Y(s) = X(s)G(s) = G(s)$。从而 $y(t) = g(t) = L^{-1}[G(s)]$ 或 $G(s) = L[y(t)]$,即脉冲响应和传递函数是一拉氏变换对,它亦能完全描

述系统的动态特性。

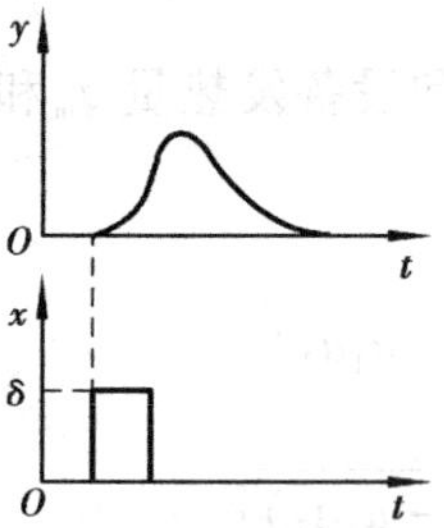

图 1.15　脉冲反应曲线

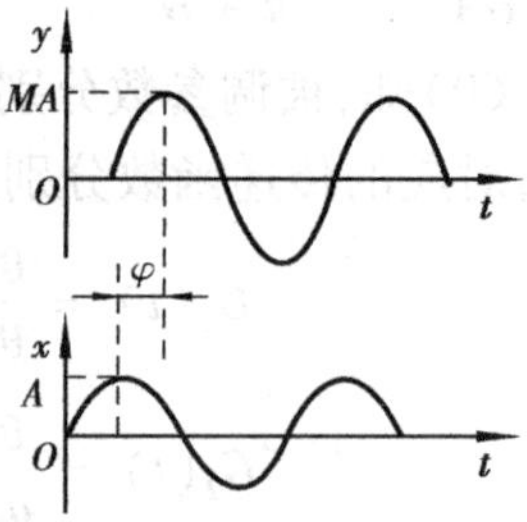

图 1.16　频率响应曲线

(3)频率响应法　频率响应法也是一种输入响应法,但与上述介绍的阶跃响应和脉冲响应法不同。

①输入的是周期性函数(常为正弦波函数)。

②记录的是系统的稳态输出,而不是输出的瞬态过程。

频率响应法在经典控制理论中占有重要的地位。

对于线性定常系统,输入端加入正弦波干扰 $x(t)=A\sin\omega t$,其稳态输出是如式(1.61)的同频率的正弦波,反应曲线见图 1.16。

$$\lim_{t\to\infty} y(t) = AM(\omega)\sin[\omega t + \varphi(\omega)] \tag{1.61}$$

与输入信号相比,输出信号的振幅扩大了 $M(\omega)$ 倍,相位相差 $\varphi(\omega)$。前者表示系统输出信号振幅与输入信号振幅之比随频率变化的关系,称为系统的幅频特性;后者表示输出信号与输入信号相位差随频率变化的关系,称为系统的相频特性,并以此来确定对象的动态特性。

(4)机组启动→运行→停车动态分析法　根据国家及行业标准,制冷空调装置(如电冰箱、家用空调器等)需要在一定的环境条件下进行性能实验和考核;同时由于制冷剂流量控制特性的限制,往往难以实施上述 3 种输入响应实验。于是,在制冷工程中常采用机组启动→运行→停车的动态分析法,记录下系统的输出随时间变化的特性曲线(见图 1.17),进行工程分析或与数学模型比较,亦可达到了解系统动态特性的目的。

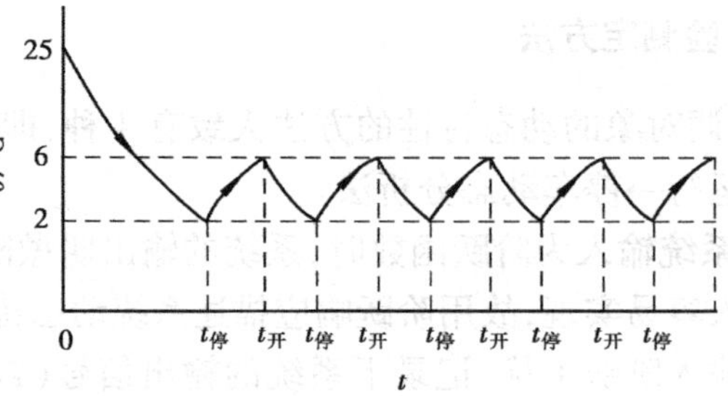

图 1.17　机组启动→运行→停机反应曲线

2)输入响应法应用举例

上述各种实验特性曲线都反映了调节对象的动态特性,只需求得其一种就达到了目的。下面就制冷空调对象特性测定时,常用的阶跃响应法做扼要介绍。

阶跃响应法实验和数据处理简便,应用范围最广。调节对象的反应曲线,不论是沿调节阀到被调参数信号测量点的调节作用通道,还是由干扰作用加入点到被调参数信号测量点的干扰作用通道,测取方法相同。其基本步骤如下:

①先让被测对象处于稳定运行状态。

②加入适当幅度阶跃干扰作用,一般取干扰幅度等于额定值的5% ~10%。干扰幅度过小,不足以得到足够明显的反应曲线;干扰幅度过大可能使对象失去稳定,还可能发生非线性因素对被调参数产生的影响。因为热工对象特性多数不是真正的线性,传递函数是可变的,线性化只是在一定范围内的近似处理,若干扰幅度过大,则非线性影响将不能忽略,否则将会歪曲实验结果。

③实验时间要足够长,等输出信号达到新的稳态后才可,实验结果要有良好的复现性。

现以空调对象为例,用反应曲线法求取对象的动态特性。

【例1.7】 某恒温室,容积为51.5 m^3(面积为16.3 m^2,高为3.15 m),要求恒温(20 ±1)℃,由电加热器加热送风温度。室内有40 W日光灯3盏和3人操作,换气次数10次/h。试验时,先将空调装置稳定运行在额定工况附近,然后突然增加或减少电加热器功率 ΔP = 0.57 kW,作为阶跃干扰输入,同时记录送风口、回风口及空调室内温度,将记录数据绘成反应曲线,见图1.18。

【解】 由图1.18可知,阶跃干扰输入之前,空调室初始温度为 θ_0,加入干扰后新平衡值为 θ_∞,温度变化为 $\Delta\theta=\theta_\infty-\theta_0$,故空调室温度对象的传递函数为:

$$K=\frac{\Delta\theta}{\Delta Q}=2.11\ ℃/\text{kW}$$

由图1.18还可以看出,当干扰作用加入开始这一段,各点温度(室内、送风、回风)均暂时不变化,经一段迟延时间后,温度才开始变化,各点迟延时间 τ 均可由图上求得。在图上标出从温度开始变化到 $0.632\Delta\theta$ 的时间间隔,得时间常数 T,表1.2给出恒温室对象特性的实验测定数据。

表1.2 恒温室对象特性的实验测定数据

温度点/℃	干扰量/kW	迟延 τ/min	时间常数 T/min	传递函数/(℃·kW^{-1})
送风口	0→0.57	0.5	4	$\frac{3}{0.57}=5.26$
	0.57→0	0.5	3	
回风口	0→0.57	2	9	$\frac{1.1}{0.57}=1.93$
	0.57→0	2.5	7	
室 内	0→0.57	1	10.5	$\frac{1.2}{0.57}=2.11$
	0.57→0	1.5	8	

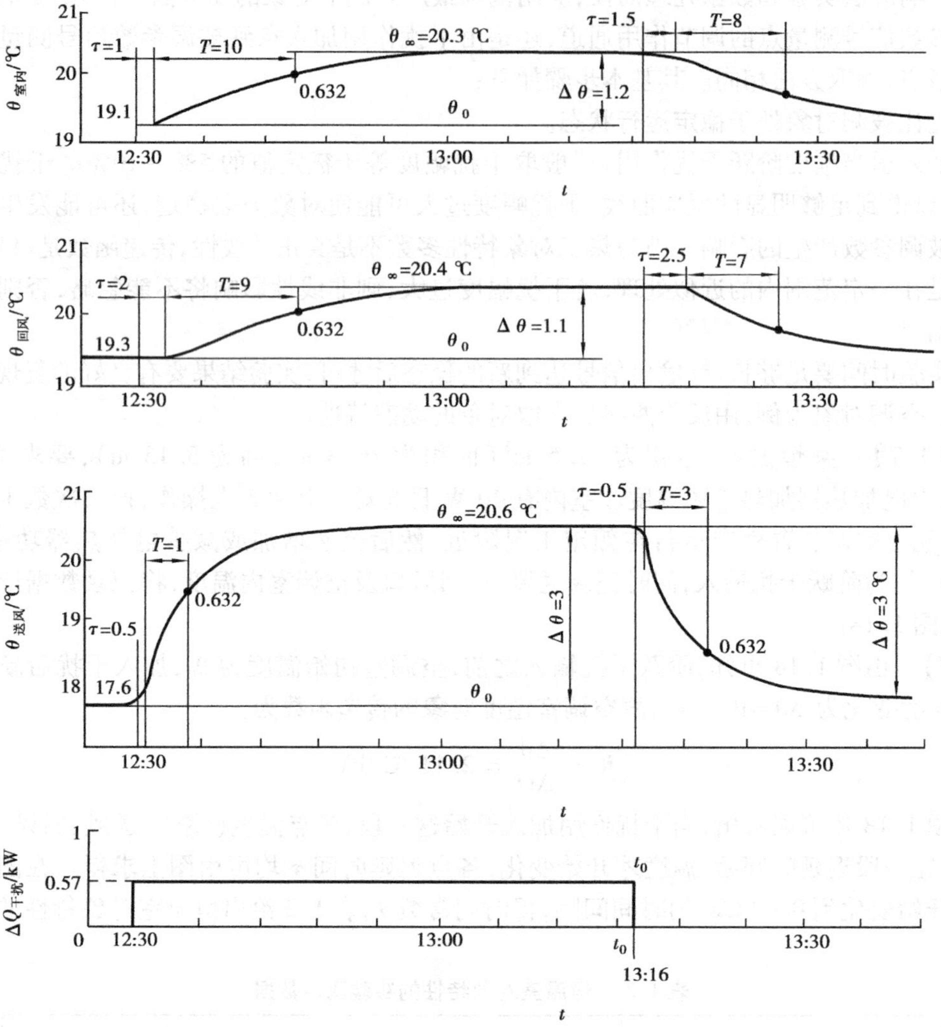

图 1.18　空调室对象试验测定反应曲线

1.6　系统方框图及其简化

控制系统一般由许多环节(元件)组成,为了表明环节在系统中的功能,形象直观地描述系统中信号传递、变换的过程,以及便于系统分析和研究,经常要用到系统方框图(即系统模型的图解形式,在控制工程中得到了广泛的应用)。此外,采用方框图更容易求取系统的传递函数。

1.6.1　方框图的结构要素

系统方框图由 3 种要素组成:信号线、函数方块(环节)和综合点。

(1)信号线　如图1.19a所示,信号线表示信号引出或测量的位置和流动方向。从同一信号线上引出的信号,其大小、性质完全一样。

(2)函数方块　1个方块表示1个环节,环节的输入和输出都要标明信号名称,方块内注明环节的传递函数,如图1.19b所示。函数方块具有运算功能,即:

$$Y(s) = G(s)X(s)$$

(3)综合点(相加点)　如图1.19c所示,它有一个输出,多个输入,输出等于输入的代数和,各输入信号的正负性质也应表明。

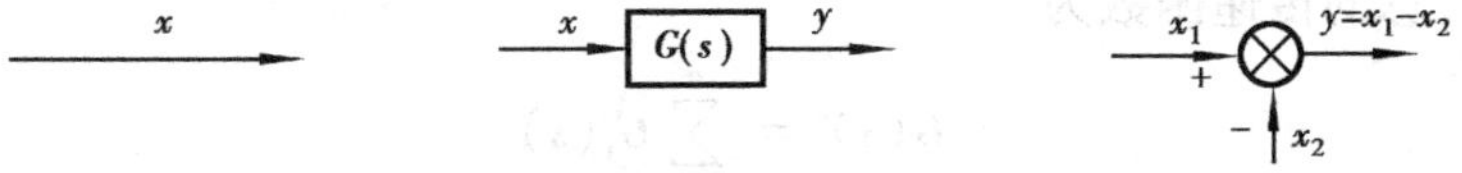

(a)信号线　(b)函数方块　(c)综合点

图1.19　方框图要素符号

1.6.2　环节的基本联接方式

一个复杂的控制系统总是由一些简单的环节通过某种方式联接在一起构成的,这些基本联接方式可以归纳为有限的几种。

1)串联

图1.20a所示为2个环节的串联结构图。串联环节的特点是前一个环节的输出,是后一个环节的输入。若前一个环节的传递函数为 $G_1(s)=\dfrac{Y_1(s)}{X(s)}$、后一个环节的传递函数为 $G_2(s)=\dfrac{Y(s)}{Y_1(s)}$,则2个环节串联后的传递函数为:

$$G(s) = \frac{Y(s)}{X(s)} = \frac{Y_1(s)}{X(s)}\frac{Y(s)}{Y_1(s)} = G_1(s)G_2(s)$$

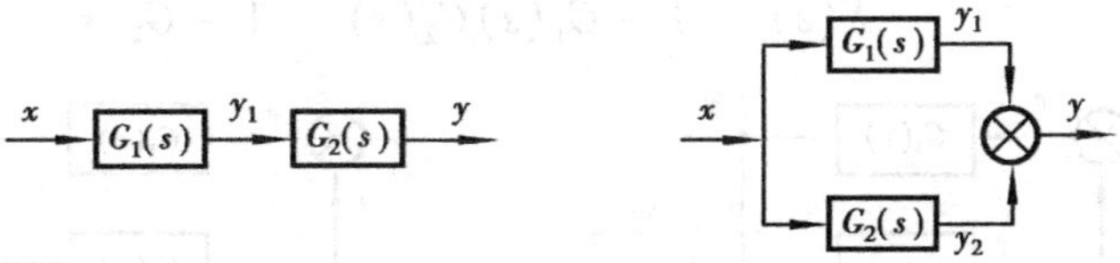

(a)串联　(b)并联

图1.20　串联和并联联接

可见,2个环节串联后,总的传递函数等于2个环节传递函数的乘积。这个结论可推广到 n 个环节串联的情况。设 n 个环节的传递函数分别为 $G_1(s), G_2(s), \cdots, G_n(s)$,则串联后,总的传递函数为:

$$G(s) = \prod_{i=1}^{n} G_i(s) \tag{1.62}$$

2)并联

图 1.20b 所示为 2 个环节的并联,总的传递函数为:

$$G(s) = \frac{Y(s)}{X(s)} = \frac{Y_1(s)}{X(s)} + \frac{Y_2(s)}{X(s)} = G_1(s) + G_2(s)$$

即并联环节总的传递函数等于 2 个环节传递函数的和。

对于 n 个环节并联,亦有同样的结论。设 n 个环节的传递函数分别为 $G_1(s), G_2(s), \cdots, G_n(s)$,则并联后,总的传递函数为:

$$G(s) = \sum_{i=1}^{n} G_i(s) \tag{1.63}$$

3)反馈

系统的输出通过某个环节又作用(反馈)到输入,称为反馈联接。如果反馈信号使输入的作用减弱,称为负反馈,见图 1.21a;反之,称为正反馈,见图 1.21b。图中 $G_1(s)$ 为输入 x 沿着信号方向到输出 y 的传递函数,称为前向传递函数;而 $G_2(s)$ 为反馈通道的传递函数。反馈联接形成一个闭环,沿闭环一周的传递函数 $G_1(s)$ 和 $G_2(s)$ 称为开环传递函数,记为 $G_k(s)$;而 $G(s) = Y(s)/X(s)$ 为系统的闭环传递函数。

对于图 1.21a 所示的负反馈联接:

$$E(s) = X(s) - Y(s)G_2(s)$$

$$Y(s) = E(s)G_1(s) = X(s)G_1(s) - Y(s)G_2(s)G_1(s)$$

整理得:

$$G(s) = \frac{Y(s)}{X(s)} = \frac{G_1(s)}{1 + G_1(s)G_2(s)} = \frac{G_1(s)}{1 + G_k(s)} \tag{1.64}$$

对于图 1.21b 所示的正反馈,同理可得:

$$G(s) = \frac{Y(s)}{X(s)} = \frac{G_1(s)}{1 - G_1(s)G_2(s)} = \frac{G_1(s)}{1 - G_k(s)} \tag{1.65}$$

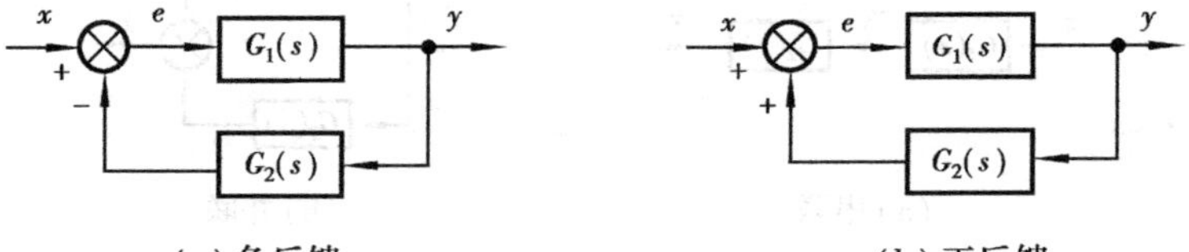

图 1.21　反馈联接

总结反馈联接,有通式:闭环传递函数 = 前向传递函数/(1 ± 开环传递函数)

或:
$$G(s) = \frac{Y(s)}{X(s)} = \frac{G_1(s)}{1 \pm G_k(s)} \tag{1.66}$$

在自动控制系统中,主要是应用负反馈。负反馈有 2 个重要的性质:

①如果前向传递函数具有足够大的放大系数,则闭环传递函数等于反馈回路传递函数的倒数,而与前向传递函数无关。

证明：$G(s)=\dfrac{G_1(s)}{1+G_1(s)G_2(s)}=\dfrac{1}{\dfrac{1}{G_1(s)}+G_2(s)}\approx\dfrac{1}{G_2(s)}$

这个性质是一切放大器的基础。

②在负反馈闭环回路中，不论输入/输出取什么信号，其传递函数的分母都不变，所不同的只是传递函数的分子。

任何复杂系统的方框图，都不外乎是由串联、并联和反馈3种基本连接方式交织组成的，但要实现上述3种运算，则必须将复杂的交织状况变换为可运算的状态，这就要进行方框图的等效变换。

1.6.3 系统方框图的等效变换

一个复杂系统的方框图，是由构成系统的各环节（方块）按照信号的处理过程（信号线，求和及反馈等）组成。由实际物理系统得到方框图后，可利用方框图的等效变换求出传递函数，以确定系统中各量的关系。

所谓等效变换是指可改变网络的内部结构，而保持系统的输出 y 与输入 x 的关系不变的变换。等效变换的法则除前已说明的串联、并联和反馈外，还包括：

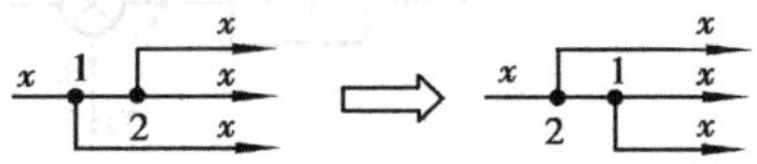

图1.22 引出点交换次序的等效变换

①连续的几个引出点（中间无方块和综合点）可交换次序，见图1.22。

②连续的几个综合点（中间无方块和引出点）可交换次序，见图1.23。

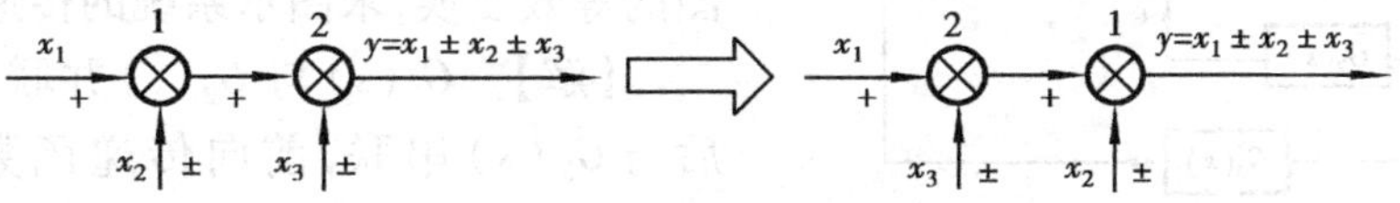

图1.23 综合点交换次序的等效变换

③综合点与引出点交换次序，需按图1.24所示方法进行。

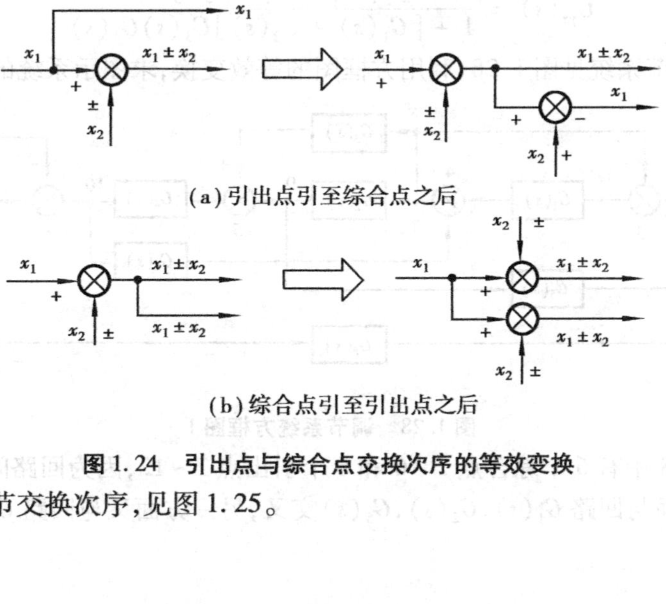

(a)引出点引至综合点之后

(b)综合点引至引出点之后

图1.24 引出点与综合点交换次序的等效变换

④引出点与环节交换次序，见图1.25。

(a)引出点引至环节之后

(b)环节引至引出点之后

图 1.25　引出点与环节交换次序的等效变换

⑤综合点与环节交换次序,见图 1.26。

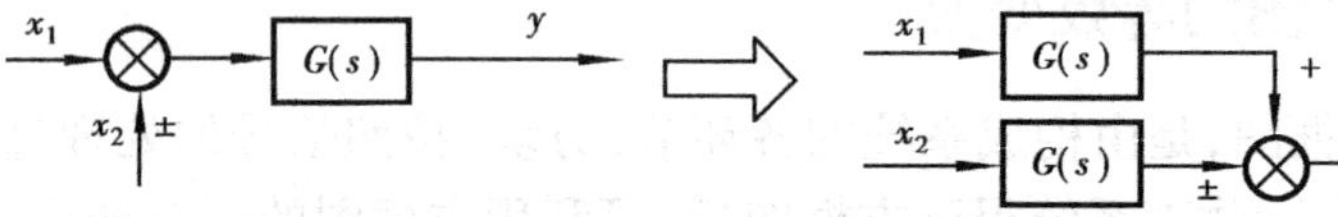

(a)综合点引至环节之后

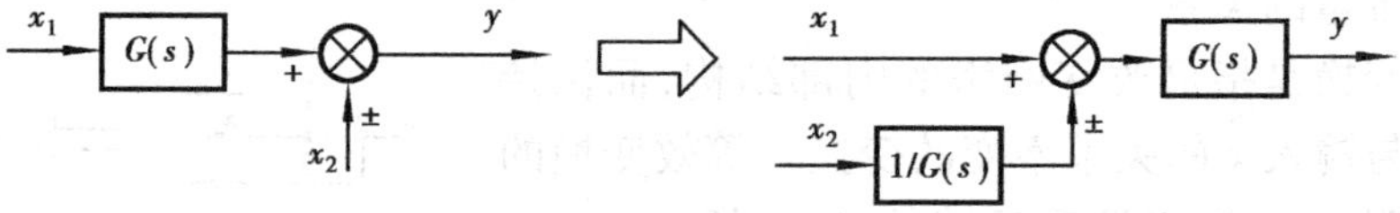

(b)环节引至综合点之后

图 1.26　综合点与环节交换次序的等效变换

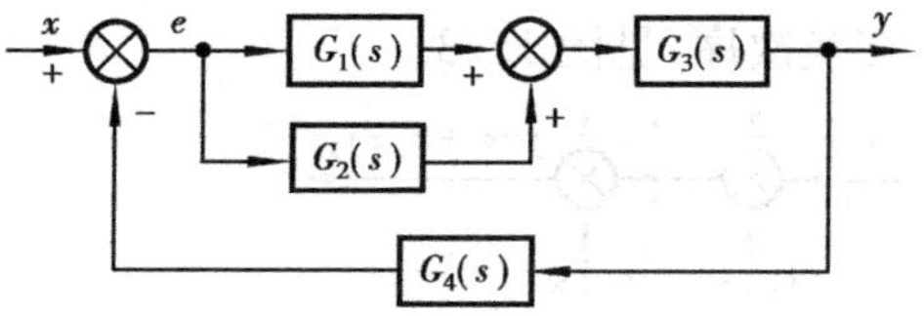

图 1.27　调节系统方框图

【例 1.8】　调节系统见图 1.27,利用方框图的等效变换,求图示系统的传递函数 $G_{yx}(s)$。

【解】　$G_1(s)$与$G_2(s)$并联见图 1.20b,然后与$G_3(s)$串联,前向传递函数为$[G_1(s)+G_2(s)]G_3(s)$,开环传递函数为$[G_1(s)+G_2(s)]G_3(s)G_4(s)$,负反馈回路的传递函数为:

$$G_{yx}(s)=\frac{[G_1(s)+G_2(s)]G_3(s)}{1+[G_1(s)+G_2(s)]G_3(s)G_4(s)}$$

【例 1.9】　调节系统见图 1.28,利用方框图的等效变换,求图示系统的传递函数 $G_{yx}(s)$。

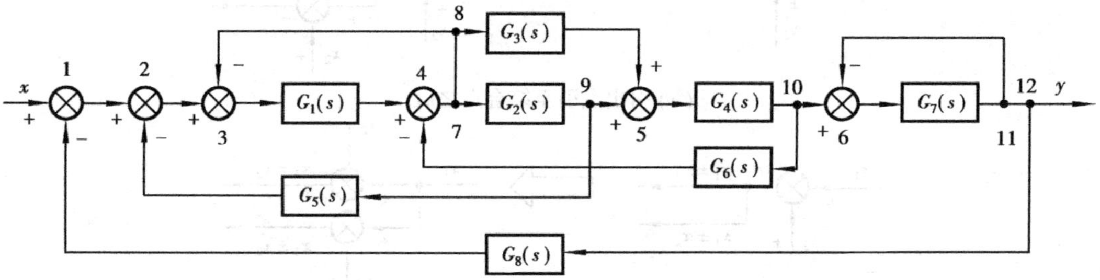

图 1.28　调节系统方框图 1

【解】　图 1.28 中有 6 个综合点 1~6 和 6 个引出点 7~12,因为回路间相互交叉($G_1(s)$,$G_2(s)$,$G_3(s)$一方面与回路$G_1(s)$,$G_2(s)$,$G_5(s)$交叉,另一方面又与回路$G_2(s)$,$G_4(s)$,$G_6(s)$

交叉)。利用方框图等效变换求传递函数时,第一步需去掉回路的交叉部分,这一般有多种方法可行,但应选择一种最简单的方法。对于本例的实际情况,最简单的方法是将综合点4移到1~2;将引出点9移到 $G_2(s)$ 前。经过如此变换后,图1.28等效变为图1.29的结构。

图1.29所示方框图已消除了交叉部分,应用串并联和反馈的法则进一步简化,得到等效图1.30。

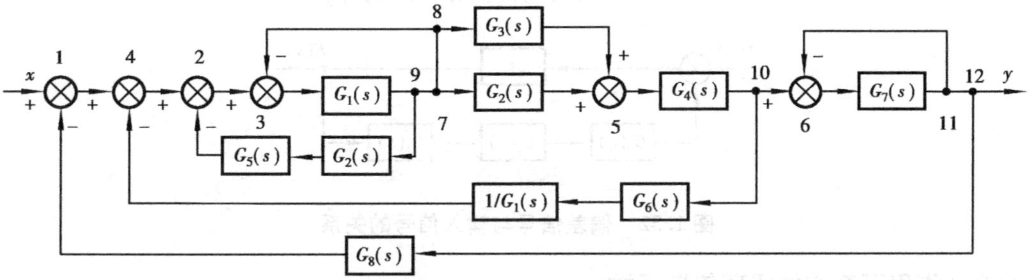

图1.29 调节系统方框图2

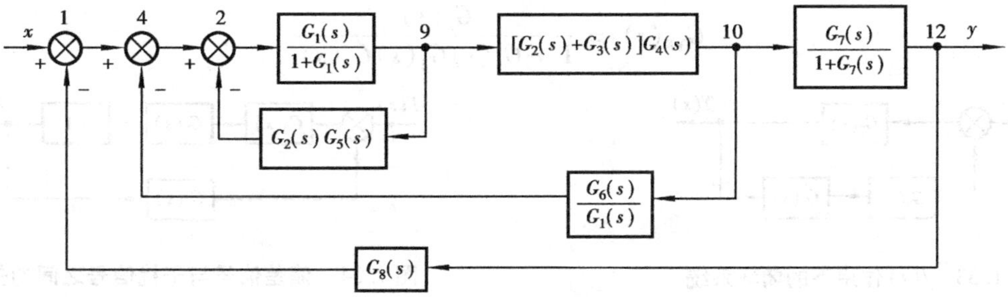

图1.30 调节系统方框图3

最后得控制系统的传递函数为:

$$G_{yx}(s)=\frac{(G_2+G_3)G_1G_4G_7}{(1+G_7)[1+G_1+G_1G_2G_5+G_4G_6(G_2+G_3)]+G_1G_4G_7G_8(G_2+G_3)}$$

1.6.4 控制系统的传递函数

控制系统在工作过程中会受到2类信号的作用:一类为给定值、指令及参考输入等主动信号;另一类为扰动等被动信号。含有扰动的闭环控制系统框图,见1.31。

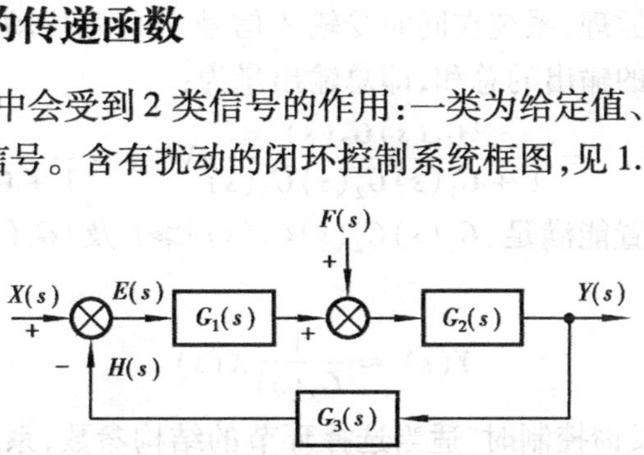

图1.31 考虑扰动的闭环控制系统

研究系统输出量 $y(t)$ 的运动规律,只考虑输入量 $x(t)$ 的作用是不完全的,往往还要考虑干扰$f(t)$的影响。

1）偏差与输入之间的传递函数

令$f(t)=0$,将方框图1.31变换成图1.32,则传递函数为:

$$G_{EX}(s)=\frac{1}{1+G_1(s)G_2(s)G_3(s)}$$

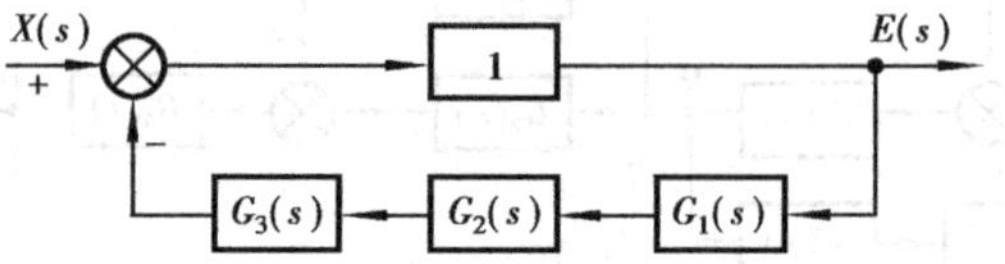

图1.32 偏差信号与输入信号的关系

2）$f(t)$作用下系统的闭环传递函数

令$x(t)$为0,将方框图1.31变换成图1.33,则传递函数为:

$$G_{YF}(s)=\frac{G_2(s)}{1+G_1(s)G_2(s)G_3(s)}$$

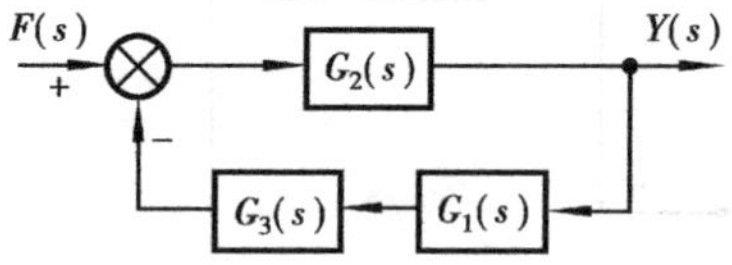

图1.33 $f(t)$作用下的闭环系统

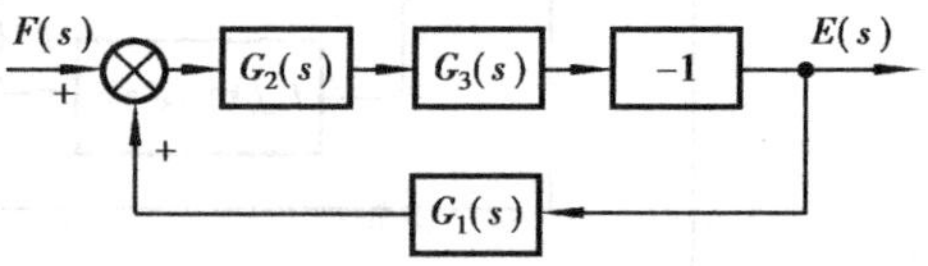

图1.34 偏差信号与干扰信号之间的关系

以偏差为输出、以干扰为输入的方框图见图1.34。其传递函数为:

$$G_{EF}(s)=\frac{-G_2(s)G_3(s)}{1+G_1(s)G_2(s)G_3(s)}$$

3）系统的总输出

根据线性系统的叠加原理,系统在同时受输入信号$x(t)$和扰动信号$f(t)$的作用时,其总输出应为各作用分别引起的输出的总和,即总输出量为:

$$Y(s)=Y_{YX}(s)+Y_{YF}(s)=\frac{G_1(s)G_2(s)}{1+G_1(s)G_2(s)G_3(s)}X(s)+\frac{G_2(s)}{1+G_1(s)G_2(s)G_3(s)}F(s)$$

如果系统中的参数设置能满足$|G_1(s)G_2(s)G_3(s)|\gg 1$及$|G_1(s)G_3(s)|\gg 1$,则系统总输出传递函数为:

$$Y(s)\approx\frac{1}{G_3(s)}X(s) \tag{1.67}$$

式(1.67)表明,采用反馈控制时,适当选择环节的结构参数,系统就具有很强的抑制干扰的能力。同时,系统的输出只取决于反馈通道上的传递函数及输入信号,而与前向通道上的传递函数无关。当$G_3(s)=1$时,即系统为单位反馈时,$Y(s)\approx X(s)$,表明系统几乎实现了对输入信号的完全复现,即获得较高的工作精度。

2 调节器和调节系统

在了解、掌握设备对象和工艺流程特性的基础上,以及确定控制目标、被调量和操作量后,自动控制的下一个重要设计任务就是拟订控制方案和选择或设计调节器,使系统满足设定的性能指标。控制策略随控制目标和控制精度的要求而不同,它是设计过程中的关键步骤。对于制冷空调类热工机电装置的自动控制系统,除了某些场合采用双位调节器以外,绝大多数采用 PID 调节器。为了适应生产并满足产品对控制技术的要求愈来愈高的发展趋势,必须充分注意先进控制技术在过程中的应用。

本章以 PID 调节器为基础,重点讨论单回路系统的基本调节原理、结构及其动态特性,分析调节器和调节对象特性对调节过程的影响;介绍如何正确选择调节器结构和设计(或整定)调节器特性参数;最后简单介绍复合调节系统、PID 数字控制、模糊控制和自适应控制的一些基本知识及其应用。

2.1 双位控制

2.1.1 双位调节器的工作原理

双位控制是最简单的一种控制方式。当调节器的输入信号 $e(t)$ 发生变化后,其输出信号 $u(t)$ 只有最大输出 M_1 和最小输出 M_2,即通常的“开”和“关”。其关系式为:

$$m(t)=\begin{cases}M_1 & e(t)>0\\ M_2 & e(t)<0\end{cases} \tag{2.1}$$

式中 M_1,M_2——常数。

如图 2.1 和图 2.2 所示,当被调参数在差动范围$\{a<y<b\}$内变化时,双位调节器输出信号保持原来的状态不变化;而当被调参数变化至 $y=a$ 或 $y=b$ 时,输出信号才跃变到 M_2 或 M_1。通常情况下,差动范围是由执行机构的摩擦力、运动惯性或间隙所造成的。只要控制精度允许,适当的差动范围对于防止开关动作过于频繁有益。因此,在实际控制中,常常以给定上下限值(波动范围)来表示调节系统的给定值。双位调节器由于其输出信号跳跃间断,故常被称为“继电器”。

双位调节器通常把发信器、调节器和执行器集成于一体,具有结构简单、应用便捷的优点。在热能动力装置自动控制系统中,很多热工参数(如温度、压力、湿度、液位和流量等)都广泛

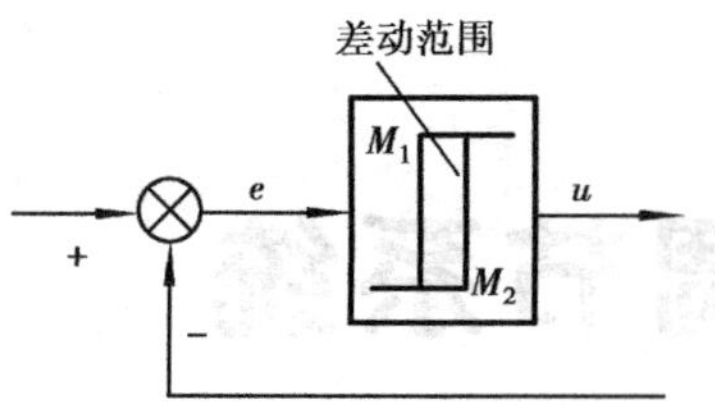

图 2.1　双位调节器框图

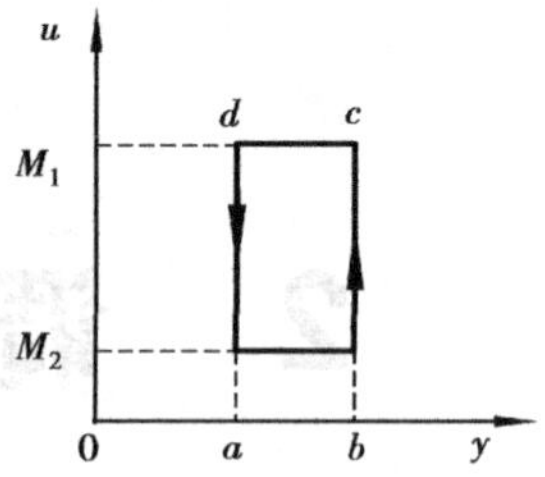

图 2.2　双位调节器静态特性

采用双位控制。有关热工参数双位控制器的结构原理等，将在第 3 章逐一介绍。

2.1.2　双位调节过程及其特性

如图 2.3 所示，发信器测量冷库内工作温度，当温度达到上下差动值时，通过控制制冷剂供液电磁阀的开与关来控制进入冷库中的制冷剂流量，从而控制冷库的工作温度。

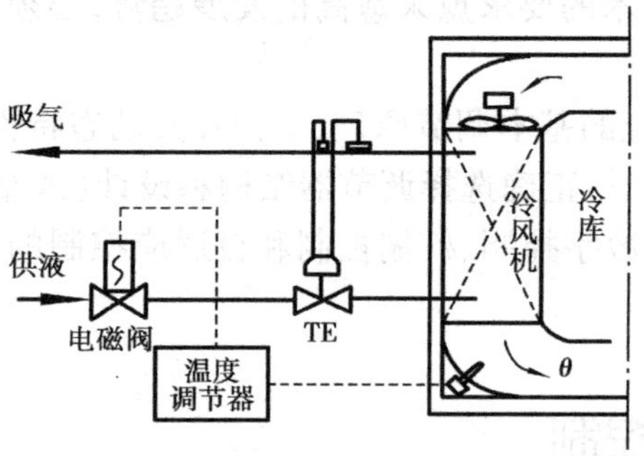

图 2.3　双位调节器控制冷库温度原理图

图 2.4 是一典型的等幅振荡过程。当库温由点 0 上升到差动值 b 时（点 1），供液电磁阀打开，经过 τ_1 时间，库温达到最高点 2；由于冷量的作用，库温下降，到达差动值 a 时（点 3），供液电磁阀关闭，经过 τ_2 时间，库温达到最低点 4，之后又进入上升和往复的过程。τ_1 和 τ_2 分别为供液电磁阀在开与关时由于路程、容量、惯性等因素所产生的迟延，即调节作用较调节器的动作迟延，以致库温在 τ_1 和 τ_2 时间内仍按照对象本身的飞升曲线规律变化，使冷库温度的波动范围变大。0—2 和 2—4 的飞升曲线是由冷库对象的固有特性所决定的，在稳态条件下其变化趋势不变。

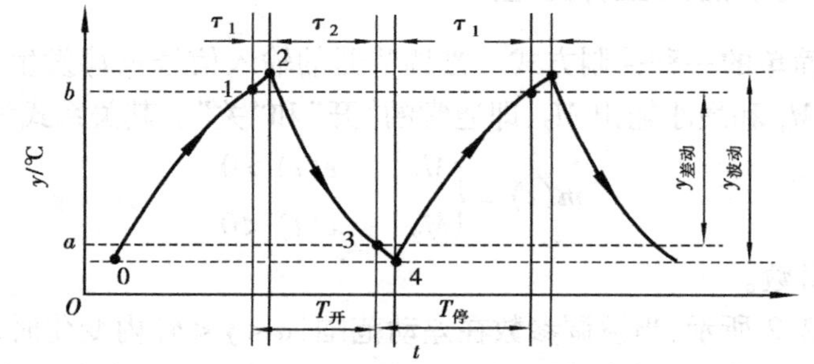

图 2.4　冷库温度双位控制调节过程曲线

双位调节器有一差动范围，改变差动范围可以控制被调参数的波动范围。同时，由于迟延的存在，使调节作用滞后，被调参数的波动范围增大。若 $y_{差动} \to 0$，则 $y_{波动} \to 0$（若 $\tau = 0$），调节器工作周期 $T \to 0$，调节器的工作频率趋向于无限大，这是实际工作中不允许的。因此，通过减少 $y_{差动}$ 来提高双位控制过程的精度，受双位调节器执行机构的工作频率所限制。

双位调节器具有如下特点：

①双位调节器结构简单，运行性能稳定、可靠、价廉。

②输出信号迅速突变，只能保持“ON”、“ OFF”2 种状态，是典型的非线性调节器。

③调节过程是周期性的等幅振荡过程，被调参数在其波动范围内按对象本身的飞升曲线变化。

④控制对象的时间常数 T 愈小，迟延 τ 愈大，则特性比 τ/T 愈大，被调参数的波动范围 $y_{波动}$ 就愈大，一般 τ/T 值小于 0.3 的对象才适合选用双位调节器。

2.2 比例积分微分控制

比例积分微分控制常简称 PID 控制，它是控制工程中技术成熟、应用广泛的一种控制策略。它不仅适用于数学模型已知的控制系统，而且对于大多数数学模型难以确定的工业过程也可应用，同时具有原理简单、结构改变灵活，适应性好和鲁棒性强的优点。

随着计算机技术的迅速发展，将 PID 控制数字化，在计算机控制系统中实施数字 PID 控制，已成为一个新的发展趋势。因此，PID 控制是一种很重要、很实用的控制规律。本节在学习 PID 基本调节规律的基础上，进一步介绍 PID 单回路调节系统及其特性。

2.2.1 3 种基本调节规律

1）比例（P）调节

P 调节器的输出 $u(t)$ 和输入 $e(t)$ 成正比，其微分方程和传递函数分别为：

$$u(t) = K_P e(t) \tag{2.2}$$

$$G_P(s) = K_P \tag{2.3}$$

式中 K_P——比例系数，即调节器输出（调节阀开度）与偏差的比值。

由特性方程可知，比例调节器属于线性调节器，它的调节动作能够连续地进行，并经常地保持被调参数对给定值的偏差与调节器的输出成一定的比例关系。

比例调节的显著特点是有差调节。当系统负荷发生变化时，流入量和流出量的变化引起系统内部质量或能量的改变，导致被调参数产生偏移，而 P 调节器的作用是使被调量稳定而不是恢复到设定值。P 调节器可以独立构成单回路调节系统，在制冷空调装置中常用的热力膨胀阀和浮球阀就是典型的比例型调节器。

2）积分（I）调节

I 调节器的输出 $u(t)$ 与偏差 $e(t)$ 对时间的积分成正比，其微分方程和传递函数分别为：

$$u(t) = K_I \int_0^t e(t)\,dt = \frac{1}{T_I}\int_0^t e(t)\,dt \tag{2.4}$$

$$G_I(s) = \frac{K_I}{s} = \frac{1}{T_I s} \tag{2.5}$$

式中 K_I——积分速度；

T_I——积分时间常数，$T_I = 1/K_I$。

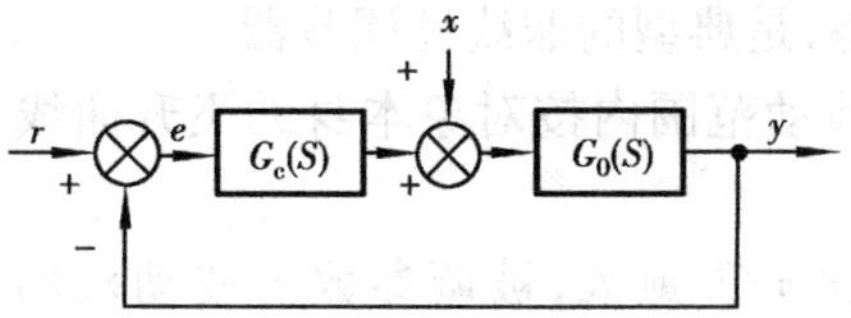

图 2.5　单回路调节系统框图

由式(2.4)可知，积分调节规律反映了偏差的累积情况，一般不能单独使用，而是与比例调节作用结合在一起，构成 PI 或 PID 调节器。

I 调节作用的最大优点是具有消除静态偏差的特性，这可应用终值定理予以证明。如图 2.5 所示，$G_0(s)$为广义对象的传递函数，$G_c(s)$为调节器传递函数，r 为给定值，x 为外部扰动，y 为被调参数。对于该系统，在 x 扰动下闭环的传递函数为：

$$G(s) = \frac{Y(s)}{X(s)} = \frac{G_0(s)}{1 + G_c(s)G_0(s)} \tag{2.6}$$

当 x 为单位阶跃扰动时，系统的输出为：

$$Y(s) = \frac{G_0(s)}{s[1 + G_c(s)G_0(s)]} \tag{2.7}$$

由拉氏变换的终值定理，即式(1.22)，得系统静态偏差为：

$$e(\infty) = y(\infty) = \lim_{s\to 0} sY(s) = \lim_{s\to 0} \frac{G_0(s)}{1 + G_c(s)G_0(s)} \tag{2.8}$$

对于 P 调节器，由于 $G_c(s) = K_P$，故：

$$e(\infty) = \lim_{s\to 0} \frac{G_0(s)}{1 + K_P G_0(s)} \neq 0$$

对于 I 调节器，由于 $G_c(s) = K_I/s$，则：

$$e(\infty) = \lim_{s\to 0} \frac{G_0(s)}{1 + \frac{K_I G_0(s)}{s}} = 0$$

3)微分(D)调节规律

P 调节器和 I 调节器的输出只与当时偏差的大小和方向有关，而与被调参数偏差的变化速度和变化方向无关，被调对象中流入量与流出量之间的不平衡程度决定着被调参数的变化趋势。因此，如果调节器能够根据被调参数的变化趋势来控制调节阀，而不用等到被调参数出现较大偏差后才开始动作，则调节的效果会更好。D 调节器具有这种预见性和超前性，它的输出与被调量或其偏差对于时间的导数成正比，其微分方程和传递函数分别为：

$$u(t) = K_D \frac{\mathrm{d}e(t)}{\mathrm{d}t} = T_D \frac{\mathrm{d}e(t)}{\mathrm{d}t} \tag{2.9}$$

$$G_D(s) = K_D s = T_D s \tag{2.10}$$

式中　K_D——微分速度，也可记为 T_D，称为微分时间。

微分调节作用仅与偏差的变化速度有关，而与偏差的大小无关，它不能单独使用，但由于其超前作用的优点，在比例或比例积分调节规律中加入微分作用，构成 PD 或 PID 调节器，可以改善调节系统品质。

2.2.2　PID 单回路调节器

1)比例积分(PI)调节

PI 调节器综合了比例和积分 2 种调节作用,其微分方程和传递函数分别为:

$$u(t) = K_P e(t) + K_I \int_0^t e(t)\mathrm{d}t = K_P\left[e(t) + \frac{1}{T_I}\int_0^t e(t)\mathrm{d}t\right] \tag{2.11}$$

$$G_{PI} = K_P\left[1 + \frac{1}{T_I s}\right] \tag{2.12}$$

式中　K_P, T_I——调节器的比例系数和积分时间,$T_I = \frac{K_P}{K_I}$

在输入 $e = e_0$ 时,其输出(阶跃响应)为:

$$u(t) = K_P e_0\left[1 + \frac{t}{T_I}\right] \tag{2.13}$$

阶跃响应曲线如图 2.6 所示。由图可以看出 PI 调节器的两个结构参数的意义,K_P 决定了在阶跃输入的瞬时输出跳变的幅度,T_I 决定了输出的变化速度,它等于输出达到 2 倍比例输出时所需的时间。

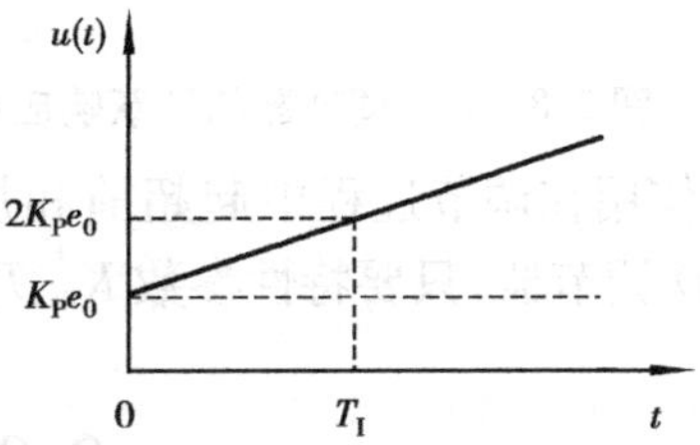

图 2.6　PI 调节器的阶跃响应曲线

2)比例微分(PD)调节

PD 调节器的动态方程和传递函数分别为:

$$u(t) = K_P e(t) + K_D \frac{\mathrm{d}e(t)}{\mathrm{d}t} = K_P\left[e(t) + T_D \frac{\mathrm{d}e(t)}{\mathrm{d}t}\right] \tag{2.14}$$

$$G_{PD}(s) = K_P + K_D s = K_P(1 + T_D s) \tag{2.15}$$

式中　T_D——调节器的微分时间,$T_D = \frac{K_D}{K_P}$。

在输入 $e = e_0$ 时,输出为:

$$u(t) = K_P e_0[1 + T_D\delta(t)]$$

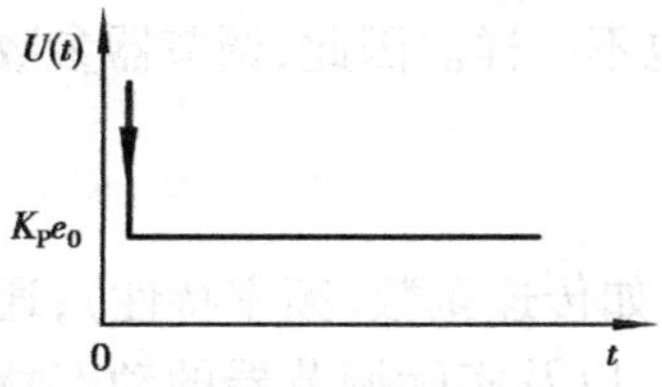

图 2.7　PD 调节器的阶跃响应曲线

由图 2.7 可以看出 PD 调节器的特点和 2 个参数的意义。在阶跃输入的瞬时,微分调节首先发生作用,其输出的是 1 个 δ 函数,δ 函数的强度为输入幅度和微分时间 T_D 的乘积。当微分作用结束后,调节器的比例作用使输出维持在一定的幅度。

3)比例积分微分(PID)调节

将比例、积分和微分 3 种作用结合在一起,即构成 PID 调节器。PID 调节器的微分方程和传递函数分别是:

$$u(t) = K_P e(t) + K_I \int_0^t e(t)\mathrm{d}t + K_D \frac{\mathrm{d}e(t)}{\mathrm{d}t}$$

$$= K_P\left[e(t) + \frac{1}{T_I}\int_0^t e(t)\,dt + T_D\frac{de(t)}{dt}\right] \tag{2.16}$$

$$G_{PID}(s) = K_P + K_I\frac{1}{s} + K_D s = K_P\left(1 + \frac{1}{T_I s} + T_D s\right) \tag{2.17}$$

式中，T_I，T_D——PID 调节器的积分时间和微分时间，$T_I = \frac{K_P}{K_I}$，$T_D = \frac{K_D}{K_P}$。

在输入 $e = e_0$ 时，输出 $u(t)$ 为：

$$u(t) = K_P e_0\left(1 + \frac{t}{T_I} + T_D\delta(t)\right) \tag{2.18}$$

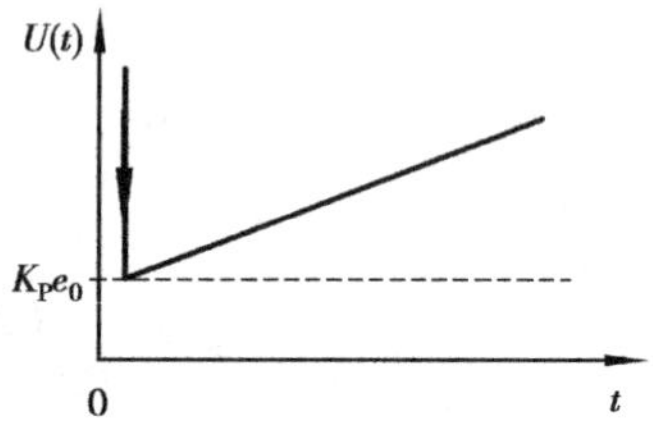

图 2.8　PID 调节器的阶跃响应曲线

PID 调节器的阶跃响应曲线，见图 2.8。由图可以看出，在阶跃输入的瞬时，微分调节首先发生作用，微分作用结束后，输出信号迅速降到 K_Pe_0 值，由比例作用主导，然后由于积分作用使输出信号逐渐增大。PID 调节器有 3 个可以调整的参数为：K_P，T_I，T_D，它们兼有比例、积分和微分调节器的作用特点。在这 3 种作用中，主要靠比例作用避免过分振荡，积分作用消除静态偏差，微分作用在调节过程中起超前和加强调节的作用，减少动态和静态偏差。在调节系统中应用 PID 调节器，只要特性参数 K_P、T_I 和 T_D 设计得当，即可得到理想的调节质量。

2.3　PID 调节器的工程整定

自动控制系统是由广义对象和调节器构成的，其控制质量的决定因素是被调对象的动态特性，系统整定的实质就是通过设计或调整调节器的特性参数，使其与被调对象的特性相匹配，以达到最佳控制的效果。人们将能获得最佳控制效果的调节器参数称为“最佳整定参数”。

评价调节参数是否最佳，需要规定能统一反映控制质量的性能指标，如关于准确性的动静态偏差及稳定性和快速性等指标。然而，改变调节器参数可以使某些指标得到改善，而同时又会使其他的指标恶化；不同的生产过程对系统性能指标的要求也不一样。因此，调节器参数的整定有一定的灵活性。

调节器参数整定方法如下：

①理论计算整定法：这类整定方法基于被调对象数学模型（如传递函数、频率特性），通过计算直接得到调节器的整定参数。由于对象数学模型的近似性，以及实际调节器的动态特性与理想调节器的动作规律有一定的差别，所以理论计算求得的整定参数并不可靠。此外，理论计算整定法比较复杂、繁琐，使用不十分方便。

②工程整定法：这类整定方法在工程实际中比较流行，其中有些是基于对象的阶跃响应曲线，可直接在闭环系统中进行，简单且易于掌握。由于该方法是在理论的基础上通过实践总结出来的，所以通过并不复杂的实验就能获得调节器的近似最值整定参数。

对于多数调节系统来说，这些整定结果无疑能令人满意。但对于具体对象如何合理地选择整定方法，如何认识和分析几种整定方法的优缺点及其适用范围，正是下面要讨论的问题。

2.3.1 动态特性参数法

以被调对象控制通道的阶跃响应为依据，通过一些经验公式求取调节器最佳参数整定值的开环整定方法，称为动态特性参数法。计算调节器整定参数的公式，见表 2.1。

表 2.1 动态特性参数法 PID 参数整定

整定参数 \ 调节规律	K_P	T_I	T_D
P	$T_0/K_0\tau$		
PI	$T_0/1.1\ K_0\tau$	3.3τ	
PID	$T_0/0.85\ K_0\tau$	2τ	0.5τ

表中特性参数 τ, T_0，K_0 可根据 1.4 节所述，通过广义对象的阶跃响应曲线求取，如图 2.9 所示的蒸汽热交换器控制系统。其中，$K_0=(y_\infty-y_0)/\Delta x$，$\tau$ 和 T_0 可分别通过作图法求得。

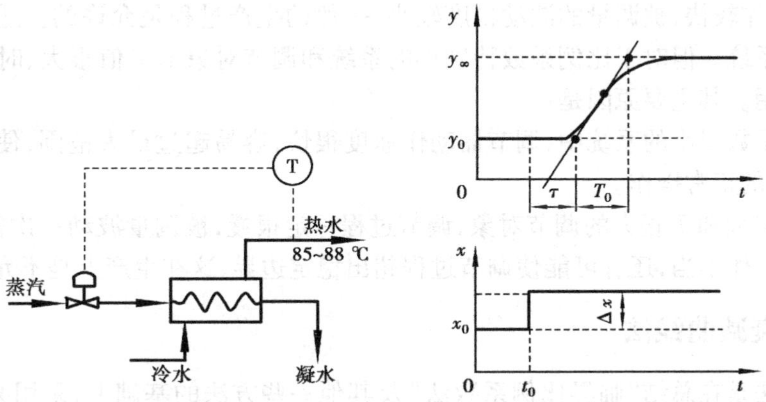

(a)蒸汽热交换器调节系统图　　(b)广义对象阶跃反应曲线

图 2.9 高压热交换器调节系统及反应曲线

动态特性参数法首先要求获得广义对象的飞升特性曲线，从原理上讲这个实验是非常简单的，但是要获得真正的对象飞升特性曲线并不容易，主要原因有 2 个：其一，某些被调对象生产工艺要求严格，约束条件多，测试工作较难实施；其二，某些被调对象的干扰因素较多，而且干扰作用频繁，测试工作不易准确。

通常为了保证一定的准确度，往往要加入足够大的干扰量，以使被调量变化足够大而克服其他较小的随机干扰，因此也影响到某些系统的生产过程。该方法的优点是：实验简单、容易掌握，适用于被调参数允许变化较大的对象。

2.3.2 临界比例系数法

这是一种闭环的整定方法，它基于纯比例控制系统临界振荡实验所得数据，即临界比例系数 $K_{P,cr}$ 和临界振荡周期 T_{cr}，利用经验公式求取调节器最佳参数。具体步骤如下：

①使调节器工作在比例作用状态，即置比例系数为较小值、积分时间 $T_I=\infty$、微分时间 $T_D=0$，使系统投入运行。

②待系统运行稳定后，逐渐增大比例系数，直到系统处于等幅振荡状态，记录此时的比例系数 $K_{P,cr}$ 和振荡周期 T_{cr}。

③利用 $K_{P,cr}$ 和 T_{cr} 值，按表 2.2 计算调节器各整定参数的数值。

表 2.2　临界比例系数法 PID 参数整定

整定参数 / 调节规律	K_P	T_I	T_D
P	$2K_{P,cr}$		
PI	$2.2\ K_{P,cr}$	$0.85T_{cr}$	
PID	$1.67\ K_{P,cr}$	$0.50T_{cr}$	$0.125T_{cr}$

用临界比例系数法进行实验时，调节器是投入运行的。因此，被调对象处于调节器的控制下，被调量一般会保持在允许的范围内。该方法的优点是：在稳定的边界条件下，调节器的比例系数较小，动作较快，被调量的波动幅度较小，一般的生产过程是允许的。适用于一般的热工参数的调节系统。但对于比例系数特别小的系统和调节对象 τ/T 值很大、时间常数 T 也很大的系统不适用。其主要原因是：

①在比例系数很小的系统中，调节器动作速度很快，容易超过最大范围，使调节器全开或全关，影响生产的正常操作。

②对于 τ/T 大和 T 很大的调节对象，调节过程一定很慢，被调量波动一次需要很长时间。如参数设置或操作不当，还有可能使调节过程超出稳定边界，这在生产上是不允许的。

2.3.3　衰减曲线法

衰减曲线法是在总结“临界比例系数法”及其他一些方法的基础上，采用某种衰减比（通常为 4∶1或 10∶1）时设定值扰动的衰减实验数据，然后利用一些经验公式，求取调节器的相应的整定参数。4∶1衰减曲线法的具体整定步骤如下：

①使调节器工作在比例作用状态，即设定比例系数为较小值、积分时间 $T_I=\infty$、微分时间 $T_D=0$，使系统投入运行。

②待系统运行稳定后，使设定值阶跃扰动，并观察系统的响应。若系统响应衰减太快，则增大比例系数；反之，系统响应衰减过慢，应减小比例系数。如此反复，直到系统出现 4∶1的衰减过程。记录此时的比例系数 $K_{P,s}$ 和振荡周期 T_s。

③利用 $K_{P,s}$ 和 T_s 值，按表 2.3 计算调节器各整定参数的数值。

表 2.3　衰减曲线法 PID 参数整定

整定参数 / 调节规律	衰减率 ψ	K_P	T_I	T_D
P	0.75	$K_{P,s}$		
PI		$1.2K_{P,s}$	$0.5T_s$	
PID		$0.8K_{P,s}$	$0.3T_s$	$0.1T_s$
P	0.9	$K_{P,s}$		
PI		$1.2K_{P,s}$	$2T_s$	
PID		$0.8K_{P,s}$	$1.2T_s$	$0.4T_s$

上述整定工作要考虑系统的负荷特性，防止系统的非线性特性的影响，以及在各种不同负荷下可能产生的振荡或衰减比过大的现象。

对于扰动频繁，过程进行较快的控制系统，要准确地确定系统响应的衰减程度比较困难，往往只能根据调节器输出摆动次数加以判断。对于 4∶1 衰减过程，调节器输出应来回摆动两次后稳定。摆动 1 次所需时间即为 T_s，显然，这样测得的 $K_{P,s}$ 和 T_s 值，会给调节器参数整定带来误差。

衰减曲线法也是在调节器投入运行状态下闭环运行的。被调量偏离工作点不大，也不需要使调节过程成为临界状态，比较安全且容易掌握，适用于各种类型的调节系统。从反应时间比较长的温度调节系统，到反应时间比较短的流量调节系统，都可以很方便地使用衰减曲线法。该方法的缺点是：对于时间常数较大的对象，因过渡过程波动周期很长，而且要多次实验逼近衰减比 4∶1。所以，它和临界比例系数法一样，整个实验很费时间。

2.3.4　经验法

经验法不需要进行上述方法所要求的实验和计算，而是根据运行经验，先确定一组调节器参数，并将系统投入运行，然后人为地加入阶跃扰动（通常为调节器的设定值扰动），观察被调量或调节器输出的阶跃响应曲线，并依照调节器各参数对调节过程的影响，改变相应的整定参数值。一般先调节 K_P，之后对 T_I 和 T_D 适当调整，如此反复，直到获得满意的阶跃响应曲线为止。表 2.4 是针对不同对象给出调节器的经验数据；表 2.5 给出设定值扰动下整定参数对调节过程的影响。经验试凑法使用得当，可以获得满意的调节参数，取得最佳的控制效果。因此，它是一种实用、省时，对生产影响小的整定方法。

表 2.4　经验法调节器参数经验数据

整定参数 / 性能指标	K_P	T_I/min	T_D/min
温　度	2.0～5.0	3～10	0.5～3
压　力	1.5～3.0	0.4～3	
流　量	1.0～2.5	0.1～1	
液　位	1.2～5.0		

表 2.5 给出设定值扰动下整定参数对调节过程的影响

性能指标 \ 整定参数	$K_P\uparrow$	$T_I\downarrow$	$T_D\downarrow$
最大动态偏差	↑	↑	↓
残　差	↓	—	—
衰减率	↓	↓	↑
振荡频率	↑	↑	↓

2.4 复合调节系统

单回路调节系统解决了自动控制中大量的定值控制问题。它只适用于简单的单输出过程的控制，不能解决多输出的过程控制问题。即使对于简单的单输出过程，当调节对象的动态特性很复杂，如迟延很大，扰动量变化快、作用频繁且强烈；或调节对象的动态特性并不复杂，但对调节质量的要求很高时，仅采用上述的简单调节系统往往不能得到良好的控制性能。此外，随着现代科学技术的发展，对提高生产效率、节能降耗和环境保护提出了更高的要求，从而对控制系统的精度和功能要求更高。为此，在单回路的基础上，发展了串级、补偿和解耦等复合调节系统。本节重点讨论在制冷空调工程中常用的串级控制和前馈-反馈复合控制技术，并简单介绍纯滞后补偿和自适应控制技术。

2.4.1 串级控制系统

1）串级控制系统的结构与工作原理

串级控制系统是改善控制质量的有效方法之一，在制冷空调系统和其他热工对象的自动控制中得到广泛的应用。

如图 2.10 所示，冷库采用直接蒸发强制对流冷却方式，库房温度是冷库系统的被调参数，选取制冷剂流量为操作量。影响冷库温度的主要因素有：制冷剂蒸发压力或蒸发温度扰动 f_1，制冷剂流量扰动 f_2，冷库外部环境温度及传热扰动 f_3，冷库物流等热负荷扰动 f_4 等。虽然所有被调参数的扰动都包含在控制回路中，理论上可由温度调节器予以克服；但是冷库温度控制通道的时间常数和容量系数大，并有较大的迟延，系统克服扰动的能力差，单回路控制作用不能满足较高精度的生产工艺要求。

如图 2.11 所示，可寻求一个能较快地反应平息扰动和调节作用的中间变量，构成另一个单回路调节系统。其中，由调节器Ⅱ组成的蒸发温度的单回路调节通道，使影响库温变化的制冷系统侧扰动得到及时克服。但该控制方案需增加一个调节阀，既增大了管道的流动阻力，又增加了投资，同时还存在耦合参数的协调问题，在经济和技术上都不甚合理。

综合上述 2 种方案，选取冷库温度为主被调参数（称为主参数），选取制冷机蒸发温度为副被调参数（称为副参数），将冷库温度调节器Ⅰ的输出作为蒸发压力调节器Ⅱ的给定值，构

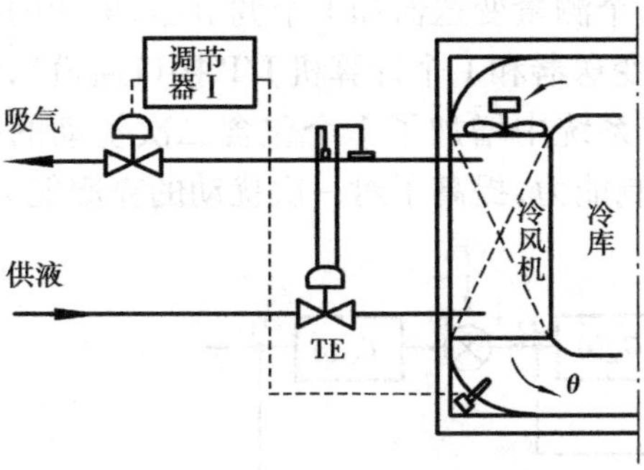

图 2.10　直接蒸发式冷库温度单回路控制系统

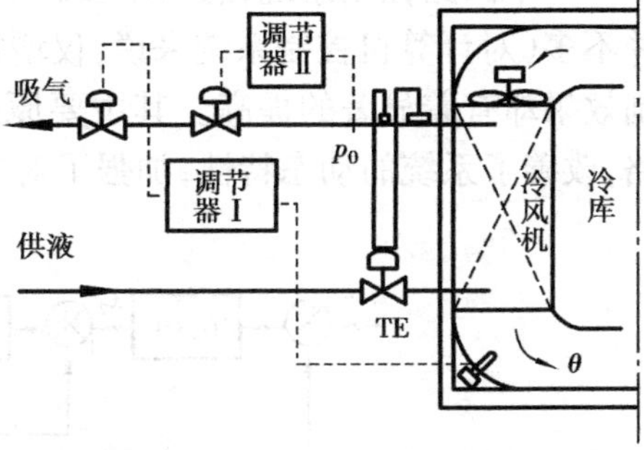

图 2.11　冷库温度多通道单回路控制系统

成了图 2.12 所示的冷库温度串级调节系统。由调节器Ⅱ(称为副调节器)和副参数构成的闭环回路称为副回路,由调节器Ⅰ(称为主调节器)和主参数构成的闭环回路称为主回路,副回路串在主回路之中,故称为串级调节系统。

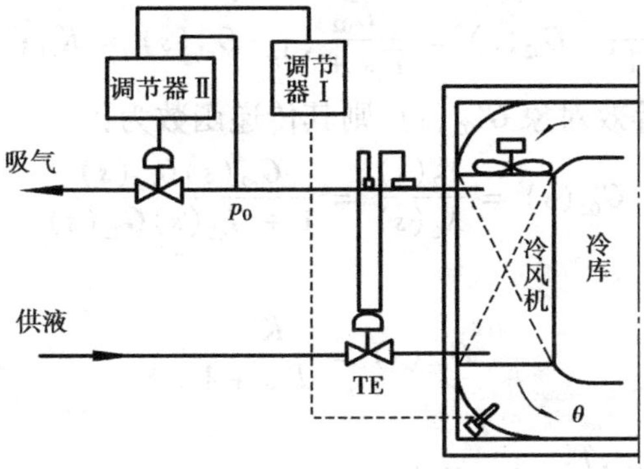

(a) 串级控制方案

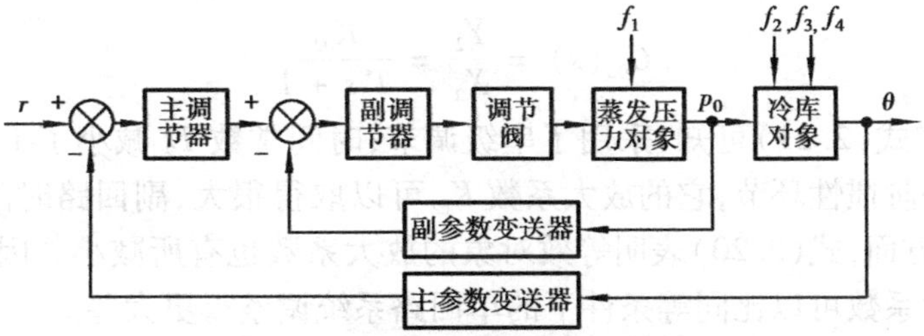

(b) 串级控制系统框图

图 2.12　冷库温度串级控制系统原理图

2) 串级控制系统的特点与分析

串级调节系统是由 2 个调节器串接起来组成的双闭环系统,其主回路(外环)是一个定值控制系统,而副回路(内环)则为一个随动控制系统。以冷库温度控制系统为例,在控制过程中,副回路起着对蒸发温度的快速“粗调”作用,而主回路则完成对冷库温度的“精调”任务。

与单回路控制系统相比，串级调节系统多用了1个测量变送器和1个调节器，增加的投资并不多（对计算机控制系统来说，仅增加了1个测量变送器和1个计算机I/P接口通道），但控制效果却有着显著的提高。其主要原因是串级调节系统中增加了1个包含二次扰动的副回路，改善了系统的动态特性，加强了对二次干扰的抑制能力，提高了对一次扰动的克服能力。

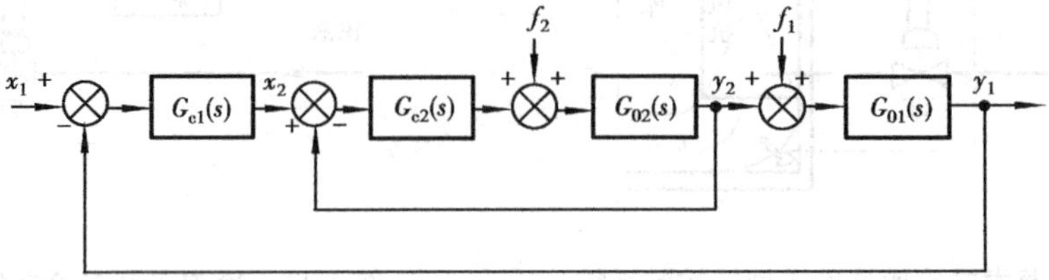

图2.13　串级调节系统框图

图2.13所示为一串级调节系统的框图，假设调节对象为2个一阶惯性环节，调节器（含执行器）都是比例调节规律，其传递函数分别为：

$$G_{01}(s) = \frac{K_{01}}{T_1 s + 1};\quad G_{02}(s) = \frac{K_{02}}{T_2 s + 1};\quad G_{c1}(s) = K_{c1};\quad G_{c2}(s) = K_{c2}$$

把闭环的副回路看作等效对象 $G'_{02}(s)$，则其传递函数为：

$$G'_{02}(s) = \frac{Y_2(s)}{X_2(s)} = \frac{G_{c2}(s)G_{02}(s)}{1 + G_{c2}(s)G_{02}(s)} \tag{2.19}$$

整理得：

$$G'_{02}(s) = \frac{K'_{02}}{T'_2 s + 1} \tag{2.20}$$

式中：$K_2 = K_{c2}K_{02}$，$K'_{02} = \frac{K_2}{1 + K_2}$，$T'_2 = \frac{T_2}{1 + K_2}$。

如果不采用串级调节系统，那么图2.13中副调节器及来自 Y_2 的反馈信号都不存在，这时 X_2 到 Y_2 的传递函数为：

$$G_{02}(s) = \frac{Y_2}{X_2} = \frac{K_{02}}{T_2 s + 1} \tag{2.21}$$

由式(2.20)和式(2.21)可知：采用了串级调节，时间常数 T_2 减小了 $1 + K_2$ 倍，而且副回路的调节对象是一阶惯性环节，它的放大系数 K_{c2} 可以取得很大，副回路时间常数就可以减小到很小数值；另一方面，式(2.20)表明等效对象的放大系数也有所减小。因此，串级调节系统中主调节器的放大系数可以比同等条件下的单回路系统调整得更大些。

由以上分析可知：对于冷库温度的主调节器来说，等效对象的时间常数和放大系数均减小，前者的减小意味着调节速度提高，而后者的减小则使系统的稳定性和准确性都有所提高，因而串级调节系统的控制品质优于单回路调节系统。由于串级调节所用的仪表较多，原则上凡能用简单的单回路调节系统解决的问题，就不用相对复杂的串级调节系统。一般情况下，串级调节系统适用于以下几种场合：

(1)对象的滞后比较大　用单回路调节系统时，过渡过程时间长，超调量大，被调参数恢复慢，因此调节质量不能满足要求，这时可以采用串级调节。在系统中选择一个滞后较小的辅助参数组成副回路，并尽可能地将主干扰及其他各种干扰纳入副回路中，使干扰对于主参数的影响减小到最低程度。

(2)调节对象纯迟延时间长　用单回路调节系统不能满足调节质量要求时,可以采用串级调节系统。可在距离调节阀较近,纯迟延较小的地方选择一个辅助参数,组成副回路。

(3)调节质量要求高　系统内存在变化激烈和幅值很大的干扰作用时,调节质量往往较差。这种情况下,为提高系统的抗干扰能力,可采用串级调节系统。只要将这种大幅度激烈的干扰作用纳入副回路之中,可使系统抗干扰的能力大为提高。

由于主调节器和副调节器在串级调节系统中的任务不同,因此对它们的选型也有不同的考虑。副调节器的任务是以快动作迅速抵消在副回路中的干扰,而对中间变量的精确度要求不高,可以采用比例调节器。主调节器的任务是准确保持被调量符合生产要求。如对主参数调节质量要求不高时,可采用比例调节器;但通常考虑采用串级调节的场合,工艺上对调节精度的要求总是很高,不允许被调量存在大的静态偏差。因此,要求主调节器必须具有积分作用,即选用比例积分调节器。

串级控制系统的基本单元依然是单回路调节器,其参数的工程整定方法与2.3节所述类似。

2.4.2　前馈-反馈复合控制系统及其应用

1)前馈控制系统的基本概念

在控制系统(单回路、串级)中,如果能在扰动还没有影响到被调参数时就得到快速地抑制或补偿,而不是等到偏差发生后再进行控制,这样的控制方案可以更有效地消除扰动对被调参数的影响。前馈控制正是基于这种思路提出的。

图2.14中室外新风经过风机、蒸汽盘管加热(或冷却盘管降温)进入送风总管。送风温度θ用蒸汽管路上的调节阀调节。引起温度改变的干扰因素很多,主要的干扰是新风温度的变化。当发生室外新风温度的干扰时,送风温度θ就会有偏差。实线与虚线部分分别为应用前馈调节和反馈调节的温度控制方案,图2.15和图2.16分别为其调节系统框图。

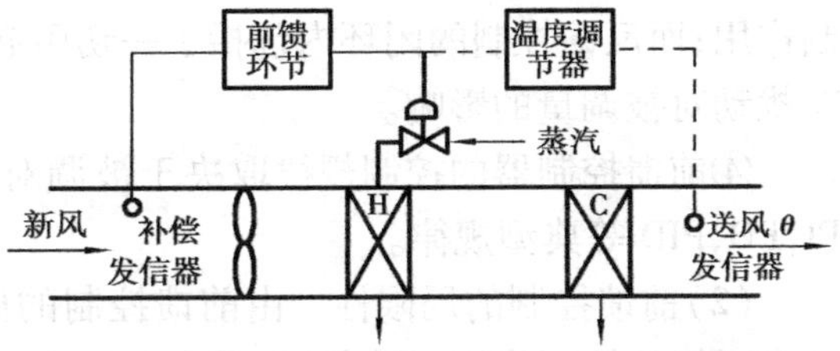

图2.14　全新风空调系统温度控制原理图

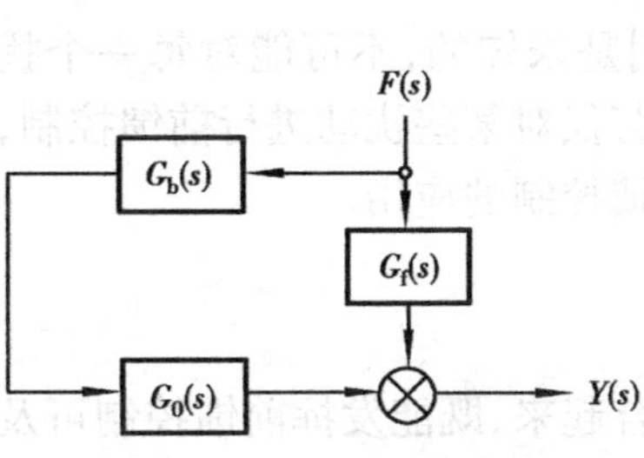

图2.15　前馈调节系统框图

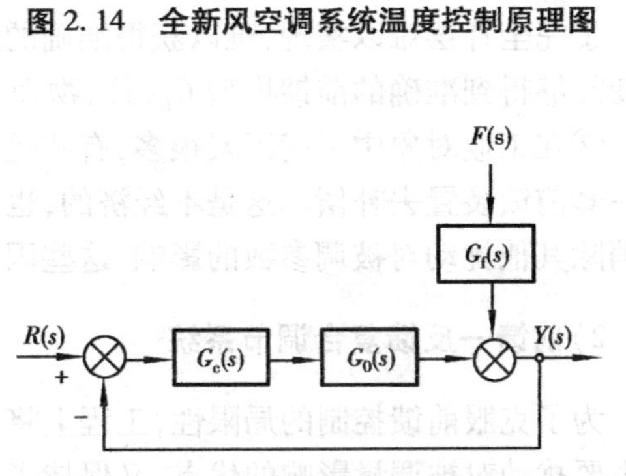

图2.16　反馈调节系统框图

在图2.15中,$G_b(s)$为前馈控制器,$G_f(s)$为扰动通道传递函数,$G_0(s)$为广义对象通道传递函数，$F(s)$为系统可测不可控扰动，$Y(s)$为被调参数送风温度。$F(s)$与$Y(s)$之间存在2个传递通道，其作用关系式为：

$$Y(s) = F(s)[G_b(s)G_0(s) + G_f(s)] \tag{2.22}$$

若使$Y(s)/F(s)=0$，则：

$$G_b(s)G_0(s) + G_f(s) = 0 \tag{2.23}$$

前馈控制器模型为：

$$G_b(s) = -G_f(s)/G_0(s) \tag{2.24}$$

如果前馈控制器在物理上能够实现式(2.24)的传递函数，那么扰动对被调参数的影响就等于0，即实现所谓的“完全不变性”。

在图2.16中，控制器只根据送风温度与给定值的偏差进行调节。当发生新风温度干扰后，等θ变化后控制器才开始动作。而控制作用通过调节阀改变加热蒸汽的流量以后，又要经过热交换过程的惯性，才能产生调节效果。这就可能使送风温度θ产生较大的动态偏差。与前馈控制相比，当发生新风温度的干扰后，不必等到新风温度变化反映到送风温度以后再去控制，而是可以直接根据新风温度的变化立即对调节阀进行控制，具有微分功能的调节器甚至可以在送风温度θ还没有变化前就及时补偿新风温度的扰动。

(1)前馈控制与反馈控制工作特性的差异

①前馈控制基于引起被调参数变化的干扰量进行调节，而反馈控制的本质是“基于偏差来消除偏差”。

②前馈控制是在干扰引起被调参数变化前作用；而反馈控制是在偏差出现后发生作用，由于系统的迟延，导致前馈调节对扰动的克服比反馈调节快。

③前馈控制属于开环控制，只适合用来克服可测而不可控的扰动，对系统的其他扰动无抑制作用；而反馈控制的闭环内包括了一切引起被调参数变化的扰动，因此在理论上可以消除所有扰动对被调量的影响。

④前馈控制器的控制规律取决于被调对象的特性，比较复杂；而反馈控制器通常采用P，PI，PD，PID等典型规律。

(2)前馈控制的局限性　由前馈控制的原理可以看出，前馈控制虽然对可测不可控的扰动有很好的抑制作用，但同时也存在着很大的局限性。

①完全补偿难以实现：难以获得准确的过程扰动通道特性$G_f(s)$和控制通道特性$G_0(s)$；即使能够得到准确的前馈模型$G_b(s)$，物理上也难以实现。

②在工业对象中干扰因素很多，有些是已知的，有些则是未知的，不可能对每一个扰动使用一套前馈装置去补偿。这是不经济的，也是不可能的。若仅对某些扰动进行前馈控制，则无法消除其他扰动对被调参数的影响，这些因素均制约了前馈控制的应用。

2)前馈—反馈复合调节系统

为了克服前馈控制的局限性，工程上将前馈与反馈结合起来，既能发挥前馈控制可及时克服主要扰动对被调量影响的优点，又保持了反馈控制能克服多个扰动影响的特点，同时也降低了系统对前馈补偿器的过高要求，使其在工程上易于实现。这种前馈—反馈复合控制系统，在过程控制中已得到广泛应用。

在由前馈—反馈复合控制系统中，选择对象中的主要扰动为前馈信号。对其他引起被调参数变化的各种扰动则采用反馈控制来克服，从而充分利用了这2种控制作用的优点，使控制质量进一步提高。如图2.14所示，用补偿发信器测量室外新风温度，通过补偿环节，改变送风温度调节器的给定值，实现送风温度的精确控制。其框图见图2.17。当没有前馈补偿时，即 $G_b(s)=0$，就成为普通的反馈调节系统。这时有：

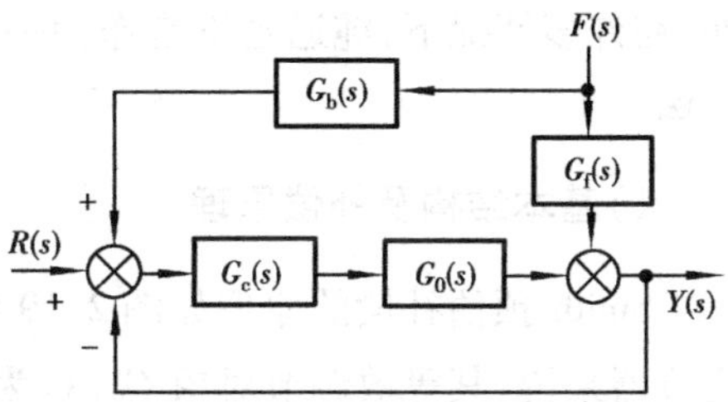

图2.17　前馈—反馈复合控制系统

$$Y(s)=\frac{G_c(s)G_0(s)}{1+G_c(s)G_0(s)}R(s)+\frac{G_f(s)}{1+G_c(s)G_0(s)}F(s) \tag{2.25}$$

式(2.25)中的第二项表示扰动对被调量的影响，这在一定程度上说明了按偏差调节的反馈系统在原理上不能完全补偿扰动对输出量的影响。

如果加上前馈补偿环节，就成为前馈-反馈复合调节系统。其传递函数为：

$$Y(s)=\frac{G_c(s)G_0(s)}{1+G_c(s)G_0(s)}R(s)+\frac{G_f(s)+G_b(s)G_c(s)G_0(s)}{1+G_c(s)G_0(s)}F(s) \tag{2.26}$$

如果要实现完全补偿或称完全不变性，则要求第二项为0，即：

$$\frac{G_f(s)+G_b(S)G_c(s)G_0(s)}{1+G_c(s)G_0(s)}F(s)=0 \tag{2.27}$$

由于 $F(s)\neq 0$，因此：

$$G_f(s)+G_b(s)G_c(s)G_0(s)=0$$

即：

$$G_b(s)=-\frac{G_f(s)}{G_c(s)G_0(s)} \tag{2.28}$$

这一条件与式(2.24)的不变性条件完全一致，说明前馈—反馈复合调节系统与开环调节系统具有同一补偿条件，并不因为引进偏差的反馈控制而有所改变。

因为前馈—反馈控制系统的基本结构仍是单回路系统，故其设计和整定很简单。调节器 $G_c(s)$ 采用PI或PID型；整定 $G_c(s)$ 时，不考虑闭合回路外的前馈部分，按单回路系统整定。整定 $G_b(s)$ 时，也不考虑闭合回路，在完全补偿时则应用式(2.28)。

在工业控制工程中，当生产过程受到多个变化频繁而又剧烈的扰动影响，而生产过程对被调参数的控制精度和稳定性要求又很高时，可以考虑采用前馈—反馈控制系统。

2.4.3　纯迟延补偿控制

当系统中具有较大的纯迟延时，在控制作用产生后的 τ 时间内，被调参数完全没有响应，使调节系统的品质降低。为此，若采用前述的串级控制和前馈控制等方案是不合适的，必须采用特殊的控制（补偿）方法。下面介绍可对纯迟延进行补偿的史密斯（Smith）预估补偿方法。

设含有纯迟延广义对象的传递函数为：$G_0(s)=G_{01}(s)e^{-\tau s}$，物理结构如图2.18所示。当 y' 可测时，可用 y' 作为被调量，不存在补偿的问题；只有在 y' 不可测时，才需要进行补偿。另外，在许多情况下，纯迟延不是作为一个独立环节出现，而是分布在整个系统中，需要对其进行补偿。

1）基本结构及补偿原理

Smith 预估补偿的原理如图 2.19 所示。在大迟延对象 $G_0(s)$ 上并联一个补偿器 $G_b(s)$，对调节器来说，其等效调节对象 $G_0'(s)$ 为：

$$G_0'(s) = G_0(s) + G_b(s) \tag{2.29}$$

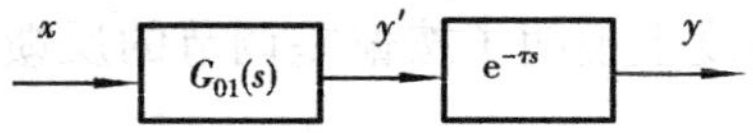

图 2.18　纯迟延对象的物理结构

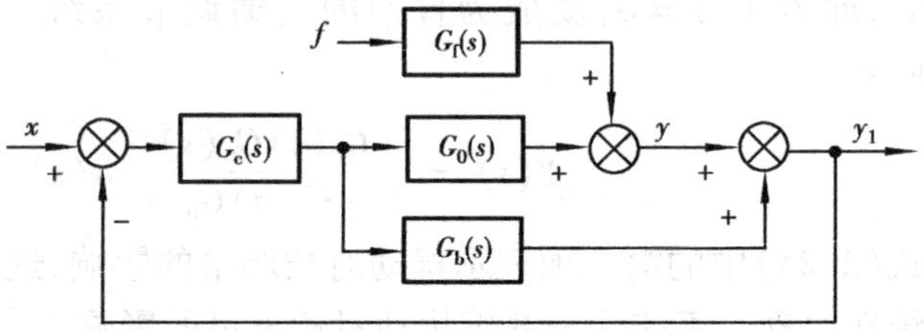

图 2.19　Smith 补偿的基本原理

加入补偿器的目的是消除对象的纯迟延，故最好的补偿效果是使 $G_0'(s)$ 等于实际对象传递函数中除掉纯迟延的部分，即 $G_0'(s) = G_{01}(s)$。于是，可得补偿器的传递函数为：

$$G_b(s) = G_{01}(s) - G_0(s) = G_{01}(s) - G_{01}(s)e^{-\tau s} = G(s)_{01}(1 - e^{-\tau s}) \tag{2.30}$$

（1）给定值 x 扰动下的补偿特性　在图 2.20 中将引出点 A 和综合点 B 交换位置并进行方块图简化，控制系统见图 2.21。给定值 x 扰动下系统的传递函数为：

$$G_{yx}(s) = \frac{Y(s)}{X(s)} = \frac{G_c(s)G_{01}(s)}{1 + G_c(s)G_{01}(s)}e^{-\tau s} = G_B(s)e^{-\tau s} \tag{2.31}$$

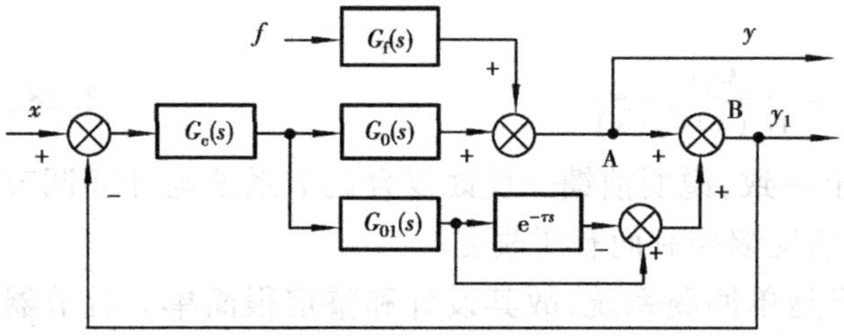

图 2.20　Smith 补偿控制系统

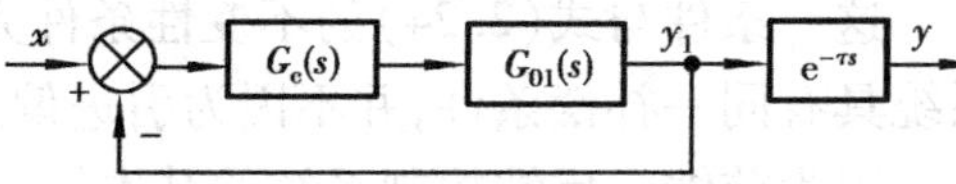

图 2.21　给定值扰动下 Smith 补偿控制系统等效结构

其中，$G_B(s) = \dfrac{G_c(s)G_{01}(s)}{1 + G_c(s)G_{01}(s)}$为对象不包含纯迟延时控制系统的闭环传递函数。

可见，控制系统相当于以补偿后等效对象 $G_{01}(s)$ 的输出 y_1 为被调量，以实际对象中不包含纯迟延时的部分为调节对象，系统的调节品质得到改善。而实际被调量 y 与 y_1 在形态上完全一样，仅在时间上落后了 τ。

（2）外部扰动 f 作用下的补偿特性　由图 2.20 可以计算出输出对扰动 f 的闭环传递函数为：

$$G_{y,f}(s) = \frac{Y(s)}{F(s)} = G_f(s)\left[1 - \frac{G_c(s)G_{01}(s)}{1 + G_c(s)G_{01}(s)}e^{-\tau s}\right] = G_f(s)[1 - G_B(s)e^{-\tau s}] \tag{2.32}$$

由式(2.32)可知,其闭环传递函数由2项组成:第一项为扰动量对被调参数的影响;第二项为用来补偿扰动对被调参数影响的控制作用。由于第二项有迟延 τ,只有当 $t>\tau$ 时才产生控制作用,在 $t\leqslant\tau$ 时无控制作用,所以Smith预估补偿控制对给定值的跟随效果比对扰动的抑制效果要好。

2)Smith补偿方案的改进

理论上,Smith预估补偿控制能克服大迟延的影响。但Smith预估器的建立需要获取被调对象的精确的数学模型,且对模型的误差十分敏感(特别是对象的增益),因而限制了该方法的广泛应用。

图2.22介绍的是一种Smith补偿的改进方案,即增益自适应预估补偿控制。增益自适应补偿方案在Smith补偿方法的基础上增加了1个除法器、1个乘法器和1个比例微分环节。除法器实现被调量与模型输出相除,比例微分环节的微分时间等于模型的纯迟延 τ,用来将除法器的输出提前送入乘法器,实现超前调节。乘法器是将预估器的输出和比例微分环节的输出相乘,其结果送入调节器。

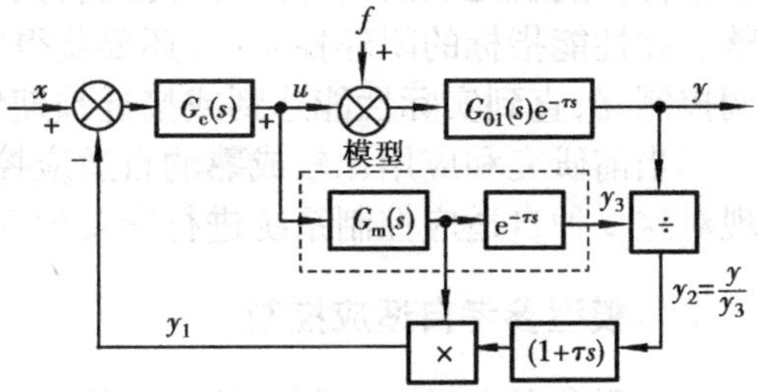

图2.22　增益自适应预估补偿控制

在图2.22中,补偿器去掉纯迟延部分的传递函数为 $G_m(s)$,由图可知:

$$Y(s)=[X(s)-Y_1(s)]G_c(s)G_{01}(s)e^{-\tau s} \tag{2.33}$$

$$Y_3(s)=U(s)G_m(s)e^{-\tau s}$$

$$Y_2(s)=\frac{Y(s)}{Y_3(s)}=\frac{Y(s)}{U(s)G_m(s)e^{-\tau s}}$$

$$Y_1(s)=U(s)G_m(s)(1+\tau s)Y_2(s)=\frac{(1+\tau s)}{e^{-\tau s}}Y(s) \tag{2.34}$$

将式(2.34)代入式(2.33),可得:

$$G_{yx}(s)=\frac{Y(s)}{X(s)}=\frac{G_c(s)G_{01}(s)e^{-\tau s}}{1+(1+\tau s)G_c(s)G_{01}(s)} \tag{2.35}$$

分析式(2.35)可知:

①同Smith补偿方案一样,纯迟延环节被有效地排除在闭环回路以外;

②闭环传递函数与补偿器的传递函数(去掉纯迟延部分)$G_m(s)$ 无关,即不管其是否等于实际对象的增益,式(2.35)总是成立。

2.4.4　自适应控制技术简介

当被调对象参数未知,或者由于内外部环境条件影响,对象的随机、时滞、时变和非线性等特性明显时,利用经典控制难以达到满意的效果。对象参数的变化会使本来处于某种最优指标状态下工作的系统不再最优,甚至会变的不稳定。为了解决上述问题,使系统始终维持在最优状态下工作,自适应控制方式便是行之有效的方法之一。

自适应控制系统具有下列3个基本特征:

(1)过程信息的在线积累　在线积累过程信息的主要目的是了解不断改变着的被控对象,降低其原有的不确定性。因此,可用系统辨识的方法在线辨识被控对象的结构和参数,直接积累过程信息;也可以通过测量能反映过程状态的辅助变量,间接积累过程信息。

(2)可调控制器　可调控制器是指它的结构、参数或信号可以根据性能指标要求自动调整。自适应机构在运行过程中,根据系统的期望输出、实际输出、控制作用和已知外部干扰等可测参数实时改变控制器的结构参数。

(3)性能指标的控制　性能指标的控制可分为开环控制方式和闭环控制方式2种。如果可测得对象动态特性相关联的辅助变量,而且这个辅助变量与可调控制器参数之间的关系又可根据物理学知识和经验导出,那么就可通过此辅助变量直接调整控制器,以期达到预定的性能指标。这就是性能指标的开环控制,其特点是没有根据实际达到的性能指标再做进一步调整。在性能指标的闭环控制中,还要获得实际性能和预期性能之间的偏差,将其反馈后修改可调控制器,直到实际性能达到或接近预期性能为止。

当前研究和应用比较成熟的自适应控制系统有模型参考自适应控制和自校正控制2种,现对这2种自适应控制系统进行简要地介绍。

1)模型参考自适应控制

模型参考自适应控制系统的工作原理,见图2.23。系统由参考模型、被调对象、控制器和自适应机构组成。根据被调对象要达到的性能指标,设计一个参考模型,使它的输出$y_m(t)$即为系统在$r(t)$输入下希望的动态响应,并将其与被调对象并联。在同一个参考输入$r(t)$的作用下,比较$y_m(t)$和实际对象输出$y_p(t)$,如果二者不同,则产生偏差信号$e(t)$。通过自适应机构对$e(t)$运算,去调整控制器参数,或产生一个辅助控制输入量,叠加到被调对象的输入上,最终达到$e(t)\to 0$,自适应调节过程结束。在运行中如果对象特性发生变化,又会有$e(t)$产生,则重复上述的自适应过程。

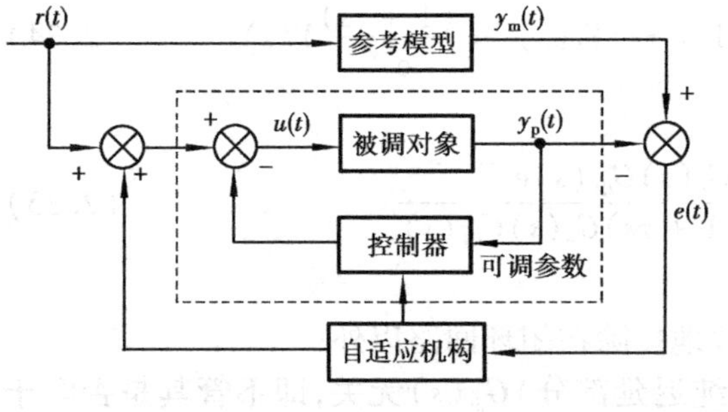

图2.23　模型参考自适应控制系统结构图

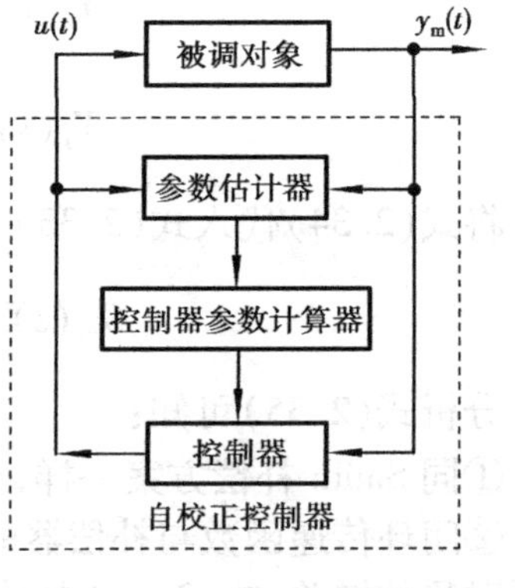

图2.24　自校正控制系统原理图

2)自校正控制

自校正控制由参数估计器、控制器参数计算器和可变参数控制器3部分组成,其工作原理见图2.24。在系统运行中,参数估计器不断根据被调对象的输入和输出在线辨识对象模型参数,控制器参数计算器根据最新辨识得到的对象数学模型,在使预期控制目标最优的条件下,在线计算控制器参数,根据控制器参数计算器的计算结果,改变控制器的结构参数或控制算法，确定应施加的控制作用，使得在对象特性发生变化时，控制系统仍能保持最优的状态。

有关这2种控制策略的详细内容，请参考相关文献。

2.5 PID直接数字控制系统

随着计算机技术的发展，数字控制越来越多地取代传统的模拟调节设备，在制冷空调工程中获得广泛应用。计算机对制冷空调系统中的多个被控参数如温度、湿度、压力、流量和液位等进行巡回检测，根据给定值及控制规律计算控制量，经D/A转换后直接控制执行机构。与模拟控制相比，数字控制有如下优点：

①具有很快的计算速度，可以分时处理多个控制回路，实现几个、几十个甚至更多的单回路PID控制。

②运算能力强，程序编制灵活，可以方便地对PID算法进行改进以及实现前馈、串级、解耦和补偿等复杂的控制规律。

③数据传递速度快，抗干扰能力强，可以方便地对信号进行分析与处理。

用数字调节设备构成的单回路直接数字控制系统（简称为DDC系统，Direct Digital Control），见图2.25。它由A/D和D/A转换器、计算机、执行器和被调对象组成。A/D转换器将物理信号转换成计算机能够识别的数字信号，经计算机分析计算给出调节量，D/A转换器将计算机输出的数字量转换成模拟量，控制执行器的调节动作。其系统构成见图2.26。

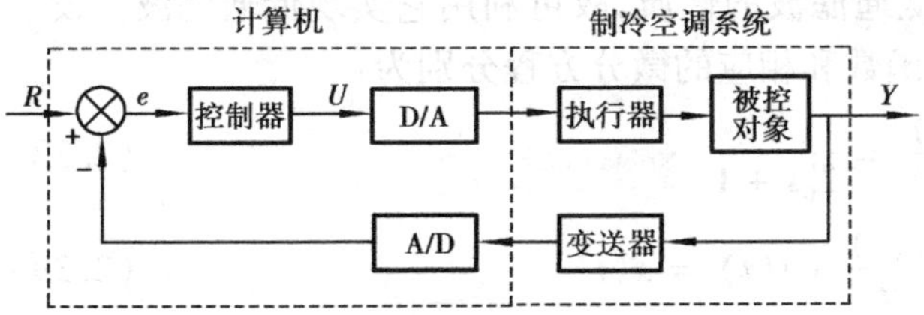

图2.25 制冷空调数字PID控制系统方框图

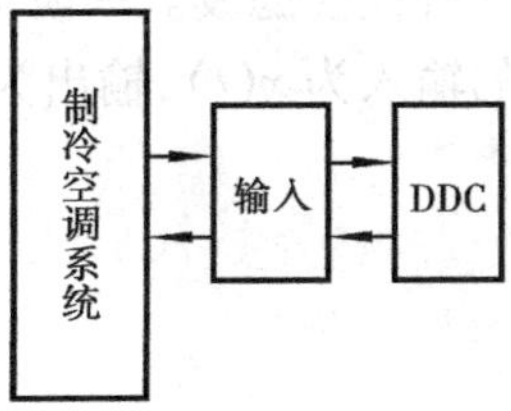

图2.26 直接数字控制系统构成

2.5.1 数字控制系统信号的输入/输出

在制冷空调的计算机控制系统中，被控参数主要是热工和电工等连续变化的物理量，简称为模拟量。A/D转换器将连续的模拟量转换成离散的数字量，即完成将模拟信号在时间上离散化——采样，在幅度上离散化——量化2种功能；反之，D/A转换器将计算机输出的数字量恢复成模拟量。在计算机控制系统的输入/输出设备中，除了实现模拟量与数字量之间转换的A/D和D/A转换器外，还有开关量输入/输出及脉冲计数器等。

1）信号的采集与处理

（1）采样频率的选择　为了在采集物理量的过程中不失真，要求被采样的连续信号具有截止频率f_c，采样周期$T \leqslant 1/(2f_c)$，这就是所谓的香农采样定理。

香农定理为采样频率的选择提供了依据，但在实际应用中要准确确定连续信号的截止频率并不容易，特别是信号中混杂有干扰噪声时更是如此。在工程实际中，往往根据经验和分析的方法来确定，其主要依据是信号的变化速度和干扰噪声的强度及频率。

（2）信号的滤波　测量信号中不可避免地会混杂有干扰噪声，所以滤波处理是必要的。滤波处理有两种方法，模拟滤波和数字滤波。一般在 A/D 转换器的入口都加有由 RC 电路构成的模拟滤波器，这种滤波器对于高频干扰易于滤除，但滤除低频干扰较为困难。数字滤波器对周期性干扰和脉冲性干扰都能得到比较好的处理效果。

数字滤波器实际上是一段计算机程序，使用灵活方便。下面介绍几种常用的数字滤波方法。

①平均滤波。采用 N 点采样值的算术平均，即实际送往调节系统的第 k 次参数值 $s(k)$ 取本次（第 k 次）和前 $N-1$ 次采样值的算术平均，其运算如下：

$$s(k) = \frac{1}{N}\sum_{i=0}^{N-1} x(k-i) \tag{2.36}$$

②加权平均滤波。在对 N 次采样值平均计算时，对越靠后采集的信号给予越多的重视，即给予越大的加权，其运算如下：

$$s(k) = \sum_{i=0}^{N-1} C_i x(k-i) \tag{2.37}$$

式中，$C_i(i=0,1,2,\cdots,N-1)$ 为加权系数，i 越大，C_i 值也越大，但应满足 $\sum_{i=0}^{N-1} C_i = 1$。

③一阶惯性滤波。一阶惯性环节具有低通滤波的性质，故可利用它实现低通滤波。设一阶环节的输入为 $x(t)$，输出为 $s(t)$，则传递函数和相应的微分方程分别为：

$$\frac{S(s)}{X(s)} = \frac{1}{T_0 s + 1} \tag{2.38}$$

$$T_0 \frac{\mathrm{d}s(t)}{\mathrm{d}t} + s(t) = x(t) \tag{2.39}$$

为在计算机上实现上述关系，将此微分方程变换为差分方程的形式，有：

$$T_0 \frac{s(k) - s(k-1)}{T} + s(k) = x(k) \tag{2.40}$$

式中　T——采样周期。

整理得：

$$s(k) = \frac{T_0}{T+T_0} s(k-1) + \frac{T}{T+T_0} x(k) \tag{2.41}$$

式(2.41)即为一阶惯性滤波数字算法。

（3）异常数据的剔除　在信号采样过程中，由于受到噪声的干扰和测量系统的故障而出现信号异常，计算机在接受 A/D 转换器送来的采样信号时，应首先进行异常检查，一旦发现则予以剔除。

①有效性检查。如发现采样信号超出了测量范围，则可断定此信号异常，应舍弃。

②限幅处理。据被测信号的物理特性和采样时间，对不同的物理信号可以给出一个相邻两次采样数据最大可能的变化量。如实际两次采样数据差的绝对值超过这个最大可能的变化

量，则表明本次采样数据异常，舍弃不用，而采用上次采样值替代本次采样值。

(4)线性化处理　如果采样信号与其所代表的物理量存在非线性关系，则可以进行线性化处理。

2)信号的输出

对制冷空调系统的控制通常是通过阀门执行机构等模拟量装置来完成的。由 D/A 转换器组成的模拟量输出通道，完成把计算机输出的数字量转换成模拟量的任务。

2.5.2　PID 调节规律的数字算法

PID 调节原理简单，鲁棒性强，易于工程实现。在计算机用于自动控制系统之前，人们采用气动、液动和电动调节器实现 PID 调节规律。随着现代控制技术的发展，相继出现了一些复杂的，只有计算机才能实现的控制算法，但内部结构仍然以 PID 控制算法为主流。与计算机的强大运算功能和逻辑判断功能相结合，使 PID 控制规律数字化，是自动控制技术应用发展的重要方向之一。

设调节器的输出为 $u(t)$，输入为 $e(t)$，则理想 PID 调节器的特性如式(2.16)，即：

$$u(t) = K_P\left[e(t) + \frac{1}{T_I}\int_0^t e(t)\,dt + T_D\frac{de(t)}{dt}\right]$$

设采样间隔为 T，初始条件为 0，积分项和微分项分别用 $\sum_{k=0}^{n} e(k)T$ 和 $\frac{e(n)-e(n-1)}{T}$ 表示，则 PID 调节器的微分方程成为式(2.43)所示的差分方程：

$$u(n) = K_P\left[e(n) + \frac{1}{T_I}\sum_{k=0}^{n} e(k)T + T_D\frac{e(n)-e(n-1)}{T}\right] \tag{2.42}$$

按式(2.42)计算 t 时刻的输出 $u(n)$ 需利用 t 时刻之前的全部输入数据 $e(k)$，其中 $k=0,1,2,\cdots,n$。显然，这样既浪费存储空间，计算又很烦琐，故一般不采用式(2.42)的算法，而是采用下述的递推算法。

1)位置式算法

由式(2.42)可得：

$$u(n-1) = K_P\left[e(n-1) + \frac{1}{T_I}\sum_{k=0}^{n-1} e(k)T + T_D\frac{e(n-1)-e(n-2)}{T}\right] \tag{2.43}$$

将式(2.42)与(2.43)相减，整理得：

$$u(n) = u(n-1) + K_P\left\{e(n) - e(n-1) + \frac{T}{T_I}e(n) + \frac{T_D}{T}[e(n) - 2e(n-1) + e(n-2)]\right\} \tag{2.44}$$

按式(2.44)计算 $u(n)$ 只需最近 3 个输入数据 $e(n)$，$e(n-1)$，$e(n-2)$ 和上一次的输出 $u(n-1)$。

式(2.44)为位置式算法，它的计算值 $u(n)$ 对应于确定的控制量，即对应于控制阀门等调节机构的确定位置。

2)**增量式算法**

由式(2.45)可得:

$$\Delta u(n) = u(n) - u(n-1)$$

$$= K_P\left\{e(n) - e(n-1) + \frac{T}{T_I}e(n) + \frac{T_D}{T}[e(n) - 2e(n-1) + e(n-2)]\right\} \quad (2.45)$$

式(2.45)为增量式算法,它的输出为控制量的增量,这时可通过一个积分式元件(常采用步进电机)来完成 $u(n)$ 的积累。为便于计算机计算,式(2.45)可整理成如下形式:

$$\Delta u(n) = K_P[e(n) - e(n-1)] + K_I e(n) + K_D[e(n) - 2e(n-1) + e(n-2)] \quad (2.46)$$

3)**速度式算法**

将式(2.45)的增量式算法除以采样周期 T,即可得速度式算法:

$$v(n) = \frac{\Delta u(n)}{T}$$

$$= K_P\left\{\frac{1}{T}[e(n) - e(n-1)] + \frac{1}{T_I}e(n) + \frac{T_D}{T^2}[e(n) - 2e(n-1) + e(n-2)]\right\} \quad (2.47)$$

几种算法对系统的控制来说没有任何区别,但增量式算法和速度式算法较位置式算法有如下优点:

①计算机只输出控制增量,当发生故障时,$u(n)$ 变化幅度不大,有利于安全生产。在必要时可通过逻辑判断限制或禁止本次输出,对系统状态无重大影响。

②实现无扰动自动(或手动)切换简单,这是因为在增量算法的系统中阀门位置与积分设备对应。

③算法中不需要累加上次计算值,而仅与本次和前两次的输入有关,容易通过加权处理获得较好的控制效果。

在计算机 PID 控制中,常把增量算法表示成易于计算机程序编制的形式:

$$\Delta u(n) = Ae(n) + Be(n-1) + Ce(n-2) \quad (2.48)$$

式中:$A = K_P\left(1 + \frac{T}{T_I} + \frac{T_D}{T}\right)$,$B = -K_P\left(1 + \frac{2T_D}{T}\right)$,$C = K_P\frac{T_D}{T}$。

4)**实际微分 PID 控制算法**

由微分调节规律的特性可知,微分作用只能维持一个采样周期,见式(2.18)或图 2.8。由于实际应用的执行机构(如气动或电动调节阀)的动作速度受到机械运动规律的限制,致使偏差较大,微分作用不能充分发挥。因此,在实际应用中,通常采用加有一阶惯性环节的实际微分的 PID 控制。实际微分 PID 的传递函数分别为:

$$G_{PID}(s) = K_P\left(1 + \frac{1}{T_I s} + \frac{T_D s}{1 + T_D s/K_D}\right) \quad (2.49)$$

$$G_{PID}(s) = K_P\frac{1 + T_D s}{1 + T_D s/K_D}\left(1 + \frac{1}{T_I s}\right) \quad (2.50)$$

根据上述传递函数,可分别得到位置式、增量式和速度式控制算法。

为了提高 PID 算法的控制性能,可以对 PID 的积分作用做积分分离、抗积分饱和、消除积分不灵敏区等改进。限于篇幅,在此不做讨论。

2.5.3 数值 PID 调节系统整定

1)扩充临界比例系数法

数值 PID 调节系统的整定需要确定 4 个参数:采样周期 T 和 PID 特性参数 K_P, T_I, T_D,常用的整定方法为扩充临界比例系数法,它类似于 2.3.2 节中所述方法。具体整定步骤如下:

①根据前面所述的香农采样定理,选定一个采样周期 T。采样周期应该尽量的短,一般应小于对象纯迟延时间 τ 的 1/10。

②调节器置于仅有比例作用状态,由小到大逐渐改变 K_P,直到系统处于临界振荡状态时,记录此时的比例系数 $K_{P,cr}$ 和振荡周期 T_{cr}。

③确定控制度。控制度就是以模拟调节器为基础,定量衡量 DDC 系统与模拟调节器对同一对象的控制效果。控制效果的评价函数通常采用最小平方偏差积分 min(*ISE*)。控制度定义为:

$$\text{控制度} = \frac{\left[\min\int_0^\infty e^2(t)\,dt\right]_{DDC}}{\left[\min\int_0^\infty e^2(t)\,dt\right]_{ANA}} = \frac{\min(ISE)_{DDC}}{\min(ISE)_{ANA}} \tag{2.51}$$

式中,下标 DDC 和 ANA 分别表示直接数字控制和模拟调节器控制。

理论和实践都证明,连续系统变为离散系统后,如果系统中各参数不变,系统的性能将下降。控制度的最小值为 1,越接近 1,DDC 系统越接近于连续调节系统。需要指出的是:提高控制度,会以牺牲稳定性为代价,需要注意二者的平衡。

④根据控制度、$K_{P,cr}$ 和 T_{cr} 值,按表 2.6 计算采样周期 T 和 PID 特性参数 K_P, T_I, T_D。

⑤按求得的参数值在 DDC 系统上试验运行,并观察控制效果。如果系统稳定性差(表现为振荡现象),可适当加大控制度,重复④,直到获得满意的控制效果。

表 2.6 扩充临界比例系数法 PID 参数整定

控制度	控制规律	T/T_{cr}	$K_P/K_{P,cr}$	T_I/T_{cr}	T_D/T_{cr}
1.05	PI	0.03	0.55	0.88	0.14
	PID	0.014	0.63	0.49	
1.20	PI	0.05	0.49	0.91	0.16
	PID	0.043	0.47	0.47	
1.50	PI	0.14	0.42	0.99	0.20
	PID	0.09	0.34	0.43	
2.00	PI	0.22	0.36	1.05	0.22
	PID	0.16	0.27	0.40	
模拟调节器	PI		0.57	0.85	0.13
	PID		0.70	0.50	

为了减少在线整定参数的数目,P. D. Roberts 提出一种简化扩充临界比例系数法。该法以扩充临界比例系数法为基础,人为规定以下约束条件:令 $T_0 = 0.1T_{cr}$,并根据模拟调节器 Z-N 整定公式,取 $T_I = 0.5T_{cr}$,$T_D = 0.125T_{cr}$,代入式(2.46),整理后增量型 PID 控制算式为:

$$\Delta u(n) = K_P[2.45e(n) - 3.5e(n-1) + 1.25e(n-2)] \tag{2.52}$$

这样,式(2.52)只有一个可变参数 K_P 需要整定了。

2)扩充动态特性参数法

数字调节器整定也可以采用类似 2.3.1 节所述的动态特性参数法。扩充动态特性参数法把对象近似为时间常数为 T_0 的一阶惯性环节和迟延时间为 τ_0 的纯滞后环节相串联,T_0 和 τ_0 可以通过阶跃响应实验得到,然后按表 2.7 给出的数据进行整定。

注意:表中的 τ 附加了由 A/D 转换器引起的延迟,即:

$$\tau = \tau_0 + T/2 \tag{2.53}$$

表 2.7 扩充动态特性法 PID 参数整定表

控制度	控制规律	T/τ	$\dfrac{K_p\tau}{T_0}$	T_I/τ	T_D/τ
1.05	PI	0.10	0.84	3.40	0.45
	PID	0.05	1.15	2.00	
1.20	PI	0.20	0.78	3.60	0.55
	PID	0.16	1.00	1.90	
1.50	PI	0.50	0.68	3.90	0.65
	PID	0.34	0.85	1.62	
2.00	PI	0.80	0.57	4.20	0.82
	PID	0.60	0.60	1.50	
模拟调节器	PI		0.90	3.30	0.40
	PID		1.20	3.00	

2.6 模糊控制技术及其应用

模糊控制是以模糊集合论、模糊语言变量及模糊逻辑推理为基础的一类计算机数字控制方法。模糊控制的特征是以语言规则作为它的控制规律,"如果……则……"是规则的基本形式,语言的前半部分是条件,后半部分是结果,完成了这个逻辑推理过程,就是实现了这种控制规律。语言规则的条件和结果,通常都是事物或过程的模糊描述。在"如果房间很冷则要开大热气阀门"这条控制规则中,"很冷"和"开大"都是一种模糊描述。这种由现代智能计算机实现的模糊推理和自动控制,将模糊推理与传统数学很好地结合起来并应用于自动控制工程中,形成了现代智能控制的一个重要分支——模糊控制。

本节从简单介绍模糊数学的基础知识开始,接着介绍基本模糊控制器的工作原理和设计方法,最后介绍模糊控制在制冷装置中的应用实例。

2.6.1 模糊控制的数学基础知识

模糊数学是一种解决模糊问题的数学工具,自从1965年美国加州大学的自动控制理论专家L. A. Zadeh提出模糊集合论以来,模糊数学得到迅速发展,成为数学领域一个重要分支。模糊数学用隶属函数恰当地描述事物的模糊性,把具有模糊现象和模糊概念的事物处理成精确的东西,从而使人们可以得到明确清晰的结果。

1)2 种描述和 2 种集合

人类对客观事物描述可以有2种基本形式。例如,描述人的身高,准确的数字表达是“1.80 m”,模糊的修饰词表达是“很高”。这2种说法是表示同一对象的同一特征,显然是一致的,然而从表达方式看又有所不同。前者用准确和唯一的数“1.80 m”表达了身高的特征;而后者是一个语言概念,它往往覆盖一个数段,且与相邻的修饰词“中等”之间没有明确的边界。我们把边界明确的前者称为清晰描述,而把边界含糊的后者称为模糊描述。

2种描述各有其优点和应用领域。清晰描述能给出事物特征的数字表示,因而它是准确的、唯一的。这种描述便于用传统数学工具去处理,但这种准确性和唯一性是相对的,它受到人类认识能力的限制,对于一些复杂事物还无法得到这样的描述。模糊描述则比较简单和容易得到,它符合人类的思维方式,但它不很准确,用传统数学工具无法处理。

按清晰描述定义的集合是清晰集合,“身高1.80 m”就是这样的集合。它的特点是特征准确和唯一,只有身高1.80 m的人才属于该集合,每个人只有一种可能,1.80 m或不是1.80 m。将集合记为A,被讨论的对象的全体称为论域,记为U。清晰集合A可用特征函数表示:

$$\mu_A(u)=\begin{cases}1 & \text{当 } u\in A \text{ 时}\\ 0 & \text{当 } u\notin A \text{ 时}\end{cases} \tag{2.54}$$

按模糊描述定义的集合则不同,论域中的一个元素可能属于多个集合。例如,身高1.80 m的人既可看作“高个子”,也可看作“中等个子”,只是它属于不同集合的程度不同而已。这就造成集合边界的不明确性。

根据模糊描述的特点,给出模糊集合的定义如下:给定论域U,U上的模糊集合A是指:对于任何$u\in U$,都有一个数$\mu_A(u)\in[0,1]$与之相对应。$\mu_A(u)$是元素u属于这个模糊集合的程度,称为u属于A的隶属度或隶属度函数,它是一个0~1的实数。

2)模糊集合的表示和运算

(1)模糊集合的表示　论域$U=\{u_1,u_2,\cdots,u_n\}$中的模糊集合A可用下述方法之一表示:

①Zadeh表示法。以“分数”的形式列出论域中的各元素及其隶属度函数,并把各“分数”用“+”号连接起来。各分数中,“分母”为论域中的元素,“分子”为其隶属度函数。但这里的“分数”及“+”不表示除法或加法运算:

$$A=\sum\frac{\mu_A(u_i)}{u_i}$$

②向量表示法。只列出每个元素的隶属度函数:

$$A = [\mu_A(u_1)\mu_A(u_2)\cdots\mu_A(u_n)]$$

③序偶表示法。把论域中的各元素及其隶属度函数以序偶的形式逐一列出：

$$A = \{[u_1,\mu_A(u_1)],[u_2,\mu_A(u_2)],\cdots,[u_n,\mu_A(u_n)]\}$$

(2)模糊集合的运算　模糊集合也可以定义算子和运算，在此仅介绍极小/极大算子及相应的运算。

与算子用∧表示，定义为对集合的隶属度做极小运算。对有限论域中的模糊集合 A 和 B，有：

$$(A \wedge B)(u) = \min(A(u),B(u)) \tag{2.55}$$

或算子用∨表示，定义为对集合的隶属度做极大运算。对有限论域中的模糊集合 A 和 B，有：

$$(A \vee B)(u) = \max(A(u),B(u)) \tag{2.56}$$

利用这2个算子，可以定义模糊集合的3种运算：

①交运算，记作∩。设 A 和 B 为论域 U 中的2个模糊集合，则：

$$(A \cap B)(u) = A(u) \wedge B(u) = \min(A(u),B(u)) \tag{2.57}$$

②并运算，记作∪。设 A 和 B 为论域 U 中的2个模糊集合，则：

$$(A \cup B)(u) = A(u) \vee B(u) = \max(A(u),B(u)) \tag{2.58}$$

③补运算，记作 $A^C(u)$。设论域 U 中的模糊集合 A，则：

$$A^C(u) = 1 - A(u) \tag{2.59}$$

【例2.1】　设论域 $U=(u_1,u_2,u_3,u_4,u_5)$ 中的2个模糊集合为：

$$A = \frac{0.6}{u_1} + \frac{0.5}{u_2} + \frac{1}{u_3} + \frac{0.4}{u_4} + \frac{0.3}{u_5}$$

$$B = \frac{0.4}{u_1} + \frac{0.5}{u_2} + \frac{0.8}{u_3} + \frac{0.5}{u_4} + \frac{0.3}{u_5}$$

则：

$$A \cap B = \frac{0.4}{u_1} + \frac{0.5}{u_2} + \frac{0.8}{u_3} + \frac{0.4}{u_4} + \frac{0.3}{u_5}$$

$$A \cup B = \frac{0.6}{u_1} + \frac{0.5}{u_2} + \frac{1}{u_3} + \frac{0.5}{u_4} + \frac{0.3}{u_5}$$

$$A^C = \frac{0.4}{u_1} + \frac{0.5}{u_2} + \frac{0}{u_3} + \frac{0.6}{u_4} + \frac{0.7}{u_5}$$

用这对算子定义的上述运算满足交换律、分配律、结合律等多种性质，但它不满足互补律，这是由于模糊集合边界不清晰所决定的。

3)模糊关系及其合成运算

模糊矩阵是表示模糊关系的一种形式。模糊关系和模糊矩阵在模糊控制领域是常用的概念，模糊控制的推理机制就是由模糊关系确定的。模糊关系 R 规定了一个输入和输出均为模糊量的系统，系统的输入为 A，输出为 B，A、B 和 R 满足：

$$B = A \circ R \tag{2.60}$$

式中，符号“∘”表示模糊数学中模糊集合的合成，R 定义为：

$$R = A \times B, \quad \mu_R(x,y) = \min[\mu_A(x), \mu_B(y)] \tag{2.61}$$

式中，“×”表示模糊集合的直积，$x \in X$，X 为模糊集合 A 对应的论域，$y \in Y$，Y 为模糊集合 B 对应的论域，$(x,y) \in R$，直积 $X \times Y$ 为 R 对应的论域。若 $X = \{x_1, x_2, \cdots, x_n\}$，$Y = \{y_1, y_2, \cdots, y_m\}$，则 $R = A \times B$，其中：

$$R = \begin{bmatrix} \mu_R(x_1,y_1) & \mu_R(x_1,y_2) & \cdots & \mu_R(x_1,y_m) \\ \mu_R(x_2,y_1) & \mu_R(x_2,y_2) & \cdots & \mu_R(x_2,y_m) \\ \vdots & \vdots & & \vdots \\ \mu_R(x_n,y_1) & \mu_R(x_n,y_2) & \cdots & \mu_R(x_n,y_m) \end{bmatrix} \tag{2.62}$$

模糊矩阵 R 的各元素按式(2.61)计算。

式(2.60)的计算方法为：

$$\mu_B(y) = \bigcup_{y \in Y} (\mu_R(x,y) \cap \mu_A(x)) \tag{2.63}$$

【**例 2.2**】 已知一模糊关系 R，当系统输入为模糊集合 A 时，求系统的输出 B。

$$A = \begin{bmatrix} 0.8 & 0.7 \\ 0.5 & 0.3 \end{bmatrix} \qquad R = \begin{bmatrix} 0.2 & 0.4 \\ 0.6 & 0.8 \end{bmatrix}$$

【**解**】由式(2.63)得：

$$B = A \circ R = \begin{bmatrix} (0.8 \cap 0.2) \cup (0.7 \cap 0.6) & (0.8 \cap 0.4) \cup (0.7 \cap 0.8) \\ (0.5 \cap 0.2) \cup (0.3 \cap 0.6) & (0.5 \cap 0.4) \cup (0.3 \cap 0.8) \end{bmatrix} = \begin{bmatrix} 0.6 & 0.7 \\ 0.3 & 0.4 \end{bmatrix}$$

【**例 2.3**】 已知系统输入和输出分别为模糊集合 $A = [1.0 \quad 0.5 \quad 0.1]$ 和 $B = [0.8 \quad 1.0 \quad 0.2]$，求模糊关系 R。

【**解**】 由式(2.61)和式(2.62)得：

$$R = \begin{bmatrix} 1.0 \cap 0.8 & 1.0 \cap 1.0 & 1.0 \cap 0.2 \\ 0.5 \cap 0.8 & 0.5 \cap 1.0 & 0.5 \cap 0.2 \\ 0.1 \cap 0.8 & 0.1 \cap 1.0 & 0.1 \cap 0.2 \end{bmatrix} = \begin{bmatrix} 0.8 & 1.0 & 0.2 \\ 0.5 & 0.5 & 0.2 \\ 0.1 & 0.1 & 0.1 \end{bmatrix}$$

对于 2 个输入和 1 个输出的模糊关系运算时，可先利用 1 个中间模糊矩阵 D_{ij} 将 2 个输入按直积运算合并，即 $D_{ij} = E_i \times EC_j$ 变成单输入单输出的模糊关系。

【**例 2.4**】 已知输入为 $E_1 = [0.5 \quad 1.0]$，$EC_1 = [0.2 \quad 1.0 \quad 0.5]$ 时，输出为 $U_{11} = [0.4 \quad 0.8]$，求模糊关系 R。

【**解**】 首先求出中间模糊矩阵 D_{ij}：

$$D_{11} = E_1 \times EC_1 = \begin{bmatrix} 0.5 \cap 0.2 & 0.5 \cap 1.0 & 0.5 \cap 0.5 \\ 1.0 \cap 0.2 & 1.0 \cap 1.0 & 1.0 \cap 0.5 \end{bmatrix} = \begin{bmatrix} 0.2 & 0.5 & 0.5 \\ 0.2 & 1.0 & 0.5 \end{bmatrix}$$

$$R = D_{11} \times U_{11} = \begin{bmatrix} 0.2 \\ 0.5 \\ 0.5 \\ 0.2 \\ 1.0 \\ 0.5 \end{bmatrix} \times [0.4 \quad 0.8] = \begin{bmatrix} 0.2 & 0.2 \\ 0.4 & 0.5 \\ 0.4 & 0.5 \\ 0.2 & 0.2 \\ 0.4 & 0.8 \\ 0.4 & 0.5 \end{bmatrix}$$

2.6.2 模糊控制系统

如图 2.27 所示，模糊控制系统由模糊控制器、被调对象、检测和反馈部件组成，在结构上它与传统的数字控制系统一样。它们之间的区别在于传统控制系统采用的控制机理是经典或现代控制理论,而控制器是一般的数字控制器;模糊控制系统应用模糊控制机理,采用模糊控制器。模糊控制器主要由模糊化、模糊推理和模糊决策3部分组成,其工作原理分别叙述如下。

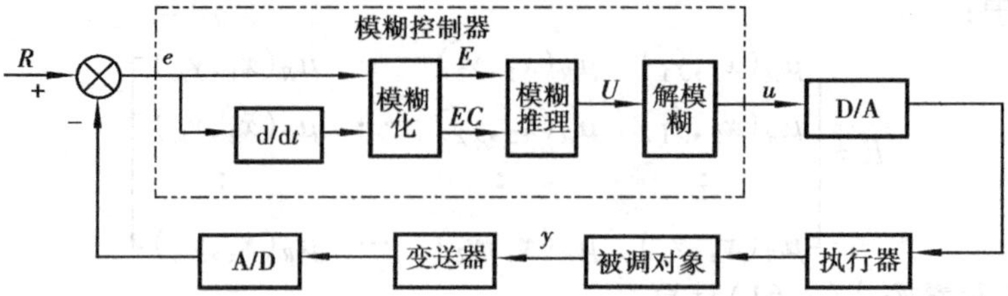

图 2.27 模糊控制系统结构原理图

1)精确量的模糊化

模糊化的作用是将测量得到的精确量转化为模糊量,以作为模糊推理的输入。模糊化处理的过程分为2步:首先确定论域,并把精确量转换成论域中的元素;然后再进行模糊化。

(1)精确量到论域中的元素的转换　对每个输入变量都指定一个标准的论域$[-n, +n]$,n为正整数。例如,对偏差e和偏差的变化率de/dt,取论域为:

$$
\begin{aligned}
e &= \{-4, -3, -2, -1, -0, +0, +1, +2, +3, +4\} \\
ec &= \{-4, -3, -2, -1, -0, +0, +1, +2, +3, +4\}
\end{aligned}
\tag{2.64}
$$

将精确量(实际量)转换并统一到规定的论域中,其变换关系为:

$$
y = \frac{2n}{b-a}\left(x - \frac{a+b}{2}\right) \tag{2.65}
$$

式中,$[a,b]$为变量x的实际变化范围,y为论域$[-n, +n]$中的变量。

(2)模糊化　模糊化的主要任务是求得输入对应于语言变量的隶属度。偏差及其变化率的常用语言词汇表示为:

{负大,负中,负小,负零,正零,正小,正中,正大}

用英文字母简记为:

$$
\left.
\begin{aligned}
E &= \{NB, NM, NS, NZ, PZ, PS, PM, PB\} \\
EC &= \{NB, NM, NS, NZ, PZ, PS, PM, PB\}
\end{aligned}
\right\}
\tag{2.66}
$$

式(2.66)为偏差和偏差变化率的模糊集合,括号内的每一个词汇都是一个模糊子集。

语言变量的隶属函数有2种表示方法,即离散方式和连续方式。离散方式取论域中的离散点(整数值)及这些点的隶属度来描述一个语言变量。例如,取$n = 4$,“正大”的隶属函数可写成:

$$
PB = \frac{1}{4} + \frac{0.6}{3} + \frac{0.2}{2}
$$

这是查表方式中常用的。连续方式将隶属度表示成论域变量的连续函数,最常见的函数形式是三角函数,其数学表达式为:

$$\mu(x)=\begin{cases}\dfrac{x-E_a}{E_0-E_a} & \text{当 } E_a\leqslant E\leqslant E_0\\[2ex] \dfrac{E_b-x}{E_b-E_0} & \text{当 } E_0\leqslant E\leqslant E_b\end{cases} \tag{2.67}$$

式中，$[E_a,E_b]$是论域范围，E_0 为中值。

所谓模糊化就是确定式(2.64)所示论域中的各元素隶属于式(2.66)中各模糊子集的程度。在模糊控制中，通常制成隶属度赋值表(见表2.8)，通过查表得到有关隶属函数。

表2.8　隶属度赋值表

μ \ e / E	−4	−3	−2	−1	−0	+0	+1	+2	+3	+4
PB	0	0	0	0	0	0	0	0.2	0.6	1.0
PM	0	0	0	0	0	0.1	0.5	0.9	0.9	0.5
PS	0	0	0	0	0.2	0.6	1.0	0.6	0.2	0
PZ	0	0	0	0.1	0.5	0.9	0.5	0.1	0	0
NZ	0	0	0.1	0.5	0.9	0.5	0.1	0	0	0
NS	0	0.2	0.6	1.0	0.6	0.2	0	0	0	0
NM	0.5	0.9	0.9	0.5	0.1	0	0	0	0	0
NB	1.0	0.6	0.2	0	0	0	0	0	0	0

2)**模糊推理**

模糊控制算法常用语言规则表达，而控制作用的产生是推理的结果。模糊推理环节的输入为偏差 E 和偏差的变化率 EC，输出为控制作用 U，它们都是模糊量，它给定 U 和 E、EC 的关系，即模糊控制规则。模糊控制规则是根据生产运行经验和对生产过程的认识和分析得到的，全部规则的组合构成模糊控制规则集。例如，某一生产过程的被调参数的偏差、偏差变化率和控制输出分别为：

$$E=\{NB,NM,NS,NZ,PZ,PS,PM,PB\}$$
$$EC=\{NB,NM,NS,ZO,PS,PM,PB\}$$
$$U=\{NB,NM,NS,ZO,PS,PM,PB\}$$

表2.9　模糊控制规则集

U \ E / EC	*NB*	*NM*	*NS*	*NZ*	*PZ*	*PS*	*PM*	*PB*
NB	*NB*	*NB*	*NB*	*NM*	*NS*	*ZO*	*PS*	*PS*
NM	*NB*	*NB*	*NM*	*NS*	*NS*	*ZO*	*PS*	*PM*
NS	*NB*	*NB*	*NM*	*NS*	*ZO*	*PS*	*PM*	*PM*
ZO	*NB*	*NM*	*NS*	*ZO*	*ZO*	*PS*	*PM*	*PB*
PS	*NM*	*NM*	*NS*	*ZO*	*PS*	*PM*	*PB*	*PB*
PM	*NM*	*NS*	*ZO*	*PS*	*PS*	*PM*	*PB*	*PB*
PB	*NS*	*NS*	*ZO*	*PS*	*PM*	*PB*	*PB*	*PB*

则一种可能的控制规则集如表 2.9 所示。表 2.9 中包含的控制规则，均为条件语句（if $E=E_i$ and $EC=EC_j$ then $U=U_{ij}$）形式，它相当于2 个输入和1 个输出的模糊关系，其输入和输出的模糊量关系，满足上述模糊关系的合成运算。

3）**解模糊**

根据规则经过推理得到的模糊集合（单点集合除外）无法被执行机构识别和执行，所以需要将模糊集合 U 转换成精确值 u，这一转换过程称为解模糊。解模糊常用下述 2 种计算方法。

（1）最大隶属度法　它是取对应于输出模糊集中隶属度值最大的论域中的值作为输出。

【例 2.5】　若输出 $U=\frac{0.2}{1}+\frac{0.5}{2}+\frac{0.9}{3}+\frac{0.6}{4}+\frac{0.2}{5}$。

【解】　模糊输出 $u=3$，其中 $U(3)=0.9$ 为最大。

当输出模糊集中最大的隶属度值对应于不止一个论域时，则取对应值的算术平均值作为输出，此法也称为最大平均隶属度法。

【例 2.6】　若输出 $U=\frac{0.2}{1}+\frac{0.5}{2}+\frac{0.9}{3}+\frac{0.9}{4}+\frac{0.9}{5}+\frac{0.5}{6}+\frac{0.2}{7}$。

【解】

$$u=\frac{3+4+5}{3}=4$$

（2）加权平均算法　设模糊集合 $U=[\mu(u_1)/u_1,\mu(u_2)/u_2,\cdots,\mu(u_i)/u_i]$，取各隶属度为权系数，则精确控制量 u 由下式算出：

$$u=\frac{\sum_{i=1}^{n}[\mu(u_i)u_i]}{\sum_{i=1}^{n}\mu(u_i)} \tag{2.68}$$

【例 2.7】　若输出$U=\frac{0.2}{1}+\frac{0.5}{2}+\frac{1}{3}+\frac{0.5}{4}+\frac{0.2}{5}$。

【解】

$$u=\frac{1\times0.2+2\times0.5+3\times1+4\times0.5+5\times0.2}{0.2+0.5+1+0.5+0.2}=3$$

上述 2 种解模糊算法相比较而言，由于加权平均算法采用了全部输出信息，因此结果更合理，控制效果更平滑，也为多数研究者所采用。在实际控制系统中，并不需要把关系矩阵存储于计算机，而只要离线算出 $E\times EC$ 上每一点的控制作用，将列成的模糊控制查询表存入计算机，进行查询控制。这种方法既节省计算时间，又可节省计算机内存。

2.6.3　应用实例

电冰箱是一种普及率高的家用电器，其主要功能是保持其内储存食品的最佳温度，达到保质保鲜的目的。电冰箱内温度受存入食品的初始温度、散热特性、热容量、箱内物品的充满率、开门频率和环境温度等诸多因素影响，具有多维、时变、非线性和大迟延等特性，传统的机械式、简单的电子式控制方式难以满足现代冰箱的发展要求，基于精确数学模型的控制方法难以获得满意的控制效果，适合采用智能化的模糊控制技术。

模糊控制不需要建立精确的数学模型，而是模拟人的思维、推理和判断，在总结操作人员成功经验的基础上，形成语言控制规则，再通过模糊合成推理，形成控制的响应表，进而在实际控制时查询控制响应表或按模糊规则推理进行控制。

1)电冰箱模糊控制系统构成

控制对象为变频双门冷冻冷藏无霜冰箱,控制内容分别为冷冻室温度、冷藏室温度和风冷蒸发器除霜过程;对应的调节量分别为压缩机的输入频率、冷藏室温度调节风门的开度、蒸发器除霜电热丝输入电压。电冰箱模糊控制系统硬件构成,见图 2.28。

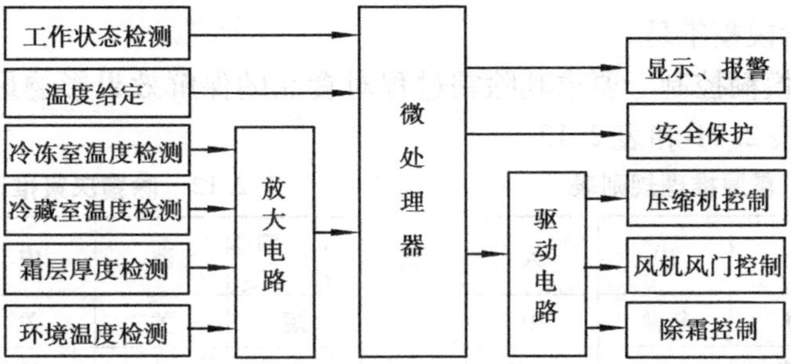

图 2.28　电冰箱模糊控制系统硬件构成图

2)电冰箱温度模糊控制

图 2.29 是电冰箱温度模糊控制系统原理框图。$t_1,t_2,r_1,r_2,e_1,e_2,\mathrm{d}e_1/\mathrm{d}t,\mathrm{d}e_2/\mathrm{d}t,u_1,u_2$ 分别为冷冻室和冷藏室采样温度、温度设定值、偏差以及偏差的变化率、模糊调节器的输出。温度偏差和偏差的变化率同取{*NB*,*NS*,*ZO*,*PS*,*PB*}5 个模糊值,模糊控制器输出为{*ZO*,*PS*,*PM*,*PB*},温度控制的输入 e,$\mathrm{d}e/\mathrm{d}t$ 和输出 μ 的隶属函数采用如图 2.30 所示的连续方式表示。温度控制规则如表 2.10 所示。在表中,所有控制规则都为"if E_i and EC_j then U_{ij}"格式。

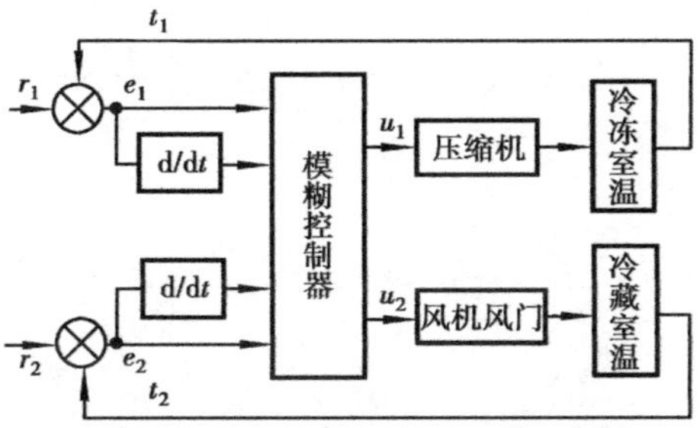

图 2.29　冰箱温度模糊控制系统

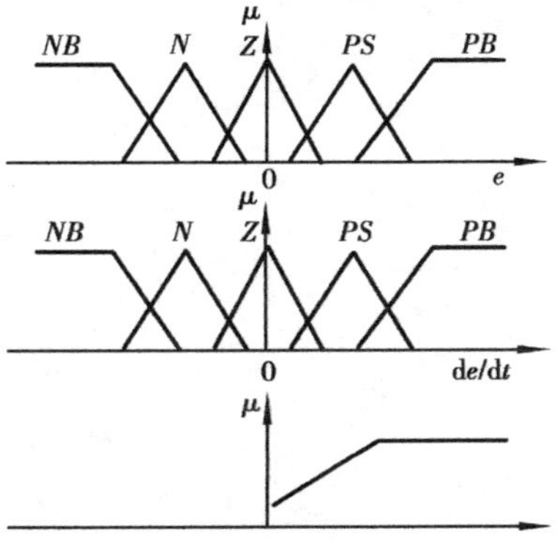

图 2.30　输入/输出的隶属度函数

表 2.10　电冰箱温度控制规则

U \ E / EC	NB	NM	ZO	PS	PB
NB	ZO	ZO	ZO	PS	PS
NS	ZO	ZO	ZO	PS	PM
ZO	ZO	ZO	PS	PM	PM
PS	ZO	ZO	PM	PM	PB
PB	ZO	PS	PM	PB	PB

3)自动除霜模糊控制

风冷冰箱累积运行一段时间后,蒸发器表面会结霜,制冷效率随着霜厚的增加而下降,因此除霜对风冷式冰箱至关重要。模糊除霜控制的要点:

(1)霜厚的测量和模糊判别　其主要依据压缩机累计运行时间 t_1、蒸发器进出口温差 ΔT 及门开启时间 t_2 进行模糊推理。

(2)除霜过程的模糊控制　要求其除霜过程对食品的保鲜效果影响最小。霜厚推理和除霜决策推理,分别见表 2.11 和表 2.12。

表 2.11　霜厚推理规则表

霜厚 \ ΔT \ t_1	小	中	大
短	薄	较薄	中
中	较薄	中	较厚
长	中	较厚	厚

表 2.12　除霜决策推理规则表

u \ 霜厚 \ t_2	薄	中	厚
短	关	关	开
中	关	关	开
长	关	开	开

3　制冷空调系统自动控制常规器件

制冷与空调装置是由密闭的制冷系统与热交换器等器件组成的，由于对象负荷的变化及外部环境温度变化的干扰因素，制冷系统的工作参数也将发生改变。制冷空调系统自动控制的首要任务就是在负荷及外部条件发生变化时，及时通过适当的调节作用来保证制冷工艺参数，使制冷系统的工况维持在合理、安全范围内，同时尽可能提高制冷装置在各种变动条件下运行的经济性。

制冷空调系统的控制与电器控制是密切相关的，本章注重介绍一般常规控制器件。

3.1　电器控制器件与继电控制基本电路

3.1.1　电器控制器件

蒸气压缩式制冷系统中，压缩机的运转一般都是采用电动机来拖动的，而工业用的电动机几乎都是交流三相电机。因此，制冷系统中要完成自动控制和保护的目的还需要采用一些电器元件，否则难以启动和控制电动机。

1）交流接触器

交流接触器是一种电器自动化的控制执行元件，主要用于频繁接通或分断交、直流电路，具有控制容量大，可远距离操作，配合继电器可以实现定时操作、联锁控制、各种定量控制和失压及欠压保护，广泛应用于自动控制电路。其主要控制对象是电动机，也可用于控制其他电力负载，如电热器、照明、电焊机、电容器组等。交流接触器是利用电磁力来接通和断开主电路的执行电器。接触器按被控制电流的种类可分为交流接触器和直流接触器。其中，交流接触器又可分为电磁式和真空式2种。常用的电磁式交流接触器，主要由电磁系统、触点系统、灭弧系统及其他部分组成，见图3.1。

（1）电磁系统　电磁系统包括电磁线圈和动、静铁芯，是接触器的重要组成部分，依靠它带动触点的闭合与断开。

（2）触点系统　触点是接触器的执行部分，包括主触点和辅助触点。主触点的作用是接通和分断主回路，控制较大的电流，而辅助触点是在控制回路中，以满足各种控制方式的要求。触点还有“常开”和“常闭”之分，当未通电时，电磁线圈没有电流通过，衔铁（铁芯）不动作，这时断开的触点称为常开触点,闭合的触点称为常闭触点。

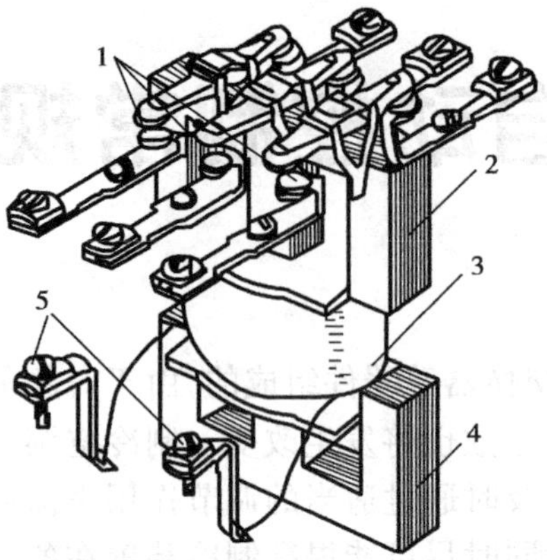

交流接触器的工作原理:当吸引线圈通电时,电流在静铁芯和动铁芯之间产生足够大的电磁吸力,克服弹簧的反作用力,使动、静铁芯吸合,动铁芯带动固定在绝缘支架上的动触点动作,使常开触点闭合,常闭触点断开。当吸引线圈失电时,动铁芯受弹簧的反作用力向上移动,触点复位。

图 3.1　交流接触器主要结构图

1—主触点;2—动铁芯;3—线圈;4—静铁芯;5—线圈接线端子

(3)灭弧系统　灭弧装置用来保证触点接通与断开电路时,产生的电弧可靠的熄灭,减少电弧对触点的损伤。为了迅速熄灭断开时的电弧,通常接触器都装有灭弧装置,对较大容量(20 A 以上)的接触器触点部分,一般采用半封式纵缝陶土灭弧罩,小容量的交流接触器(10 A 以下)是用相间隔弧板隔弧。

(4)其他部分　包括绝缘外壳、弹簧、短路环、传动机构等。

交流接触器不宜用于通断太频繁的场所,这是因为交流接触器的吸引线圈接通电源后,主要靠线圈电感形成的电磁场、使动、静铁芯吸合。在接通电源的瞬间,动、静铁芯未吸合时、磁路的磁阻较大,磁通较小,电抗也较小,这时流过吸引线圈的电流(接触器的启动电流)很大,可达线圈正常工作时的 10 倍以上。在使用时,动、静铁芯必须良好吸合,它们之间不能有异物。否则,将有较大的电流流过吸引线圈,长时间处于这种工作状态,线圈将被烧毁。

选用接触器时,主回路触点的额定电流应大于或等于被控设备的额定电流,控制电动机的接触器还应考虑电动机的启动电流。为了防止频繁操作的接触器主触点烧蚀,频繁动作的接触器额定电流可降低使用。接触器的电磁线圈额定电压有 36,110,220,380 V 等,电磁线圈允许在额定电压的 80%~105%内使用。常用交流接触器有 CJ10,CJ0,D2,NC 等系列。

2)热继电器

热继电器是在通过电流时依靠发热元件所产生的热量而动作的一种低压电器,主要用于电动机的过载保护及其他电气设备发热状态的控制,有些型号的热继电器还具有缺相和电流不平衡运行的保护。

热继电器的种类较多,常见的有:

(1)双金属片式　主要利用 2 种膨胀系数不同的金属碾压制成的双金属片受热弯曲去推动杠杆,从而带动触头动作。

(2)热敏电阻式　主要利用电阻值随温度变化而变化的特性制成的热继电器。

(3)易熔合金式　主要利用过载电流的热量使易熔合金达到某一温度值时,合金熔化而使继电器动作。

在上述 3 种热继电器中,以双金属片热继电器应用最多,本书仅对此进行介绍,其他热继电器请读者参见其他参考书。

热继电器主要与接触器配合使用,用于对三相异步电动机的过电流和断相保护。在制冷系统中,压缩机多数是由三相异步电动机拖动的;在实际运行中,电动机常会遇到因电气或机械等原因引起的过电流(过载和断相)现象。但只要过电流不严重,持续时间短,电动机绕组不超过允许温升,这种过电流是允许的。如果过电流情况严重,持续时间较长,则会加速电动机绕组绝缘老化,甚至烧毁电动机绕组绝缘。因此,在电动机控制回路中应设置电动机保护装置,这对全封闭或半封闭制冷压缩机来说尤为重要。常用的双金属片式热继电器均是三相形式,并有带断相保护和不带断相保护 2 种,其工作原理见图 3.2。

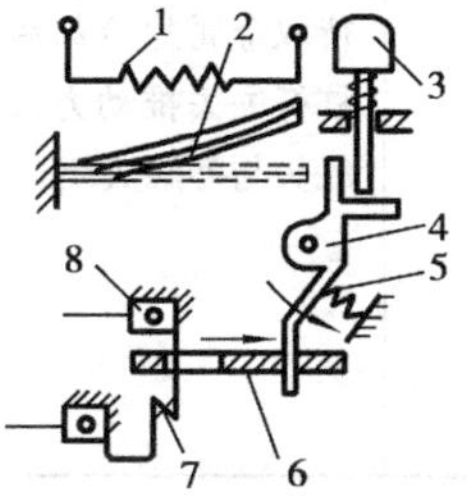

热元件 1 串接于电机的定子电路中,通过热元件的电流就是电动机的工作电流。当电动机正常运行时,其工作电流通过热元件产生的热量不足以使双金属片 2 因受热而产生变形,热继电器不会动作。当电动机发生过电流且超过整定值时,双金属片获得了超过整定值的热量而发生弯曲,使其自由端上翘。经过一定时间后,双金属片的自由端脱离导杆 4 的顶端(称为脱扣)。导杆在拉簧 5 的作用下偏转,带动连杆 6 使常闭触头 7 打开(常闭触头通常串接在电动机控制电路中的相应接触器线圈回路中),并断开接触器的线圈电源,从而切断电动机的工作电源。同时,热元件也因失电而逐渐降温,经过一段时间的冷却,双金属片恢复到原来状态。

图 3.2　热继电器的工作原理

1—热元件;2—双金属片;3—复位按钮;4—导杆;5—拉簧;6—连杆;7—辅助触点;8—接线端子

热元件是一种具有均匀电阻值的铜镍合金、镍铬铁合金或铁铬铝合金电阻材料,其形状有圆丝、扁丝、片状和带材几种,中小容量的热继电器大多采用圆丝和扁丝复绕在条状双金属片上,大容量热继电器一般采用片状或带材将其制成各种条形并紧贴在条形双金属片上。双金属片是将 2 种线膨胀系数不同的金属用机械碾压方法使之形成一体的金属片。膨胀系数大的(如铁镍铬合金、铜合金或高锰合金等)称为主动层,膨胀系数小的(如铁镍类合金)称为被动层。2 种线膨胀系数不同的金属紧密地贴合一起,当产生热效应时,使得双金属片向膨胀系数小的一侧弯曲,由弯曲产生的位移带动触头动作。

热继电器动作电流的调节是借助旋转热继电器面板上的旋钮于不同值来实现的。热继电器复位方式有自动复位和手动复位 2 挡。在手动复位挡时,热继电器动作后,经过一段时间(一般为 2 min)才能按动手动复位按钮复位;在自动复位挡时,热继电器可自行复位,复位时间一般不大于 5 min。

三相式热继电器在三相主电路中均串接热元件和双金属片。如果被控制的三相异步电动机发生过电流、断相、三相电源严重不平衡等故障,使电动机某一相或三相的电流升高,热继电器均能起保护作用。图 3.3 为带断相保护的热继电器原理示意图。

热继电器的电流调节凸轮旋钮是调节整定电流机构。由于电动机的功率、转数、型号不同,因此其额定电流也不相同。即使功率相同,但由于转数和型号不同,其额定电流也有大小之分。

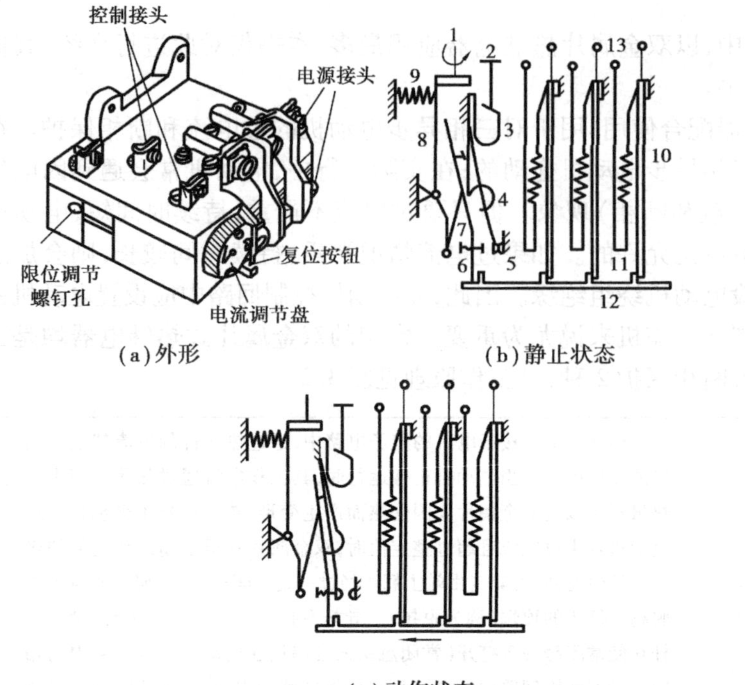

(a)外形　(b)静止状态　(c)动作状态

该热继电器采用差动式结构，双金属片 10 和热阻丝 11 串联后直接串接于电动机定子电路中，当出现过电流时，双金属片受热向左弯曲，使导板 12 向左推动杠杆 7，杠杆推动簧片使动触点与静触头分开，并断开接触器的线圈电源，从而切断电动机的工作电源。待双金属片冷却后复原，使杠杆失去推动力，即可使动触头与静触头闭合。

图 3.3　JRO 热继电器外型与结构示意图

1—电流调节凸轮；2—复位按钮；3—复位簧片；4—触头簧片；5—触头；6—限位调节螺钉；7—推杆；8—调节杆；9—弹簧；10—双金属片；11—热阻丝；12—导板；13—电源接头

为便于选择适当的整定电流，热继电器就设有整定电流调节装置。JR0 系列的调节范围是 66% ~100%。例如：热继电器的额定电流为 16 A，最小电流可调到 10 A，则额定电流在 10 ~16 A 的电动机都可用额定电流为“16 A”这一挡的热继电器。

选用热继电器时，应根据使用条件、工作环境、电动机的形式、运行条件及要求、电机启动情况及负荷情况等几个方面综合加以考虑，必要时应进行合理计算。一般考虑如下：

①一般热继电器均有 3 种安装方式：独立安装式（通过螺钉固定）、导轨安装式（在标准安装轨上安装）和接插安装式（直接挂接在与其配套的接触器上）。安装时，热继电器应布置在整个开关柜（箱）的下部。

②原则上热继电器的额定电流应按电动机的额定电流选择。但对于过载能力较差的电动机，其配用的热继电器的额定电流应适当小些。通常选取热继电器的额定电流（实际上是选取热元件的额定电流）为电动机额定电流的 60% ~80%，应校验动作特性。

3）时间继电器

时间继电器一般可分为通电延时和断电延时 2 种类型；按其延时原理有电磁式、机械空气阻尼式、电动式、双金属片式、电子式、可编程式和数字式等。它是一种利用上述原理实现触头延时接通或断开的自动控制电器，主要作为辅助电器元件用于各种电气保护及自动装置中，使被控元件达到所需要的延时，在保护装置中用以实现各级保护的选择性配合等。例如，制冷空调系统通电后，压缩机的延时启动等，都会用到时间继电器。

由于机械阻尼式（气囊式）时间继电器的延时范围可以扩大到数分钟，整定精度较差，只适用于一般场合。国产的机械阻尼式时间继电器有 JS7-A 系列气囊式时间继电器。

（1）通电延时型　通电延时型时间继电器的结构原理和电路图形符号见图 3.4。

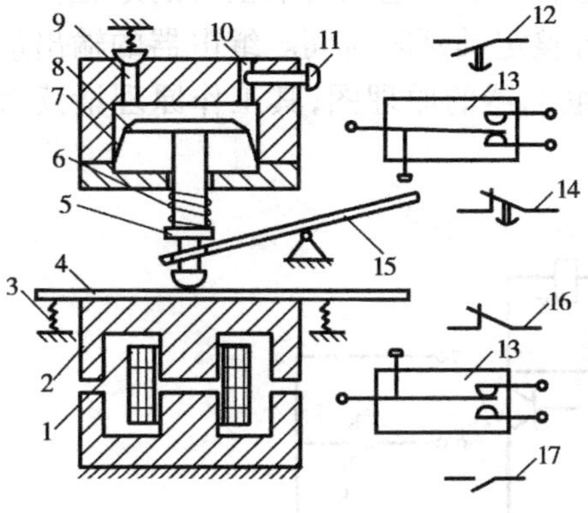

工作过程分析：当电磁铁吸引线圈 1 通入交流电后，铁芯产生吸力，使动铁芯 2 和托板 4 向下移动。托板的移动存在 2 个作用：一是使微动开关 13 迅速动作；二是活塞杆 5 松开一段距离。在释放弹簧 6 的作用下，活塞杆将下移，因为空气室中与活塞杆相连的橡胶膜 7 受到下面空气的阻力，使活塞杆不能迅速移动，且只能靠空气室的进气孔 10 送进的空气才能够移动。由于进气孔 10 比较小，所以活塞杆 5 移动缓慢。经过一定时间后，活塞杆 5 下移的距离才能保证杠杆 15 碰撞延时开关 13，使其发生动作，实现通电后的延时。延时时间为自电磁铁线圈 1 通电时刻起到杠杆 15 迫使延时微动开关 13 动作时为止的这段时间。通过调节进气孔 10 的螺钉可以调整进气的多少，从而调节延时时间的长短。当线圈断电后，依靠恢复弹簧 3 的作用，时间继电器复原，而空气室的空气可经过单向出气孔 9 被排出。

图 3.4　通电延时型时间继电器

1—吸引线圈；2—动铁芯；3—恢复弹簧；4—托板；5—活塞杆；6—释放弹簧；7—橡胶膜；8—伞型活塞；9—出气孔；10—进气孔；11—调节螺钉；12—通电延时闭合常开触点；13—微动开关；14—通电延时断开常闭触点；15—杠杆；16—常闭触点；17—常开触点

通电延时继电器的触点包括 2 个瞬时动作触点和 2 个延时动作触点。瞬时动作的触点一个是常开触点，另一个是常闭触点；延时动作的触点一个是延时闭合的常开触点，另一个是延时断开的常闭触点。

（2）断电延时型　断电延时继电器工作原理示意图见图 3.5。

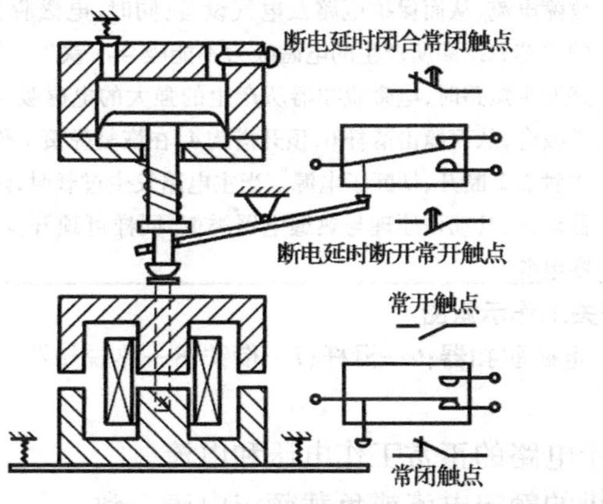

工作过程分析：电磁铁线圈通电时，动铁芯与托板受静铁芯的吸引而上移。托板的上移产生 2 个结果：一个是使下面的微动开关迅速动作；另一个是迅速将活塞杆推起，使得上面的延时开关也发生动作，同时活塞杆上的恢复弹簧被压缩。线圈断电后，电磁铁吸力消失，动铁芯被松开，靠恢复弹簧的作用力，使动铁芯和托杆恢复原状，而活塞杆在释放弹簧的作用下，开始向下移动。像通电延时的过程一样完成断电后的延时，延时时间到了之后，上面的延时开关才能复原，达到断电延时的目的。另外，断电延时的时间长短也是靠空气室的进气量来进行调节。

图 3.5　断电延时型时间继电器工作原理示意图

断电延时继电器也有 2 个瞬时动作的触点和 2 个延时动作的触点。瞬时动作的触点一个是常开触点，另一个是常闭触点；延时动作的触点一个是断电延时断开的常开触点，另一个是断电延时闭合的常闭触点。

空气式时间继电器结构简单，延时准确度较低。在要求有准确延时时间的情况下，应考虑采用电子式时间继电器。

电子式时间继电器是采用晶体管或集成电路和电子元件等构成，目前已有采用单片机控制的时间继电器。电子式时间继电器具有延时范围广、精度高、体积小、耐冲击、耐振动、调节方便和寿命长等优点，被广泛应用。

晶体管式时间继电器是利用 RC 电路电容器充电时电容器上的电压逐渐上升的原理作为延时基础的，改变充电电路的时间常数（改变电阻值）即可整定其延时时间。继电器的输出形式包括触头式和无触头式。图 3.6 为 JSJ 型晶体管时间继电器的原理图，其工作原理请读者自行分析。

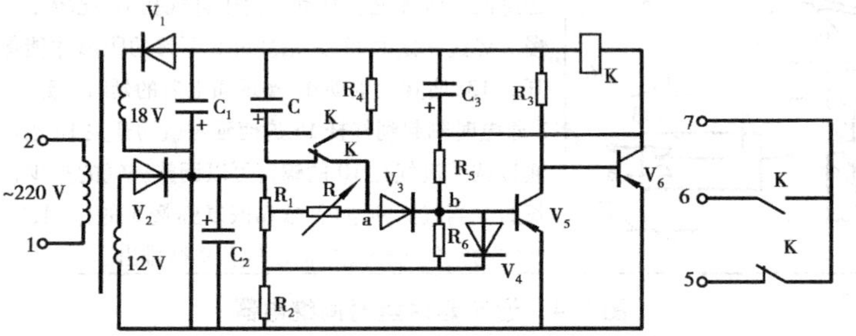

图 3.6　JSJ 型晶体管时间继电器原理图

4）**自动开关**

如图 3.7 所示，自动开关也称空气断路器，它具有一种或多种保护功能（过载、短路和欠压保护），可用作不频繁地启动电动机或接通、断开电路。常用自动开关有 DZ5，DZ9，DZ10 等系列。

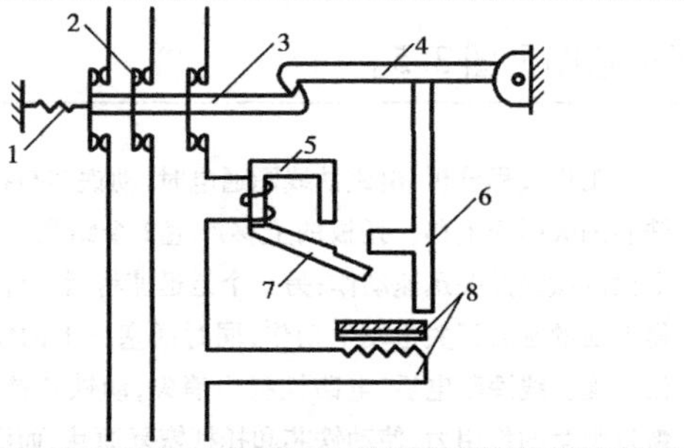

在正常情况下，通过操作机构，接通和分断工作电流，在故障情况下能自动地并快速切断高达数十倍额定电流的故障电流，从而保护电路及电气设备；同时，电磁脱扣器 5 的铁芯和线圈所产生的电磁吸力不能吸合衔铁 7。当主电路发生短路时，电磁脱扣器所产生的强大的电磁吸力使衔铁吸合，从而撞击滑杆 6，顶开搭钩 4，在恢复弹簧 1 作用下主触点 2 断开，切断了电源。当主电路发生过载时，热脱扣器动作，其动作原理与热继电器类似，同样可顶开搭钩，切断电源。

图 3.7　自动开关工作示意图

1—恢复弹簧；2—主触点；3—锁链；4—搭钩；5—电磁脱扣器；6—滑杆；7—衔铁；8—热脱扣器

自动开关的选择原则：

①自动开关的额定电压和额定电流应不小于电路的正常工作电压和电流。

②热脱扣器的整定电流应与所控制的电动机的额定电流或负载额定电流一致。

③电磁脱扣器的瞬时脱扣整定电流应大于负载电路正常工作时的尖峰电流。对于电动机负载，通常按电动机启动电流的 1.7 倍确定。

5）**启动继电器**

启动继电器是单相感应电动机启动的一个专用元件。由于单相感应电动机不像三相感应电动机那样通电后就产生了旋转磁场,因而其通电后转子不能转动。为了能使单相感应电动机通电后能转动,在其定子绕组中不但绕有运转线圈,还有专供启动用的启动线圈,它与运转线圈错开嵌绕。当电动机启动时,启动线圈帮助运行线圈启动。当电动机转入正常运转后,启动线圈的电源被切断,完成启动任务。一般启动线圈的线径比运转线圈的线径细,启动时的电流又很大,不适于长期通电。因此,电机启动后启动线圈电源必须切断,控制电动机启动线圈在启动过程中与电源接通和断开的器件就是启动继电器。

启动继电器一般分为启动接触器部分和过载开关保护部分,它们是相互联系、不可分开的2部分,如图3.8所示。

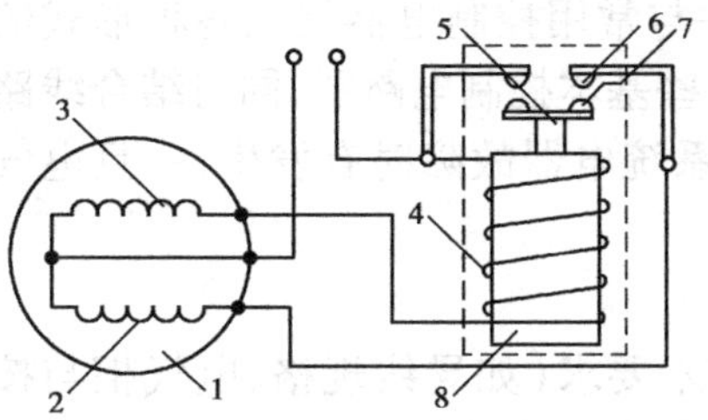

启动接触器是由吸引线圈4、衔铁5和静触点6、动触点7等组成的。由于启动接触器的吸引线圈是串接在电动机的运行线圈回路上,当电动机启动并运行时,吸引线圈就一直有电流通过,但只有当吸引线圈通过的电流值足够吸动衔铁时,动触头才能吸合,使启动线圈回路接通;否则,衔铁就处于释放状态。因此,吸引线圈是利用电动机启动时瞬时较大的励磁电流(为运行电流的4~6倍)流过继电器线圈时,满足了线圈吸动衔铁电流的能力,于是衔铁就动作,使触头闭合,使启动线圈通电。这时启动线圈与运转线圈的电流便产生不同相位的磁场,使电动机启动。当电动机转入正常运转后,运行线圈的励磁电流很快降至运行电流,启动继电器线圈虽有电流通过,但此时电流较小不足以吸动衔铁,衔铁在重力作用下便下落,动、静触头分离,切断启动线圈回路,电动机的启动工作结束。

图3.8 启动继电器工作原理图

1—电动机;2—启动线圈;3—运行线圈;4—吸引线圈;5—衔铁;6—静触点;7—动触点;8—启动继电器

单相感应电动机一般用于单相电源的小型制冷设备中的全封闭式压缩机上,如电冰箱与窗式空调器等。

使衔铁被吸动时的电流值,称为该继电器的动作电流;使衔铁释放的电流值,称为释放电流。可见,吸引线圈的动作电流值大于释放电流值。

上述启动继电器是重力式的,它有机械触点,寿命及可靠性都有限。半导体启动器(简称PTC)。在正常室温下的电阻率很小,当达到某一温度值时(一般取50~60 ℃),电阻率(该电阻具有正温度系数的特性)急骤增大数千倍,这一温度称为临界温度(又称居里点或临界点)。当电冰箱启动时,PTC元件温度较低,电阻较小,可近似地视为直通电路。在启动过程中,因电流大于正常运行电流4~6倍,从而使PTC元件温度升高至临界温度后其电阻值突增至数万欧,此时可近似地视为断路。因此,这种启动器又称为无触点启动器。半导体启动器由于其通、断性能取决于自身的温度变化,在电冰箱停机后不能立刻启动,必须待其温度降到临界点以下才能重新启动(一般需等待4~5 min)。

保护部分的过载开关实质上是一个单相的热继电器。过载开关是保护电机超载运行的,当电机过载时自动切断电源,使电机停转,保护电动机线圈不被烧毁。

如图3.9所示,过载开关的延时时间一般在10~15 s,而电动机的正常启动时间只有几秒钟,因而不会引起过载开关的误动作。过载开关动作后一般也需要3 min左右触点才能复位,其中延时复位或断开时间制造厂均已调整好。

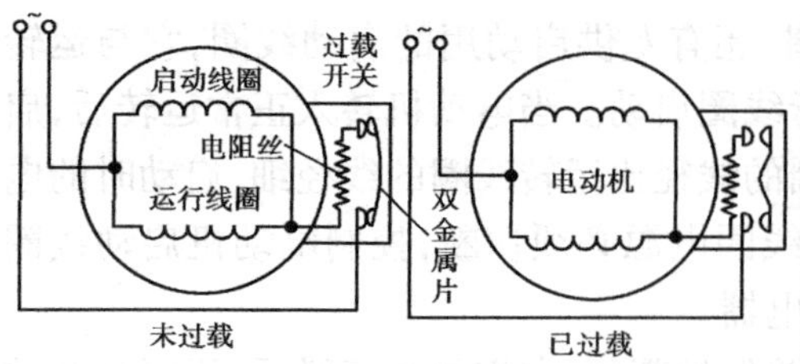

过载开关是由热阻丝、双金属片及一对触点组成的。动触点装在双金属片端点，双金属片紧靠在加热元件体旁，加热元件由热阻丝绕制，过载开关串接在单相电机供电回路中。当电动机超负载运行时（尤其是当启动线圈在完成启动任务后没有及时断开，电流过大将烧毁启动线圈），电流超过正常值，使热阻丝发热而对双金属片加热，双金属片受热后变形弯曲，推动动触点与静触点分开，切断电源，电动机停转。当双金属片冷却以后又复原位，电源又被接通，电动机重新启动运转。

图 3.9　过载开关工作原理图

3.1.2　继电控制基本回路

制冷设备的电气控制根据运行的需要，由自动控制元件与常用控制电器组成各种形式的电气线路。要看懂一些较复杂的电气线路图，首先要弄清一些基本控制电路图，同时结合线路中的电器、电器元件的结构、用途与性能来学习。制冷空调系统电器故障时有发生，一旦电气控制有故障，应查出故障原因并及时修理。

电气图纸一般包括接线图与原理图。

接线图包括电气线路各元件排列位置及互相联系的技术要求（如导线规格、电气柜与按钮、电机配线方法等）。它不能进行电气故障分析，特别是较复杂线路分析。

电气原理图是解决故障分析和线路原理分析所必需的，它能反映线路中各元件在电路上的联系和工作原理，但不能反映实际排列的情况。

本书所反映的电气图均指电气原理图。为了便于分析线路动作原理，图上同一电器的各个部件并不一定画在一起，而是把它们分开画在各个线路的位置，如交流接触器 C 的线圈、辅助触头、主触头分别画在 3 处，它们之间用文字符号代表同一个元件。所以，每个电器、电机等都用文字符号表示，在看线路图时要注意。当一个电器动作，图中表示这个电器的所有相同符号的触头都要动作。

原理图和接线图中所表示的是线路在没有通电的情况下，按钮及电、机械作用的电器是没有外力作用下的自然状态，如触头常开、常闭都指在没有通电情况下的状态。当线路通电以后，揿动按钮电器就会动作，通过电、机械的联系触头常闭的就打开，触头常开的就闭合，与图上所画的就相反，看图时要有通电后电器有变动的概念。

在电气线路图中的各种电器，要用许多导线来连接各个接点。为避免线路接错和查找故障的方便，在线路图中一般将导线的连接点处进行标号。1 个接点上不论有多少根导线连接，均应编 1 个码。这样，接线时只要把相同号码的导线接在一起就可以了。主电路用粗线表示，控制线路用细线表示。

1）电路图中常用电气符号

电气线路图中的电器，必须用图形符号与文字符号来代表各个电器或元件，用线条表示它们之间的电气联系。常用的电工图形符号与文字符号分别见附录 1，附录 2。

2）基本电路

（1）手动控制电路　图 3.10 所示为手动控制电路。

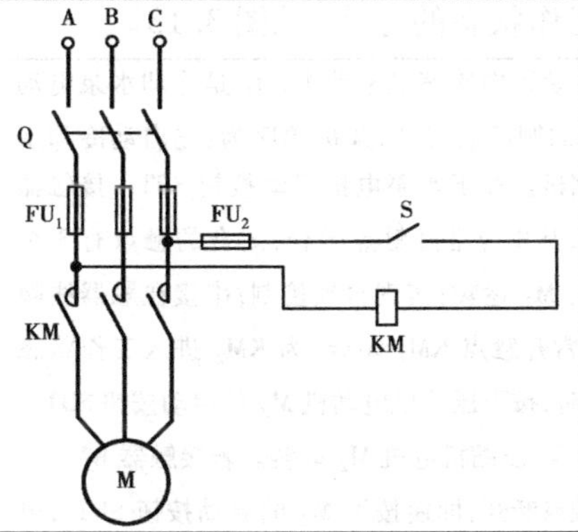

主电路由 A,B,C 引入,通过自动开关 Q、熔断器 FU_1、交流接触器 KM 常开触点后接入电机 M。控制电路(也叫做二次回路)从主电路熔断器 FU_1 的下端头 A 和 C 相引出,控制电路由 C 相通过熔断器 FU_2、手动开关 S 以及交流接触器线圈 KM 再接入 A 相。合上自动开关 Q,虽然接通了电源,但电动机不能工作,因控制电路里的手动开关 S 没有合上,接触器线圈 KM 处于失电状态,主电路中常开触点 KM 断开,电压没有加到电动机 M 上。只有在 Q 和 S 同时合上,接触器线圈得电,其常开触点闭合,电动机才能进入工作状态,这种电路是最基本的控制电路。手动开关控制着电动机的开停,它没有断电自锁的功能,即电源断电又恢复供电时,只要 Q 和 S 开关是合着的,电动机就进入工作状态,这样非常不安全。

图 3.10 手动控制电路

(2)有自锁的控制电路 图 3.11 是带有自锁环节的控制电路。

与手动控制电路不同的是,在控制电路增添了启动按钮 SBT 与停止按钮 SBP,同时将交流接触器的常开触点 KM(通常用交流接触器上的辅助触点)并联于启动按钮 SBT 两端。按下启动按钮 SBT 后,交流接触器线圈 KM 得电,其常开触点 KM 闭合,电动机启动并进入工作状态,因并联在 SBT 两端的常开触点也闭合,在没有松开启动按钮的瞬间,交流接触器的线圈已有 2 条共电线路,这时即使松开 SBT,接触器线圈 KM 中仍有电流流过,它具有自锁功能。需要停机时,按下 SBP 就可以了。停机后,松开 SBP,它又恢复闭合状态,因 SBT 和常开触点 KM 是断开的,线圈 KM 处于断电状态,所以电动机 M 不会重新启动。可见,有自锁的控制电路,具有断电保护作用,即当电源断电后,又恢复供电时,电动机也不能进入工作状态,要启动电动机 M,使其进入工作状态,就必须按下 SBT。

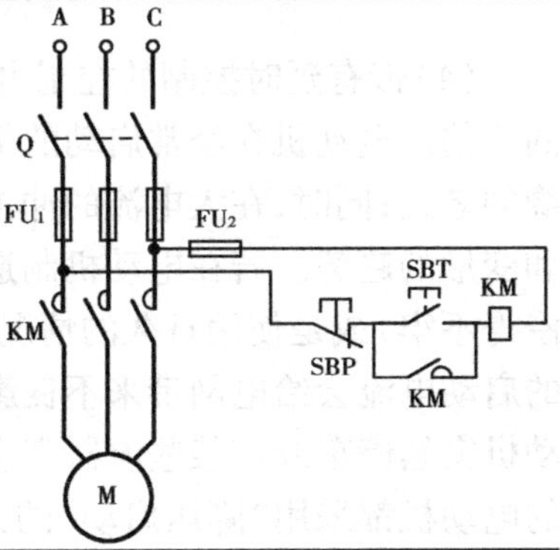

图 3.11 带有自锁控制电路

(3)带有互锁的控制电路 所谓互锁也称联锁,即两接触器存在一种相互制约的关系。互锁一般分为 2 种方式:

①一个接触器吸合,另一个接触器必须处于断开状态,见图 3.12。

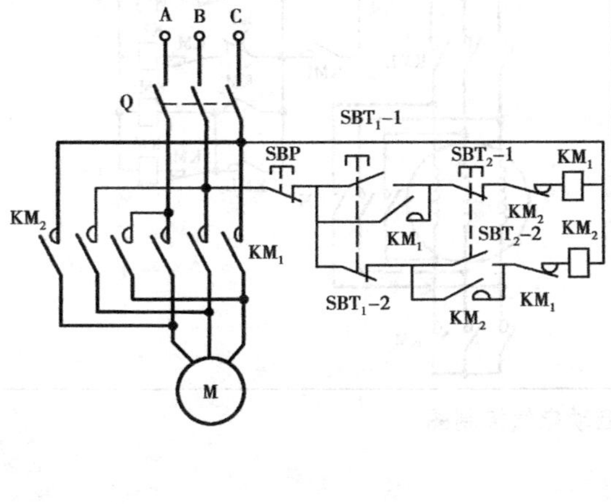

控制三相电动机正、反转的控制电路就属于这种方式。当按下 SBT_1(SBT_1-1 与 SBT_1-2 是双联按钮,下同)时,接触器线圈 KM_1 得电,其常开触点闭合,电动机运转(假设此时为正转),同时串接在接触器 KM_2 线圈回路中的常闭触点 KM_1 断开,使接触器 KM_1 得电后接触器 KM_2 不可能得电。另外,接触器 KM_1 有自锁控制,SBT_1 松开后,电动机继续运行。此时,若需要电动机按另一方向(反转)运转,只需按下 SBT_2 即可,这时 KM_1 断电,其常开触点断开,电动机断电,其常闭触点闭合,为接触器 KM_2 线圈通电做好准备。SBT_2-2 的动作使 KM_2 线圈得电、其常开触点闭合、电动机反转,同时串接在接触器 KM_1 线圈回路中的常闭触点 KM_2 断开,实现接触器 KM_1 与 KM_2 互锁的功能。这种互锁的功能体现在:当 KM_1 线圈得电吸合时其常闭触点断开 KM_2 线圈所在回路;反之,KM_2 线圈得电工作后,线圈 KM_1 所在回路被接触器 KM_2 的常闭触点切断。

图 3.12 三相电动机正反转控制电路图

②必须第一只接触器工作后,第二只接触器才能进入工作状态的方式,见图3.13。

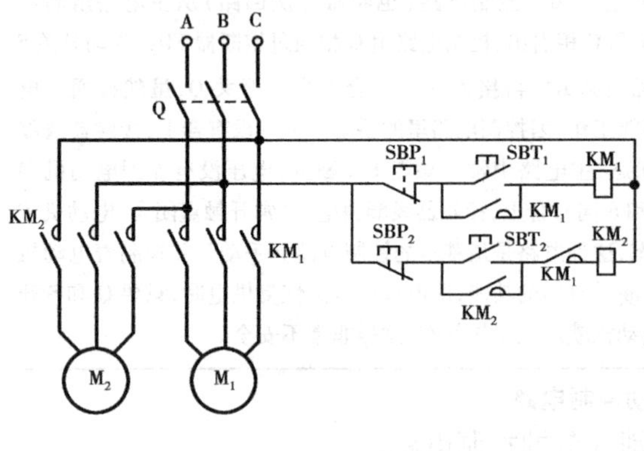

M_2 是制冷装置中压缩机电动机,M_1 是冷却水泵电动机。在水冷却的制冷装置中,开机顺序为:先启动冷却水泵、再启动压缩机。按下水泵电机启动按钮 SBT_1,接触器 KM_1 线圈得电,其相应常开触点闭合,闭合的触点有3个作用:使电动机 M_1 运转;实现自锁控制;串接在触器线圈 KM_2 回路里的常开触点 KM_1 闭合,为 KM_2 进入工作状态做好准备。这时,按下压缩机电动机 M_2 的启动按钮 SBT_2,接触器 KM_2 吸合,压缩机电机 M_2 运转。若接触器 KM_1 不吸合,其常开触点断开,即使按下 M_2 的启动按钮 SBT_2,电动机 M_2 也不会运转,这样可以保证水冷却的制冷装置开机的顺序是先启动冷却水泵,再启动压缩机。

图3.13　顺序启动控制电路图

(4)带有延时控制的控制电路　三相鼠笼式异步电动机的启动电流很大,约为额定电流的7倍。电动机在经常启动的情况下,过大的启动电流将会造成电动机的严重发热,加速了绝缘的老化;同时,在大电流的冲击下,电动机绕组(尤其是端部)受电动力的作用,有发生位移和变形的趋势。若在电动机制造操作工艺和绝缘处理上不够完善(绕组包扎得不好或绝缘漆浸得不牢)或是使用日久的情况下,电动机绕组就容易发生短路甚至烧毁电动机。另外,过大的启动电流会给电网带来不良影响,使电网电压波动。如果波动较大,会使其他正在运转的电动机突然停车或使某些电器产生误动作,甚至造成局部或全部供电中断。因此,一般较大容量的电动机都采用"降压启动"的办法来限制其启动电流,一般包括:电阻器降压启动、Y-△降压启动、补偿器启动和延边三角形启动法等。现仅讨论Y-△启动电路中的延时控制电路。

图3.14是电动机Y-△启动控制电路,这是一个既有互锁控制,又有延时控制的电路。

当按下启动按钮SBT,通电延时断开的时间继电器KT开始计时工作,接触器 KM_2 线圈得电,KM_2 常开触点闭合,将电动机接成Y形,此后接触器KML得电,主电路中的KML常开触点闭合,电动机绕组便接成Y形启动,待转速增加到一定程度,KT延时动作,KT常闭触点断开,接触器 KM_2 线圈断电,其常开触点断开,星形接法断开,串接在接触器 KM_1 线圈电路中的常闭触点 KM_2 闭合,接触器 KM_1 得电,其常开触点闭合,电动机绕组由Y形转为△形,电动机转入正常运转;同时,KM_1 得电后,其常闭触点断开,使 KM_2 线圈在 KM_1 得电的情况下不能得电,同时断开时间继电器KT的供电。电路中接触器 KM_1 与 KM_2 是互锁的。如果它们之间没有这种制约关系,一旦发生误动作,使 KM_1 和 KM_2 同时吸合,将造成电源短路。

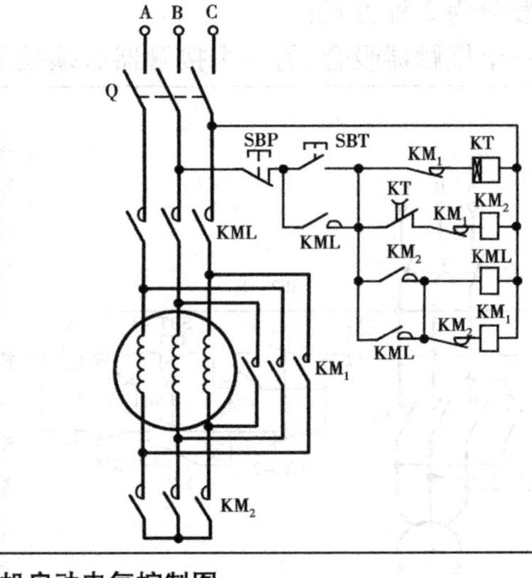

图3.14　Y-△电动机启动电气控制图

3)控制电路的分析与一般设计方法

(1)电路分析　读图是根据给定线路图分析出它的工作原理和工作过程,其要点是:

①首先要熟悉原理图中各元件、器件的文字符号、图形符号在电路图中的作用。例如,接触器KM,它的触头画在主电路中,而线圈的辅助触头被分散地画在控制电路的恰当位置上,图中凡用同一文字符号标志的元件都属于同一电器。

②阅读主电路时,应了解电路中有哪些电机、电器,它们如何工作,怎样满足运行要求,以及采用了哪些保护环节等。

③控制电路往往是依照制冷工艺要求按动作先后自上而下、从左到右顺序绘制而成。因此,阅读时也要按顺序逐行进行。当一个电器动作后,应找出它们的触头控制了哪些电路,或者为哪些电路的工作准备条件。另外,要特别注意控制电路与主回路各元件、各触头之间是怎样配合动作的,弄清楚它们控制的逻辑顺序。

(2)一般设计方法　学会了控制线路的分析方法不难进行简单的控制电路设计。从分析中可看出,任何复杂的控制电路都是由主电路和控制电路组成,而控制电路又是由一些互相并联的独立支路组成,每个支路只能有1个(也必须有1个用电器件)吸引线圈,以保证线圈获得额定电压,其余则是一些开关和触点,它们是线圈有电或失电的条件,这些触点可以并联(相当于“或”)和串联(相当于“与”)。具体设计方法如下:

①分析对象的控制要求,初拟主电路,选择接触器及有关控制元件(如热继电器、时间继电器,等等)。

②分析各接触器动作顺序,依次画出它们的独立控制电路。

③分析各接触器动作之间的逻辑关系,在各独立支路中加入相关触点与专用控制电器,以完善控制电路。

④完善主电路,加入保护环节。

⑤检查整个电路动作过程是否符合设计要求。

3.2　温度控制器件

温度是制冷空调系统中最重要的参数之一。在制冷系统中,控制被冷却物体的温度,使之达到所要求的温度是制冷系统中必不可少的重要环节。温度控制器,又称为温度继电器,是受温度控制的电开关,在制冷系统中常用作温度保护或温度的双位控制。

3.2.1　蒸气压力式温度控制器

1)WT型温度控制器

蒸气压力式温度控制器主要由感温包、波纹管、主弹簧、幅差调节弹簧及相应的调节机构、电触点、接头等组成。其中,波纹管室与感温包经毛细管连接组成一个密封容器,内部充低沸点的液体,感温包接收温度信号变为压力信号传到波纹管室,使波纹管对杠杆产生顶力矩,杠杆承受顶力矩和主弹簧的拉力矩。刀口是杠杆的支点,顶力矩与主弹簧的拉力矩在刀口转轴的支点上平衡。当感温包的感应温度变化时，波纹管室的压力也相应变化，引起顶力矩变化，两力矩失去平衡，使杠杆绕刀口支点转动，杠杆的转动使与杠杆连成一体的拨臂去拨动开关，使触点闭合或断开，从而达到温度控制的目的。

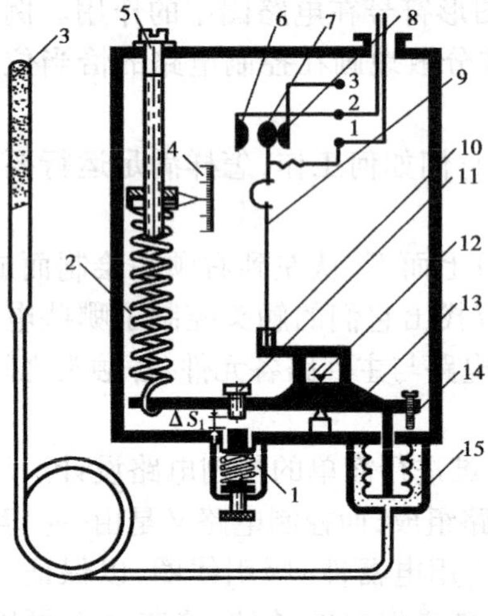

图 3.15　WT 型温度继电器原理图

1—差动器；2—主弹簧；3—感温包；4—标尺；5—调节螺杆；6—静触点；7—动触点；8—静触点 3；9—跳簧片；10—拨臂；11—差动旋钮；12—刀；13—杠杆；14—止动螺钉；15—波纹管室

温度继电器的左下方有一差动机构，差动机构的作用是调整开关接通与断开之间的温度差值。差动值可由差动旋钮调整，以得到适当的差动值。另外，调节螺杆是调节主弹簧的拉力大小，以调整被控制的温度范围，标尺上标有温度继电器被控制的温度范围。如标尺温度数值为 -60 ~ -30 ℃，则此温度继电器在 -60 ~ -30 ℃都可调节和控制。但是，温度继电器不能实现高精度的控制，仅在温度控制精度要求不高的场合中使用。

图 3.15 是 WT 型温度继电器的工作原理示意图。

差动器的作用是微调继电器触点的通断温差值（通常称为幅差）。例如，将温度继电器控制温度调整于 -15 ℃，差动可调范围在 3 ~ 5 ℃。若调至 3 ℃则当感温包感应温度在 -16.5 ℃时，继电器动作，动触点 1 与静触点 2 分开，当感温包感应温度上升至 -13.5 ℃时，动触头 1 又与静触点 2 闭合，继电器触点的闭合和分开的温度差为 3 ℃。

WT 温度控制器主要有 WTKQ 和 WTZK 系列。其技术参数见表 3.1。

表 3.1　WTQK，WTZK 系列压力式温度控制器的技术参数

名称	型号	温包	温度范围（主刻度）/℃	幅差范围/℃	开关差	上下限位通断特性 上限位（温度增加时动作）		下限位（温度下降时动作）		备注
低温控制器	WTQK-11	棒形	-40 ~ -10	1.5 ~ 1.9	1.5	通路（主刻度 + 幅差）		断路（主刻度 + 红针）		单开关
	WTQK-12	螺旋形				上开关		下开关		
	WTQK-11	棒形				上位	下位	上位	下位	双开关
	WTQK-21	螺旋形				通路、主刻度、红针	通路、主刻度 - 开关差	通路、主刻度 - 幅差 + 开关差	断路、主刻度 - 幅差	
冷间控制器	WTQK-11	棒形		1.2 ~ 1.4	1.2	同低温控制器单开关		同低温控制器单开关		单开关
	WTQK-21	螺旋形								
	WTQK-11	棒形	-25 ~ 15			同低温控制器双开关		同低温控制器双开关		双开关
	WTQK-21	螺旋形								
常温式油控制器	WTQK-12	棒形	0 ~ 40	3 ~ 10	2	断路、主刻度、红针		通路、主刻度 - 幅差		
			30 ~ 90		5					
排气温度控制器	WTZK-12	棒形	80 ~ 160		8	断路、主刻度、红针		通路、主刻度 - 幅差		排气温度过高保护

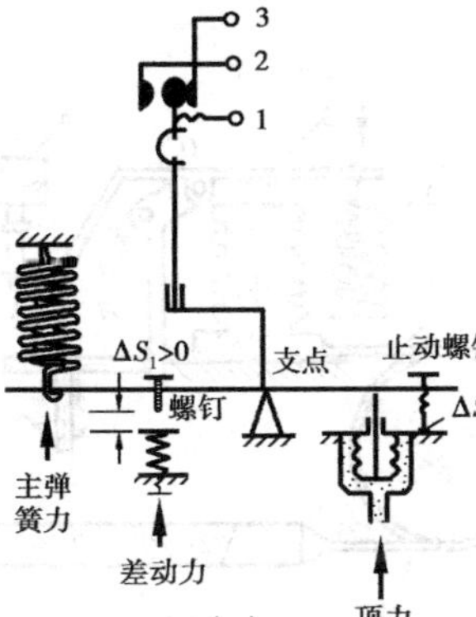

(a)

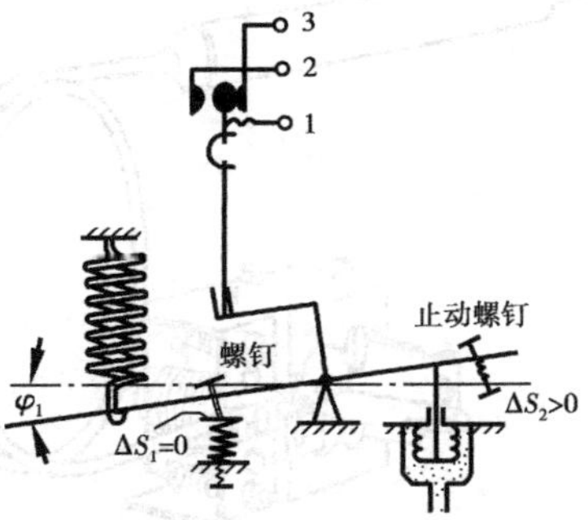

(b)

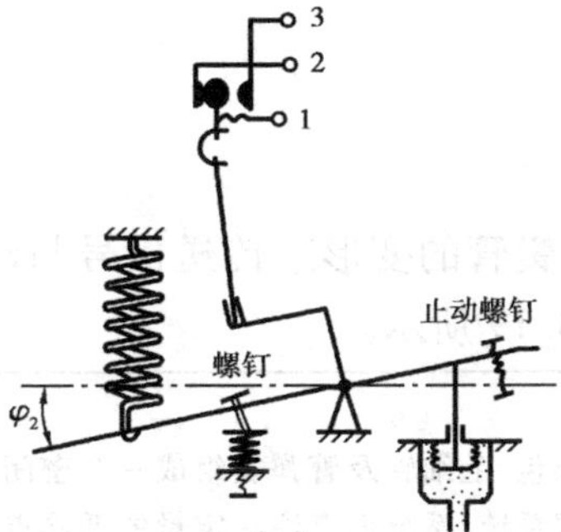

(c)

温度继电器的开关是2位控制式,即有2个静触点,一般用于冷库的温度控制中,其电源线与1,2触点连接,1,3触点与指示灯回路连接。将动触点1与静触点2串接在冷库制冷系统压缩机电机交流接触器线圈电路中,当感温包感受的冷库温度逐渐降到调定值的下限时,气箱室内蒸汽的压力相应下降,使顶力矩小于弹簧的拉力矩,杠杆绕刀口支点以顺时针方向转动,并带动拨臂和跳簧片使动触点1与静触点2断开,切断了交流接触器线圈电源,使压缩机电机停转。同时,动触点1与静触点3闭合,接通库温正常停机指示灯。当杠杆转动使动触点动作后,止动螺钉就已触及底板,限制杠杆继续转动,杠杆呈水平状态,如图3.16a所示。此时,螺钉与差动弹簧座脱开,即 $\Delta S_1>0$。随着库温的升高,感温包的感应温度也上升,使波纹管内压力升高,顶力矩升高克服主弹簧压力矩,杠杆绕刀口支点反时针方向转动角度为 φ_1(见图3.16b),此时螺钉则碰在差动器的弹簧座上,所以 $\Delta S_1=0$。当杠杆继续转动,顶力矩不但要继续克服主弹簧拉力矩,还要克服差动弹簧的张力矩,在库温升至调定值的上限时,杠杆将转至 φ_2 角度,杠杆就带动拨臂与跳簧片将动触点1与静触点2闭合(与3断开),于是冷库制冷系统压缩机电机又运转,见图3.16c。

图3.16 WT型温度继电器动作

2)WJ 3.5型温度控制器

与WT型有所不同,WJ 3.5型其外形见图3.17。

如图3.18所示,由感温包、毛细管、波纹管组成感温机构,当感温包感受的温度发生变化时,波纹管对杠杆产生的顶力矩也发生变比,此顶力矩与弹簧产生的拉力矩相对于 O' 支点达到平衡;当被测介质温度低于调定值时,由于波纹管的顶力矩小于弹簧的拉力矩。杠杆就绕支点 O' 逆时针方向转动。杠杆 A,B 点将微动开关按下。从而切断电源,压缩机停止工作。当被测介质温度升高时,波纹管的顶力矩大于弹簧的拉力矩,杠杆绕支点 O' 顺时针方向转动,杠杆 A,B 点脱离微动开关按钮,微动开关自动复位,触点闭合,压缩机重新开始工作。

旋转偏心轮可以调节温度控制器的设定温度,但实际上是在调节弹簧的预紧拉力。当旋转偏心轮推动曲杆向左移动时,曲杆以点 O 为支点顺时针方向转动,O' 点向上移动,使弹簧的拉力矩变大,这就提高了温度控制器的设定温度值;反之,则可以降低温度控制器的设定温度值。微动开关有2个,每个都有1个常开和1个常闭触点。微动开关1是热泵开关,专供有热

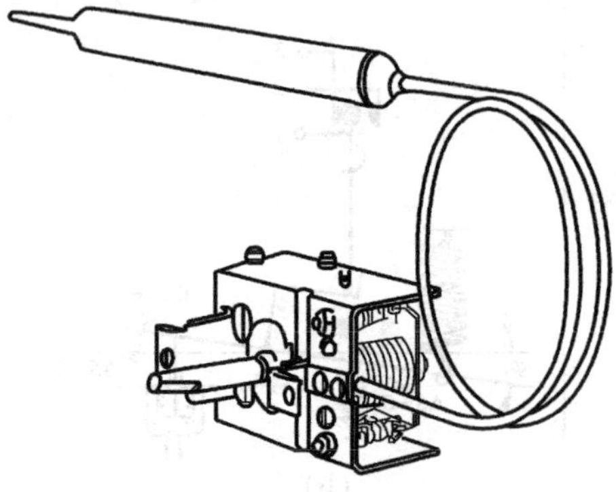

图 3.17　WJ 3.5 型温度控制器外形

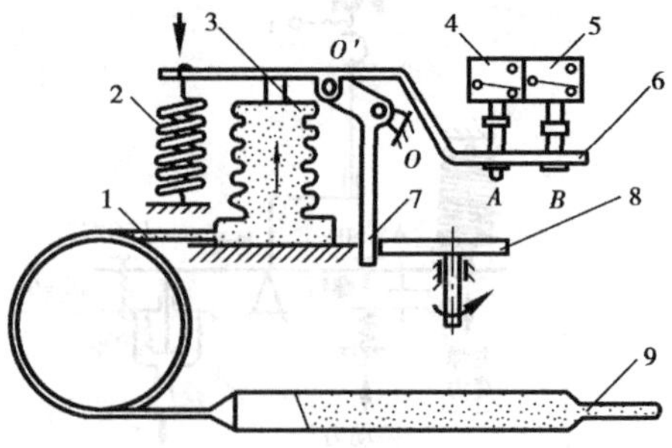

图 3.18　WJ 3.5 型温度控制器原理图

1—毛细管;2—弹簧;3—波纹管;4—微动开关 1;
5—微动开关 2;6—杠杆;7—曲杆;8—偏心轮;9—感温包

泵型的空调器在制热时使用,而制冷时只用微动开关 2 即可。

3)电接点压力式温度控制器

电接点压力式温度计是一种温度指示兼控制的仪表。以弹簧管的变形来传送信号与动力。目前,使用较广的有 WTZ228 型电接点压力式温度计,如图 3.19 所示。

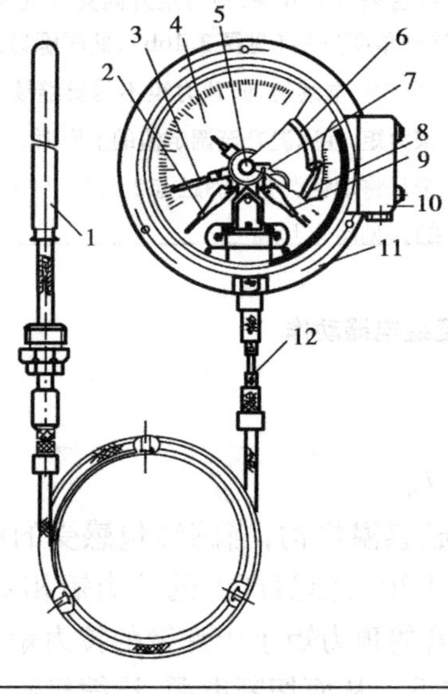

温包、毛细管及管弹簧组成一个密闭的感温系统,系统内充注一定量的低沸点液体。当被测介质的温度发生变化时,感温系统将温度信号转化为压力信号,使管弹簧变形,管弹簧通过与其自由端相连的拉杆,带动齿轮转动机构,使装在转轴上的示值指针随转轴偏转一定角度,指示被测介质的温度值。

表盘上装有上、下限触针,触针与电源线相接,用专用钥匙调节上、下限触针的位置,使测温范围设定在任一预定值上。示值指针上夹带着动触点,并与电源线相接。当动触点与上、下限触针接触时,即可接通电源,二者分离时则切断电源。

图 3.19　WTZ288 型电接点压力式温控器结构图

1—温包;2—下限指针;3—示值指针;4—表盘;5—转轴;6—弹簧管;7—传动齿轮;
8—拉杆;9—上限触针;10—接线盒;11—表壳;12—毛细管

如图 3.20 所示,电接点压力式温度计的触针容量只有 10 V · A,不适用于直接控制压缩机电机的交流接触器,故要用间接控制方式。例如,用电接点压力式温度控制器串接在中间继电器的吸引线圈中,中间继电器再去控制压缩机电机的交流接触器。因此,中间继电器一般采用电子继电器或小型继电器。

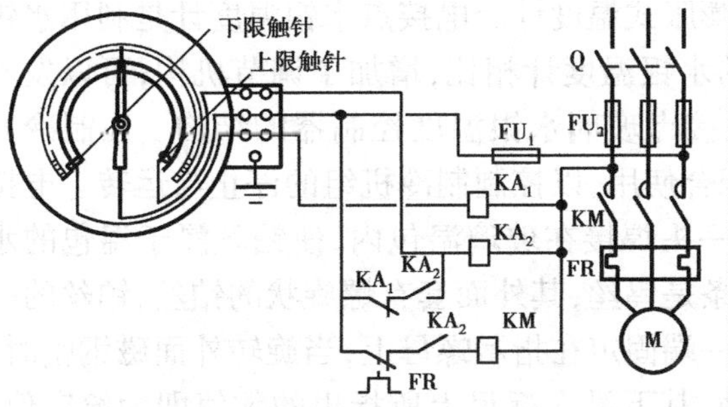

当感温包感应温度上升时，感温系统内部的压力也随之上升，弹簧管的内部压力大于它的内缩弹力，弹簧管扩张，拉杆带动齿轮传动机构，使示值指针顺时针方向偏转。当示值指针与上限触针重合时，动触点与上限静触点闭合。中间继电器 KA_2 得电，KA_2 常开触点闭合，于是接触器线圈 KM 得电，制冷压缩机电动机运行。由于 KA_2 吸合后，通过 KA_2 的常开触点自锁，当温度降低时动触点与上限触点脱开后，KA_2 仍处在吸合状态，保证压缩机正常工作。直至示值指针逆时针偏转到和下限触针重合，动触点和下限静触点闭合，KA_1 线圈得电，串接在 KA_2 常开触点电路上的 KA_1 常闭触点断开，中间继电器 KA_2 线圈才失电，其常开触点断开，交流接触器 KM 失电，压缩机电机停止运转。FR 是热继电器。

图 3.20　电接点温度控制器控制原理图

电接点压力式温度控制器的技术参数，见表 3.2。

(1)电接点压力式温度控制器的安装和使用

①温度控制器应安装在没有振动的安装板上，感温包的安放位置应低于继电器本体的位置，防止感温液体倒灌进动力室，而影响测量和控制精度。

②感温包应安放在温度最敏感的地方，使流体与感温包很好地接触。对于受迫运动的流体，感温包应安装在流道中。

③毛细管应拉直，每相隔 300 mm 左右的距离用扎头固定，其弯曲半径不应小于 50 mm。

(2)电接点压力式温度控制器的常见故障

①感温和传送信号动力系统中的液体工质泄漏。常表现在继电器的触头处在常开状态(即感温包的温度很高也不闭合)，制冷机组处于停转，指示温度与感温包温度不相符。

②触头(针)烧毛或烧毁。当压缩机电机启停时，接触器跳动很频繁或触头(针)闭合后不能分离。

表 3.2　WTZ288，WTQ288 型温度控制器的技术参数

型　号	控温范围 / ℃	精 度 等 级	安 装 接 头	耐 压 / MPa
WTZ 288	-20 ~ 60	2.5	M27 ×2	1.6 或 6.4
	0 ~ 60			
	0 ~ 100	1.5		
	20 ~ 120			
	60 ~ 160			
WTQ 288	-80 ~ 40	1.5 或 2.5	M32 ×2 或 M27 ×2	1.6 或 6.4
	-60 ~ 40			
	0 ~ 160			
	0 ~ 200			
	0 ~ 300			
	0 ~ 400			
	0 ~ 500			

注：仪表在 -10 ~ 55 ℃的环境温度内能正常工作。

3.2.2 膨胀式电接点玻璃水银温度控制器

根据物体热胀冷缩原理制成的温度计称为膨胀式温度计。电接点水银温度计是利用水银的热胀冷缩性质来测温的,这种温度计与普通的水银温度计相比,增加了调节机构,可以发出温度双位调节信号。图3.21为可调WXG型电接点玻璃水银温度控制器的结构。在制冷系统中,常与中间继电器或晶体管位式调节器等配合使用,以控制制冷机组的停止与运转。电接点水银温度控制器有2条金属丝:一条是铂丝,一头焊接在玻璃温包内,使铂丝浸于温包的水银中,另一头烧结在玻璃外壳上做引出线;另一条是钨丝,其外面套有螺旋状的铂丝,铂丝的一头烧结在玻璃外壳上,做钨丝的引线,钨丝的另一端固定在指示螺母上,当旋转外面磁钢帽时,指示螺母能在控制标尺刻度范围内做上下移动,其下沿在标尺上所指出的数值即为给定值。当被测温度上升到给定值时,水银柱面和钨丝相碰,浸于水银中的铂丝通过水银与钨丝接通。对于外电路来说,相当于通过水银触点发出一个和给定温度相对应的开关信号。电接点水银温度控制器有上、下标尺,上标尺用于指示温度给定值,水银柱在下标尺范围内移动时可以直接读出被测介质的温度。

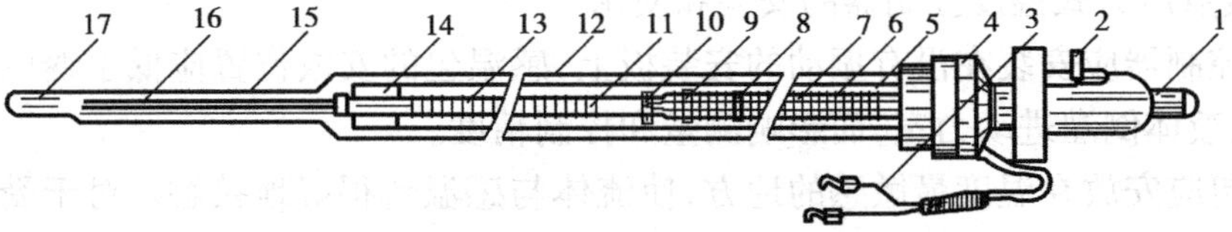

图3.21 可调电接点玻璃水银温度控制器

1—磁钢帽;2—固定螺钉;3—引出接线;4—盖帽;5—扁管;6—调节螺杆;7—控制标尺;
8—指示螺母;9—小铁板;10—铂金接点;11—测量毛细管;12—上套管;13—测温标尺;
14—标尺板;15—下套管;16—连接毛细管;17—感温包

WXG型电接点玻璃水银温度控制器有固定和可调电接点,尾部形状分为直形和角形。固定电接点玻璃水银温度控制器有玻璃套式和玻璃棒式,铂丝固定在限定的温度上不能调节。

目前,常用电接点玻璃水银温度控制器有WXG-11t型和WXG-12t型,允许最大工作电压为36 V,工作电流为20 mA,接点接通时最大接触电阻小于20 Ω。由于电接点水银温度控制器的接点额定电流很小,所以与一般继电器配合使用时,不能直接进行,中间需经电子放大。

3.2.3 电阻式温度控制器

电阻式温度控制器采用热敏电阻作为感温元件,一般选用负温度系数的热敏电阻,即随着温度增加其阻值减小。

负温度系数的热敏电阻,最常见的是由金属氧化物组成的。热敏电阻按结构分类可分为绕线型、薄膜型、厚膜型3种;按工作温度区分为常温区(-60~+300 ℃)的热敏电阻、高温区(>300 ℃)的热敏电阻、低温区(<-193 ℃)的热敏电阻。

电阻式温控器是利用平衡电桥的原理而工作的,见图3.22。

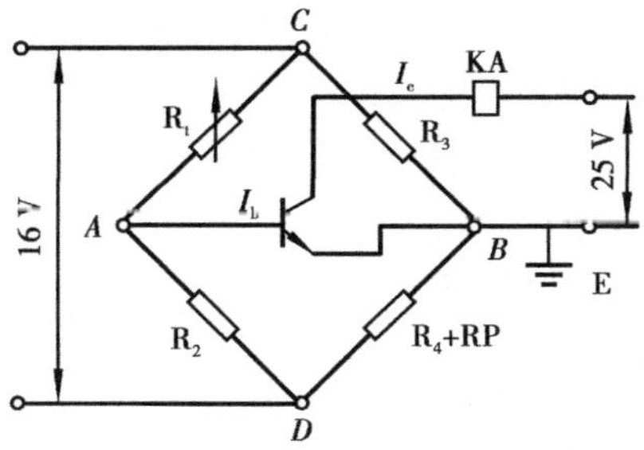

R_t 为热敏电阻，A，B 点分别接到晶体三极管的基极和发射极，集电极与继电器线圈 KA 串联，接入 +25 V 的直流电源。电桥中 C，D 点接 +16 V 的直流电源。晶体三极管的基极电流 I_b，取决于 A，B 点的电压 U_{AB}。当受控温度（如冰箱温度）上升时，R_t 的阻值减小，A 点电位升高。当 A 点电位高于 B 点时，则产生三极管基流 I_b，R_t 值越小，I_b 越大，集电极电流 I_c 也越大。当 I_c 增大到继电器 KA 的吸合电流时，继电器动作，使其常开触点闭合，便接通压缩机电机，开始制冷。受控温度随之不断下降，又使 R_t 值逐渐增大，促使 A 点电位下降，I_c 变小。当 I_c 下降到 KA 的释放电流时，KA 常开触点断开，压缩机便停转。

图 3.22　平衡电桥电路原理图

目前，器件造价低并趋向小型化，电阻温控器发展很快。其优点是：将温度变化转变成传感电路的电压变化，经过电子线路放大后，给出电气指令，可以实现位式控制。电子装置还能根据受控温度与给定值的偏差、偏差变化时间和变化速率进行运算，发出脉冲信号进行 PID 等更高精度温度调节与控制。但要注意，只用作开关控制时，它的控制精度与压力式温控器无多大区别。对系统作高精度温度控制时，仅靠温控器的精度和性能不能决定制冷装置的参数调节品质，感温和动作存在时间上的滞后，装置本身也有时间常数，必须认真考虑温控器与系统的匹配，综合压缩机与蒸发器的平衡、冷凝器的控制、供液控制等与温度控制之间的相互关联、分析系统的动态特性，在此基础上才能最大限度地发挥调节器的功能。

3.2.4　热电偶和电阻测温及数字式调节仪表

1）热电偶

热电偶是目前各国在科研与生产过程中进行温度测量应用最普遍、最广泛的温度测量元件。它具有结构简单、制作方便、测量范围宽、准确度高、热惯性小等各种优点。既可以用于流体温度的测量，也可以用于固体温度的测量；既可以测量静态温度，又能测量动态温度，且能直接输出直流电压信号，或方便地转换成线形化的直流电流信号，便于测量、信号传输、自动记录和自动控制等。其测温原理及特性在热工测量等其他教科书中有详细介绍，在此恕不赘述。

2）热电阻

电阻测温原理在前节电阻式温度控制器中已做了介绍，它是利用某些导体或半导体材料的电阻值随温度变化的性质来做成温度测量敏感元件，大多数金属导体的电阻值 R_t 与温度 t 的关系可表示为：

$$R_t = R_0(1 + At + Bt^2 + Ct^3) \tag{3.1}$$

式中　R_0——0 ℃条件下的电阻值；

　　A，B，C——与金属材料有关的常数。

大多数半导体材料具有负温度系数，其电阻值 R_T 与热力学温度 T 的关系为：

$$R_T = R_{T0} \exp B\left[\left(\frac{1}{T}\right) - \left(\frac{1}{T_0}\right)\right] \tag{3.2}$$

式中　R_{T0}——热力学温度为 T_0 时的电阻值；

B——与半导体材料有关的常数。

用于测温的热电阻材料应满足下述要求：

①在测温范围内化学和物理性能稳定；

②复现性好；

③电阻温度系数大，可以得到高灵敏度元件；

④电阻率大，可以得到小体积元件；

⑤电阻温度特性尽可能接近线性；

⑥价格低廉。

已被采用的热电阻和半导体电阻温度测温元件特点是：

①在中、低温范围内其精度高于热电偶温度计；

②灵敏度高，当温度每升高 1 ℃时，大多数金属材料热电阻的阻值增加 0.4% ~0.6%，半导体材料的阻值则降低 3% ~6%；

③热电阻感温部分体积比热电偶的热接点大得多，不宜测量点温度和动态温度，而半导体热敏电阻体积虽小，但稳定性和复现性较差。

常用的热电阻元件有铂热电阻和铜热电阻（简称铂电阻和铜电阻），绕制铂电阻感温元件的铂丝纯度是决定温度测量精度的关键，铂丝纯度愈高其稳定性愈高、复现性愈好、测温精度也愈高。铂电阻纯度常用 R_{100}/R_0 表示，R_{100} 和 R_0 分别表示 100 ℃和 0 ℃条件下的电阻值。对于标准铂电阻，规定 R_{100}/R_0 不小于 1.392 5；对于工业用铂电阻，R_{100}/R_0 为 1.391。

标准或试验室用的铂电阻 R_0 为 10 Ω 或 30 Ω 左右。国产工业铂电阻主要有 3 种，分别为 Pt50，Pt100，Pt300。其中，Pt100 使用较多，这 3 种电阻的技术指标列于表 3.3。铂电阻分度表是按式(3.3)和式(3.4)关系式建立的：

$$-200\ ℃ \leqslant t \leqslant 0\ ℃: \quad R_t = R_0[1 + At + Bt^2 + Ct^3(t - 100)] \tag{3.3}$$

$$0 \leqslant t \leqslant 500\ ℃: \quad R_t = R_0[1 + At + Bt^2] \tag{3.4}$$

式中，$A = 3.968\ 47 \times 10^{-3}\ ℃^{-1}$；$B = -5.847 \times 10^{-7}\ ℃^{-2}$；$C = -4.22 \times 10^{-12}\ ℃^{-3}$。

表 3.3　工业用铂电阻温度计的技术指标

分度号	R_0/Ω	R_{100}/R_0	R_0 的允许误差/%	精度等级	最大允许误差/℃
Pt50	50.00	1.391 0 ±0.000 7	±0.05	Ⅰ	Ⅰ级：
		1.391 0 ±0.001	±0.1	Ⅱ	−200 ~0 ℃：±(0.15 +4.5 ×$10^{-3}t$)
Pt100	100.00	1.391 0 ±0.000 7	±0.05	Ⅰ	0 ~500 ℃：±(0.15 +3.0 ×$10^{-3}t$)
		1.391 0 ±0.001	±0.1	Ⅱ	Ⅱ级：
Pt300	300.00	1.391 0 ±0.001	±0.1	Ⅰ	−200 ~0 ℃：±(0.3 +6.0 ×$10^{-3}t$)
				Ⅱ	0 ~500 ℃：±(0.3 +4.5 ×$10^{-3}t$)

铜电阻的使用也很普遍，因为铜电阻的阻值与温度近于呈线性关系，电阻温度系数也较大，且价格便宜，所以在一些测量准确度要求不是很高的制冷与空调场合常采用。但其在高于 100 ℃的空气中会被氧化，故多用于测量 −50 ~100 ℃。

我国统一生产的铜电阻温度元件有 2 种：Cu50 和 Cu100，其技术指标列于表 3.4 中。铜电阻与温度的关系为：

表 3.4　铜电阻温度计的技术指标

<table>
<tr><th>分度号</th><th>R_0/Ω</th><th>R_{100}/R_0</th><th>R_0 的允许误差/%</th><th>精度等级</th><th>最大允许误差/℃</th></tr>
<tr><td rowspan="2">Cu50</td><td rowspan="2">50</td><td rowspan="4">Ⅱ级：1.425 ±0.001
Ⅲ级：1.425 ±0.002</td><td rowspan="4">±0.1</td><td>Ⅱ</td><td rowspan="4">Ⅱ级：$\pm(0.3+3.5\times10^{-3}t)$
Ⅲ级：$\pm(0.3+6\times10^{-3}t)$</td></tr>
<tr><td>Ⅲ</td></tr>
<tr><td rowspan="2">Cu100</td><td rowspan="2">100</td><td>Ⅱ</td></tr>
<tr><td>Ⅲ</td></tr>
</table>

$$R_t = R_0(1 + At + Bt^2 + Ct^3) \qquad -50\ ℃ \leqslant t \leqslant 150\ ℃ \tag{3.5}$$

式中，$A = 4.288\ 99\times10^{-3}\ ℃^{-1}$；$B = -2.133\times10^{-7}\ ℃^{-2}$；$C = 1.233\times10^{-9}\ ℃^{-3}$。

在制冷与空调系统中，对某些温度控制精度要求比较高的场合往往采用 PID 调节。目前，常用的数字式调节仪表使用非常方便，其输入信号可根据用户选用的传感器的种类来选择。一般调节仪表都有各类热电偶、热电阻和标准信号输入的选择与设定。例如：如果用户选用的是 K_1 型热电偶，在调节仪表上可根据仪表菜单选择热电偶 K_1，选择后仪表根据热电偶 K_1 温度与电信号的关系（分度表）自动将所检测到的电压信号转换为温度数字实时显示出来。同时，调节仪表根据检测到的实时温度值与设定值的偏差，输出调节信号驱动执行机构，一般是标准信号（直流电压：-5 ~ 5，-10 ~ 10，-20 ~ 20，-50 ~ 50，-100 ~ 100 mV；直流电流：4 ~ 20 mA）。对于输出标准信号（如 4 ~ 20 mA）的变送器，如压力或压差变送器，量程虽不同，但输出的信号都是 4 ~ 20 mA（或其他标准信号），生产变送器的厂家已将各量程的物理量（如绝对压力变送器 0 ~ 1 MPa）与 4 ~ 20 mA 的输出模拟量进行了线性化处理，即 0 MPa 时输出为 4 mA，1 MPa 时输出为 20 mA，中间各物理量采用线性内插即可。对调节仪表的使用，只要进行相应的量程设定，仪表内自动进行线性化处理，设定好后的仪表显示的就是所检测的实时物理量。

3.3　湿度控制器件

湿度也是制冷与空调系统中需要检测、调节的一个重要参数。生鲜食品、冷冻食品、无包装食品保存中，湿度太高时，容易引起细菌的大量繁殖，使食品在冷藏过程中腐败变质；湿度太低又会增加食品的干耗，影响食品的色、香、味。特别是对鲜蛋、水果、蔬菜等生命力强盛的易腐食品，湿度对其影响更加显著。精密机械、喷涂工艺、电子、纺织车间等产品质量要求必须恒湿，空气湿度的高低将影响电子产品和光学仪器的性能、纺织业中纤维强度、印刷工业中印刷品质量等，特别是空调装置，必须温度、湿度同时控制，才能满足舒适性要求。

描述空气湿度的物理量通常有含湿量、绝对湿度和相对湿度。大多数湿度测量仪表都是直接或间接地测量空气的相对湿度。用湿度调节器实现恒湿控制，它首先检测空气湿度，将信号经过机械或电气放大，使电触点动作，发出加湿或者除湿的操作指令。

空气的湿度控制，一般是指对空气的相对湿度 φ 的控制。按舒适空调的要求，空气相对湿度可以允许有较大的变动范围,通常夏季 $\varphi=50\%\sim60\%$,冬季 $\varphi=35\%\sim50\%$。在一般空调湿度控制中,一类是控制室内空气相对湿度不大于(或不小于)某一给定值,即采用双位式控制;另一类是控制室内空气相对湿度在某一给定值范围之内,即采用比例式控制。通常,双位式控制应用较多。

空调中冬季空气湿度处理多采用喷蒸汽法。湿度控制是由湿度感受元件发出湿度讯号,通过湿度控制器和执行器(控制阀)调节喷湿蒸汽量,以完成对空气湿度控制。夏季,室外空气温度一般都比较高,空气降温过程也是一个除湿过程,故控制空气冷却器不同的蒸发温度(或冷冻水温度)就可得到不同的除湿效果。通常,空调除了某些特殊房间外,其湿度均不进行严格控制。

室内空气相对湿度的调控方法有"露点"法、湿球温度法和相对湿度法等。"露点"法只用于喷水式空调系统中,将敏感元件放在喷水室后,控制"露点"温度恒定,处理后空气含湿量可控制在一定范围内。在空调室内热负荷及温度波动不大时,室内相对湿度可保持在一定范围内。湿球温度法直接控制室内或总回风管内的湿球温度,当干球温度一定时,室内空气相对湿度即可相应得到保证。相对湿度法,即直接控制空调室内或回风的相对湿度。

空气湿度控制很大程度上取决于湿度敏感元件的选择和讯号转换的方法。目前,空气调节中采用的湿度测量元件有各种干湿球湿度计,脱脂毛发,尼龙丝,尼龙膜,氯化锂(LiCl)等。相应所采用的湿度控制器有:干湿球式湿度控制器;毛发(或尼龙丝)式湿度控制器;铂电阻式湿度控制器;氯化锂湿度控制器等类型。

3.3.1 干湿球温度计

干湿球温度计是利用潮湿物体表面水分蒸发冷却的效应来测定空气相对湿度的。干湿球湿度计由 2 支完全相同的温度计组成:一支用于直接指示空气的温度,称为干球温度计;另一支温度计的温包上包有脱脂细纱布,纱布的末端浸在盛水的小瓶里,由于毛细作用,纱布将水吸上来,使温包周围经常处于湿润状态。该温度计指示湿球湿度,称为湿球温度计。由于湿球上水分蒸发吸热,使湿球表面空气层的温度下降,因此湿球温度通常总是低于干球温度。干湿球温度差与被测空气的湿度有关:空气越干燥,湿球上水分蒸发越快,干湿球温度差越大;空气越潮湿,湿球上水分蒸发越慢,干湿球温差越小。若是饱和空气,则干湿球温度差为 0。知道了干湿球温度计的读数后,就可以通过查表或计算,求得空气的相对湿度。

干湿球温度计结构简单、价格便宜,但测量范围一般限于 0 ℃以上,而且需经常保持湿球纱布套的湿润和清洁,维护工作较麻烦。

3.3.2 干湿球湿度计

干湿球湿度计是利用干湿球温度计的测湿原理,根据干球温度与温球温度的差值使电开关动作。如图 3.23 所示,用 2 支电阻式温度传感器,一支测量干球温度,另一支外面包着脱脂细湿纱布测量湿球温度。干湿球温度测量中要用小风扇强制吹风,湿球温包测点处的风速保持为 3 ~4 m/s。利用 2 支铂电阻计将空气相对湿度转变为温差,而温差感应讯号再被引入桥式测量电路,反映出不平衡电压,此电压与给定值比较后再输入增幅器作为控制器的输出讯号,最后通过执行机构完成对空气湿度的控制。由于湿球温度测量中要用水,所以这种湿度计只能在 0 ℃以上的环境中测试。

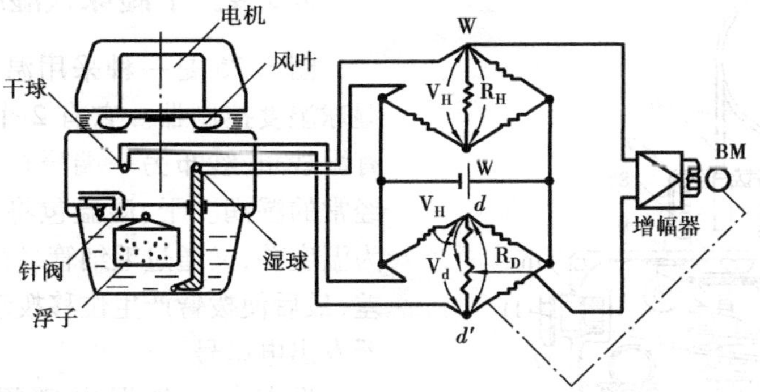

图 3.23　干湿球湿度计

3.3.3　毛发式湿度控制器

如图 3.24 所示，毛发在不同的湿度下伸缩率不同，利用其长度发生变化之位移且作为湿度控制讯号，通过不同形式的控制器、放大器、执行器来控制空气湿度，即为毛发式湿度控制器。

一般经过精选脱脂处理后的毛发，在空气相对湿度增加时会伸长；反之，会收缩。通常在相对湿度每改变10%时，伸缩率改变2%，而相对湿度在30% ~100%，其相对湿度与毛发伸缩率成正比关系。如果以一束精选脱脂毛发(或尼龙丝)感受空气相对湿度变化，并通过它把 φ 值变化转换成位移量，并以此位移量移动滑线电阻或启闭电开关，就构成了电动湿度控制器。

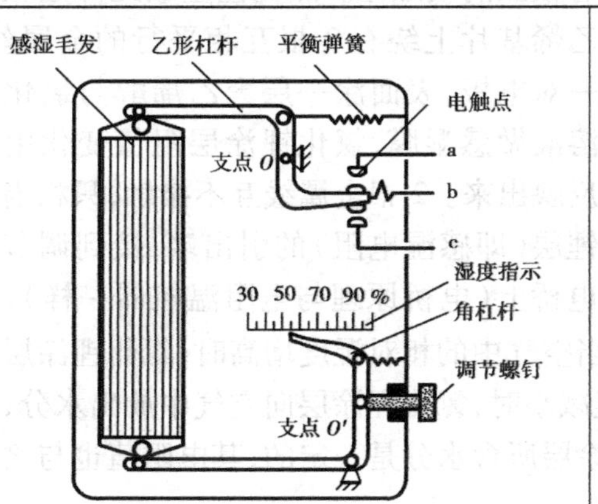

该控制器主要由感湿毛发、乙形杠杆(兼拨臂)、电触点、角杠杆、调节螺钉、湿度指示及平衡弹簧等组成。其工作原理是：当感湿毛发(或尼龙丝)感湿伸缩时，通过乙形杠杆改变电触点的位置而启闭蒸汽加湿(或水喷阀)电磁阀，进而达到对空气湿度的控制。如空气湿度下降时，则感湿毛发收缩，于是乙形杠杆绕支点 O 做逆时针转动。当湿度下降到某一限定值，乙形杠杆另一端的拨臂便改变触点位置接通 a，b，使蒸汽加湿电磁阀开启，空气被加湿；反之，空气经加湿后，湿度不断上升，感湿毛发将逐渐伸长，乙形杠杆在平衡弹簧作用下，即绕支点 O 做顺时针转动，当湿度上升到某一上限，触点 a，b 被切断，蒸汽加湿电磁阀关闭，则空气加湿停止。

图 3.24　毛发湿度控制器

为了满足不同湿度条件的控制作用，控制器中设有调节螺钉。通过调节螺钉改变角杠杆位置，即可调节感湿毛发的预紧力，从而改变湿度控制值，该湿度控制值在角杠杆另一端湿度指示牌上指示出来。这一湿度控制器的湿度可以任意给定，但湿度的幅差值由仪器本身给定，不能任意调节。

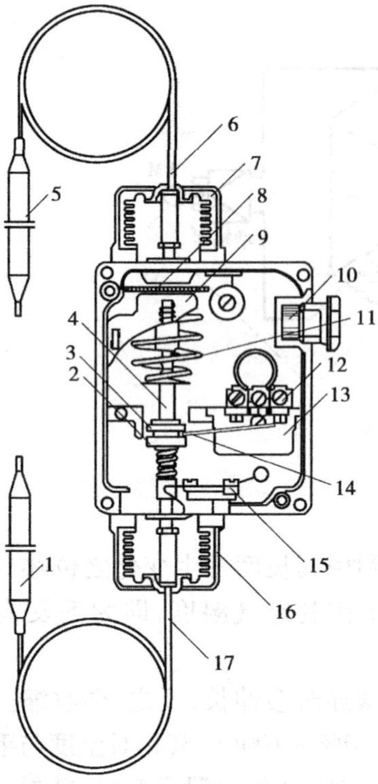

图 3.25 干湿球式湿度控制器

1—干球;2—下导钮;3—上导钮;4—主轴;
5—湿球;6—毛细管;7—湿球温度波纹管组件;
8—调节盘;9—主标尺;10—电线引入孔;
11—调节弹簧;12—接线端子;13—微动开关;
14—拨臂;15—接地线;
16—干球温度波纹管主件;17—毛细管

3.3.4 干湿球式湿度控制器

图 3.25 是一种采用温包为感湿元件的干湿球湿度控制器。它有 2 个温包,其中一个套有湿纱布,纱布另一端浸在盛水容器内并保持经常的湿润。干、湿温包将空气相对湿度转变为温度差,又通过毛细管,波纹管再转变为压力差,最后使拨臂产生位移拨动电触点,于是控制器发出电讯号。

设有蒸汽加湿电磁阀的加湿系统见图 3.26。湿度控制器即按干湿球温度信号及相对湿度给定值发出信号而启闭加湿电磁阀,以达到对空气湿度的(双位式)控制。系统中的加湿电磁阀除受湿度控制器控制外,还与风机联锁。在风机停转或一旦动力失控时,加湿电磁阀自动关闭。

3.3.5 电子湿度控制器

很多种金属盐(如氯化锂、氮化钙)在空气中具有很强的吸湿性。氯化锂湿敏元件是在聚四氟乙烯基片上绕有 2 根互相平行的金属丝,组成一对电极,表面涂一层聚乙烯醇与氯化锂混合溶液做感湿膜,氯化锂涂层阻值变化由两电极反映出来。2 根金属线互不接触,只相当于氯化锂层(即感湿电阻)的引出端,接到调节器内的电桥上(电桥原理与电阻温控器一样),经过电子线路使信号转换和放大,控制继电器动作。当空气中的相对湿度增高时,氯化锂涂层从空气中吸收水分,其阻值随之变小;当空气相对湿度减小时,氯化锂涂层向空气中放出水分,其阻值随之变大。在一定的空气相对湿度下,氯化锂涂层所含水分是一定的,其电阻值也与之相对应。

氯化锂电子湿度调节器的优点是:结构简单,体积小,反应速度快(在风速 0.5 m/s 时氯化锂的吸湿反应速度比毛发大 11 倍,放湿反应速度比毛发高 1 倍多)。其缺点是:探头测量范围窄,互换性较差,用久了氯化锂涂层会老化剥落,在高温高湿环境使用时,更易损坏。

3.3.6 电容式相对湿度传感器

电容式相对湿度传感器是采用一层非常薄的感湿聚合物电介质薄膜夹在两极之间构成一平板电容器,见图 3.27。这样非常薄的电极可以使湿空气通过。由于聚合物的薄膜具有吸湿和放湿的性能,而水的电介常数又非常高,所以当水分子被聚合物吸收后,将使薄膜电容量发生变化。聚合物薄膜吸湿和放湿程度随其周围空气相对湿度的变化而变化，因而其电容量是空气相对湿度的函数，而且呈线性关系，利用这种原理制成的湿度传感器称为电容式湿度传感器。国际上在 20 世纪 80 年代初研制成功，并且用于空调的湿度控制环节中。目前，实际使用的湿度传感器通常与温度传感器做成一体，同时检测出温度与相对湿度，输出标准电流信号（4 ~ 20 mA）。它具有性能稳定、精度高（1.0% RH）、测量范围宽（0 ~ 100% RH）、响应快、线性及互换性能好、寿命长、不怕结露、几乎不需要维护保养和安装方便等优点，被公认为理想的湿度传感器。故其被广泛地应用于空气调节中。其缺点是：当传感器与溶剂和腐蚀性介质接触，性能会受影响，引起测量误差加大甚至永久性损坏，价格昂贵。

常见的电容式湿度传感器有 2 种：一种为高分子类，另一种为氧化铝湿敏电容。

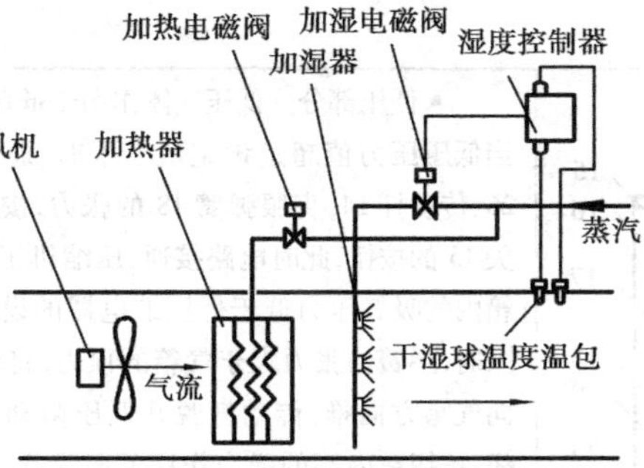

图 3.26　蒸汽加湿湿度控制系统原理图

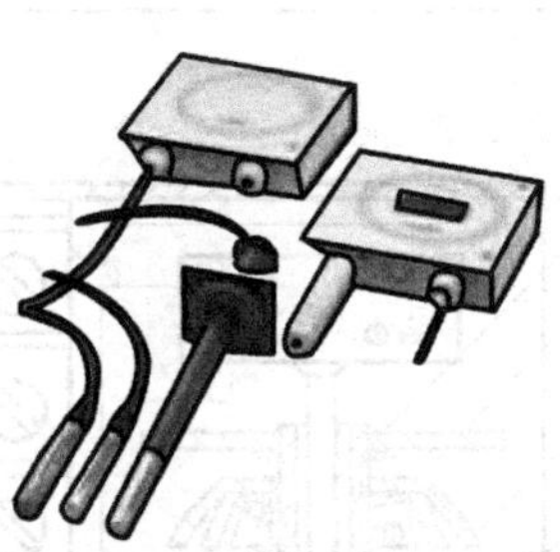

图 3.27　电容式相对湿度传感器

3.4　压力控制器件

压力是制冷空调系统的重要参数之一，利用压力和温度的关系，能以控制蒸发压力的方法来控制蒸发温度。在制冷空调系统运行中，往往要控制压力容器和制冷机器在一定的压力范围内工作，所以对压力的检测和控制是非常重要的。

压力控制器是一种受压力信号控制的电器开关，又称为压力继电器。其基本原理与压力式温度控制器相似，只是没有感温包和毛细管，被测压力经导压管直接引到波纹管上。按其所控制的压力可分为低压控制器、高压控制器和高低压控制器。

在制冷空调系统中，因冷凝器（风冷冷凝器翅片结灰过多；水冷冷凝器水侧结垢或脏堵等）冷却不充分；制冷剂灌注过多或机组启动时排气管路的阀门未及时打开等原因会造成排气压力急剧上升，超过正常运行压力，很可能使压缩机的电动机绕阻烧毁和损伤压缩机的排气阀片，所以必须设置高压保护继电器。当压缩机的排气压力超过给定值时，高压继电器将立即切断压缩机电动机的电源，使压缩机停车。当系统制冷剂泄漏、毛细管或膨胀阀脏堵、冰堵等故障出现时，往往会引起压缩机吸气压力的降低，吸气压力过低，同样会给制冷系统带来不安全因素，如电机烧毁（全封闭压缩机）等。因此，对压缩机吸气压力也必须设置低压保护，使其保持在安全值以上工作。在许多冷库制冷装置中，常常用低压控制器作为压缩机正常启停控制，对冷库温度实行双位调节。

制冷用的压力控制器，除了可以做成单体的高压控制器、低压控制器外，还常常将二者做成一体的所谓高低压控制器。压力继电器的形式很多，结构也略有区别，但其动作原理基本相同，都是以波纹管气箱为动力室，接受压力信号后使气箱内波纹管产生位移，以推动触点的闭合与断开。目前，使用较多的有 KD 型与 YWK 型系列产品。

3.4.1 KD 型系列压力继电器

KD 型高低压继电器结构如图 3.28 所示。它是采用直顶式传动机构的压力控制器，由 3 部分组成：低压部分、高压部分和接线部分。高、低压气箱分别与压缩机排气、吸气管连接，气箱接受压力信号后波纹管产生位移，通过顶杆直接和弹簧的张力作用，并用传动杆推动微动开关，从而控制电路闭合与断开。

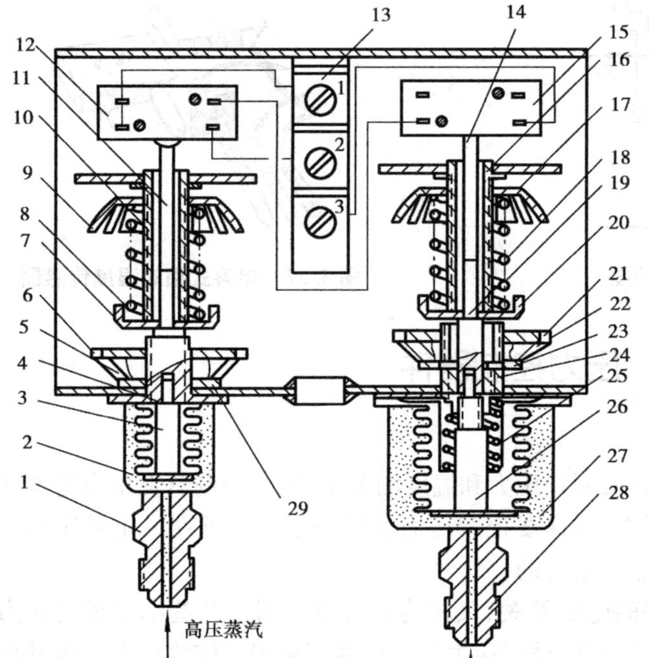

• **低压部分** 低压气体作用于低压气箱 27，当低压压力值超过设定值上限时，通过顶力棒 26、传动杆 14，克服弹簧 18 的张力，按下微功开关 15 的按钮，此时电路接通，压缩机正常。当气箱内的吸气压力低于低压继电器的设定值的下限时，弹簧的张力大于气箱的顶力，将传动杆 14 向气箱方向推，传动杆脱开低压微动开关的按钮，按钮在内部的弹力作用下而弹开，使微动开关的触点分离而切断电源。

• **高压部分** 压缩机排气压力作用于高压气箱，当高压压力高于高压继电器的设定值时，气箱顶力大于弹簧 8 张力，气箱推动传动杆 11 将微动开关按钮揿下，使开关触点分离，切断电源；当高压压力下降并恢复正常，弹簧力大于气箱顶力，传动杆反向移动而脱离微动开关按钮，开关触点闭合，电源接通。

高、低压继电器的压力调节可旋转各自的压力调节盘 9，17，顺旋为压紧弹簧；反旋则放松弹簧。

压差调节盘 6，21 是调节高、低压各自的差动值（幅差）。当顺旋调节盘时，碟形弹簧片受压缩，差动值增加，反之则减少。

图 3.28 KD 型高低压继电器结构图

1，28—高低压接头；2，27—高、低压气箱；3，26—顶力棒；4，24—压差调节座；5，22—碟形弹簧；6，21—压差调节盘；7，20—弹簧座；8，18—弹簧；9，17—压力调节盘；10，16—螺纹柱；11，14—传动杆；12，15—微动开关；13—接线柱；19—传动杆；23，29—簧片垫板；25—复位弹簧

KD 型压力继电器如图 3. 29 所示，它有 4 种规格，即 KD155，KD255，KDl55S，KD255S 等型号。型号后面有 S 字母的为有手动复位装置。对于无手动复位的压力继电器来说，当制冷系统高压超出设定值时，触点分离，压缩机即停止运转，系统内高、低压两端压力一般会很快恢复平衡，即高压力下降，低压力上升，并降至压力继电器的调定值以内。因此，压力继电器触点就自动复位，压缩机再启动运转。由于系统故障未消除，压缩机就会频繁地启停，容易引起电机绕组烧毁。若有手动复位装置，当高压开关触点分离后有一自锁装置，使触点不能闭合，需要用手拨动或按下手动复位装置才会使压力继电器复位。

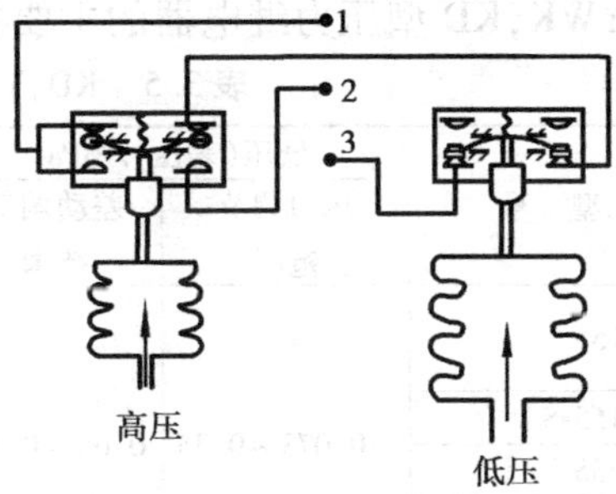

图 3. 29　KD 型压力继电器接线图

1—接电源进线；2—接事故报警(灯或铃)；3—接交流接触器线圈

3. 4. 2　YWK 型系列压力继电器

如图 3. 30 所示，YWK 型压力继电器与 KD 型相比功能增加了，操作更为便利。

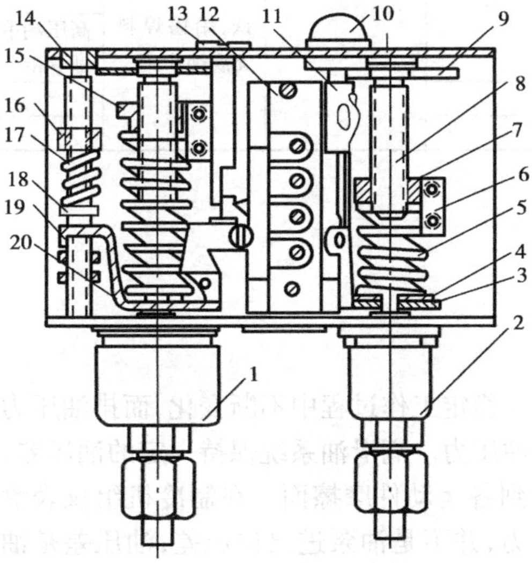

用螺丝刀可以方便地整定高低压力值，设定值可以从外壳中 2 个窗口分别读出来。转动幅差调节盘，可以改变低压保护通路和断路压力幅差。低压保护部分无自锁机构，可利用低压继电器来实现冷库温度双位控制，即在系统正常的情况下，当冷库温度下降到控温的下限时，蒸发器的压力也随之下降到一定值，即为低压继电器的下限值。当压力继电器低压箱的压力达到这个值时就动作，切断制冷压缩机电机的电源，压缩机停止工作，待压力回升至上限时，波纹管向上推动跳脚板使微动开关重新处于闭合状态，压缩机重新运行。为了在调试初期能用本台制冷压缩机对系统抽真空时不产生低压保护，低压保护部分设有"运行—抽空"拨杆 13，用于压力继电器工作状态的切换。拨杆端部剖去 1/2，旋至"抽空"位置时未剖部分挡住跳脚板，不准向回转动，因而使原被压紧的开关不能松开，等于暂时切除这一部分的保护。旋杆在"运转位置时，剖去部分不再能够阻挡跳脚板，于是恢复低压部分的保护作用。

图 3. 30　YWK-22 压力继电器结构图

1—低压气箱；2—高压气箱；3—高压跳脚板；4—高压弹簧；5—高压调节弹簧；6—指针板；7—调节螺母；8—调节螺杆；9—调节盘；10—复位按钮；11—跳脚；12—微动开关；13—抽真空拨杆；14—差值调节螺杆；15—低压调节盘；16—差值调节盘；17—差值弹簧；18—差值调节套；19—锁紧螺母；20—低压跳脚板

YWK,KD 型压力继电器的主要技术参数及通断特性,见表 3.5。

表 3.5　KD,YWK 系列高低压继电器的主要技术参数

型　号	低压(表压)/MPa		高压(表压)/MPa		开关触点容量	适用介质	备　注
	压力调节范围	差动调节范围	压力调节范围	差动调节范围			
KD155	-0.073 ~0.35	0.05 ~0.15	0.6 ~1.5	0.2 ~0.4	AC: 110 V/10 A 220 V/5 A 380 V/2.5 A DC: 27 V/10 A	R12,油,空气	高压端手动复位
KD155-S							
KD255			0.7 ~2			R22,NH_3,H_2O,油,空气	
KD255-S							高压端手动复位
YWK306	-0.073 ~0.6	0.08 ~0.2	0.6 ~3	0.2 ~0.6		带“F”型号的适用介质应对黄铜、锡青铜、铅锡焊料无腐蚀作用,其他型号适用介质应对不锈钢、铁、铅锡焊料无腐蚀作用	
YWK06-S				<0.3			高压端手动复位
YWK306F				0.2 ~0.6			
YWK306F-S				<0.3			高压端手动复位
YWK30				0.2 ~0.6			
YWK30-S							高压端手动复位
YWK30F							
YWK30F-S							高压端手动复位
YWK6	-0.73 ~0.6	0.08 ~0.2					
YWK6F							

3.4.3　压差继电器

1)油压差继电器

在制冷系统中,由于制冷系统的吸气压力在进入稳定工作过程中不断变化,而排油压力也跟随吸气压力作相应变化,不能直观地表示其真正油压力。润滑油系统保持一定的油压差,是用来克服润滑油在管路中流动阻力,以顺利地输送到各运动件摩擦面。在制冷机组仪表盘上所装的油压表,其所指示的压力值是油泵的排油压力,并不是油泵进出口压差,油压差是油压表指示值减去吸气压力的差值。正常运行时,必须使油压表所指示的油压值至少比吸气压力高 0.1 ~0.15 MPa。

油压差继电器型号比较多,国产的JC3.5,CWK,JCS-0535 型和国外的 MP54,MP55,MP55A 型均具有延时机构,CWK 型和 JCS-0535 型、JC3.5 型类似。不同之处在于:CWK 型延时时间可调,调节范围为 45 ~60 s;JCS-0535 型采用晶体管延时继电器,用旋钮直接调整 RC 元件,可将延时时间在 0 ~60 s 内设定。

现以 JC3.5 型为例,说明油压差继电器工作原理。

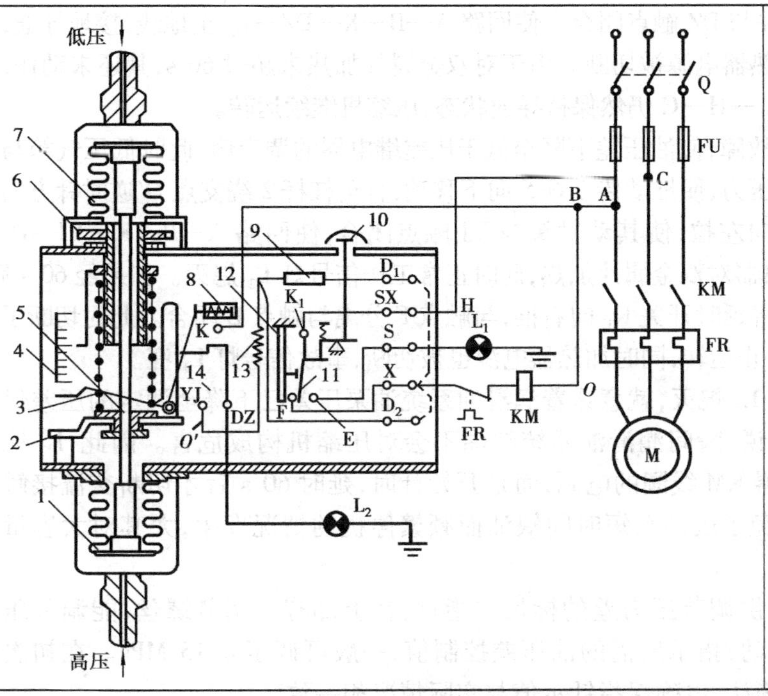

JC3.5 型油压差继电器与压力继电器相类似，也有2个感应元件（波纹管气箱）。上部气箱与压缩机曲轴箱或压缩机吸气管连接，下面气箱与油泵排出口旁通孔连接，是高压端，气箱内充满压力油。高、低压气箱上下相对在一根轴线上，由传动杆5传递上下压力，传动杆上套有调节弹簧3，由调节轮6调节其张力，上、下端的压力差由弹簧平衡，在传动杆中夹着直角杠杆2，当低压、高压和弹簧力中有一个发生变化破坏原有平衡，传动杆就上下移动，使直角杠杆2在传动杆的推力作用下绕支点 O' 转动一角度，以推动压差开关K的触头，使触头闭合和分离，达到控制主电机电源的目的。

图3.31　JC3.5 型油差压继电器动作原理与接线图

1—高压气箱；2—直角杠杆；3—弹簧；4—标尺；5—传动杆；6—调节轮；7—低压气室；8—试验按钮；9—降压电阻；10—复位按钮；11—延时开关；12—双金属片；13—加热器；14—压力开关；L_1—事故信号灯；L_2—正常信号灯

双金属片12在加热器13的加热作用下，温度升高变形向右挠曲，便推动延时开关 K_1 触头，使触头打开与闭合。

K_1 与触点F脱离后便切断压缩机电机电源，使压缩机停电，而 K_1 在自锁装置锁住后就不会自行复位，需按复位按钮解除自锁后，K_1 才能复位脱离触点E与触点F闭合。接线板有多个接线往，不但可供接主电机控制电路，还可接信号灯等。

试验按钮8可检验继电器的延时机构的可靠性。将其向左推动后，实际上强行将压差开关K与触点YJ闭合，使电加热器工作（延时计时开始），60 s后双金属片动作将 K_1 与触点F断开，切断压缩机电机交流接触器线圈的电流，使压缩机停止工作。

制冷压缩机油压差继电器的工作过程分析如下：

①当空气开关Q未合上时，压缩机未运转，油压差继电器的高、低压气箱内压力相等，在弹簧张力作用下，传动杆将将直角杠杆2推至垂直位置，压力开关K被向左拉，使K与DZ触点分离，并与YJ触点闭合，延时开关 K_1 的动触头与F触点成闭合状态。

②当空气开关Q合上后，线路接通电源。回路A—B—O—X—F—K_1—H—C构成电流回路，接触器线圈KM被接通，使主触点KM闭合，电机M开始启动压缩机。由于压缩机刚启动，油泵还未建立正常油压，因此压力开关K的动触点未动作，回路A—B—K—YJ—D_1—X—F—K_1—H—C有电流，加热器对双金属片加热。由于电机在60 s内由启动转为正常运转，压缩机润滑系统已建立正常的油压，高、低压气箱产生压力差，即油泵出口油压高于曲轴箱压力和弹簧张力，高压气箱推动传动杆向上移动使杠杆2绕支点 O' 顺时针方向旋转，杠杆推动压力开关K的动触点

向右,使 K 与 YJ 触点分离,并与 DZ 触点闭合。使回路 A—B—K—DZ—L_2 至地线,接地导通,使正常工作信号灯 L_2 亮,而加热器电源被切断。由于对双金属片加热未超过 60 s,其还未动作,所以回路 A—B—O—X—F—K_1—H—C 仍然保持导通状态,压缩机继续运转。

③当压缩机润滑系统有故障,使油压差下降至低于压差继电器的调定值,此时低压气箱与弹簧张力之和大于高压气箱的压力,便推动传动杆 5 向下移动,直角杠杆 2 绕支点 O'逆时针方向旋转,压力开关 K 被直角杠杆向左拉,使其动触头与 YJ 触点闭合,使回路 A—B—K—YJ—D_1—X—F—K_1—H—C 导通,加热器对双金属片加热,此时正常工作信号灯 L_2 熄灭。如果经 60 s 后,双金属片 12 受热向右挠曲,将延时开关 K_1 向右推,与触点 F 分离与触点 E 闭合。此时切断了接触器 KM 线圈电流,压缩机停止运转,同时加热器电源也被切断,事故信号灯 L_1 亮。

实际上正常工作信号灯 L_2 熄灭,就意味着润滑油系统油泵压差已下降至调定的压差保护值。但对制冷压缩机运行来说,瞬间润滑油系统缺油不会对压缩机构成危害。因此,L_2 熄灭后,并不立即切断交流接触器 KM 线圈的电源,而是开始计时,延时 60 s 后才切断交流接触器 KM 线圈的电源。这样就避免了因油泵短时间缺油而频繁停机的情况发生,尤其对大容量的压缩机,就显得更为重要了。

油压差继电器的正面有供调节压力差的标尺与指针,在上部有一调节螺丝,能调节压差值,当调节螺丝时,指针就移动,指示所需的油压差控制值,一般可调至 0. 15 MPa。在初次调整时,最好对指针示值进行确认,以确保指针示值与实际情况相一致。

在使用过程中,若油压差继电器动作过一次,要使其恢复正常工作,必须待延时机构中的加热器和双金属片冷却(冷却时间约 5 min),使双金属片复位,此时揿复位按钮才有效。

油压继电器与高、低压继电器有所不同,在电器接线方面尤其要注意。可以认为:油压差继电器是用电器,不像高、低压继电器那样仅是个触点开关,因此在接入系统电器控制线路时就要考虑它的用电电压,切不可将用于延时的加热器电路 A—B—K—YJ—D_1—X 或 A—B—K—YJ—D_2—X 串接在交流接触器 KM 线圈控制回路中。交流接触器线圈的电压有 380 V 与 220 V 之分,因此油压继电器也要根据控制回路的电源电压来选择接线方式。在回路 A—B—K—YJ—D_1—X 中串接了一降压电阻,当控制回路电源为 380 V 时,X 与 D_2 之间不连接,将 X 与 D_1 之间连接,这时延时加热器电路为 A—B—K—YJ—D_1—X—F—K_1—H—C;当控制回路电源为 220 V 时,X 与 D_1 之间不连接,将 X 与 D_2 之间连接,这时延时加热器电路为 A—B—K—YJ—D_2—X—F—K_1—H—C。可以清楚地看到,电阻 9 在这里起到分压的作用,即无论控制电路的电压是多少,加在加热器 13 上的电压总是 220 V,这样就拓宽了油压继电器的使用范围,在接线时必须考虑到这一点。

2)压差继电器

油压差继电器带有延时机构,还有不带延时机构的压差继电器,如 CWK-11 型、YCK-1 型、和 RT 型,它们就是一个简单的压差继电器开关,见图 3. 32。主要用于屏蔽泵以及泵不上液保护,保护泵进出口压差在一定的数值上,以免发生气蚀和屏蔽泵缺液冷却而烧毁电机。在实际使用中,这种不带延时功能的压差继电器需要另配时间继电器作延时机构。

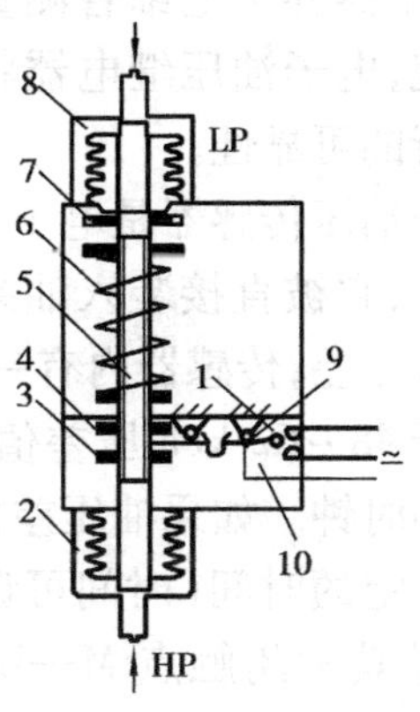

低压室与泵入口相接,高压室与泵出口相接,在泵刚启动时,压差未建立,常闭触点1,9是闭合的,启动时利用常闭触点使时间继电器延时。在调定的延时时间内,压差达到控制的上限数值,波纹管推动主调整螺杆5上移,带动触点动作,使常开触点1,10闭合,1,9断开,将时间继电器从电路中切除,泵投入正常运行,若在调定的延时时间内泵的进出口压差没有达到上限值,时间继电器动作,其触点切断泵电源,使泵停止工作。如果泵在运行过程中进出口压差低于调定值的下限时,常闭触点1,9闭合,时间继电器开始延时工作,在延时时间内,若压差恢复不到上限值,则停泵;否则,泵继续运转。

图3.32　压差继电器原理图

1—动触点;2—高压室;3,4—差动值调整螺母;5—主调整螺杆;6—主弹簧;7—调整定值螺母;8—低压室;9,10—静触点

表3.6列出了一些压差继电器的技术指标。

表3.6　压差控制器的技术指标

型　号	压力差/MPa	差动压力/MPa	延时时间/s	电触点容量	适用工质
CWK-22	0.05～0.40	0.02	40～60可调	AC:220 V/50 Hz/3 A	氟,氨
JC3.5	0.05～0.35	0.05	60±20固定	AC:220 V/380 V DC:220 V/50 W	
YLJ-0235	0.04～0.35	0.02～0.03		AC:400 V/1,2,3,4,10 A DC:220V/12 W	
RT262A	0.01～0.15	0.01			氟,氨,油
RT260A	0.05～0.40	0.03			
	0.05～0.60	0.05			
	0.15～1.10	0.05			
MP55A	0.03～0.45	0.02	45,60,90,120		
MP55	0.03～0.45		无延时	AC:250V/2 A DC:125 V/12 W	氟,油
MP54	固定 0.065	0.02	45		
	固定 0.09	0.02	60,90,120		
	固定 0.21	0.02	120		

3)电子油压继电器

目前,国外一些压缩机生产厂家,如Copeland(谷轮),已开发出专用的电子油压继电器,其由一个压力传感器和一个电子控制模块组成,可以精确测量油泵进出口的压力差值,见图3.33。电子油压继电器的主要优点是取代了传统机械式油压差继电器的波纹管、毛细管和压力接口等。电子油压继电器使用了计时回路的电子钟,计量时间准确,不受其他外界因素的影响。机械式油压差继电器在发生油压差减小时,是利用电阻加热器使双金属片的位移来制订计时时间的。因此,环境温度的变化及电源电压的变化都会对延时时间产生一定的影响。

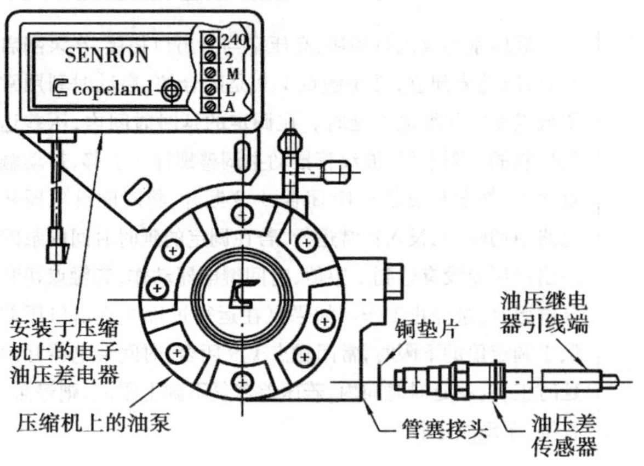

图 3.33　电子油压继电器示意图

另外,由于摒弃了毛细管测量及机械式的传动系统,电子油压继电器将提高了制冷系统运行的可靠性。

电子油压传感器是电子油压继电器的重要部件,它被直接装入油泵内测量出油泵进出口压差,传感器内有一触点开关,油压差低于48～62 kPa压差值时,电子控制模块启动时钟。如果油压差持续低于这一值超过一定的时间(时间可调)后,电子模块将通过其常闭触点 M—L,断开控制回路,使压缩机停止运行。电子模块除了有用于压缩机停机的常闭触点外,还有能用于报警回路的常开触点 L—A。其电器接线原理见图 3.34。

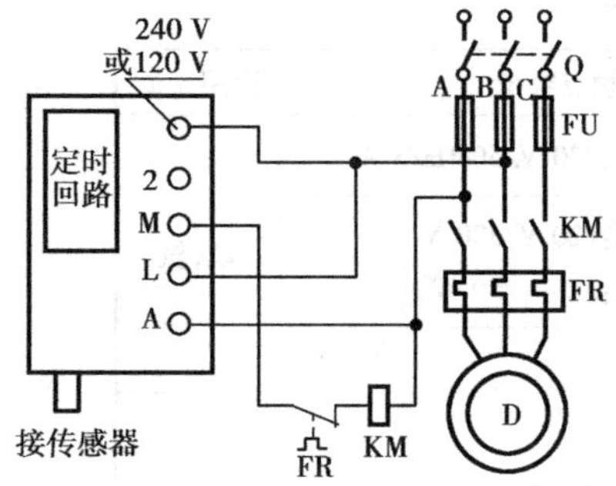

通电后,电子油压差继电器就启动了,如果压缩机电机控制电路中的其他控制器件如热继电器(过载继电器)等都正常闭合,压缩机启动运转,同时形成了由电源的A相经交流接触器KM线圈、热继电器触点、M—L接线柱回到电源B相的回路。M接线柱是电子油压继电器控制模块的"M—L"的常闭触点,电子油压继电器电源是由接线柱240 V或120 V接入,经内部分压电阻由接线柱A回到电源另一相。每当在电子油压继电器上施加电压时,2 min电子定时回路即动作。当油压差超过83～97 Pa传感器内触点闭合,延时将被中断。如果在设定的时间内不能建立足够的油压差,延时将结束,M—L触点断开,切断压缩机电机的控制回路电源而停止压缩机运行。当压缩机运行时,如果压缩机的油压差下降至传感器的下限时,且在规定的时间内不能建立起足够的压力,延时回路断开M—L触点,停止压缩机运行。一旦延时回路断开M—L触点,必须进行人工复位来恢复系统运行。

图 3.34　电子油压继电器接线图

3.5　液位控制器件

为了保证制冷空调装置正常安全运行,在有自由液面的设备中要求保持恒定的液位,同时要对液位进行检测和控制。例如,需要保持满液式蒸发器、双级压缩式制冷系统中的中间冷却器、低压循环桶等容器中的制冷剂液位的恒定。在油系统中,需要控制油分离器、集油器和曲轴箱的油位,并根据油位控制排油和加油。

3.5.1　压差式远距离液位计

压差式远距离液位计也称为压差式低温液位指示器,它是利用连通管连接玻璃管直读式液位计,并装设在远离所要指示液面容器的地方,多用于制冷装置中低压贮液桶和中间冷却器的液位检测。其工作原理见图 3.35。

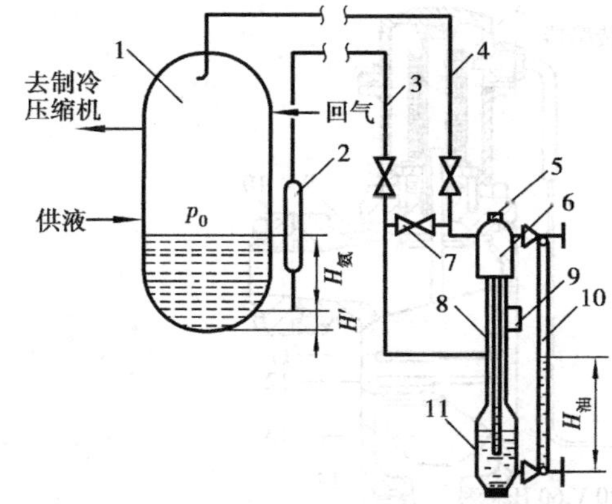

液位计的基本结构是两根管套叠，内管和外管之间为液压室8，它的下部与油室11相通，上部与气压室6不通，内管上端通气压室6，下端与油室11相通，油室11内的油将液压室8与气压室6分开。玻璃管液面指示器10上端接气压室6，下端接油室11。气相均压管4接循环桶1上部，将气体压力p_0引入气压室，液相均压管3通过蒸发室2接在循环桶底部，将底部压力p引入液压室。

图3.35　差压式远距离液位计原理图

1—循环桶；2—蒸发室；3—液相均压管；4—气相均压管；5—管塞；6—气压室；7—均压阀；8—液压室；9—放气管；10—玻璃管；11—油室

此时，气压室压力为p_0，液压室的压力为：

$$p = p_0 + H_{氨}\rho_{氨}g$$

式中　$H_{氨}$，$\rho_{氨}$——桶内氨液面的高度和氨液的密度；

g——重力加速度。

当循环桶内液位发生变化时，其底部压力p也将发生变化，这一变化的压力通过液相均压管传递到液压室，使气压室和玻璃管油位发生变化。液位指示玻璃管内的高度取决于液压室和气压室压力差的大小，即取决于桶内$H_{氨}$。

由于油和氨的密度不同，液位计玻璃管内油面高度并不等于容器内氨液的液面高度，油面与氨液面之间关系可通过式(3.6)换算：

$$H_{氨} = \frac{\rho_{油}}{\rho_{氨}} H_{油} \tag{3.6}$$

一般$\rho_{油}/\rho_{氨} \approx 1.43$，即$H_{氨} \approx 1.43H_{油}$。桶内氨液的实际液位为玻璃管内油位的1.43倍，再考虑到起始液位H'，便可知道容器的真正液位。远距离液位计的气相均压管和液相均压管可以做得很长，而且不受安装地点的限制。一般装在机房或控制室便于观察的地方。它适用于多个低压循环桶和中间冷却器液位的集中监视。它的结构比较简单，可以自己加工制造。

3.5.2　电感式浮球液位控制器

国产UQK-40型电感式液位控制器，见图3.36。它可以对满液式蒸发器、低压循环贮液器、中间冷却器、冷凝器或高压贮液器等容器中的液位进行双位控制，还可以起防止液位超高或液位过低的保护作用。将它的开关系统接到液位报警和显示单元，可同时用于报警和显示。适用工质：氨和氟利昂。其主要技术参数：液位范围为10～40 mm（可调）；介质温度－45～＋55 ℃；浮子室最高工作压力1.9 MPa；试验压力2.9 MPa；允许最高环境温度55 ℃；电源220/380 V（＋10%～15%），50 Hz或60 Hz。

这种液位控制器由传感器部分和放大器部分组成。传感部分的上部为电感线圈8，下部为浮球室9，浮球室9通过法兰10和14分别接到受控容器的气相和液相，使浮球室获得容器液位信号。浮

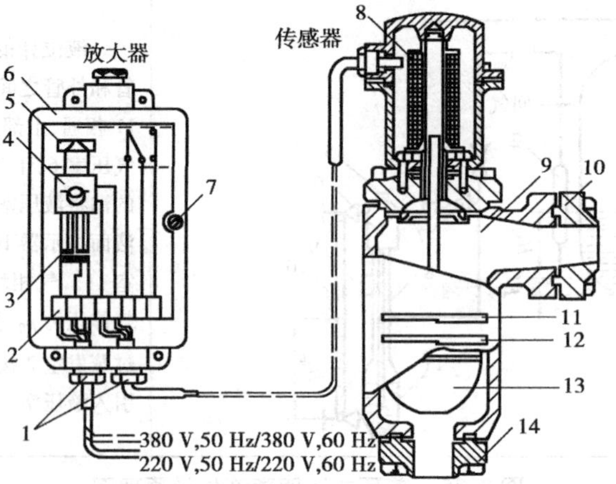

图 3.36　UQK-40 型电感式液位控制器

1—电线孔;2—接线端子;3—主变送器;4—放大器;5—继电器;6—防水罩;7—接地端;
8—电感线圈;9—浮球室;10,14—法兰;11—上限控制液位;12—下限控制液位;13—浮球

球室中有浮球 13,它上面带有铁芯杆,当浮球随液位浮动时,铁芯杆插入或退出电感线圈,改变线圈的电抗,引起线圈电流变化,从而将液位信号转变为电信号送到放大器,使继电器 5 触点的通断状态变化,用以控制容器流入(或流出)管上的电磁阀,将液位控制在要求的范围之内。

如图 3.37 所示,如果用 N 表示设定液位的高度,D 表示幅差,一种是当液位降到设定高度 N 时,触点接通、液位回升到 $N+D$ 时,触点断开;另一种是当液位上升到设定高度 N 时,触点接通、液位下降到 $N-D$ 时,触点断开。前者控制流入管电磁阀,后者控制流出管电磁阀。

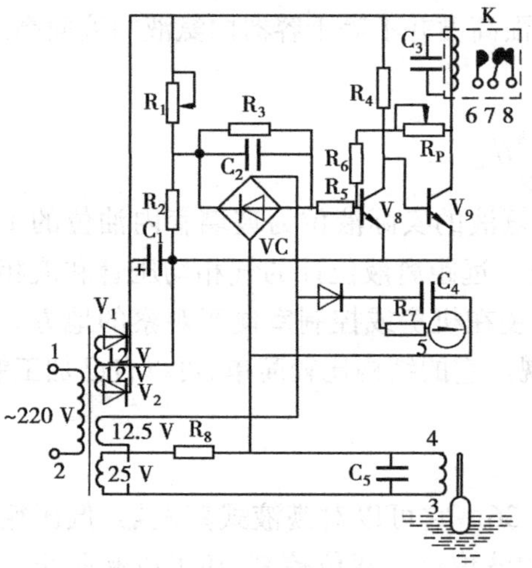

图 3.37　UQK-40 型电感式浮球液位控制器电气原理图

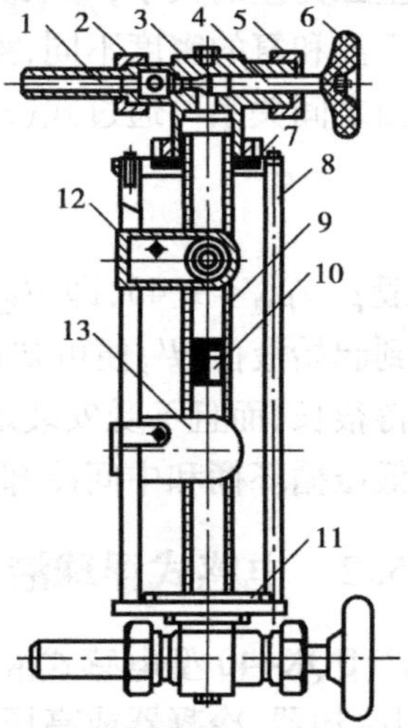

图 3.38　UQK-41,42,43 型液位控制器

1—接头;2—止回钢珠;3—液位计阀体;
4—阀杆;5—垫圈;6—手柄;7—密封圈;
8—支杆;9—高压玻璃管;10—浮球;
11—螺母 ;12—上开关盒;13—下开关盒

国产 UQK-41,42,43 型电子液位控制器采用无触点的接近开关。其构造见图 3.38,电气

工作原理见图 3.39。接近开关由串联型晶体管稳压电源供电，三极管 V_4、电容 C_6 和变压器（L_1，L_2）组成 LC 振动器，只要线圈 L_1 的相位正确，选择合适的匝数比，保证起振。L_2 与 C_6 组成谐振回路，接在 V_4 集电极，使振荡器输出波形，振荡频率也同时确定。当指示液位的浮子未进入接近开关控制区时，振荡器振荡正常，振荡电压由 L_3 耦合输出，经二极管 V_{12} 整流后，给三极管 V_5 提供一正偏压，使 V_5 饱和导通，V_5 饱和导通后，将三极管 V_6 基极电位嵌得很低，迫使 V_6，V_7 截止，继电器 K 不动作；当浮子进入接近开关工作区时，浮子在振荡器的高频磁场中产生涡流，使振荡回路 Q 值下降，破坏了振荡条件，迫使高频振荡器停振，L_3 线圈无振荡电压输出，V_5 截止，而 R_{10}，R_{11} 向 V_6 的基极提供了一个正向偏压，使 V_6 饱和导通，V_7 随即也饱和导通，继电器 K 动作，使触点输出开关信号。当 V_7 管子由饱和转向截止时，其集电极所带继电器线圈要产生自感电势，很可能将 V_7 击穿，加 V_{13} 续流二极管，是为自感电势提供一个通路，保护 V_7 不被击穿。R_9 是正反馈电阻，用以提高开关电路翻转灵敏度。

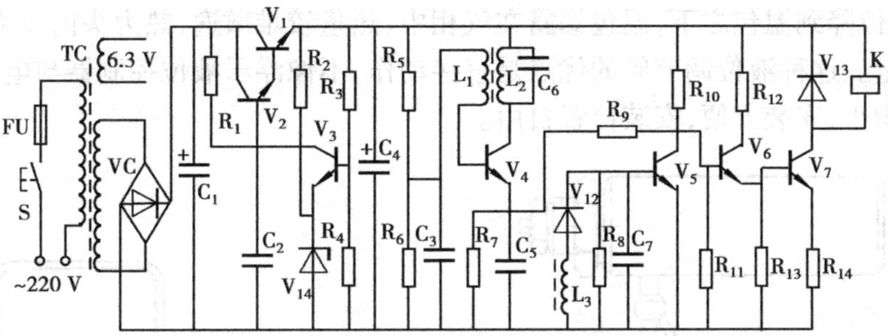

图 3.39　接近开关电气原理图

综上所述，浮子进入胶木开关盒，继电器 K 吸合，浮子离开胶木开关盒，继电器 K 释放。由于浮子很小，控制的液位幅差范围也很小，而且不可调。一般用 2 个（或多个）胶木开关盒，一个做下限液位控制，另一个做上限液位控制。同时，在电气线路上设自锁触点，以保证只有在达到另一限位时才改变原来的动作状态。一般 UQK-41，42，43 电气盒内带有自锁触（无自锁触点的，使用时需另配中间继电器）点。这种液位控制器具有无触点、无磨损、无火花的优点，而且动作灵敏通常用于氨冷库装置中指示和控制各种液位。

控制器由玻璃管液位指示器和浮子接近开关组成，玻璃管常用规格为：外径 $\phi 25$；壁厚 2.5 mm；UQK-41 型长度为 300 mm，UQK-42 型长度为 200 mm；耐压 3 MPa。玻璃管周围装有有机玻璃保护罩，玻璃管内装有浮球，浮球为对接长圆形球，内放钢珠，使其立于液面，见图3.40。浮球比重为 0.78（可以通过改变钢珠的质量来改变浮球比重），轻于油而重与氨，在氨液供存的容器中，浮球沉于氨而浮于油面，从而指示出油的液位。不仅能就地显示，还能远传控制。UQK-41 型常用于氨、油并存容器中控制油位和放油，UQK-42 型常用于压缩机加油控制，UQK-3 型用作氨液位指示和控制。

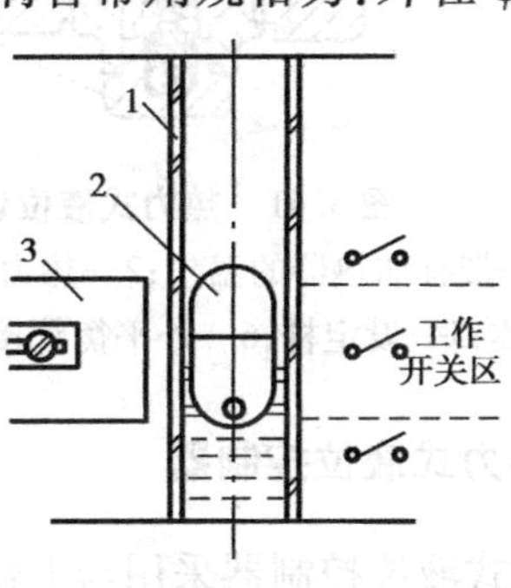

图 3.40　浮子接近开关工作示意图

1—玻璃管；2—浮球；3—接近开关

3.5.3 热力式液位控制器

1)热力式液位调节阀

热力式液位调节阀可以对液位实行比例调节。在制冷系统中用于控制满液式蒸发器、中间冷却器和气液分离器等容器的液位。

丹佛斯公司的TEVA20/TEBA85型温度式液位调节阀的结构见图3.41。它类似于热力膨胀阀,阀的主体部分与热力膨胀阀一样,不同之处在于它的温包中装有电加热器。此阀在工作时电加热器处于通电状态,对温包加热。如图3.42所示,温包安放在容器所要控制的液面高度处,如果液位上升,制冷剂浸湿到温包,由于制冷剂液体的蒸发,消除了温包的过热,热力头中压力降低,使阀开度变小或者完全关闭。温包被液体浸没程度(即液位高度)决定阀的开启程度。如果液位降到温包之下,温包暴露在气相中,热量较难散逸,热力头内压力升高,于是阀开大,增加流量。这种液位调节阀的优点是直接动作,不像浮子液位控制器与电磁阀组合动作那样复杂,体积小,安装方便,安装位置自由。

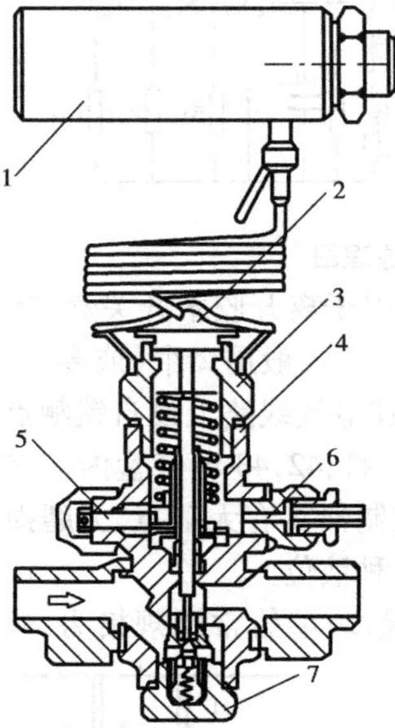

图3.41 热力式液位调节阀

1—带有加热器的温包;2—热力头;3—连接件;4—阀体;5—设定杆;6—外平衡管接口;7—节流孔组件

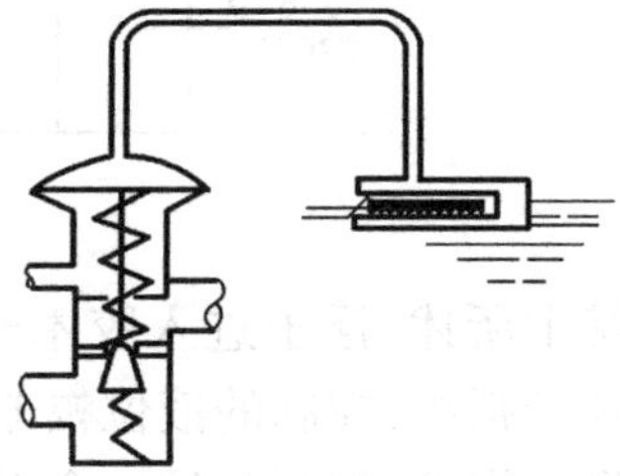

(a)结构示意图

阀的动作	开	供液	闭
作用在膜片上的压力关系			
液面位置			

(b)动作原理

图3.42 热力式液位调节阀工作原理

2)热力式液位控制器

热力式液位控制器采用与上述类似的电加热型温包感应液位,通过毛细管传递温包压力信号,与容器内液体的饱和压力比较,推动电触头板,使电磁阀通、断,对液位进行双位调节,还可以作为安全开关和液位报警控制使用,分别见图3.43和图3.44。温包的压力作用于下部波纹管,用平衡管引接容器内的压力,作用于上部波纹管。调节弹簧用来根据制冷剂种类调节定位。液位升高,浸没温包时,下部压力降低,电触头断开,电磁阀关闭,停止供液。液位下降,温包压力升高时,电触点接通,电磁阀打开供液。温包安装在容器外的缓冲室中。

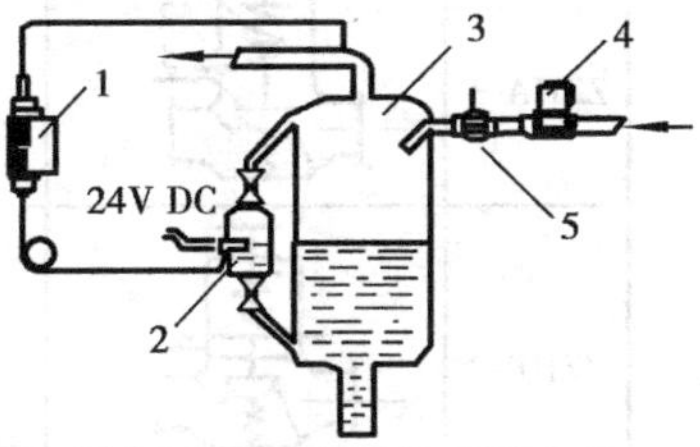

图 3.43　热力式液位控制器应用例图

1—热力式液位控制器;2—液位传感室;

3—受控液位的容器;4—电磁阀;5—手动膨胀阀

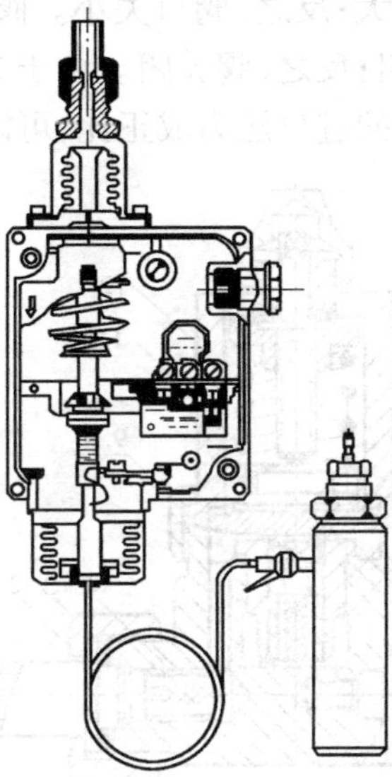

图 3.44　热力式液位控制器

3.6　相关执行器件

在制冷空调自动控制系统中,执行器是动力部件,它是按照调节器送来的特定信号自动动作,使被调参数保持在生产工艺规定的范围之内。为了系统的密封性、可靠实用等方面的要求,在制冷系统中有很多控制阀件将信号、调节、执行器件合为一体,为了适应不同容量的需求,还将采集信号的阀作为导阀,与不同容量的主阀联合使用,使系统控制简化了很多,在此有必要将这类阀件进行介绍。

3.6.1　恒压阀

ZZH 系列恒压阀是一种常用的压力导阀,通径为 3 mm,是比例式调节阀,对小容量的系统可以单独使用。通常与主阀配合使用,可以对管道中的工质实行比例调节。

ZZH 型恒压阀按启闭作用可分为正恒压(正作用)阀和反恒压阀(反作用)2 种。

1)正恒压阀

正恒压阀是一种常闭型阀门,有 ZZHA-3 型和 ZZHB-3 型 2 种,ZZHA-3 型结构见图 3.45。在阀体与阀罩之间用不锈钢膜片 10 分成上、下两部分,上部分为阀罩,罩内有弹簧调节机构,用它可以调节恒压阀动作的整定压力值。下半部分为工质流动通道。在膜片上方受到弹簧调节系统的预紧力作用,而膜片下方受到阀进口处气体的压力作用。当膜片下方气体压力升高,超过弹簧的预紧力时,膜片上移,带动阀芯8上移,阀口开启。随着压力逐渐升高,阀口也成比例地逐渐开大;反之,阀口关小。阀的工作过程用一句话来形容就是“升开降闭”,即入口压力升高,阀开启;反之,阀关闭。由于ZZHA-3型恒压阀膜片下感受的是进口处的压力,所以阀的开启度与阀的进口压力成正比,可以使进口处压力恒定在整定的值。

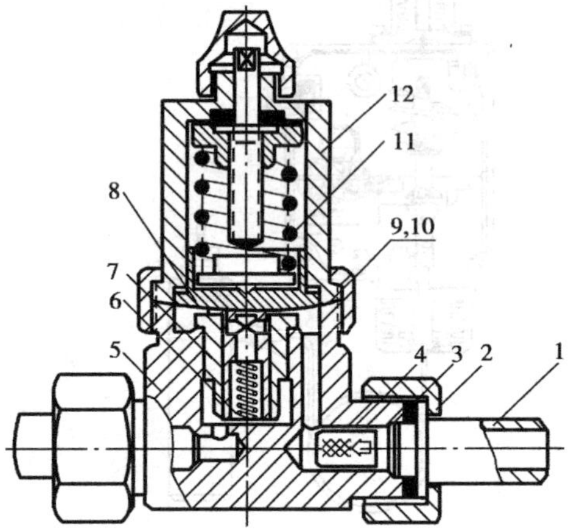

图3.45 ZZHA-3型恒压阀结构图

1—接头;2—连接螺母;3—垫片;4—滤网;5—阀体;6—弹簧;7—阀座;8—阀芯;9—垫片;10—膜片;11—弹簧;12—阀罩

型 号	结构示意图	符 号
ZZHA-3	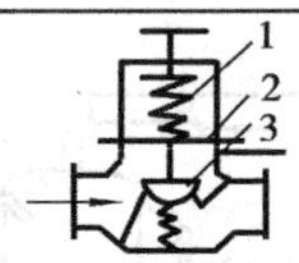	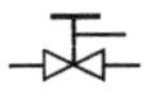
ZZHB-3	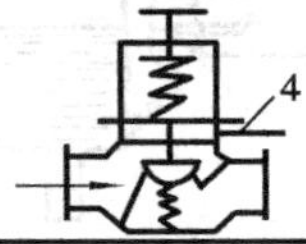	

图3.46 正恒压阀结构原理图

1—设定弹簧;2—膜片;3—阀芯;4—外压引管

ZZHB-3型与ZZHA-3型的结构基本相同,不同点仅在于在其膜片下方用一隔板把膜片与阀进口隔开,膜片下方感受的不是阀的进口介质的压力,而是在隔板与膜片之间接一引管,引入所需要控制的压力作用于膜片下方,其余结构与ZZHA-3相同。正恒压阀结构原理见图3.46。由于ZZHB-3型的膜片下方感受外接管引入压力,所以在阀整个开启范围内,阀的开度与外接管的引入压力成正比。

型 号	结构示意图	符 号
ZZHC-3	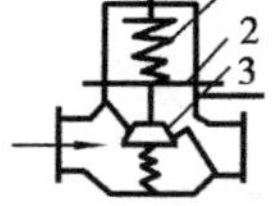	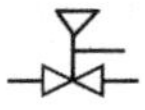
ZZHD-3	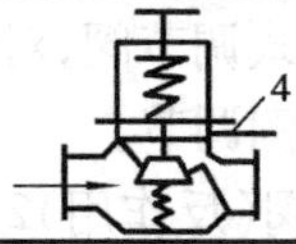	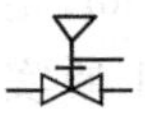

图3.47 反恒压阀结构原理图

1—设定弹簧;2—膜片;3—阀芯;4—外压引管

2)反恒压阀

反恒压阀有ZZHC-3型和ZZHD-3型2种。反恒压阀与正恒压阀的结构基本相同,所不同的是,反恒压阀阀芯是倒装的,其阀杆上升阀关小,阀杆下降阀开大。其膜片下方与阀出口相通,膜片下方感受的是出口压力。ZZHD-3型的机构与ZZHB-3型相同,膜片下方感受的是引入管的压力。其结构原理图见图3.47。

反恒压阀的工作原理是:当膜片下方压力升高到大于弹簧力时,弹簧被压缩,膜片带动阀芯向上移,阀关小。阀的开度与膜片下方的压力成反比动作,直至阀全关闭。即所谓的“升闭降开”。ZZHC-3型的开度与其出口压力成反比,ZZHD-3型的开度与引入管的压力成反比。

为了方便使用,恒压阀除了带有连接螺母的阀体可直接安装在导压管路中外,还有立式(可以直接装在主阀阀盖上)和横式(可装在电磁导阀阀体侧面)恒压阀。

3.6.2　电磁阀

电磁阀的开与关是由电流通过电磁铁产生电磁吸力来控制的。通常它串接在制冷系统的管中,受压力继电器、温度继电器、液面控制器和手动开关所发出的指挥信号来动作,以控制系统管路中流体的通或断,通常与压缩机接在同一启动开关上。普遍用在制冷系统热力膨胀阀前的输液管上,配合压缩机的启、停而自动接通或切断输液,防止压缩机停车时制冷剂继续通过热力膨胀阀进入压缩机,而再次启动时产生液击。它常用于冷凝器的冷却水管上,配合压缩机的启停而自动切断或接通水源,以节约冷却水。此外,还用电磁阀作为导阀以控制主阀以及其他方面的应用。总之,它是制冷系统自动控制与调节的主要元件。

电磁阀的开启方式分直接作用式和间接作用式 2 大类。直接作用式即直动式,常用于小口径的电磁阀上,间接作用式即伺服式,常用于大口径的电磁阀上。现分别介绍其工作原理。

1)直接作用式电磁阀

直接作用式电磁阀分阀体和电磁头 2 部分,见图 3.48。阀孔由电磁头中的阀芯组控制开与关。电磁头的主要部件由线圈、挡铁、阀芯、外壳等组成。当线圈通电后它就产生磁场,切断电源后磁场就消失。挡铁的作用是当线圈通电时共同产生感应磁场,吸引芯铁上移。挡铁上端面的凹槽内压入分磁环,其作用是使磁场短路而减少涡流损失。铁芯组有芯铁、弹簧柱、弹簧、阀芯头、阀口软垫及阀芯罩等组成一整体。当电源接通时,线圈与芯铁产生感应磁场,芯铁被吸引而上移,阀口被打开。当电源被切断后,磁场消失,芯铁因弹簧力和自身的重力而下落,阀口软垫盖住阀口,阀门关闭。

所谓直接作用式电磁阀就是电磁头所组成的电磁阀芯直接去开闭阀口,因而其结构简单,操作方便,不易出故障。阀前后流体压差和阀口径越大,打开阀所需的电磁力越大,电磁头的尺寸也越大,所以直接作用式电磁阀多数用于口径在 10 mm 以下。

2)间接作用式电磁阀

大口径电磁阀其阀口和阀门也是相应增大,口径越大,它的电磁头也就越大。这样做不但电磁头的规格繁多,给制造带来许多不便,而且也很不经济。采用间接作用的电磁阀,其电磁头可统一为一种规格,给制造和应用都带来很大方便。间接作用式电磁阀有 2 个阀门,即导阀与主阀。电磁头为导阀,它与主阀组合成一体,其动作原理如图 3.49 所示。当电磁阀接于制冷系统的输液管上后,阀体内充满液体,阀体内 A,B,C 分隔空腔,它们由平衡小孔相互连通,B 腔的辅助孔 E 与 C 腔的辅助孔 F 连通,但由电磁导阀控制着通与断。C 腔与 A 腔由 D 平衡小孔相连通,其孔径要比 F 通孔径小很多。当电磁导阀与主阀处于关闭状态时,A 腔比 B 腔压力高;另外,还有复位弹簧的作用,主阀门紧紧地盖住阀口。

当压缩机启动时,电磁阀的电源同时接通,电磁导阀的辅助口被打开,F 孔与 E 孔被导通,因 C 腔内的高压流体通过 F-E 辅助通道被卸流,使 C 腔压力与 B 腔压力近似相等,活塞下面的压力大于上面的压力,就将活塞浮起,带动活塞阀门组上升,由于阀口有流动阻力,B 腔压力

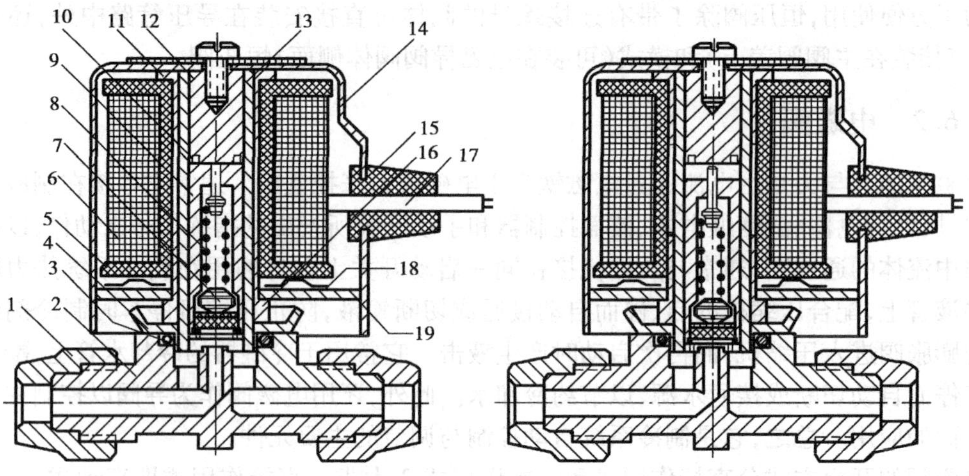

(a) 开启状态　　(b) 关闭状态

图 3.48　直接启闭式电磁阀的动作原理图

1—接管螺母;2—阀体;3—密封圈;4—套管座;5—线圈架;6—线圈;7—阀芯头;8—弹簧;9—芯铁;10—分磁环;11—上套圈;12—挡铁;13—套管;14—电磁外壳;15—橡皮圈;16—下套圈;17—导线;18—弹簧片;19—底板

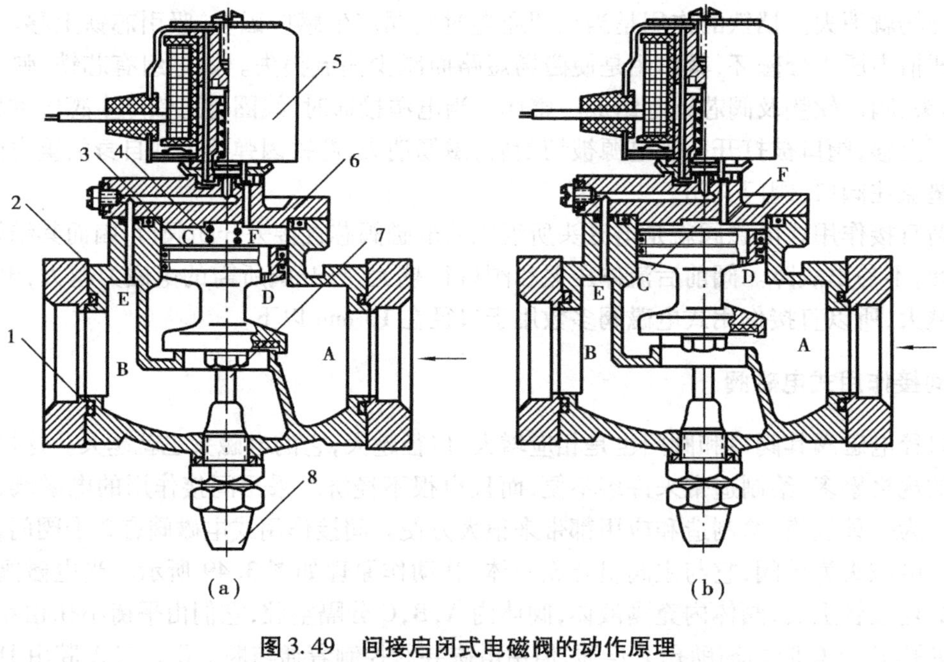

(a)　　(b)

图 3.49　间接启闭式电磁阀的动作原理

1—密封环;2—阀体;3—主活塞阀门组;4—复位弹簧;5—电磁头;6—阀盖;7—手动推杆;8—帽罩

与 A 腔压力有压差,活塞就是依靠这一压差来维持阀门开启状态,见图 3. 49 b。当压缩机停车,电磁阀的电源同时被切断,电磁导阀被关闭,E 与 F 孔不通,C 腔压力由于平衡孔 D 的补充,使 A 腔与 C 腔压力平衡,活塞在弹簧力与阀门的自重的作用下开始下落,盖住主阀口,电磁阀就处于关闭状态。

由上述分析可知,电磁导阀是信号接受器,活塞阀门组是执行器,该执行器的动力来自主阀进出口的压差。间接作用式电磁阀开启后还要求阀前后有一定的压力差(约为 35 kPa)维持活塞处于开启位置。如果阀尺寸过大,压差不足,阀有可能振颤或不能全开。选配阀时应该按厂家提供的阀容量来决定阀尺寸,而不是按配用管道或孔径尺寸选阀。

3)三通电磁阀

三通电磁阀有直接作用式的,也有间接作用式的。直接作用式的电磁阀一般常用于制冷系统作为制冷压缩机汽缸卸载装置的油路控制。间接作用式的电磁阀通常用于热回收装置上的一种控制式三通电磁阀。它的作用是将压缩机排出的热气在正常情况下排往冷凝器,在热回收时,改为排往热回收冷凝器。直动式三通电磁阀结构见图 3.50。三通电磁阀有通道,即 a,b,c 通道口,进口 a 和出口 b 基本在同一水平面上,c 口在下面。电磁线圈通电后,阀杆提起,这时 a,c 通道口接通,而 a 通道口与 b 通道口不通;电磁线圈断电后,阀杆下落,阀芯将 c 通道口堵死,a 通道口和 b 通道口连通。由于铁芯只能有 2 个位置,所以 3 个通道口不能同时联通。可以看出,b 通道口与 c 通道口在任何情况下都是不通的。

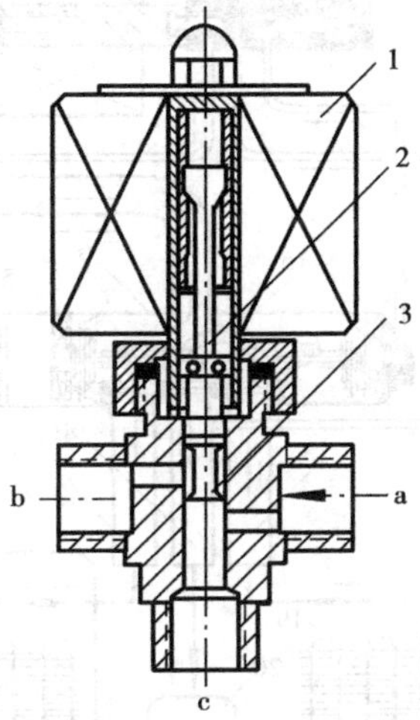

图 3.50 三通电磁阀

1—电磁线圈;2—阀杆;3—阀芯

4)四通电磁阀

四通电磁阀也称为换向阀,在冷暖兼用的热泵型空调机或者逆循环热气除霜系统中用来改变制冷剂的流动方向,使系统中的 2 个热交换器功能(冷凝、蒸发)切换,特别在小型热泵空调器中有广泛应用。换向阀是由电磁阀和四通阀用毛细管连接而组成一个换向阀系统,其结构见图 3.51。

四通阀有 4 根接管(3,4,7,18)和 3 根毛细管(C,D,E),阀体内装有滑块和活塞,它们用支架构成一体,两端活塞上各有小孔,以使活塞两端能互相通气。管 18 与室内换热器出口连接,管 4 与压缩机吸气管连接,管 3 与室外换热器进口连接,管 7 与压缩机排气管连,而滑块像一个三通阀门,可以将管 18 与管 4 连通起来,也可以将管 4 与管 3 连通起来。当管 18 和管 4 连通时,管 7 和管 3 就通过四通阀体而连通;当管 4 和管 3 连通时,管 7 和管 18 就通过阀体而连通。3 根毛细管中的 C,D 管接在四通阀两端,管 E 与管 4 相连接。

电磁阀由阀体 12、阀芯 11 和阀芯 13、弹簧 9 和 14、衔铁 10 及电磁线圈 8 组成。阀芯 11 和 13 及衔铁连成一体并移动。当线圈通电而产生磁场时,衔铁被磁场吸引而动作,使阀芯向右移动,阀芯 13 关闭左面阀孔,而右面阀孔被阀芯 11 打开,使毛细管 E 与 D 相通。当断电,衔铁复位时,阀芯 11 关闭右阀孔,而左面阀孔被阀芯 13 打开,使毛细管 E 与 C 相通。

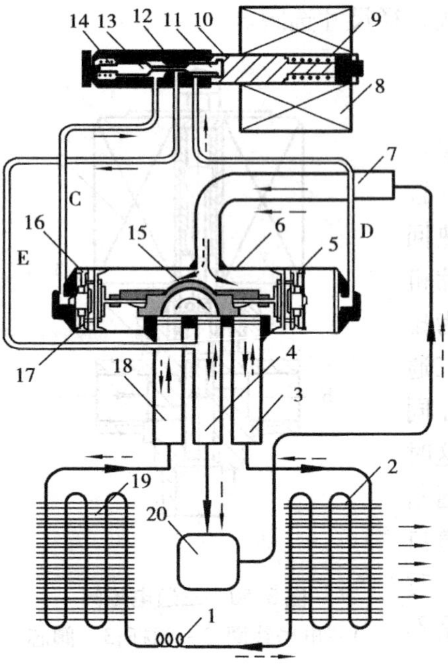

●热泵型空调系统制冷时的工作原理　热泵型空调器制冷时，由于受运行模式换向开关的控制，换向阀的电磁线圈的电源被切断，衔铁在弹簧9的推动下左移，使阀芯11将右阀孔关闭，而左阀孔被打开，这样C管与E管被接通，而D管被关闭。在四通阀体内，除滑块15盖住的部分是低压气体外，其他部分都是高压气体。因此，阀体内的高压气体通过活塞1和活塞2的小孔，向四通阀左右两端盖内充气，C管与E管是接通的，而毛细管孔径又比活塞上的小孔大数倍，从活塞2小孔流过去的气体迅速流向压缩机理工作4，而从活塞1小孔流过的气体无法通过。因此，在活塞2的左面不能建立起高压力，滑块左、右端活塞就形成一个压力差，把滑块与活塞组推向左端位置，换向阀就成为如图3.51的状态，此时管18与管4连通，即制冷剂气体从室内换热器流出通过换向阀，被压缩机吸入，而管7与管3连通，即压缩机排出的高压气体通过换向阀体进入室外换热器。这就是热泵空调器制冷运行时换向阀的状态。

●热泵型空调系统制热时的工作原理　热泵型空调系统制热时，运行模式换向开关将换向阀的电磁线圈的电源接通，线圈产生磁场，衔铁被磁场吸引向右移动，阀芯11打开右边阀孔，阀芯13关闭左边阀孔。管E与管D接通，管C被堵不通，四通阀右端盖内的高压气体从管D经管E流向压缩机吸气管4，使右端盖内压力等于吸气压力。而左端盖内，由于管C被堵住不通，高压气从活塞小孔向右端充气，使压力升至与排汽压力平衡。这样，活塞左、右两端产生的压力差使动滑块一起向右移动。滑块将管4与管3接通，管7与管18接通。压缩机排气从管7经过管18进入室内换热器（即制冷运行时的蒸发器），然后经毛细管进入蒸发器（即制冷运行时的冷凝器），从室外换热器流出的蒸气经管3与管4而进入压缩机吸气口。通过换向阀对管路的换向，使原来（制冷运行时）的蒸发器成为冷凝器，而冷凝器则成了蒸发器，从而实现从室外吸热向室内放热。这就是称为“热泵”的工作原理。

图3.51　热泵型空调器制冷（热）时原理图

1—毛细管；2—室外换热器；3—与室外换热器相连接管；4—与压缩机吸气管相连接管；5—活塞1；6—四通阀；7—与压缩机排气管相连接管；8—电磁线圈；9—弹簧1；10—衔铁；11—阀芯A；12—电磁阀；13—阀芯B；14—弹簧2；15—滑块；16—活塞2；17—排气孔；18—与室内换热器相连接管；19—室内换热器；20—压缩机

说明：沿“——→”流向时，为系统制冷原理图；沿“— —→”流向时，为系统制热原理图。

3.6.3　导阀与主阀组合式阀门

用于制冷系统管路中的大中型控制阀门，一般采用导阀加主阀结构。这种阀门在原理上属于间接作用式阀门（如前面章节介绍的间接作用式电磁阀），在结构上把导阀和主阀分开制造，然后用导压管将导阀和主阀连结起来，其组合方式灵活，不同的导阀与不同的主阀配合，可以得到不同的调节效果。

1）导阀

导阀是一个尺寸小的调节阀门，与主阀配合使用时，导阀不直接控制系统管路中工质的流通，而只控制导压管的通断，从而控制主阀动作。电磁阀用作导阀时，受电气信号控制，称为电磁导阀;ZZH 系列恒压阀用作导阀时,受压力信号控制,称为恒压导阀。

2)主阀

主阀是直接控制管道工质流通的,但它不能独立工作,必须与导阀配合使用,是受导阀控制的执行阀,也可以认为主阀的动作是导阀的跟随和放大。常用的主阀通常是活塞式结构。根据用途,主阀有液用和气用之分。气用主阀有常开型和常闭型 2 种,液用主阀只有常闭型一种。

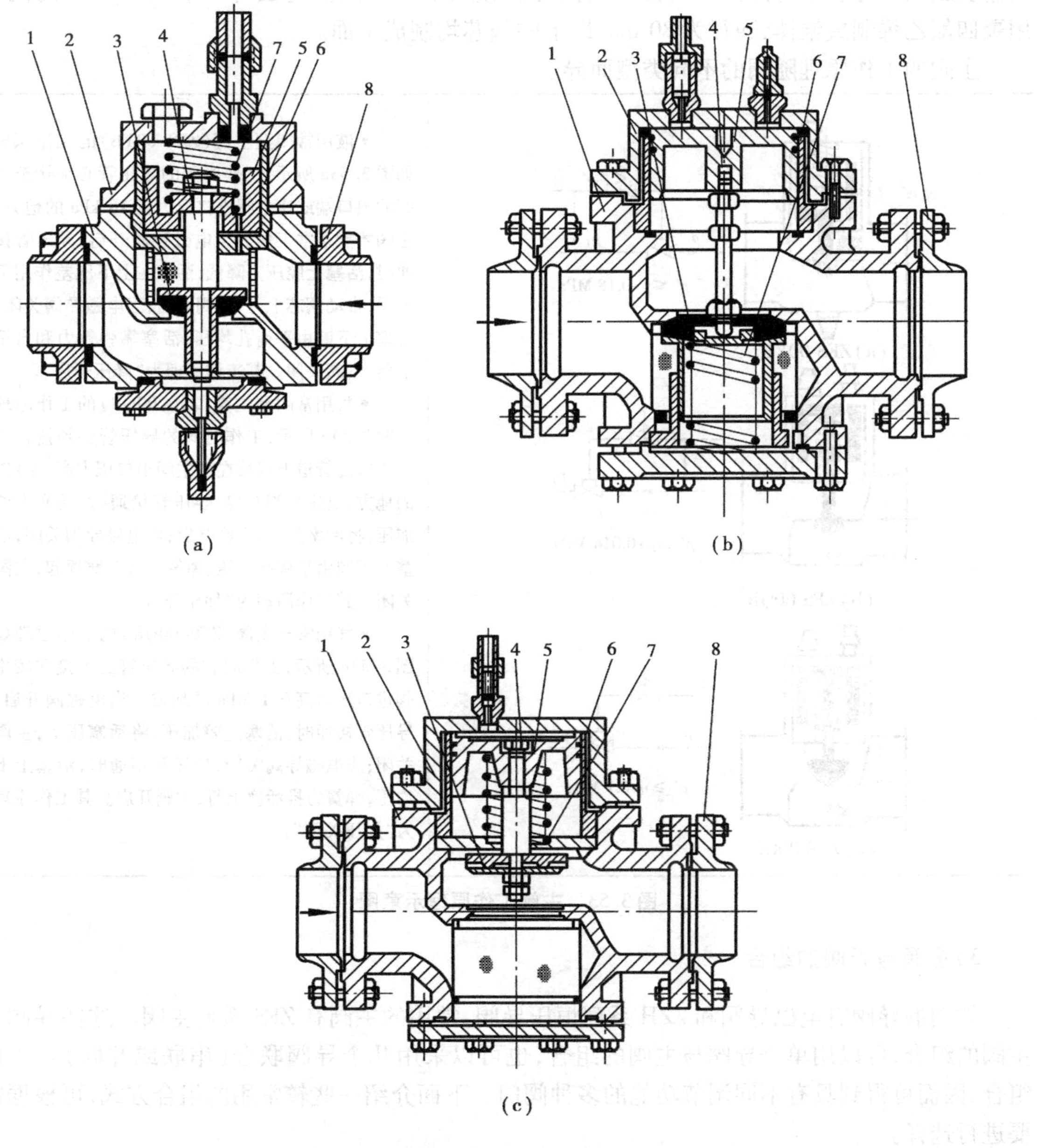

图 3.52　主阀结构图

1—阀体;2—阀盖;3—阀芯;4—活塞杆;5—活塞;6—活塞套;7—弹簧;8—法兰

如图3.52所示，主阀主要有阀体、阀盖、阀芯、活塞、活塞杆、活塞套、弹簧、手动顶杆等部件组成。导压管由接头接至活塞上部，活塞上钻有直径为1 mm的平衡孔。活塞套底部有防冲击的阻尼孔，在主阀启闭时起缓冲作用，以免损坏阀口。阀体(或阀盖)上设有手动顶杆，必要时可用顶杆将活塞组件顶起，使常闭型主阀阀口开启。常开型主阀必要时也可以用顶杆将阀口关闭。

阀体有的用法兰跟管道连接，有的管用接头螺母与管道连接。主管滤网为25目/in^2，用活塞套压住。导管小滤网为100目/in^2，用导管接头螺母压紧。通径为32，50，65 mm的阀芯用聚四氟乙烯制成锥体，通径为80 mm以上的阀芯均制成平面。

主阀的工作原理随阀的不同类型而异。

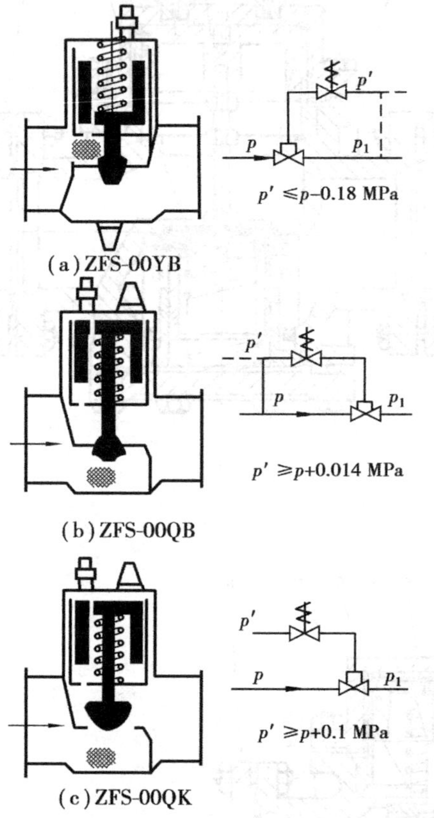

• 液用常闭型主阀(ZFS-00YB)的工作原理 如图3.53a所示，工作时阀的导压管必须接至主阀的出口端或比主阀进口压力低18 kPa的地方，主阀才能正常工作。当电磁导阀开启，导压管接通时，活塞上腔压力降低，活塞在上下压差作用下上浮，带动阀芯上升，主阀开启；当电磁导阀关闭，活塞上下腔由平衡孔均压，活塞靠弹簧力和自重下落，主阀关闭。其工作原理为“降压开启”。

• 气用常闭型主阀(ZFS-00QB)的工作原理 如图3.53b所示，工作时阀的导压管必须接在主阀入口处管道上或接在比主阀出口压力高14 kPa的地方，电磁导阀开启，导压管接通时，活塞上腔加压，将活塞压下，主阀开启；当电磁导阀关闭，活塞上下腔由平衡孔均压，弹簧力将活塞顶起，主阀关闭。其工作原理为“加压开启”。

• 气用常开主阀(ZFS-00QK)的工作原理如图3.53c所示，工作时它的导压管必须接在较主阀进口压力高0.1 MPa的地方。当电磁阀开启，导压管接通时，活塞上腔加压，将活塞压下，主阀关闭；当电磁导阀关闭，导压管不通时，活塞上下均压，弹簧力推活塞上行，主阀开启。其工作原理为“加压关闭”。

图3.53 主阀工作原理示意图

3)主阀与导阀的组合

常用的导阀有电磁导阀和ZZH系列恒压导阀，常用的主阀有ZFS系列主阀。这些导阀与主阀的组合，可以用单个导阀与主阀的组合，也可以采用几个导阀联合(串联或并联)与主阀组合，因而可得到具有不同调节功能的多种阀门。下面介绍一些较常用的组合方式，可根据需要进行选择。

电磁导阀与主阀的组合在介绍主阀的工作原理时已经叙述过了，这里仅介绍恒压导阀与主阀组合的工作原理。

（1）ZZHA-3 型恒压阀与气用常闭型主阀组成气用常闭型恒压主阀　如图 3. 54a 所示，当主阀进口压力升高，ZZHA-3 成比例开大，主阀也成比例开大；主阀进口压力降低，ZZHA-3 成比例关小，主阀也成比例关小。所以，它可以控制主阀进口压力恒定在一定范围。一般用于蒸发器回气压力控制，可使蒸发压力恒定在一定范围内。

（2）ZZHB-3 型恒压阀与气用常开型主阀组成气用常开型恒压主阀　如图 3. 54b 所示，当主阀出口压力升高，ZZHB-3 成比例开大，主阀随之成比例关小；主阀出口压力降低，ZZHB-3 成比例关小，主阀则成比例开大。所以，这种组合方式可控制主阀的出口压力恒定在一定范围内。常用于压缩机的吸气管控制，可防止压缩机吸气压力过高而导致过载。

（3）ZZHC-3 型恒压阀与液用常闭型主阀组成液用常闭型恒压主阀　如图 3. 54c 所示，当主阀出口压力升高，ZZHC-3 成比例关小，主阀随之也成比例关小；当主阀出口压力降低，ZZHC-3 成比例开大，主阀也随之成比例开大。所以，这种组合方式可控制主阀出口压力恒定在一定范围内。常用于加压供液系统的恒压供液。

（4）ZZHD-3 型恒压阀与气用常闭型主阀组成气用常闭型恒压主阀　如图 3. 54d 所示，当主阀出口压力升高时，ZZHD-3 成比例关小，主阀也成比例关小；当主阀出口压力升高时，ZZHD-3 成比例开大，主阀也随之成比例开大。所以，这种组合方式可控制主阀出口压力在一定范围内恒定。可用于热融霜恒压控制和防止压缩机吸气过载控制等系统中。

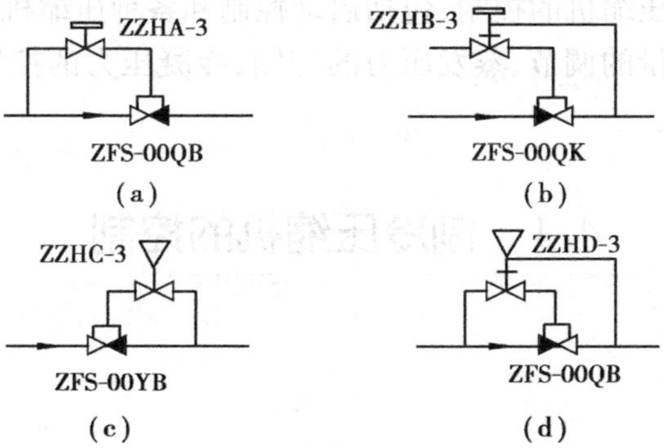

图 3. 54　恒压导阀与主阀的组合示意图

4 制冷系统自动控制

制冷系统中蒸气压缩式制冷占主要地位，其次是吸收式制冷系统。蒸气压缩式制冷系统由压缩机、节流机构和热交换器串联组合。能使制冷系统安全运行并适应负荷及外部条件变化的控制调节包括：制冷机的启动与安全运行控制、制冷剂流量的调节、制冷系统能量的调节、冷凝器和蒸发器换热能力的调节。在蒸气压缩式制冷系统中，由于驱动压缩机的电机有单相与三相之分，因此有单相启动和三相启动控制方法；制冷剂流量调节是在调节压缩机输气能力的基础上，通过节流机构调节进入蒸发器的给液量；热交换器能力的调节则表现为冷凝压力及蒸发压力的控制。这些调节不仅是为了满足制冷温度的要求，也是为了保证制冷装置安全可靠地运行。从系统总体来看，它们又是相互关联的。

本章重点讨论了制冷压缩机的控制，包括启动控制和各种压缩机能量调节的方法；详细地介绍了制冷系统制冷剂流量的调节、蒸发压力的控制、冷凝压力的控制等；最后对典型的制冷装置的控制做了分析介绍。

4.1 制冷压缩机的控制

4.1.1 启动控制

1）家用冰箱与空调器

家用冰箱与空调器一般都采用单相电源，所以用于冰箱与空调器的电机均为单相电机，单相电机的启动与三相电机有明显的区别。关于冰箱单相电机的启动控制，在第 3 章启动继电器中已做了介绍，这里着重介绍空调器的一般电路，使读者对单相空调器控制电路有比较清楚的了解。

小型家用窗式和分体式空凋器均采用单相感应交流电机。由于家用空调器的压缩机功率均比较小，所以广泛采用 PSC 电路（电容运转型电路，启动绕组中串联有运转电容器，无启动电容器及启动绕组的切断装置），其优点是：电路简单、可靠性高、启动转矩小、功率因数高、运转电流小。正因为启动转矩小，一定要在高低压力平衡后才能启动，当瞬时断电再启动时，如果间隔时间太短，可能会过载，因而必须有过流保护装置。

最简单的空调器原理图见图 4. 1a。当接通电源时，室内、室外风扇电机运转，压缩机也开始运转，但这种线路无法随温度变化控制压缩机的开、停。而且压缩机电动机没有保护装置。

因此该电路不适于实际应用。若将图4.1a改成图4.1b,就有了电源开关、温度控制器和压缩机电机过载保护器。图4.1b的电路多用于分体式空调器中,当温控器断开时,室内风扇电机仍然运转,而窗式机的室内外机共用1台风扇电机,停止压缩机时室外风机不停转。对于一台实用的空调器,其控制电路包括:压缩机保护电路、风扇电动机保护电路(可以没有)、主控开关、温控器。

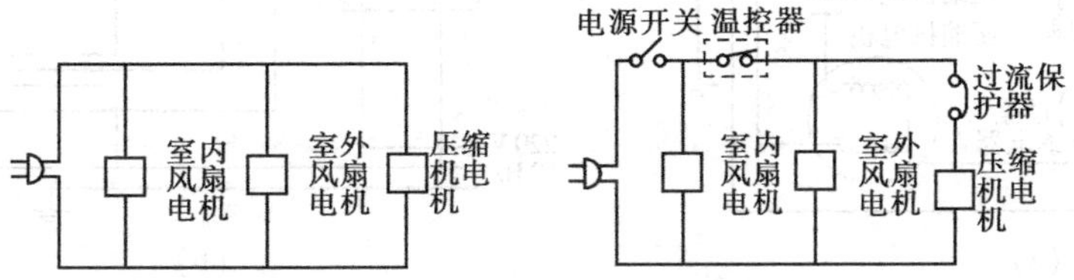

(a)原理型　　(b)实用型

图4.1　空调器基本电路图

老式的往复式大功率压缩机采用电容启动、电容运转方式(CSR),压缩机电动机采用电压式启动继电器,启动器线圈与电动机的启动绕组相并联,启动器常闭触点与启动电容 C_s 串联。如图4.2所示,在电流开始流过运转绕组和启动绕组时,直接流过闭合触点和启动电容。当加在电压启动器线圈两端的电压随电机转速增加而增加时,感应于线圈上的电压足以使线圈产生磁场吸引衔铁,于是启动绕组的电容断电,电机进入正常工作;关机时,触点又一次闭合。此方法启动力矩大,结构复杂,启动时噪声很大,要持续十几秒钟才能正常。

目前,中小型旋转式压缩机电机设计得较好,启动时阻力不太大,不用CSR方式即可正常工作。如图4.3所示,启动绕组、启动电容器长时间接入电路中,与压缩机电机运行绕组同步工作,工作可靠且启动噪声小,启动迅速平稳,这种启动运行方式称为PSC方式。风扇电动机都用PSC方式启动,有调速功能,实现调速的方法有绕组抽头和电阻降压等,这与电风扇的调速方法相似。以下介绍几种空调器产品的电路图。

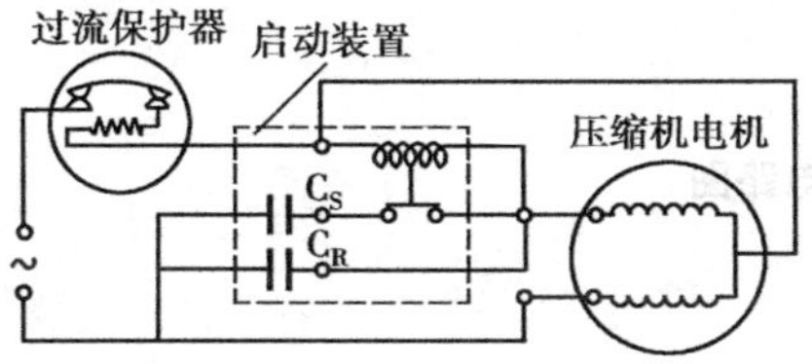

图4.2　单相电机CSR型启动电路图

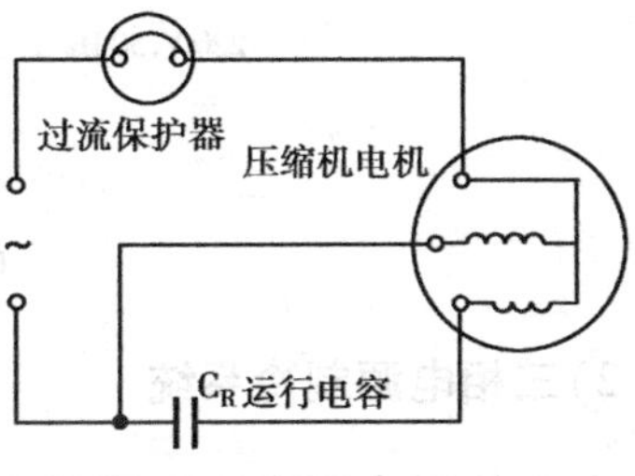

图4.3　PSC型电路

某窗式空调器电路图见图4.4。其中,图4.4a电路较为简单,电机采用PSC方式启动。这种方式结构十分简单,接线少,可靠性高,压缩机用过流继电器保护,风扇电机内置保护器,当选择开关置于制冷(高、低挡)时,最右侧触点接通,压缩机运转;高风、低风挡的转换则是通过风扇电机引入不同的抽头来实现的。图4.4b与图4.4a相比多了定时器和VT保护器,可以实现定时和延时3 min启动保护功能。当定时器工作时,一旦定时结束将自动切断电源。定时器内有微电机,需要有电源供应,所以选择开关右侧始终是接通的。

电热空调器电路图见图4.5。电气保护装置比较完善,开关可选择“高、中、低”3挡风量,

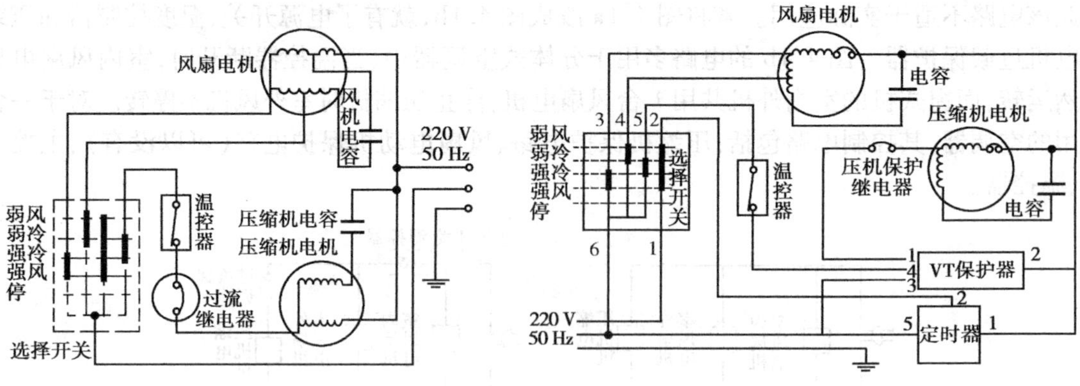

图 4.4　窗机电路图

低挡是通过电阻降压实现的。风扇电机有保护器。冷热开关可决定是向压缩机供电，还是向电加热器供电。电加热器供电时，为防止发生火灾，设有加热保险丝和过热保护器双重防护。制冷压缩机采用旋转式产品，故用 PSC 方式启动，设有过负荷继电器保护。该线路保护措施比较齐全。

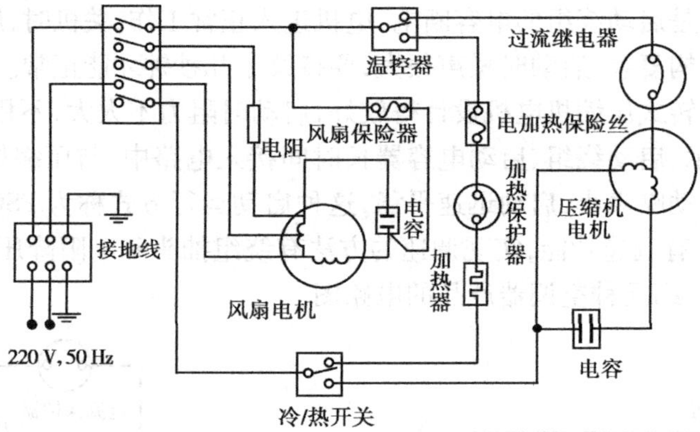

图 4.5　电热型窗式空调器电路图

2）三相电源制冷系统

大多数制冷压缩机均是三相感应电机，电动机在启动的瞬间，因为转子转速为 0，转子与旋转磁场之间的相对转速最大，所以它在转子导体上产生的感应电动势和电流也最大，这时定子绕组中的电流，可达到电动机额定工作电流的 4 ~ 7 倍。异步电动机启动时，过大的启动电流将产生较大的线路压降，使电网电压波动过大，影响并联在电网的其他电动机的正常运行。对那些惯性较大，启动时间较长或启动频繁的制冷压缩机来说，过大的启动电流，将使电动机绕组绝缘过热而老化。因此，大容量电动机的启动电流必须加以限制，不能直接启动。在一般情况下，只有小容量电动机才采用额定电压下直接启动的方法。

电动机能否直接启动，目前国内部分资料介绍的经验公式为：

$$\frac{I_S}{I_N} \leqslant \frac{3}{4} + \frac{电源总容量}{4 \times 电动机容量} \tag{4.1}$$

式中 I_S——电动机定子绕组电流；

I_N——电动机额定电流。

如果实际情况满足式(4.1)时，电动机可直接启动。式(4.1)只能作为参考，不能作为能否直接启动的根据。

三相制冷压缩机电机直接启动的电气线路，见图4.6。该控制线路有2种控制方法：一种是用按钮控制，另一种是用温度继电器控制。按钮控制时，将图4.6a按钮控制图的A_1,B_1接点分别接在控制电路的A,B接点上，即成为完整的三相控制线路。当Q闭合时，变压器回路有电，KM_2触点为常闭，停机指示灯亮，说明控制线路有电，但压缩机电机没有运转。揿下按钮SBT，使控制回路电源接通，交流接触器KM线圈通电，主触点KM闭合，电机M启动和运转；触点KM_3闭合，使接触器KM自锁，在按钮SBT自行分离后也不会切断控制回路电源；触点KM_1闭合，触点KM_2同时断开，停机指示灯灭的同时，运转指示灯亮，说明压缩机已运转。若要停机，只要揿SBP按钮，控制回路电源被切断，交流接触器KM线圈断电，主触点KM打开，压缩机停机。

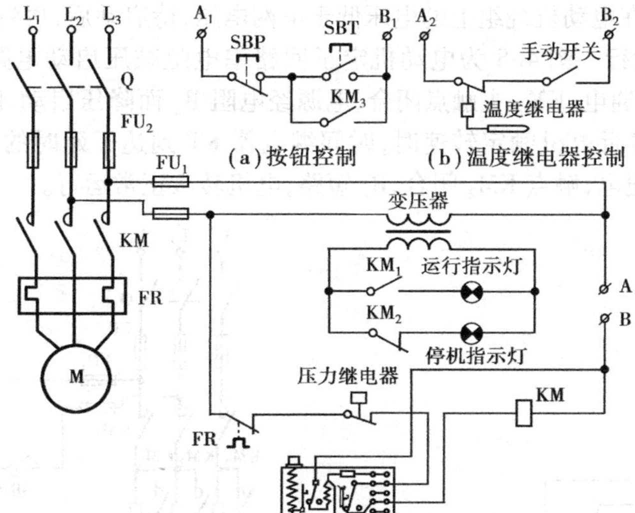

图4.6　三相压缩机电机直接启动控制电路图

温度继电器控制时，将图4.6b的温度控制图的A_2,B_2接点分别接在控制电路的A,B接点上(将A_1,B_1拆下)，将手动开关接通，KM线圈通电，与之对应的所有常开触点都闭合，常闭触点打开，电机运转，运行指示灯亮。当被冷却物体的温度下降到低于温度继电器的设定值时，温度继电器的触点打开，控制回路电源被切断，电机停止运行；当温度上升至温度继电器设定的上限值时，温度继电器触点又闭合，电机又启动运转。

在这个控制回路中还有热继电器保护、高低压继电器保护、油压差继电器保护，而温度继电器正常控制制冷设备的停与开，不能误认为是系统其他保护性措施所引起的故障停机。

对于较大功率的三相压缩机电机一般降压启动的方法有：Y-△降压启动、电阻器降压启动、自耦降压启动和延边三角形启动。

(1)Y-△降压启动　凡是在正常运行时，定子绕组接成△的鼠笼型异步电动机均可以采用Y-△减压启动。目前，我国生产的Y系列电动机，容量在4 kW以上的都是△连接，额定电压为380 V。启动时，先将定子绕组接成Y，这时加在每相绕组上的电压为：

$$U_P = \frac{1}{\sqrt{3}} U_L \tag{4.2}$$

式中　U_L——电源线电压。

电动机启动后，再改接到△连接，此时电动机端电压为额定值。

电动机启动时接成星形，启动电流只有原来△连接的$1/\sqrt{3}$，但是启动转矩也相应降低，因为电动机的转矩与所加的电压的平方成正比，所以启动转矩也只有△连接的1/3。

图4.7为手动Y-△电机启动电气原理图。停车时，开关置于停止位置，需要启动时，将开关合向启动位置，电动机就接成星形启动，直到电动机转速接近额定转速时，将开关从启动位置拉开，并迅速合向运转，电动机就接成△进入运转状态。

自动Y-△电机启动电气原理，见图3.14。

(2)电阻降压启动　该启动方法是在电动机启动时，在三相定子电路中串接一个电阻，由于串联了电阻，使加在电动机绕组上的电压低于电网电压，待启动后，再将电阻短路，电动机即在额定电压下正常运行。图4.8为电动机定子回路串电阻减压启动电路。当揿下按钮SBT时，接触器线圈KM_1通电，KM_1主触点闭合，电源经电阻R_s而降压启动，时间继电器KT也开始工作。待启动至接近电机额定转速时，时间继电器KT到达了延时的整定值而动作，触点KT闭合，线圈KM_2通电，触点KM_2闭合，R_s短路，电机转入正常运行。

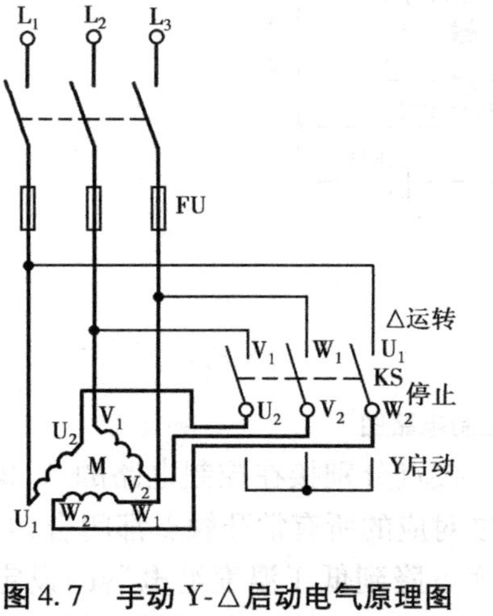

图4.7　手动Y-△启动电气原理图

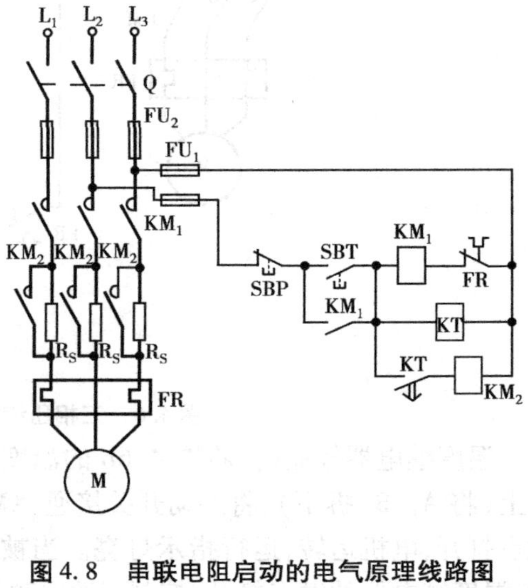

图4.8　串联电阻启动的电气原理线路图

定子回路串电阻减压启动的缺点是：减少了启动转矩，同时在电阻上功率损耗也较大，如启动频繁，则电阻的温升很高，因而应用得不多。

(3)自耦变压器降压启动　自耦变压器降压启动方式，又叫做补偿启动方式。使用自耦变压器时，高压侧(一次侧)接到电网，低压侧(二次侧)接到电动机，一般有几个分接头，可以选择不同的变压比。启动电流和启动转矩可以根据自耦变压器的抽头位置进行调节。适用于电动机额定电压为220/380 V(△/Y)的降压启动。

用自耦变压器降压启动,启动转矩和启动电流可以调节,但设备庞大,成本高。自耦变压器降压启动,根据电路设计可分为自动转换(即与操作者无关,如用时间继电器或欠电流继电器进行控制)和手动转换(即与操作者有关,如用手或按钮进行控制),其电路见图4.9。通过对该电路图的理解,可更好地熟悉电气控制原理图,为设计基本电气控制图和读懂一般制冷装置电气控制原理图打下基础。

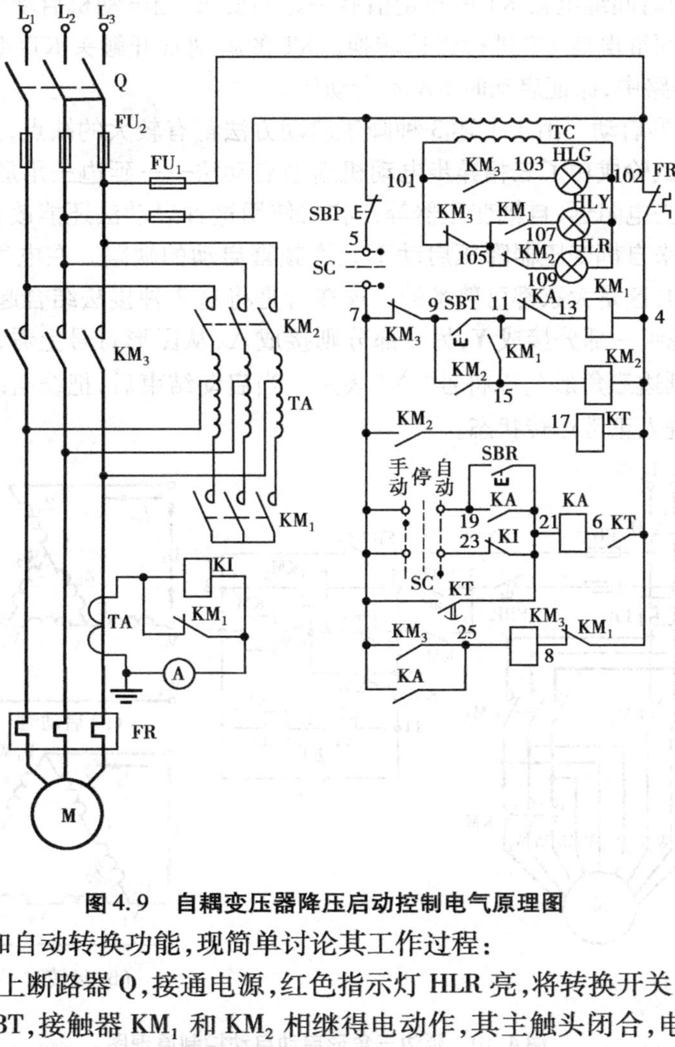

图4.9 自耦变压器降压启动控制电气原理图

图4.9分手动和自动转换功能,现简单讨论其工作过程:

①自动操作:合上断路器Q,接通电源,红色指示灯HLR亮,将转换开关SC切换到自动位置,按下启动按钮SBT,接触器KM_1和KM_2相继得电动作,其主触头闭合,电动机经自耦变压器减压启动,红色指示灯HLR灭,黄色指示灯HLY亮,同时时间继电器KT也得电,KT瞬动常开触点(4—6)闭合。电动机启动时,在主电路中的电流继电器KI动作,其常闭触点头KI(21—23)断开。当启动电流下降到1.5倍额定工作电流值时,即相当于80%额定转速时,电流继电器KI释放(释放电流整定值参照相应规定的数值),常闭触头KI(21—23)闭合,接通了中间继电器KA,常闭触头KA(11—13)断开,接触器KM_1线圈断电,常开主触头断开,常闭辅助触头KM_1(4—8)闭合,使接触器KM_3线圈通电并自锁,主触点闭合,电动机由减压启动向全

压运行转换。当 KM_3 通电时,常闭辅助触头 KM_3(7—9)断开,使接触器 KM_2 线圈断电,主触头断开,电动机自动转入到全电压下运行,此时黄色指示灯 HLY 灭,绿色指示灯 HLG 亮,按停止按钮 SBP,电动机停止运转。

②手动操作:合上断路器 Q,接通电源,红色指示灯 HLR 亮;将转换开关 SC 切换到手动位置,按下启动按钮 SBT,电动机开始启动,红色指示灯 HLR 灭,黄色指示灯 HLY 亮。待电动机转速接近额定转速时(即电流表的指示降到电动机的 1.5 倍额定电流时),再按运转按钮 SBR,电动机转换到全压运行时黄色指示灯灭,绿色指示灯亮,按下停止按钮 SBP,电动机停止运转。

控制电路中的时间继电器 KT 的整定值有一定的要求,当电动机启动电流长期降不到 1.5 倍额定电流时,时间继电器 KT 进行强迫转换。KT 的瞬动常开触头 KT(4—6)串接在中间继电器 KA 的线圈回路中,保证启动时 KA 不会动作。

(4)延边三角形启动　由于上述 3 种降压启动方法都有较大的缺点,为改变这种情况,人们通过反复实践,试验成功了三相异步电动机新型启动法——延边三角形启动法。运用这种方法启动,可以免去电阻器、自耦变压器等;同时,使用这种启动法还能改善启动性能、扩大使用范围,克服了原来自耦变压器降压启动不允许频繁启动的缺陷。在电气线路中,△和 Y 接法是用得很普遍的,这是大家都已熟悉的。现在若是将这 2 种接法结合起来,在电机启动时,使电动机的定子绕组一部分接成 Y,另一部分则接成△,从图形符号上看,就像△的三条边延长,因此称之为“延边三角形”,以符号“⅄”表示。当启动结束后,把绕组改接成三角形(见图 4.10),电动机就进入正常运转状态。

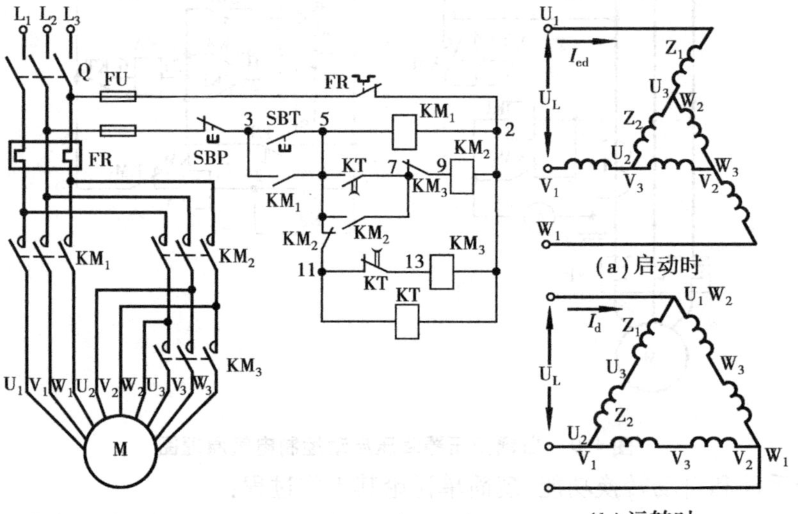

(a)启动时

(b)运转时

图 4.10　延边三角形启动自动控制原理图

用延边三角形启动方法的制冷压缩机电动机需要 9 个接线头,即在电动机定子绕组中多抽出 3 个接线头,才能满足这一接线要求。在图 4.10 中,电动机有 9 个接线头:U_1,V_1,W_1,U_2,V_2,W_2,U_3,V_3,W_3,其中 U_3,V_3,W_3 是电机绕组中间抽头。当操作启动按钮 SBT 时,接触器 KM_1,KM_3 线圈通电。它们的常开主触点闭合,U_1,V_1,W_1 输入电源,接头 U_3 与 W_2,V_3 及 U_2,W_3 与 V_2 相互并接,电动机接成延边三角形启动。与此同时,时间继电器 KT 通电,经延时，断开其常闭触头KT(11—13)，使KM_3断电，其常闭辅助触点KM_3(7—9)闭合，因时间继电器常开触头KT(5—7)也已闭合，故接触器KM_2线圈通电，这时电动机接成三角形正常运转。线路中的KM_3(7—9)，KM_2(5—11)常闭辅助触头为电气互锁，只有当KM_3断电后，KM_2线圈才能通电，当KM_2通电后，其触点KM_2(5—11)断开，使KM_3和KT均不通电，当KT断电后，其常开触头KT(5—7)断开，因KM_2辅助触头KM_2(5—7)，使KM_2自锁，故KM_2不会断电。操作停止按钮SBP，KM_1，KM_2断电，制冷压缩机电动机就自动停止运转。

在制冷压缩机电气控制电路中还有高低压差继电器和油压差继电器，请读者自己将这2个保护性继电器接入图4.10控制电路中。由于较大容量的制冷压缩机都具有能量调节机构，通常就不需要安装温度继电器，同时较大容量的制冷压缩机也不适宜于频繁停开，所以在降压启动的电气线路中也不串接温度继电器。

4.1.2 能量调节

压缩机制冷量的大小与运转情况有关。当外界条件或被冷却对象的负荷发生变化时，为了既保持被冷却物体所需要的低温，又要实现经济运行，就必须根据外界条件的变化，调节压缩机的产冷量，实质上就是调节压缩机的输气量，使其和当时的外界负荷相适应(用冷量=产冷量)。采用不同的调节方法，它所获得的经济效果是不一样的。在制冷系统正常运行的情况下，制冷系统的制冷量与负荷之间的匹配情况可以从压缩机吸气压力的变化上反映出来。在正常运行情况下，吸气压力升高，表明实际用冷负荷在增大；吸气压力下降，则表明用冷负荷在减小。所以，制冷系统产冷量能力的大小，从某种意义上讲是以压缩机的吸气压力为控制参数。

压缩机的能量调节主要有3个作用：第一，使得制冷装置的产冷量始终与外界热负荷相匹配，提高系统运行的经济性；第二，减小蒸发压力(或蒸发温度)的波动范围，提高被冷却物体温度的控制精度，避免压缩机频繁启动与停车；第三，保证制冷压缩机轻载启动，避免引起电网负载过大的波动，提高电机运行效率。

活塞式压缩机在一个工作周期的平均产冷量Q_0(单位，kW)为：

$$Q_0 = 60\lambda V_h n Z q_v \tau_p / \tau \tag{4.3}$$

式中 λ——压缩机容积效率；

V_h——一个汽缸的行程容积，m^3；

n——压缩机转数，r/min；

Z——汽缸数；

q_v——运行工况下的单位容积制冷量，kJ/m^3；

τ，τ_p——工作周期和在一个工作周期中的开机时间，h。

由式(4.3)可见，改变上式右边的任何一个因子，都可以改变压缩机的产冷量。所以能量调节的方法有多种，归纳起来有：吸气节流(改变q_v)、压缩机间歇运行(改变τ_p)、汽缸卸载(改变Z)、转速调节(改变n)和热气旁通。对于压缩机群，往往采用运行台数控制或者运行台数与汽缸卸载相结合的方法进行能量调节。

1)吸气节流调节

吸气节流调节方法是在压缩机吸气管上安装蒸发压力调节阀，通过改变蒸发压力调节阀

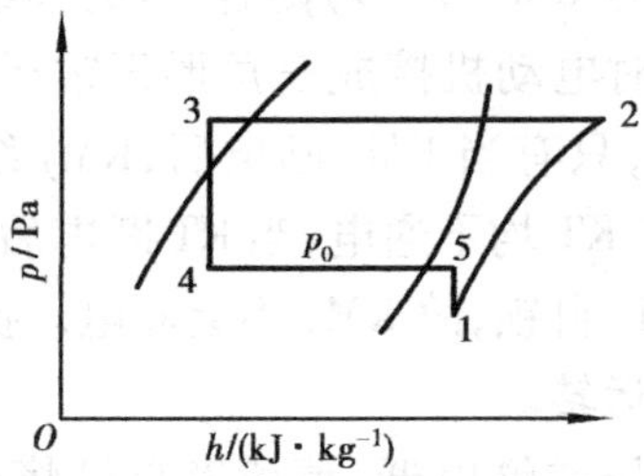

图 4.11　吸气节流能量调节循环原理

的通道面积来实现对排量的调节。当通道面积减小时，压缩机吸入蒸气的流动阻力增加，使蒸气受到二次节流，压缩机吸气腔压力相应降低，增大吸气比容，压缩机的质量流量减小。蒸发压力调节阀可用专门的主阀和导阀来实现。这种调节方法主要用于大中型制冷设备中，方法简单易行，但不经济，因为人为地提高了压力比，单位功耗和排气温度上升。而且吸气压力也不允许过分下降，所以它只能作小范围的能量调节。调节是连续的。吸气节流能量调节循环原理，见图 4.11。

2）压缩机汽缸卸载与运行台数控制

在多缸压缩机运行中，如果通过顶杆机构，使其中某几个汽缸的吸气阀一直处于开启状态，那么这几个汽缸在吸气时，低压蒸气可由开启着的吸气阀进入汽缸，由于吸气阀不能关闭，当活塞上行进行压缩时，汽缸中压力建立不起来，排气阀始终打不开，被吸入的气体没有得到压缩就经过开启着的吸气阀又排回到吸气腔中去。压缩机尽管运转着，但是那些吸气阀被顶开了的汽缸不再向外排气，真正在有效地进行工作的汽缸数目减少了，结果达到改变压缩机制冷量的作用。

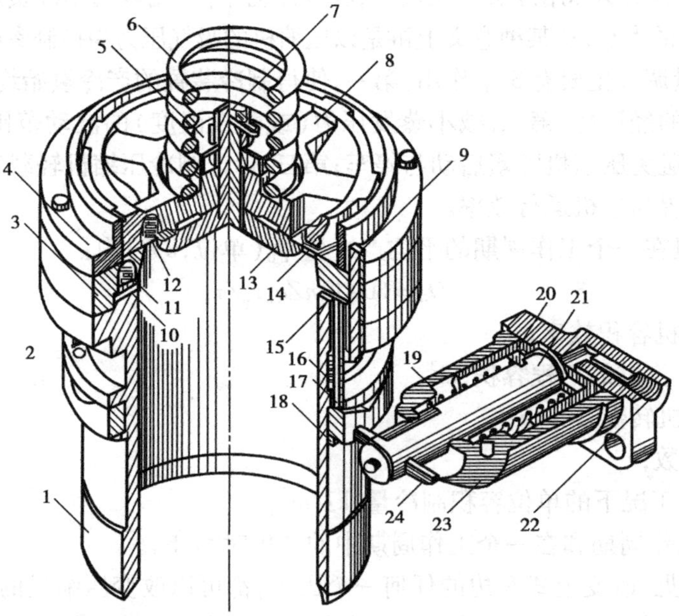

图 4.12　顶开吸气阀的卸载机构

1—汽缸套；2—转动环；3—外阀座；4—导向环；5—套环；6—假盖弹簧；7—气阀螺钉；8—假盖（排气阀限位器）；9—六角螺栓；10—吸气阀片；11—吸气阀弹簧；12—排气阀；13—内阀座；14—排气阀片；15—吸气阀片；16—顶杆弹簧；17—顶杆；18—止推环；19—推杆弹簧；20—卸载活塞；21—推杆；22—供油孔；23—卸载油缸；24—传动杆

(1)卸载机构　如图4.12所示,排气阀的阀座分内、外阀座2部分,外阀座用螺栓与汽缸套一起紧固在机体上,而内阀座则用螺钉和槽形螺母与假盖固定在一起。吸排气阀均采用环状阀。在正常运转时,假盖和排气内阀座一起是靠假盖弹簧紧紧地压在排气外阀座上,只有在汽缸内发生超压(如液击),假盖才会克服假盖弹簧力向上移动,及时卸压,防止损坏事故的发生,假盖的工作过程就像安全阀一样。

卸载机构的结构是由卸载油缸、卸载活塞、转动环及顶杆等组成。当压力油进入卸载油缸后,卸载活塞被推向左移,并通过与之联动的推杆去推动转动环旋转。转动环与顶杆相接触是斜面,原来处在斜面最高点的顶杆,经环的转动移位,进入斜面的最低点,汽缸套阀座上的环状吸气阀片被释放下落,进入正常的工作状态,使该汽缸恢复其吸排气作用。如果能量控制阀切断对卸载油缸的供油,并使油回流到曲轴油箱,则卸载活塞将被弹簧压回原位,带动转动环反转,使顶杆又升至最高点,顶起吸气阀片,于是,这只汽缸就失去吸排气的工作能力而进入空载运行。

这种调节方法适用于大、中型的多缸压缩机,显然,采用这种调节方法要消耗小部分机械摩擦功和泵气功,但总体还是很经济的,操作也方便。

这种调节方法的另一作用是压缩机可以实现减载启动,降低电机的启动电流。这是因为装有这类调节机构的汽缸,在停机时,压缩机油泵不工作,卸载油缸没有油压,吸气阀片就被顶杆顶开,在启动阶段,吸气阀片还不能落下,因而,该汽缸便以空载启动,启动负荷相应的降低了。

(2)油压比例调节器控制汽缸卸载　制冷压缩机能量调节装置是由能量控制阀和卸载机构2部分组成,二者之间是由油管相连接,并以润滑油泵输出的油压作为操作动力源。能量控制阀是用以控制卸载机构动作的液压分配阀,它根据用冷量需要的变化来控制卸载机构,以改变压缩机的有效工作汽缸数和排量。其结构图见图4.13。能量控制阀有手动或自动操纵之分。

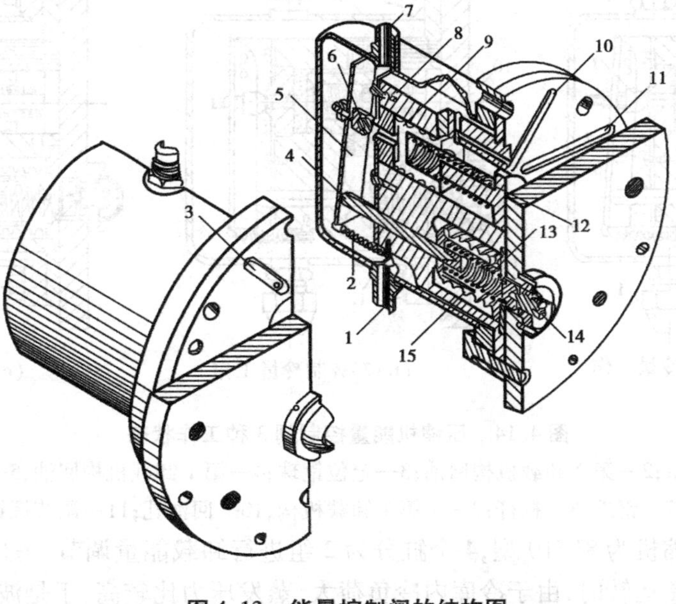

图4.13　能量控制阀的结构图

1—回油管接头(通曲轴箱);2—拉力弹簧;3—输出油道(至第2组卸载机构);4—顶杆;5—杠杆;6—钢珠;7—压力平衡管接头(通曲轴箱);8—油缸;9—油活塞;10—输出油道(至第1组卸载机构);11—输入油道(自油泵来油);12—平衡弹簧;13—调节弹簧;14—调节螺钉;15—波纹管

制冷系统产冷量与实际用冷量不平衡是绝对的,平衡是相对的,压缩机能量调节就是在绝对不平衡中来求得相对的平衡。制冷系统产冷量相对与实际用冷量的大小可以用被冷却物体温度的高低来反映。被冷却物体温度与蒸发温度有一定的对应关系,即被冷却物体温度高说明蒸发温度也高;反之,蒸发温度就低。蒸发温度又与蒸发压力相对应,蒸发压力基本上等于吸气压力。因此,能量控制阀可以根据吸气压力的变化作为感应信号来自动控制各缸卸载机构的动作。

控制阀的圆柱形外壳内腔通过接在其顶部的压力平衡管与曲轴箱上半部相通,其腔内压力等于吸气压力。在外壳底部接有另一与曲轴箱相通的回油管,它是将泄入内腔里的润滑油排回曲轴箱。腔内上半部装着液压分配机构,下半部则是信号感应部分。信号感应部分的波纹管同时受到外部吸气压力、调节弹簧力及大气压力的作用,当两方面力量平衡时,波纹管处于静止状态。若吸气压力有变化,两力平衡被破坏,波纹管就会移动,直到两力重新平衡并稳定在新的平衡位置为止。波纹管内的弹簧力可以用调节螺钉来加以调节,以适应能量控制阀不同温度调节范围的需要。波纹管的位移通过其上顶杆,传动杠杆,杠杆上装有钢珠,钢珠的位置决定了油缸阀孔的通道截面和泄油量大小,从而也决定了油活塞顶部油压的高低。液压分配机构中的油活塞同时受到顶部油压及底部平衡弹簧力和吸气压力的作用,不同的吸气压力和钢珠位置使油活塞处于不同的平衡位置,起着控制压力油的分配作用。能量控制阀中有一输入油道,由润滑油泵直接供油,有几条通向各组卸载机构供油的输出油道。图 4.14 所示为自动能量控制阀的 3 种工作状态示意图。现以某冷库运行的例子来具体说明其工作情况。

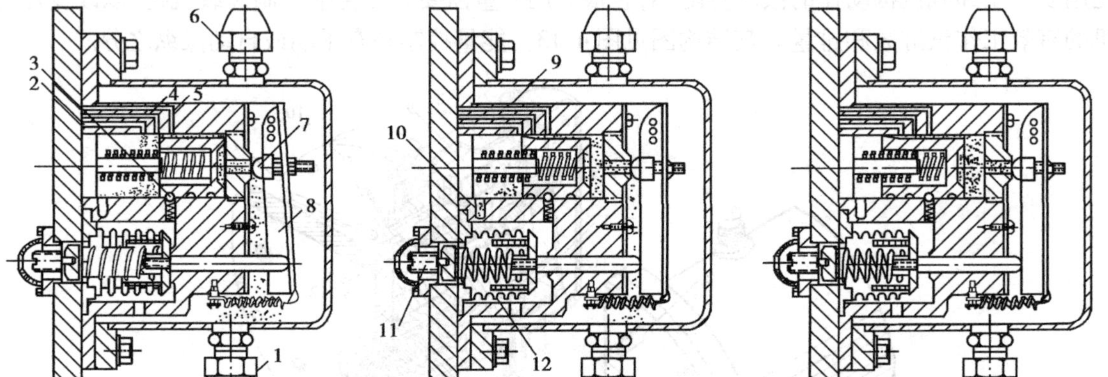

(a)50%制冷量工作　(b)75%制冷量工作　(c)100%制冷量工作

图 4.14　压缩机能量控制阀 3 种工作状态

1—油流回曲轴箱;2—第 2 卸载机构回油;3—定位钢珠;4—第 1 卸载机构回油;5—自油泵来油;6—与曲轴箱通;7—钢珠;8—杠杆;9—至第 1 卸载机构;10—回油孔;11—调节螺钉;12—波纹管

该冷库制冷压缩机为 8FS10 型,4 个缸分为 2 组进行卸载能量调节,另外 4 个缸进行无卸载调节。压缩机开始运转时,由于冷库内冷负荷大,蒸发压力比较高,于是波纹管被压缩,杠杆在拉簧的作用下顺时针方向旋转,杠杆上的钢珠使油缸上的阀孔关闭;又因为润滑油压力尚未建立,所以控制阀中的油活塞处于最右边位置,压缩机处于卸载状态,汽缸空转。当油压建立起来后,从油泵输入的压力油经油活塞最右边半圆环槽处的节流孔进入油缸,由于阀孔被钢珠关闭,压力油来不及排出,油活塞便被推向左移,定位钢珠就从左边第 1 道半圆环槽转而陷入第 2 道半圆环槽中,于是通向第 1 组卸载机构的油路被接通,使第 1 组汽缸开始投入正常工作,见图 4. 14b。因为制冷系统刚开始运行,压缩机的运行还不足以使蒸发压力有显著的下降,则能量控制阀的油活塞将继续左移,让定位钢珠陷入左边第 3 道半圆环槽内,于是通向第 2 组卸载机构的油路也同时接通,压缩机处于全载工况工作(见图 4. 14c),压缩机以 100% 的负荷运行。随着制冷压缩机的运行,冷库的温度越来越低,吸气压力也同样如此,当波纹管在弹簧力的作用下向右伸移,杠杆钢珠亦随之右移,开大油缸阀孔,压力油从阀孔泄出量增加,油活塞顶部压力减小,弹簧就推动油活塞右移(见图 4. 14b),使通向第 2 组卸载机构的压力油经回油接口回流至曲轴箱,压力降为吸气压力,致使 2 个汽缸空转,制冷系统的产冷量相应减少,压缩机以 75% 的负荷运行。如果冷库的温度和蒸发压力继续下降,油缸阀孔处于全开位置,缸内油压进一步下降,弹簧又迫使油活塞移到极右位置,能量调节装置就是这样根据冷量需求的增减,改变工作汽缸的数目,自动调节压缩机的制冷量。

(3)手动控制汽缸卸载　图 4. 15 为手动能量控制阀结构图,这种阀通常就安装在压缩机的侧面,它有 2 根分别通往不同卸载油缸的油接管。从油泵来的压力油自供油接管进入控制阀的隔板右侧,根据冷库负荷的不同需要,可以转动手柄,让压力油通至不同的卸载油缸。不投入工作的卸载油缸的油管则通过控制阀隔板的左侧与通向曲轴箱的回油管相通。

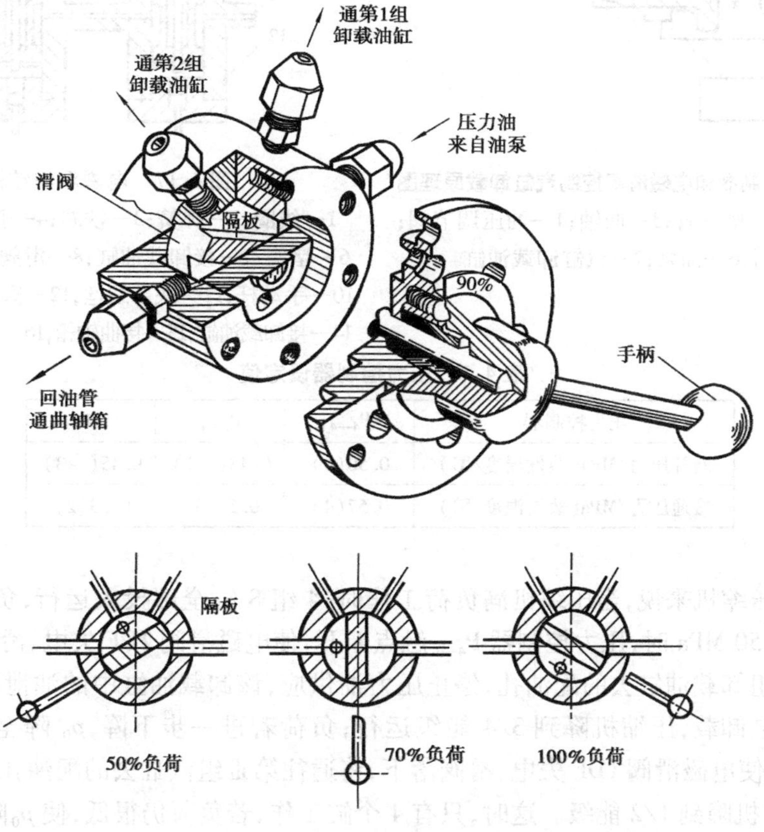

图 4. 15　手动能量调节装置

(4)压力控制器和电磁滑阀控制汽缸卸载　8 缸制冷压缩机采用压力控制器和电磁滑阀控制汽缸卸载的原理图见图 4.16。压缩机的 8 个汽缸中,安排 4 个汽缸作基本工作缸(图中的Ⅰ,Ⅱ组),另外 4 个缸作调节缸,每次上载 2 个缸。使压缩机能量分为 3 个能量等级:1/2,3/4,4/4。用压力控制器 LP 控制压缩机电动机,用压力控制器 P_{3-4}控制第Ⅲ组汽缸卸载机构油管上电磁滑阀 1DF,用压力控制器 P_{4-4}控制第Ⅳ组汽缸卸载机构油路管上的电磁滑阀 2DF。例如,采用 R22 制冷剂,额定蒸发温度为 5 ℃,将上述 3 个压力控制器的控制值调定在不同的数值上,见表 4.1。电磁滑阀的机构图见图 4.17。

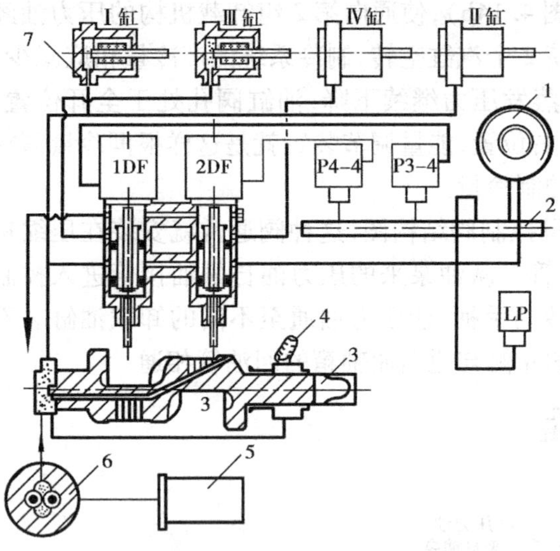

图 4.16　压力控制器和电磁滑阀控制汽缸卸载原理图

1—油压力表;2—吸气管;3—曲轴;4—油压调节阀;5—过滤器;6—油泵;7—汽缸卸载油缸

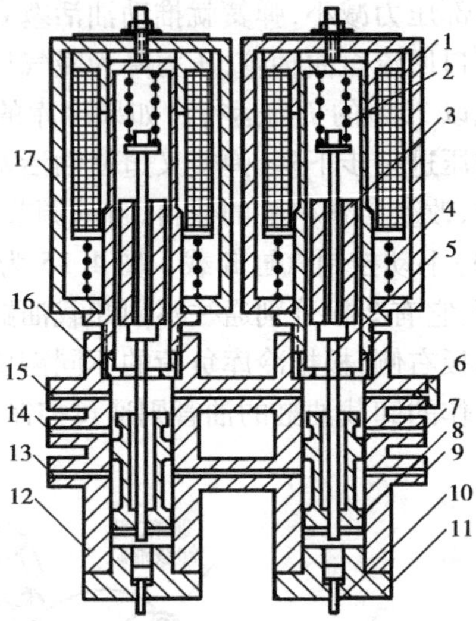

图 4.17　电磁滑阀结构图

1—线圈;2—弹簧;3—铁芯;4—弹簧;5—阀杆;6—堵头;7—接卸载油缸;8—滑阀;9—接油压表;10—手动杆;11—底部螺丝;12—阀体;13—接油泵;14—接卸载油缸;15—接曲轴箱;16—止动环;17—罩盖

表 4.1　压力控制器设定值

压力控制器	P_{4-4}	P_{3-4}	LP
断开压力/MPa(蒸发温度/℃)	0.50(0)	0.48(−1)	0.45(−3)
接通压力/MPa(蒸发温度/℃)	0.57(4)	0.55(3)	0.53(2)

对于 8 缸压缩机来说,当压缩机满负荷工作时,4 组 8 缸全部投入运行,负荷变小使吸气压力 p_0 降到 0.50 MPa 时,压力控制器 P_{4-4}触点断开,使电磁滑阀 2DF 失电,滑阀落下,阻断从油泵送往第Ⅳ组卸载油缸去的配油孔,停止压力油供应,该卸载油缸中的油泄回曲轴箱,于是第Ⅳ组 2 个汽缸卸载,压缩机降到 3/4 能级运行;负荷若进一步下降,p_0 降至 0.48 MPa 时,P_{3-4}触点断开,使电磁滑阀 1DF 失电,滑阀落下,将通往第Ⅲ组汽缸去的配油孔关闭,使第Ⅲ组汽缸卸载,压缩机降到 1/2 能级。这时,只有 4 个缸工作,若负荷仍很低,使 p_0降到 0.45 MPa,则低压控制器 LP 触点断开,切断压缩机电源,整台机器停止工作。停机后 p_0 回升到 0.53 MPa 时,LP 接通,压缩机重新启动,只要油泵压力建立起来,第Ⅰ,Ⅱ组缸就获得压力油,进入

4 缸工作状态(1/2 能级);若 p_0 继续上升到 0.55 MPa,P_{3-4}控制 1DP 动作,使第Ⅲ组的 2 个汽缸投入工作,能级处于 3/4;若 p_0 再上升到 0.57 MPa 时,P_{4-4}使 2DF 通电,第Ⅳ组的 2 个汽缸投入工作,机器满负荷(4/4 能级)运行。

(5)压缩机运行台数控制　若制冷装置具有多台压缩机,则可按图 4.18 实行制冷量分级调节。图中的制冷装置有 4 台压缩机,每台压缩机的吸气管上均装有一个压力双位控制器,分别控制电动机的启、停。Ⅰ号机为基本能级,它受到冷库库房温度的控制,只要有一个库房温度未达到指定温度下限,Ⅰ号机便运行,全部库房温度都达到指定温度下限时,Ⅰ号机才停车。Ⅰ号机运行后,如果冷负荷增加,吸气压力将逐渐上升,决定Ⅱ,Ⅲ,Ⅳ号机工作,用 3 台压力控制器分别控制各自压缩机的启、停,只要对控制各台压缩机的压力控制器开停压力值进行合理设定,即可对这 4 台压缩机进行有效的开停控制。为避免短期负荷波动或运行不稳而引起的吸气压力波动,造成能量误调,在控制中一般均加入适当的开机动作延时。

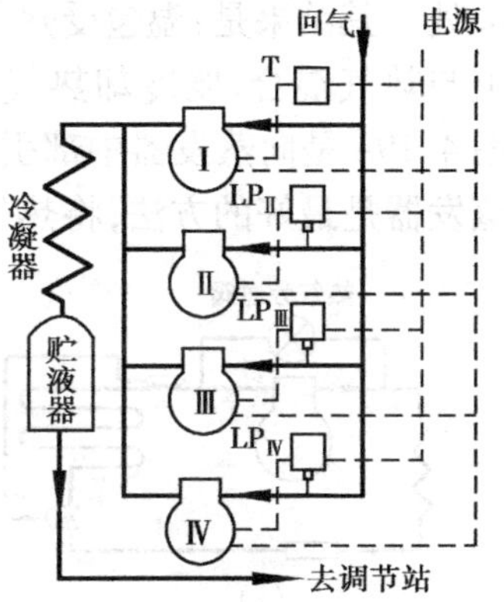

图 4.18　多台压缩机能量控制系统图

这种能量调节方法简单可行,能级划分比较粗,比较适合于负荷变化不频繁的装置。应用时避免设计成几台压缩机同时启动,各台压缩机之间应有均压、均油措施,尽量避免选择容量相同的压缩机组配,由大到小逐渐停机,基本能级用容量最小的压缩机担任。如果能与压缩机卸载配合起来使用,其能量调节效果还是比较好的。

3)热气旁通能量调节

热气旁通能量调节是将制冷系统高压侧气体旁通到低压侧的一种能量调节方式,主要用于压缩机无卸载机构的制冷压缩机。采用该种能量调节系统的目的是:当冷负荷降低时,将一部分高压气体旁路到低压端,用于补偿因负荷下降而减少的蒸发回气量,确保吸气压力不下降至低压控制值以下,而使压缩制冷机组持续工作。实际上这部分旁通量为蒸发器提供了一个"虚负荷",在蒸发器实际负荷发生变化时,使压缩机的能力与蒸发器的实际负荷相适应。

小型压缩机一般都不设卸载机构,比较多的是采用启停的控制方法来调节制冷系统产冷量与实际用冷量之间的矛盾。但这种调节方式存在如下问题:

①在空调装置中,启停控制使人感觉不舒适,造成湿度控制的困难。

②负荷变化大时,启停频繁,影响压缩机寿命。

③启动电流冲击大,增加运行费用,不经济。

热气旁通是一种很好的解决方法。采用热气旁通能量调节见图 4.19。图 4.19a 是将热气旁通阀装在吸、排气之间的旁通管上,热气旁通阀在蒸发压力 p_0(蒸发器与压缩机吸气管路上无阀门)低于设定值时打开。这种布置虽然简单,但热气旁通时间长的话,压缩机排气温度过高,有过热的危险。另外,负荷过低时,热力膨胀阀供液过少,蒸发器中制冷剂流速太低,会影响系统回油。为了避免热气旁通引起吸气过热,可以采用图 4.19b 的布置方式,即再用 1 只感温喷液阀,从液管引制冷剂液体喷入吸气管,喷液阀感受排气管的温度,根据排气温度的高低调节喷液阀的开度,使吸气冷却,间接降低排气温度。如图4.19c所示,从贮液器顶部引高压饱和蒸汽旁通,由于旁通气的温度不高,与蒸发器回气混合后不会引起吸气过热太高。图4.19d的布置方式是将热气向蒸发器出口处旁通,而将热力膨胀阀的温包安装在旁通点下游至少2 m处。其结果是:温包受热气加热作用,调节控制膨胀阀开度,提供过量液体,并在较长的管段上与热气混合,既冷却热气,又避免液击,还能提高蒸发器出口制冷剂的流速,有利于回油。图4.19e是向蒸发器中部引热气,热气向蒸发器提供虚负荷。图4.19f对于并联多路盘管的蒸发器是最好的方法,将热气旁通到膨胀阀与分液器之间。

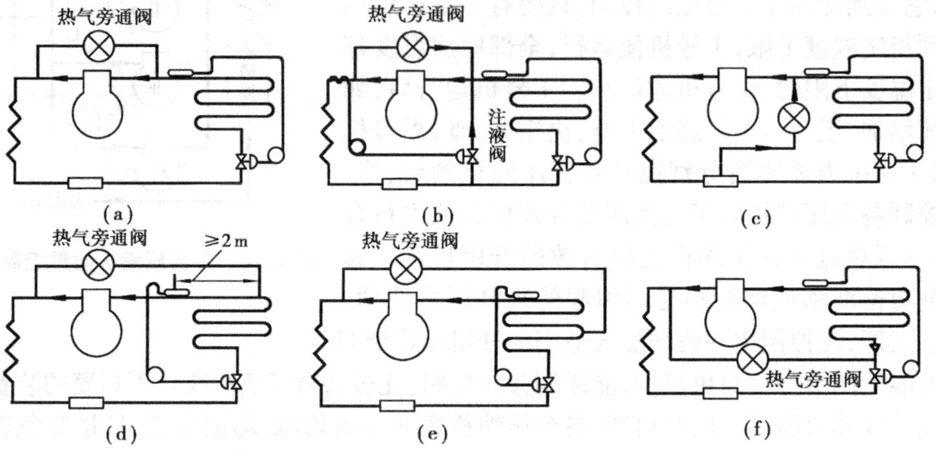

图4.19　热气旁通能量调节布置方式

图4.20为热气旁通能量调节的机组运行特性图。图中A为制冷压缩机制冷能力曲线,在冷凝温度及其他运行条件不变的情况下,随着蒸发温度(或蒸发压力)的提高,其制冷能力是在增大的;B为热气旁通虚负荷曲线,此曲线是在制冷机组实际负荷减小时,随着吸气压力的下降,热气旁通所形成的虚负荷增加。假定设计的蒸发温度t_0为-8 ℃,制冷量为18.5 kW。当实际负荷降低时,蒸发温度和压力均下降,若将热气旁通调节阀设定到-11 ℃所对应的蒸发压力(342 kPa)时开始打开,当实际负荷降低到所对应的蒸发压力为342 kPa时,热气旁通阀打开。从图中可以看出,当负荷下降到对应的蒸发温度为-15 ℃时,压缩机的制冷能力为Q_A为15.7 kW,这时热气旁通所形成的"虚负荷"为5.8 kW,实际负荷为9.9 kW。若没有热气旁通能量调节,当实际负荷下降到9.9 kW时,蒸发温度将降到-23 ℃。由此可见,热气旁通使制冷系统在低负荷时能以较高蒸发压力工作。此外,图中曲线A,B交点S所对应的蒸发温度为-18 ℃,它代表系统工作的最低蒸发温度,制冷压缩机产生的冷量完全被"虚负荷"所抵消。

在热气旁通能量调节系统中,常将热气旁通阀和喷液阀配合使用。喷液调节阀的作用是根据制冷压缩机的排气温度调节液体的喷注量,它的动作原理与热力膨胀阀类似(热力膨胀阀将在4.2.2节中介绍)。用温包感温,将排气温度转变成温包中感温介质的压力,作用于波纹管上方,提供开阀力。当排气温度达到使阀开启的设定值时,阀打开,排气温度越高,阀的开度越大,喷液量越多,如图4.21所示。喷液调节阀波纹管的最高耐压为1.2 MPa(表压力),故喷液阀后不允许安装截止阀,以免操作时忘记打开,高压液体将波纹管涨破。喷液阀前应装电磁阀。电磁阀与压缩机联动。为了保证喷注的液体在吸气管中充分蒸发,液体喷注位置必须

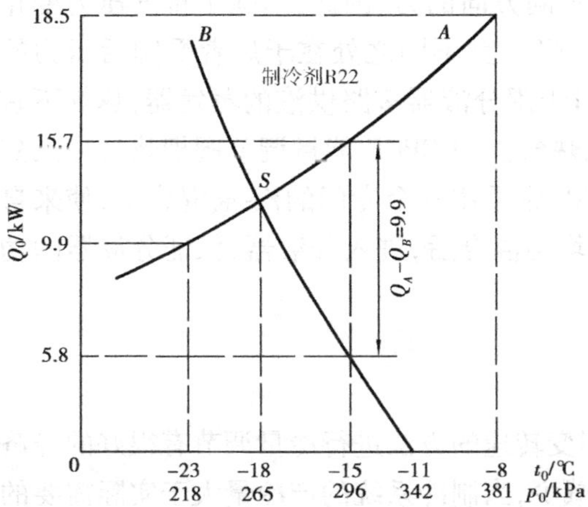

图 4.20　热气旁通能量调节的机组运行特性图

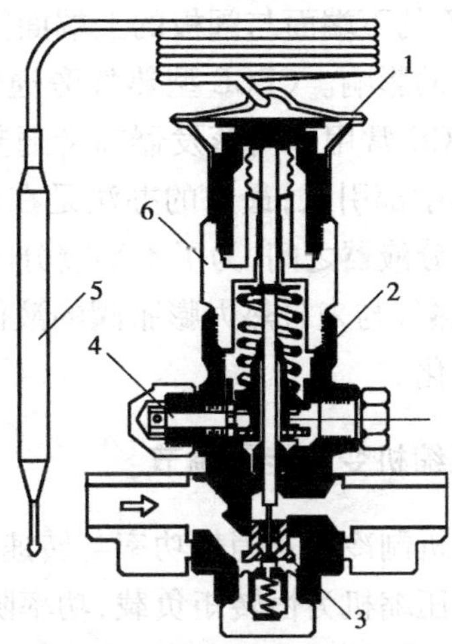

图 4.21　喷液阀

1—热力头;2—阀体;3—节流组体;

4—设定杆;5—感温包;6—中间部分

与压缩机吸入口拉开一定距离,并采用逆喷方式。

常用的热气旁通能量调节阀结构,如图 4.22 所示。KVC 型阀实际上是受阀后压力控制的恒压阀。当实际负荷下降致使吸气压力下降到规定值时,作用于阀板 8 下方的力不足以克服弹簧 3 的张力,将阀打开,阀开度的大小与吸气压力成比例的变化而调节旁通热气的流量。平衡波纹管端面的面积与阀盘的上面积基本相等,均固定于阀杆 7 上,当排气压力发生变化

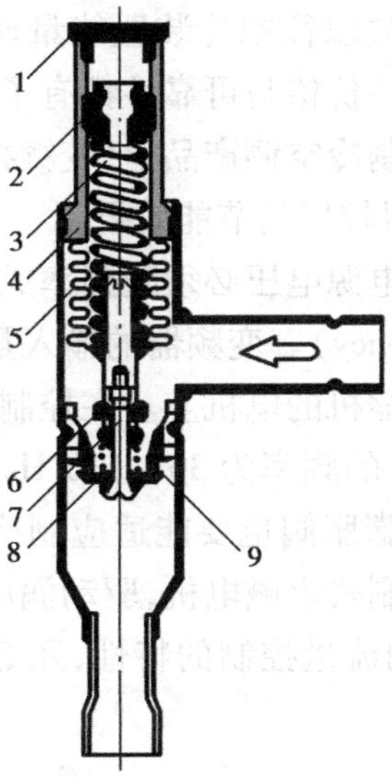

(a) KVC型

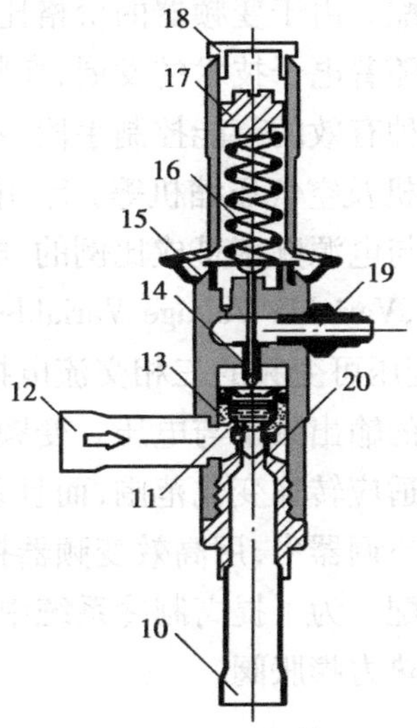

(b) CPCE型

图 4.22　热气旁通能量调节阀

1—护盖;2—设定螺钉;3—主弹簧;4—阀体;5—平衡波纹管;6—阻尼机构;7—阀杆;

8—阀板;9—阀座;10—出口;11—平衡孔;12—入口;13—活塞;14—顶杆;

15—膜片;16—主弹簧;17—设定螺母;18—护盖;19—控制压力接口;20—主阀孔

时，波纹管的下端面与阀板的上端面同时受到2个不同方向的力，因此，消除了排气压力变化对阀工作的影响。CPCE型热气旁通能量调节阀与KVC型不同之处在于后者受阀后压力控制，而CPCE常用于向蒸发器前旁通热气的系统，对于用分液器多路供液的蒸发器，热气不宜在蒸发器中部引入，最好的办法是在蒸发器前引入热气。用CPCE能量调节阀把热气注入到膨胀阀与分液器之间，为了不影响分液器的分液效果，常采用一个专门的汽-液混合头，使来自CPCE的热气与来自热力膨胀阀的液体在混合头中均匀混合后，进入分液器，保证分液器的功能不致恶化。

4)压缩机变速能量调节

压缩机制冷量及消耗功率与转速成比例。利用变转速的方法进行冷量调节有很好的经济性。制冷压缩机为恒转矩负载，功率随转速下降而减少，当制冷系统的产冷量大于实际需要的用冷量时，通过使压缩机的转速降低来减小压缩机的输气量，从而改变压缩机的制冷量，不仅可以降低功耗，对稳定制冷温度也有很好的作用。

制冷压缩机一般是由电动机拖动的，可以采用变速电机或变频调速来实现压缩机变速调节。变速电机有二级与四级之分，通过改变电机的运行级数，可以使压缩机分别按100%和50%能级运行。用内燃机直接驱动的制冷压缩机(如大巴车空调系统)，而变速机构可以在很宽的范围内进行转速的调节，其最低转速有待速运行的限制，转速不得低于正常运行所许可的最低值。

变频调速是用变频器来改变电动机供电频率来改变压缩机转速，使压缩机的产冷量与实际负荷的变化相匹配。由于变频器的价格比较贵，故以往制冷装置能量调节中用变频调速方式使用不多。现在随着电子技术的发展，变频装置的价格与可靠性都有了很大程度的变化，已使变频调速作为一种有效的节能控制手段，不仅在制冷空调产品上，变频技术也同样用于其他通用机械(如泵、风机及空气压缩机等)上，并已获得较好的节能效果。

电动机的转速与电源频率是成比例的，电动机电源电压必须随频率成比例变化，故又称为变电压变频(VVVF,Variable Voltage Variable Frequency)。变频器的输入是三相交流或单相交流电源，输出为可变压可变频的三相交流电接到压缩机的电机上。在控制器中，微电脑按照检测信号控制变频器的输出频率与电压。变频器输出的频率为30～120 Hz，在制冷系统中不仅压缩机各部件要能适应转速变化范围，而且系统的膨胀阀也要能适应制冷剂流量在大范围内的变化。现在变频空调器中，用高效变频器控制无刷式永磁电机，驱动涡旋式压缩机被认为是目前比较合理的搭配。为了提高制冷系统中制冷剂流量控制的特性，还必须用电子膨胀阀取代传统的毛细管和热力膨胀阀。

5)螺杆压缩机能量调节

螺杆式制冷压缩机虽然从运动形式上看属于回转式，但气体压缩原理与往复活塞式一样，均属于容积式压缩机。其阴阳转子与机壳之间构成的齿间容积相当于往复式压缩机汽缸，利用转子副旋转过程中齿间容积变化实现气体的压缩。螺杆压缩机的能量调节是通过卸载滑阀来实现的，压缩机能量可以在10%～100%实现无级调节，调节精度比活塞式制冷压缩机的位

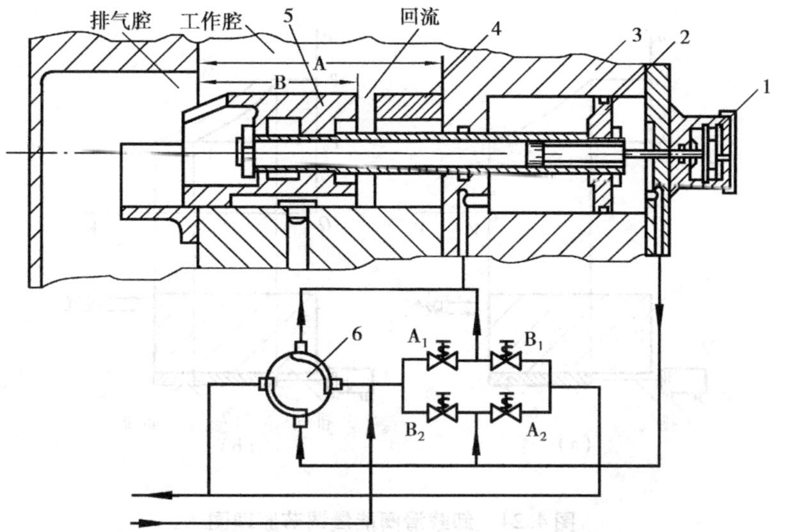

图 4.23　螺杆压缩机卸载滑阀能量调节装置

1—能量指示器；2—油活塞；3—油缸；4—固定块；5—滑阀；

6—手动四通换向阀；A_1，B_1，A_2，B_2—电磁阀

式调节要高。在螺杆式压缩机机体上安装有卸载机构，其主要部件是卸载滑阀，卸载滑阀位于排气侧机体两内圆的交线处，并且能够在平行于汽缸轴线的方向上来回滑动。整个能量调节装置的组成（见图 4.23）包括卸载机构、外部油管路和油路控制阀 3 部分。卸载机构中有滑阀、油缸、油活塞和能量指示器。油路控制阀为手动四通换向阀或者是电磁换向阀组，分别用于手动调节或自动调节。滑阀的移动是靠油活塞带动的。当电磁阀 A_1，A_2 接通，B_1，B_2 关闭时，油缸的左侧管路进油，右侧管路回油，推动油活塞右移，油活塞带动滑阀右移，回流通道关小，执行增能调节。当滑阀与吸气侧的固定端贴合时，输出能量为 100%；相反，当电磁阀 A_1，A_2 关闭，B_1，B_2 开启时，油缸的左侧管路回油，右侧管路进油，油活塞左移，带动滑阀左移，回流通道开大，执行减能调节。最小能量输出为 10%。当 4 只电磁阀都关闭时，油活塞两侧油路封闭，滑阀停留在某一固定位置，压缩机维持在一定的输出能量值上。在图 4.23 中，手动四通换向阀实现手动调节，调节原理与自动过程相同。图 4.24 为螺杆式制冷压缩机能量调节原理示意图。图 4.24 a 表示 100% 负荷运行的情况。卸载滑阀被推向最右端，与固定块紧密接触时，吸入的制冷剂充满转子齿槽空间，体积为 V_1，而后被压缩后排出，故此时制冷压缩机的能量最大。图 4.24b 表示制冷压缩机处于部分负荷运行的情况。此时卸载滑块 5 被油缸活塞 2 向左拉开了一段距离，打开回流通道 7，吸入转子齿槽空间的制冷剂气体会有一部分经回流通道流回压缩机吸气侧，只有充满转子齿槽空间体积为 V_2 的一部分气体被压缩后排出，吸气量从原来的 V_1 减少到 V_2，压缩机的制冷量也相应减少。由此可见，卸载滑阀愈向左移，压缩机卸载量愈多，随着滑阀的左移，压缩机开始压缩点也左移，所以卸载滑阀位置的改变，可以实现螺杆压缩机的能量调节。

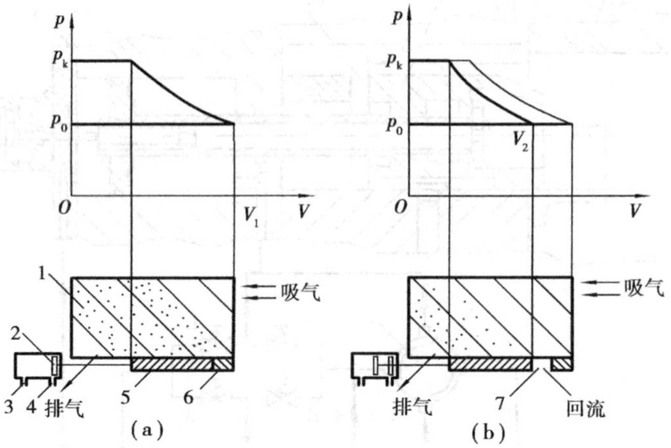

图 4.24 卸载滑阀能量调节原理图

1—转子;2—活塞;3,4—油缸接管;5—滑阀;6—固定块;7—回流通道

6)离心式压缩机能量调节

离心式制冷压缩机通常用于大型冷水机组中,其工作原理与离心式风机工作原理相同,首先将压缩机机械能转变为被压缩介质的动能,然后被压缩介质的动能在压缩机扩压蜗壳内转变为压能。离心式制冷压缩机制冷量调节有多种方式,最常使用的是调节可转动的进口导叶片的方法。在制冷压缩机的叶轮前安装进口导流器,导流器内安装的可调节导流片使气流在进入叶轮前产生旋转,使气流在制冷压缩机叶轮进口处方向发生改变,叶轮与气流之间相对速度的变化,改变了制冷压缩机的叶片功(叶轮机械功转变为气流动能)的大小,从而改变了制冷压缩机工况运行点的位置,使压缩机的输气量发生变化,从而满足了调节制冷压缩机冷量适应制冷对象热负荷变化的要求。

进口导叶调节的自动控制是将检测到的蒸发器出水温度信号送入温度指示调节仪,调节仪将此信号与设定值进行比较,将其偏差转换成电信号输出,再由时间继电器或脉冲开关将这一电信号改变为脉冲开关信号,通过交流接触器,指挥拖动导流器的电动执行机构动作,使导流器能根据蒸发器出水温度的变化而自动调节开度,恒定蒸发器的出水温度在设定值。

因为离心式制冷压缩机在流量减少到一定程度时,就会发生喘振现象,启动压缩机导叶将连续开大到30%左右,旨在跳过易喘振区。在刚开机时,温度设定值与蒸发器冷媒出口水温度有较大的温度差,且冷媒水温度的下降是渐进缓慢的,温度下降速度要比进口导叶的开启速度迟缓得多。若进口导叶打开速度太快,会造成制冷压缩机在大流量、小压比区运行,容易产生与喘振相似的堵塞现象。因此,在进口导叶达到一定开度(40%)后,需采用脉冲信号做间歇调节。

离心式制冷压缩机也可以采用变转速调节与进气节流调节。对于前者,制冷压缩机的输气量与转速成正比,随制冷压缩机工作转速的下降,其对应转速下的制冷压缩机喘振点向小流量方向移动。因此,在小制冷量时,采用变转速调节制冷压缩机仍有较好的工作状况。而后者,常用于使用过程中制冷量变化不大的场合,在大型氨离心制冷压缩机上用得比较多,冷量调节范围只能在60% ~100%,经济性比较差。

7)数码涡旋压缩机能量调节

由式(4.3)可知,改变 τ_p/τ 可以改变制冷压缩机的产冷量。数码涡旋压缩机的产冷量调节是改变压缩机在一个周期内的工作时间比 τ_p/τ 来实现的,实际上相当于改变单汽缸压缩机系统在一周期内的卸载时间与加载时间比例。

涡旋压缩机的工作过程请读者参见其他有关书籍,在此着重介绍其容量调节过程。数码涡旋压缩机有2种工作状态,即"负载状态"和"卸载状态"。如图4.25所示,在上涡旋盘(静盘)7的顶部安装一活塞提升组件3,确保活塞上移时上涡旋盘也上移。在活塞的顶部有一调节室2,通过直径为0.6 mm的排气孔和排气压力相连通。用外接电磁阀6将调节室2和压缩机吸气口9相连接。电磁阀处于常闭位置时,活塞上下侧的压力为排气压力,在弹簧力的作用下,上、下涡旋盘轴向端面闭合,实现"负载状态"运行。电磁阀通电时,调节室内的高压气体被释放至低压吸气口。活塞在上下压差的作用下上移,上涡旋盘也随之上移。该动作将两涡旋盘分隔开,导致无制冷剂质量通过涡旋盘,实现"卸载状态"。电磁阀断电再次使压缩机满载,恢复压缩操作。顶部涡旋盘的可移动的幅度很小(仅1.0 mm左右),因而从高端释放至低端的高压气体的量也较小。电磁阀打开,压缩机处于"卸载状态",电磁阀关闭,压缩机处于"负载状态"。负载状态中,压缩机像常规涡旋压缩机一样工作,输送满载制冷剂质量流量。数码涡旋压缩机能量调节就是改变电磁阀的通断比例来实现容量调节的。

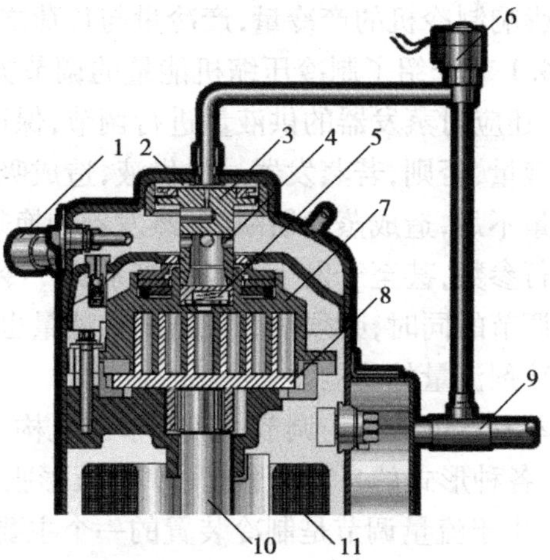

图4.25 数码涡旋压缩机结构示意图

1—排气口;2—调节室;3—活塞提升组件;4—排气孔;5—弹簧;6—电磁阀;7—上涡旋盘(静盘);8—下涡旋盘(动环);9—吸气口;10—压缩机转轴;11—电机定子

一个周期时间包括"负载状态"时间和"卸载状态"时间。这2个时间阶段的组合决定压缩机的容量调节。例如:在20 s周期时间内,若负载状态时间为10 s,卸载状态时间为10 s,压缩机调节量为(10 s×100% +10 s×0)/20 s=50%。若在相同的周期时间内负载状态时间为15 s,而卸载状态时间为5 s,则压缩机调节量为75%。通过改变负载状态时间和卸载状态时间,就可得到压缩机产生的任何容量(10% ~100%)。

周期时间是数码涡旋运行中的一个重要参数。可用不同的周期时间获得相同的容量。例如:用7.5 s负载时间和7.5 s卸载时间组合得到50%容量。同样,也可用15 s负载时间和15 s卸载时间组合得到50%容量。根据经验,可为各容量调节确定理想的周期时间。"周期时间"和"容量调节比例"成反比,容量调节比例越低,周期时间应越长。理想的周期时间应为系统能量效率最大。

由于数码涡旋压缩机的加载和卸载是机械操作,数码涡旋系统产生的电磁干扰可忽略不计。这一特性,不仅使数码涡旋压缩机能量调节系统无需昂贵的电磁抑制电子装置,也增加了其可靠性和简易性。

4.2 制冷剂流量调节

在制冷系统中,制冷机的产冷量不仅受到实际负荷的变化需要调节,同时外界条件的变化也会影响制冷机的产冷量,产冷量与负荷之间的不平衡是客观存在的。

4.1 节介绍了制冷压缩机能量的调节方法,但仅对压缩机能量进行调节不能使系统稳定运行,还应对蒸发器的供液量进行调节,保证单位时间送入蒸发器制冷剂液体量等于能够蒸发掉的液量,否则,若蒸发器过量供液,造成吸气带液,会使压缩机产生湿冲程而损坏压缩机;若供液量不足,造成蒸发器缺液,蒸发器的换热面积没有得到充分利用,制冷系统无法达到指定的运行参数,甚至于发生故障。当系统产冷量与实际用冷量不平衡时,调节系统对压缩机能量进行调节的同时,必须对蒸发器的供液量也要进行调节。因此,制冷系统必须具有随时自动调节制冷剂流量的功能。

蒸发器供液量的调节一般用节流机构来实现,传统的节流机构主要有手动节流膨胀阀、毛细管、各种形式的自动膨胀阀(如定压膨胀阀、热力膨胀阀、热电膨胀阀、电子膨胀阀、浮球阀等)。由于流量调节是制冷装置的一个主要调节环节,在节能控制中占重要地位,故对节流机构的研究、改进和更新,一直为人们所关注。20 世纪 80 年代后,为了实现制冷剂流量调节的更高要求和运用先进的电子控制手段,发展了电子膨胀阀,使制冷剂流量控制技术迈入新台阶。下面分别介绍如下。

4.2.1 毛细管

作为制冷剂流量控制元件,毛细管是结构最简单的一种。它广泛用于小型制冷装置(如家用冰箱、冷柜、除湿机、空调器等)中。毛细管不像热力膨胀阀那样能在较宽的工况范围内有效工作,它只能在给定的工作条件下发挥预期效果。其主要优点是简单、便宜。不过在较大型装置中它不如热力膨胀阀应用的广泛。主要是毛细管尺寸与制冷系统的匹配以及系统中制冷剂的充注量必须经过反复试验确认,否则不能使用。

1)毛细管工作原理

毛细管节流是利用制冷剂在细长管内流动的阻力而实现的。按使用情况,毛细管可以分无热交换和有热交换,前者为绝热膨胀过程。后者是放热膨胀过程。毛细管绝热膨胀过程见图 4.26。在忽略毛细管高差引起的位能变化及入口处的流速,在毛细管任何截面上制冷剂有如下能量方程:

$$h + \frac{w^2}{2} + \Delta q = h_1 \tag{4.4}$$

式中 h——制冷剂的比焓,J/kg;

w——出口处制冷剂流速,m/s;

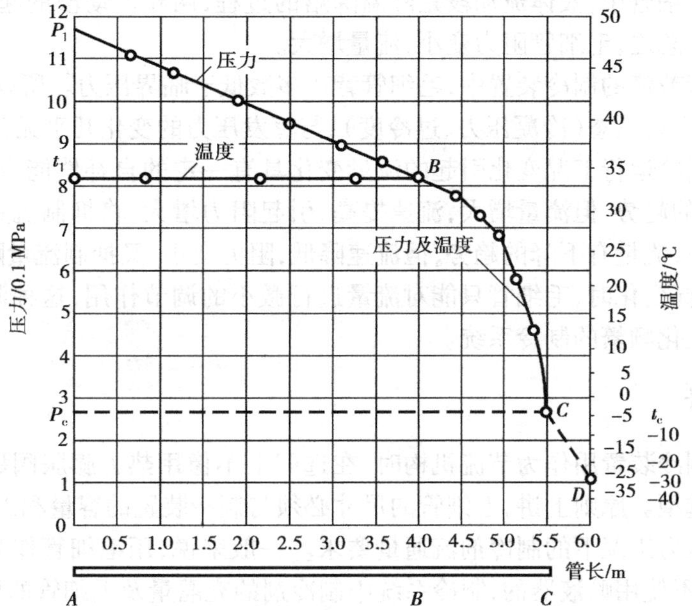

图 4.26　制冷剂沿毛细管内的绝热膨胀过程状态变化

h_1——入口处制冷剂的焓，J/kg；

Δq——从入口到该截面每千克制冷剂通过毛细管壁的放热量，J/kg。

对于绝热毛细管：

$$\Delta q = 0 \tag{4.5}$$

现以绝热膨胀过程为例，对制冷剂沿毛细管流动时其压力、温度参数的变化过程加以说明。如图 4.26 所示，流动分 2 个区：纯液体流动区和两相流动区。在制冷系统中，毛细管入口处制冷剂液体为（压力为 p_1，温度为 t_1）过冷状态，因存在液体流动阻力，随着流动制冷剂压力逐渐降低，而温度不变（忽略放热影响）。直至压力降到与 t_1 对应的饱和压力值（对应于图中的 B 点）。这段过程为纯液体流动。此后的流动过程随着压力下降，将有闪蒸气体出现，将纯液体流动转变为汽-液两相流动过程。由于汽-液混合比容增大，流速将增大，致使流动阻力明显提高，所以从截面 B 以后，压力呈越来越陡的非线性变化趋势，此时温度则随压力按饱和对应关系变化，直到毛细管出口。制冷剂在毛细管的出口处压力 p_2 与背压压（即蒸发器压力 p_0）力有关，当压力不太低时，$p_2 = p_0$。故 p_0 下降时，p_2 也下降。在这种情况下，对于一定尺寸的毛细管，制冷剂进口参数一定时，通过毛细管的流量 G 也随 p_0 的下降而增大。但当背压 p_0 降到一定值（临界压力 p_c）时，毛细管出口达到临界状态。这时，流量达到最大，出口流速达到当地音速。背压 p_0 继续下降，低于临界压力时，毛细管出口处制冷剂将仍然维持临界状态，不随蒸发压力的变化而变化，即流量 G 不再增大，出口压力 p_2 仍然为 p_c，然后由临界压力自由膨胀到蒸发压力 p_0，见图中 CD 段。

毛细管中纯液相流动向两相流动转变点 B 的位置与进口处的过冷度有关。进口过冷度越大，液相流动段越长；进口无过冷度或含有气体，整个毛细管全部呈两相流。因此，前者流量要大于后者。

在有回热的毛细管中，液体流动段是降温降焓的过程，两相流动段的起始点后移，毛细管出口处干度变小。总之，毛细管阻力变小，流量增大。

在使用毛细管节流的制冷装置中，毛细管背压多数低于临界压力。所以，毛细管尺寸一定时，其流量取决于入口状态（冷凝压力、过冷度），与蒸发压力的变化几乎无关。

毛细管对于制冷运行工况变化引起的流量变化具有一定的自补偿能力，当进出口压差增大时，流量有增加的趋势，但流量增大，流速提高，引起阻力增大，将抑制流量随压差成比例增加；反之，压差减小，流量有下降的趋势，但流速降低，阻力变小，又抑制流量随压差下降的补偿作用。因此，在工况变化时，毛细管只能对流量进行微小的调节作用，这种调节流量的方法不适用于制冷工况变化频繁的制冷系统。

2）毛细管设计

毛细管作为制冷装置用作为节流机构时，在选配上不像用热力膨胀阀那样可以由设计计算参数直接决定选型。原则上讲，毛细管的尺寸必须与制冷装置的容量和工况相匹配，即满足冷凝压力与蒸发压力工况下的制冷剂流通量要求。一般来说，用毛细管作为节流元件的制冷系统，在高压段是不使用贮液器的，制冷系统中制冷剂的充灌量及毛细管的尺寸应使该装置在预定运行工况条件下制冷量充分发挥、能效比最佳。毛细管的阻力应能使制冷剂在运行工况下循环时，在毛细管入口处建立起一段制冷剂液封，又不能有过多的液体结存于冷凝器内（会影响到冷凝器正常冷凝面积）。这不仅与毛细管的尺寸有关，同时与系统制冷剂的充灌量也有关。尽管理论分析对毛细管内流动过程的定量描述及试验研究已进行了不少工作，但由于毛细管内介于等焓和等熵的两相流动过程的复杂性，使实用而准确的定量计算存在一定的困难。另外，还有许多实际因素影响到毛细管的节流特性，如毛细管制造的内径偏差、沿管长方向内径的一致性、安装中的加工变形以及系统中润滑油对流动的影响等。所以，目前通常的做法是先用经验公式或半经验线算图初步估算出毛细管尺寸，再通过装置实验运行，对毛细管尺寸和系统制冷剂充灌量进行调整，使装置在预定的工况条件下处于最佳。

有关文献及工厂推荐的毛细管估算经验公式及线算图有许多。这里仅介绍个别有关计算经验公式（其他公式及线算图请读者参考有关文献或书籍）：

$$G = 5.44(\Delta p/L)^{0.571} D^{2.71} \tag{4.6}$$

式中 G——制冷剂流量，g/s；

Δp——毛细管进、出口之间压差，MPa；

L——毛细管长度，m；

D——毛细管内径，m。

3）毛细管系统设计特点与注意事项

在用毛细管作为节流元件的制冷系统中，其系统高压侧容积必须仔细设计，防止冷凝器积液太多。若冷凝器积液过多，会使蒸发器供液量不足。此外，高压侧总容积还应该能容纳下来系统充灌的全部制冷剂，以防止毛细管阻塞时造成系统压力过高或压缩机的液击。

对于以间歇启、停方式运行的装置，在停机期间制冷剂将通过毛细管继续从高压侧流入低压侧，直至达到整个系统压力平衡。这对压缩机启动是很有利的，但系统设计中要考虑系统的高压侧(压缩机排气口至毛细管入口)能够顺畅地向毛细管排液;否则,若有液体积在高压侧,停机时毛细管入口处的液封很快消失,当毛细管内的液体在高低压差的作用下完全流入蒸发器后,此时的毛细管就是连接冷凝器与蒸发器的通道,在高压侧积存的液体将蒸发,蒸气进入低压侧,又在蒸发器中凝结,会增加蒸发器潜热,无故消耗系统冷量。此外,高压侧积液还将延长停机后压力平衡所需的时间。平衡时间太长的话,压缩机有可能在尚未充分卸载的情况下又接通启动。

吸气管与毛细管有热交换时,一般是将部分毛细管插入回气管,有的将部分毛细管缠绕于回气管上,多余的毛细管盘绕起来,置于该热交换器的某一侧。至于将多余这部分毛细管置于那一侧,对系统的运行有一定的影响。如果把多余的毛细管置于靠近蒸发器的一侧,也就是对毛细管的前面部分液体流动段进行冷却,这对传热会有利的(温差比较大),但对系统的稳定性会有一定影响。当蒸发器负荷比较小的时候,进入蒸发器的制冷剂液体有可能没有完全蒸发,致使吸气管中带液,毛细管前段的制冷剂液体过冷增强,使得毛细管流通能力变大,蒸发器负荷比较小的时候,毛细管中的供液应该是减小的,但此时其反而增加,结果出现了恶性循环,不利于制冷系统的稳定运行。一般将多余毛细管置于冷凝器一侧,对毛细管的两相流部分进行冷却,有利于系统稳定。

毛细管作为制冷系统节流机构,其通流截面积固定,不能按工况变化调节通道截面。系统中对制冷剂的充灌量有严格的控制范围,而且毛细管流道细长、易堵,故对系统清洁度有很高的要求。要严格干燥,防止冰堵、脏堵。毛细管焊接时,注意防止端口变形。盘绕毛细管应平滑。装置维修时,不得随意更换毛细管。

4.2.2 热力膨胀阀

热力膨胀阀通常用于干式蒸发器的供液量调节,其特点是能根据蒸发器出口的蒸气过热度的大小,自动调节阀门的开度,以调节制冷剂的流量。

1)热力膨胀阀结构

膨胀阀的形式很多,但其结构却大同小异。其主要组成部分有:热力头、阀件、过热度调整机构和阀体。图4.27为小型热力膨胀阀的结构图。

膨胀阀的顶部为热力头,其由密封箱盖、金属波纹薄膜、感温包、毛细管组成一个密闭容器,称作感应机构,里面充注感温剂,它与制冷系统不连通。金属波纹薄膜由一块很薄的合金冲压形成,断面是波浪形,有2~3 mm的位移变形量。感温包用来感受蒸发器出口过热蒸气温度,里面充注的感温剂对阀体的功能有多种选择,后面将具体分析。为使感温响应快,温包用导热良好的黄铜制作,与吸气管的接触面上加工有沟槽,以改善温包与管壁的接触。温包压力通过毛细管传递到动力头。

阀件由节流孔、阀针座、传动杆、调节杆等组成。过热度调整机构用来改变热力膨胀阀的设定过热度,主要是调节杆的旋转,改变了弹簧的预紧力,从而调整了膨胀阀门的开启过热度。传动杆顶在阀针座与传动盘之间,以传递感温包的压力。阀针座上装有阀针,随着传动杆的上下移动,阀针也跟阀座一起移动,开大或关小阀孔。

过热度调整机构用来改变热力膨胀阀的设定过热度。小型热力膨胀阀直接用调节杆改变

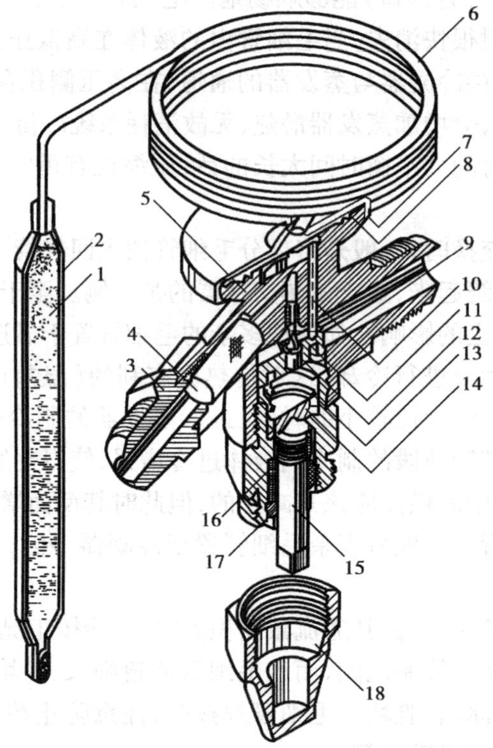

图 4.27　热力膨胀阀结构图

1—感温充剂;2—感温包;3—进口接头;4—滤网;5—阀体;6—毛细管;
7—密封盖;8—波纹薄膜;9—阀孔座;10—传动杆;11—阀针座;12—阀芯;
13—弹簧;14—弹簧座;15—调节杆;16—填料;17—压紧螺母;18—帽罩

弹簧的预紧力实现阀开启过热度的设定。中型以上的用齿轮机构改变弹簧预紧力,采用这种调节方式应注意齿轮每一转所对应的过热度设定量的变化(参考厂家的样本说明)。

阀体上设有进口和出口。进、出口尺寸按热力膨胀阀的最大容量设计。管口连接方式有锥螺纹、法兰连接或者直接焊接。小型阀体在进口处内装过滤网,大型的要另外安装过滤器。外平衡式热力膨胀阀还有外平衡引管接口。安装时,该引管必须接上,否则阀体就不能正常工作。

为了提高热力膨胀阀适用性,节约制造成本,制造厂家将阀体设计为节流组件可以拆换,能够在不改变阀体的条件下,通过更换节流组件,改变节流孔尺寸,从而改变阀的容量,现场调节很方便。还有些阀是由导阀与主阀组合起来的,上部为热力膨胀阀的导阀,下部为主阀,起放大执行作用,主阀随同导阀的动作而动作,适合于大容量系统的场合。

2)热力膨胀阀的工作原理

在干式蒸发器运行过程中,人们通过实践发现,蒸发器出口蒸气的过热度是随蒸发器热负荷而变化的。假定蒸发器的供液量恒定,当蒸发器与被冷却物体的热交换量(也称热负荷)增大时,具体表现在蒸发器内制冷剂的液体蒸发量增大,此时出蒸发器制冷剂蒸气的流量大于供液量，即说明蒸发器内存有的制冷剂液体量在减少，因而出蒸发器气体的过热度有所增加。热力膨胀阀就是利用过热度与负荷变化的关系为信号和动力，当过热度增大时，阀体的开度自动开大；反之，自动关小。

下面对热力膨胀阀的受力情况进行分析，使读者对其工作过程有比较清楚的认识。如图 4.28 所示，其中图 4.28a 是工作原理图，图 4.28b 是受力图，图 4.28c 是过热度控制原理图。感温包装在蒸发器出口处，感应蒸发器出口处温度 t_1。感温包内充注一定量的感温剂，温包内的压力 p_1 随其感应的温度 t_1 变化，这个压力通过毛细管传递到阀膜片上方，使膜片有一向下的推力 P_1，其值等于 p_1 与膜片受压面积的乘积。膜片下方处于阀孔喷射出的低压湿蒸气区域，其值等于蒸发压力 p_0（忽略蒸发器的制冷剂流动阻力，也就是蒸发器出口处压力），它充满整个阀体中，在膜片的下方形成一个向上作用力 P_0，其值等于 p_0 与膜片受压面积的乘积。在膜片下方同时还受到弹簧向上的张力 P_3。由冷凝压力 p_k 引起的作用于阀针上的向下力 P_k，其值等于 p_k 与阀针孔面积的乘积，但因阀针孔面积很小，故 P_k 值很小，在分析时可以忽略不计。因此，膜片的上、下面力平衡条件为：

$$P_1(t_1) = P_0(t_0) + P_3 \tag{4.7}$$

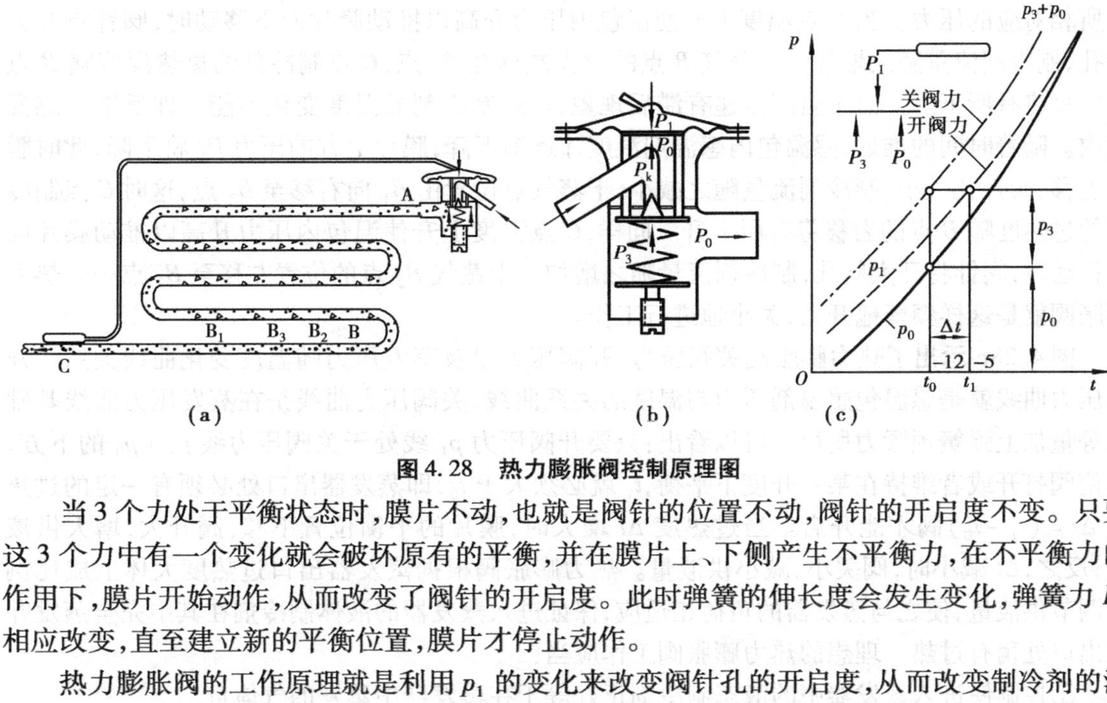

图 4.28　热力膨胀阀控制原理图

当 3 个力处于平衡状态时，膜片不动，也就是阀针的位置不动，阀针的开启度不变。只要这 3 个力中有一个变化就会破坏原有的平衡，并在膜片上、下侧产生不平衡力，在不平衡力的作用下，膜片开始动作，从而改变了阀针的开启度。此时弹簧的伸长度会发生变化，弹簧力 P_3 相应改变，直至建立新的平衡位置，膜片才停止动作。

热力膨胀阀的工作原理就是利用 p_1 的变化来改变阀针孔的开启度，从而改变制冷剂的流量，实现自动调节。膨胀阀工作时，将感温包扎在蒸发器出口管道上（近似认为感温包内温度随时与蒸发器出口处管内 C 点温度相等），感温包中的感温剂的饱和压力 p_1 随温度 t 的变化关系曲线，如图 4.28c 所示（如果感温剂与制冷系统的制冷剂是同种介质，那么 p_1 随温度 t 的变化曲线与 p_0 重合）。由 p_1 而引起的 P_1 是开阀的主动力，因为感温包所处 C 点的过热温度总是大于蒸发温度，故一般情况 P_1 总是大于 P_0，其差值由弹簧力 p_3 来平衡。改变弹簧 P_3 力的大小，就可以改变膨胀阀的工作性能。当 $P_1 > (P_0 + P_3)$ 时，膜片向下移动，使阀针孔开大；当 $P_1 < (P_0 + P_3)$ 时，膜片向上移动，使阀针孔关小。

当 $P_1=P_0$ 时,阀针在弹簧的预紧力(此力通过调节杆可以调节)作用下与阀针孔是严密关闭的,随着 C 点过热温度的提高,P_1 增大,从阀针严密关闭到克服弹簧预紧力 P_3 后开始开启所需的过热度(C 点过热温度与蒸发器出口压力相对应的蒸发温度之差),称膨胀阀的静装配过热度,用符号 SS 表示(Static Supperheat);随着过热温度的提高,阀体从开启到全开的过程中,弹簧由预紧力逐渐增到最大,这段过程中过热度的变化值称为开启过热度 OS(Opening Superheat),又叫做可变过热度。膨胀阀处于某一开度下工作时所对应的过热度称为工作过热度 OPS(Operating Superheat)。通常热力膨胀阀的静装配过热度为 2 ~ 8 ℃,可变过热度为 5 ℃,所以工作过热度的范围在 2 ~ 13 ℃。一般膨胀阀生产厂家样本中给出的过热度指的是静装配过热度。

现在以图 4.28a 蒸发盘管为例,进一步说明膨胀阀的工作情况。液态制冷剂 R22 经膨胀阀针孔节流喷入阀体成为低温湿蒸气,从 A 点流入蒸发盘管,在盘管中吸热,使湿蒸气中液体成分逐渐减少,至 B 点时全部蒸发成干蒸气,将全部蒸发成干蒸气的位置称为干蒸气 B 点。如忽略盘管内流动阻力,则在 B 点前 R22 的温度不变,即为该蒸发压力下的饱和温度。当干蒸气离开 B 点后,将继续吸热成为过热蒸气,温度逐渐上升,温包内感温剂的压力是 C 点温度下所相对应的压力。当 C 点温度上升使温包内压力升高以推动膜片向下移动时,阀针将开大阀孔,制冷剂流量随之增加。干蒸气 B 点的位置左移至 B_1 点,C 点制冷剂的过热温度随 B 点的左移将有所下降。由于温度传递有滞后现象,C 点制冷剂的温度变化不能立即反馈到感温包内。随着时间的推迟,感温包内感温剂温度才逐渐下降,膜片上方的压力 P_1 将下降,此时膜片上移,阀针孔关小,制冷剂流量随之减小,干蒸气点位置由 B_1 向右移至 B_2 点,这时 C 点制冷剂的过热度随 B 点的右移将有所上升。同样,C 点温度上升使温包内压力升高以推动膜片向下移动时,阀针将开大阀孔,制冷剂流量随之增加。干蒸气 B_2 点的位置左移至 B_3 点……热力膨胀阀就是这样频繁地开大、关小地进行工作。

图 4.28c 示出了热力膨胀阀关阀压力、开阀压力以及蒸发压力随温度变化曲线关系。开阀压力曲线就是感温包感温剂压力与温度的关系曲线,关阀压力曲线是在蒸发压力曲线基础上等量加上弹簧预紧力所得。可以看出:只要开阀压力 p_1 线处于关阀压力线 p_3+p_0 的下方,要使阀打开或者维持在某一开度下平衡,t_1 就必须大于 t_0,即蒸发器出口处必须有一定的过热度 $\Delta t=(t_1-t_0)$ 阀才能开启。当过热度 Δt 增大时,膜片的平衡位置下移,阀开大,增大供液量;反之,Δt 减小时,阀关小,减小供液量。热力膨胀阀根据蒸发器出口过热度大体上成比例地调节供液量,使之与蒸发器的负荷相适应,保证进入蒸发器的液体制冷剂在其中完全蒸发并在出口处稍有过热。理想的热力膨胀阀工作应当:

①控制使进入蒸发器中的液态制冷剂正好等于在蒸发器中蒸发的气体量。

②在工作温度条件下,过热度不能过大,以便使蒸发器换热面积能够得到充分的利用。

③在工作过程中应当随着冷负荷的变化迅速改变进入蒸发器的液态制冷剂的数量,使之保持平衡。

但是,由于膨胀阀感温包所感受的温度不及时,感温包本身有一个热惯性,使信号传递存在迟延现象。另外,由于膨胀阀各活动零件之间存在摩擦力,膨胀阀的供液量总是波动地进行着,不能完全地适应制冷系统实际需要的供液量,所以热力膨胀阀的灵敏度还不理想,有待于进一步改进。

3）内平衡与外平衡式热力膨胀阀

从上述膨胀阀的结构与受力分析中知道，膜片下面的压力 p_0 是从阀针孔节流所喷出的制冷剂作用在膜片上的压力，平衡力来自阀内部，称为内平衡式热力膨胀阀。其结构简单，制造方便，因而得到广泛的采用。然而，在上述分析膨胀阀工作过程时，未考虑制冷剂在蒸发器内流动阻力损失对膨胀阀的影响。实际上，制冷剂在蒸发器内流动是有阻力损失的，使蒸发器进、出口之间有一个压力降，这一压力降的大小与蒸发器的形状及管路的长短有关。蒸发管路长，弯头多，则通过蒸发器的压力降就比较大，尤其是带有压降式分液器的蒸发器，膨胀阀出口与蒸发器出口之间的压力降就更大。若仍采用内平衡式的热力膨胀阀，在对阀门静装配过热度不进行任何调整的情况下其实际运行时的静装配过热度将会增大，且随着蒸发器阻力的大小而变，相应减小了阀门的开启过热度，导致热力膨胀阀供液量不足，影响蒸发器的制冷效能。假设节流后到蒸发器出口这段流动中制冷剂的压力损失为 Δp_0，则内平衡式热力膨胀阀膜片上下的力平衡关系式为：

$$p_1(t_1)=P_0(t_0)+\Delta P_0+P_3 \tag{4.8}$$

式中，$P_0(t_0)$ 为蒸发器出口处的压力，ΔP_0 为 Δp_0 折算成的力，可见关阀力中增加了 Δp_0。若仍采用内平衡式的热力膨胀阀，虽然弹簧的预紧力没有变化，但阀的静装配过热度将随着 ΔP_0 的增加而增大。过热度的提高意味着蒸发器缺液，传热面积得不到充分利用，制冷量下降，蒸发温度降低，运行经济性变差。

为了消除这种影响，可以采用外平衡式结构。如图 4.29 所示，与内平衡热力膨胀阀的主要区别是作用在膜片下方的压力不是阀体内节流后的蒸发压力（即蒸发器入口压力），而是由外部引来的蒸发器出口处的压力，在膜片下方分隔出一个平衡压力腔，将节流后的制冷剂与膜片下方的联系断开。用外平衡引管把蒸发器出口的压力直接引入平衡压力腔中，作用于膜片下部，消除了因蒸发器阻力而增加的关阀力 ΔP_0。由于阀门的平衡力是从阀体的外部引入的，这种阀称为外平衡式热力膨胀阀。低温下微小的压力变化也会引起制冷剂饱和温度的明显变化，所以低温装置中常采用外平衡式热力膨胀阀。蒸发器用分液器多路供液的场合，分液器上压降较大，也采用外平衡式热力膨胀阀。

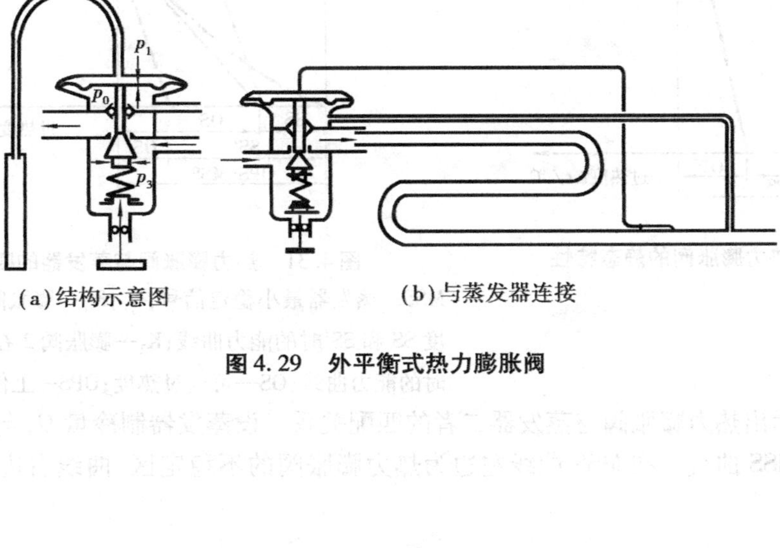

（a）结构示意图　　（b）与蒸发器连接

图 4.29　外平衡式热力膨胀阀

4)热力膨胀阀与蒸发器的匹配

在制冷系统中,热力膨胀阀与蒸发器匹配的好坏将直接影响到系统的正常工作,其匹配关系如下:

(1)热力膨胀阀静态特性曲线　在蒸发温度、冷凝温度、阀前液体温度(或过冷度)一定的条件下,可以绘制出热力膨胀阀的静态特性曲线,见图4.30。它反映了阀体的流量调节特性。可以看出,当感温包感受的过热度 $\Delta t \leqslant SS$ 时,阀处于关闭状态,阀的流通能力为0。当 $\Delta t \geqslant SS$ 时,阀开启,其流通能力随着开启过热度 OP 的增大而增加,并与 OP 近似成正比变化。因此,热力膨胀阀属于比例型调节器,即在标称容量范围内,可以按照蒸发器出口过热度与阀预设的静态过热度之偏差成比例地调节流量。一般在标称容量(100%)之外,尚有20%的容量裕度。

(2)热力膨胀阀与蒸发器的匹配　热力膨胀阀作为向蒸发器供液的调节元件,二者之间的合理匹配是十分重要的。合理的匹配意味着既保证工作的稳定,又能充分利用蒸发器的换热面积。热力膨胀阀根据蒸发器负荷的变化调节进入蒸发器制冷剂的流量,制冷剂在蒸发器内吸收与之进行热交换介质的热量而汽化,制冷剂在接近蒸发器的出口处有一段不稳定带(称为 B 带)。对蒸发器来说,客观上存在一个可避免压缩机带液的最小过热度,它随蒸发器负荷的增大而增加,称为最小稳定信号(MSS, Minimum Stable Signal)。若膨胀阀控制在这种条件下工作,压缩机吸气既保证不带液,又能充分利用蒸发器面积。若膨胀阀控制的过热度 $\Delta t > MSS$,阀的动作稳定,回气不带液,但蒸发器面积利用率下降;若 $\Delta t < MSS$,阀的动作失稳,回气带液。所以,要根据稳定的工作条件来调整热力膨胀阀的静态过热度。

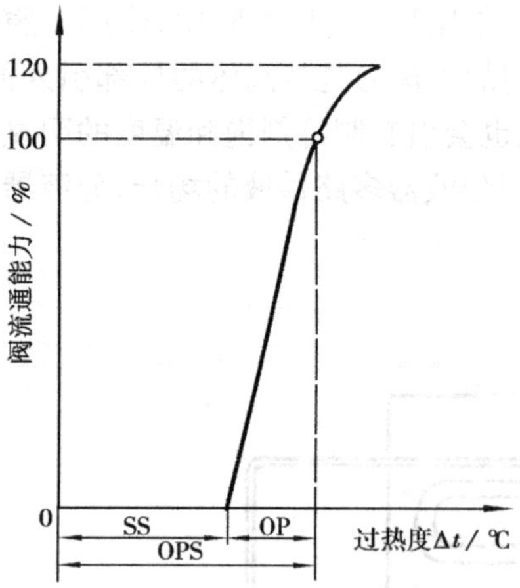

图4.30　热力膨胀阀的静态特性

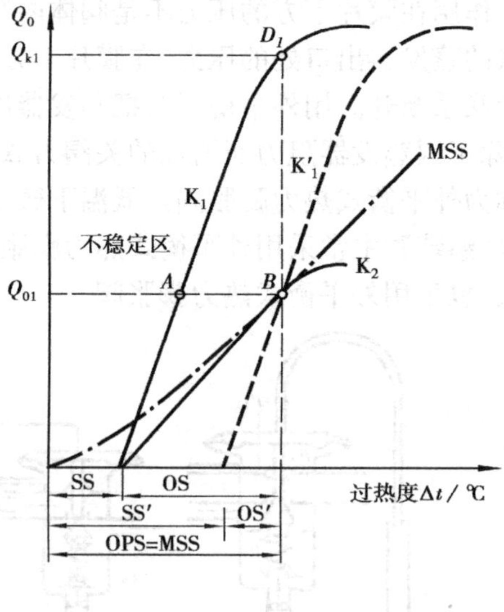

图4.31　热力膨胀阀与蒸发器的匹配关系

MSS—蒸发器最小稳定信号;K_1,K'_1—膨胀阀1在静态过热度SS和SS'时的能力曲线;K_2—膨胀阀2在静态过热度SS时的能力曲线;OS—可变过热度;OPS—工作过热度

图4.31示出热力膨胀阀与蒸发器二者的匹配关系。设蒸发器制冷量 Q_0 与最小稳定信号 Δt 的关系为MSS曲线。在MSS曲线左边为热力膨胀阀的不稳定区,曲线右边是热力膨胀阀

的稳定工作区。但制冷机在曲线右边的区域工作并不经济，因为过热度很大。膨胀阀1在静态过热度 SS 和 SS' 时所对应的阀的容量曲线分别是 K_1 和 K_1'。可以看出，制冷负荷为 Q_{01} 时，若采用静态过热度 SS，在这种匹配下工作点 A 处于不稳定区，造成吸气带液。为此，必须将阀1的静态过热度调到 SS'，才能使阀的工作过热度与最小稳定信号线在制冷负荷为 Q_{01} 时相交，保证工作稳定。这时，阀1处于大约1/3的容量下工作。如果选用阀1，从阀的寿命和装置的效率角度看都不够理想。若改用小一些、容量特性为 K_2 的膨胀阀2，由于 K_2 与MSS匹配较好，即使静态过热度调到最低限，阀和蒸发器都能稳定而良好地工作。所以，膨胀阀2是较好的选择。

5）热力膨胀阀温包感温剂的充注

由热力膨胀阀的工作原理可以看出，制冷系统的工质一定时，阀的过热度控制特性取决于温包内感温剂压力的特性（开阀压力曲线）与蒸发压力加弹簧预紧力（关阀压力曲线）之间的匹配关系。对于一定的制冷系统和弹簧预紧力调定后，关阀压力曲线客观上是确定的。因此，阀的过热度控制特性主要取决于开阀压力曲线，即温包内感温剂压力 p_1 与温度 t_1 的特性。所以，可以通过各种不同的温包充注方式，获取适应系统需要的压力曲线，改善热力膨胀阀的控制特性。温包充注有同种工质与异种工质之分，温包感温剂与系统中制冷剂相同的为同种工质充注，不同的为异种充注。同种工质充注中有液体充注、气体充注，异种工质充注中有交叉充注、混合充注和吸附充注。

各种温包充注的热力膨胀阀过热度控制特性曲线，见图4.32。

（1）同种工质液体充注　温包中充注的感温剂与制冷系统中使用的制冷剂相同，且充注量比较多，液体充入量约占温包容积的70%～80%，保证在工作温度范围内，温包中始终有液体存在。因此，温包压力 p_1 为感应温度 t_1 所对应介质的饱和压力。从图4.32a可以看出，由于感温介质与制冷系统介质相同，所以 $p_1(t_1)$ 曲线与 $p_0(t_0)$ 曲线重合。同种工质液体充注的热力膨胀阀特点是：

①由于工质的饱和压力线在低温区域愈来愈平坦，对预紧力一定的热力膨胀阀来说，静态过热度将随着蒸发温度的降低而增大，控制特性变差。一般使用在蒸发温度不低于 -40 ℃的场合。

②当制冷系统停机后，蒸发器出口过热温度与蒸发器内温度平衡时，关阀压差仅为弹簧的预紧力，阀的关闭不是很严，热力膨胀阀只起流量调节作用，不能兼作截止阀使用，需要在它前面加装电磁阀起截止作用。电磁阀与压缩机同步启、停。

③压缩机开机时，温包因热惰性而不会立即变冷，而蒸发压力 p_0 将很低，膨胀阀膜片上、下方压差较大，使阀门开启过大，蒸发器充分供液，从而使蒸发器出口蒸气过热度过小，甚至可能带液。在压缩机启动阶段，吸气压力降低缓慢，长时间处于高吸气压力状况，容易引起压缩机电机过载。

④由于感温包内充液量比较多，热惯性大，温包感温容易造成调节过程中产生较大的流量波动。

（2）液体交叉充注　同种工质充注存在低温区过热度大的缺点。液体交叉充注就可以选择与制冷系统介质压力曲线不同的介质，使其在工作温度范围内饱和压力曲线与制冷系统制

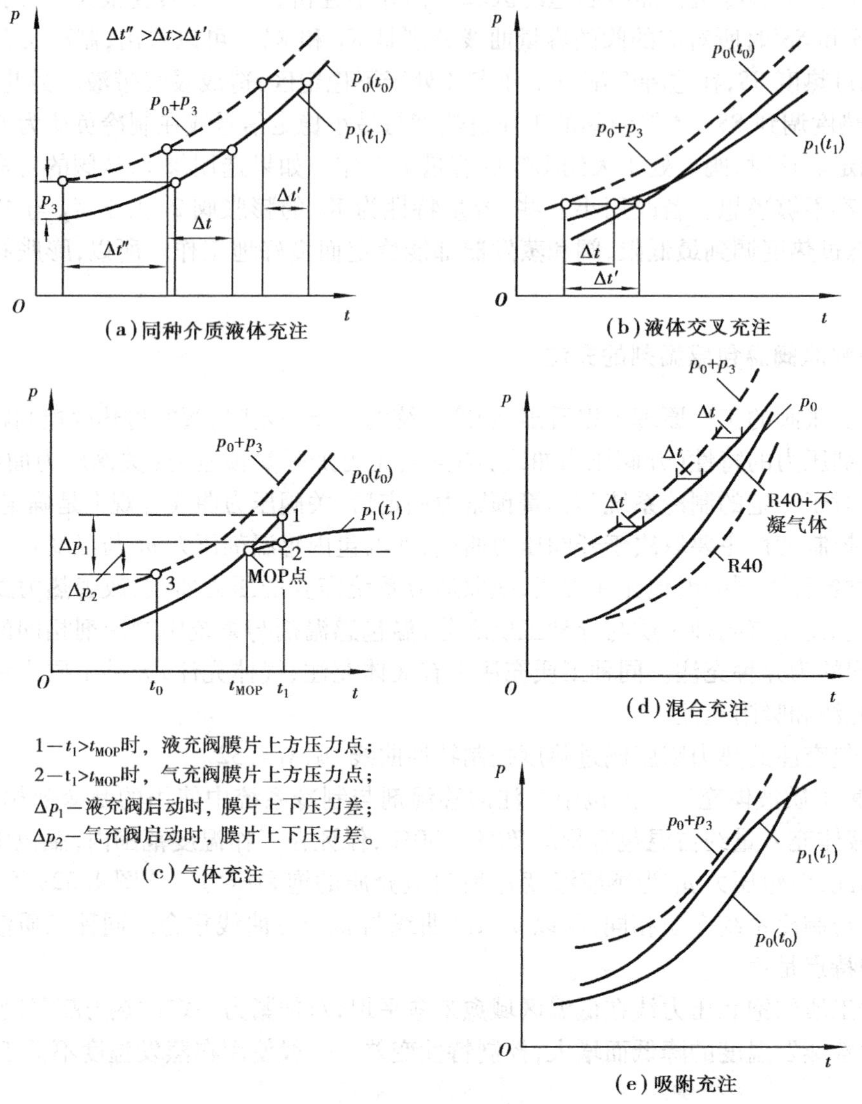

图4.32　各种介质充注膨胀阀过热度控制特性

冷介质的饱和压力曲线，呈如图4.32b所示的交叉特性。这种充注的特点是：

①压缩机停机时，阀关闭的快。随着温度的升高，蒸发压力 p_0 比温包压力 p_1 上升得快。

②由于蒸发温度较高时，开阀的压力曲线 $p_1(t_1)$ 比较平坦，所控制的过热度比较大，蒸发器的供液量较小，压缩机启动时能迅速降低吸气压力和压缩机负荷。

(3)气体充注　温包中充注的感温剂与系统中的制冷剂相同(可以不同)，但充注的量限制为在设计最高蒸发温度时使包内的液体能够全部汽化。这种充注使得在工作温度范围内，温包压力随感应温度按感温剂的饱和压力关系变化，具有与液体充注相同的特性。当温包感应温度超出最高蒸发温度时，其中的液体全部汽化完，包内感温剂为过热气体，包内压力 p_1 与温度 t_1 的变化曲线变得平坦，见图4.32c。这种充注的主要改进在于具有最大工作压力(Max Operating Pressure)控制的作用，故又称作MOP阀。其特点是：

①开机时,只有当吸气压力降到 MOP 值以下,阀体才逐渐打开,向蒸发器供液。因此,可以防止电机超载。

②停机时,包内压力比 MOP 值高不多,而膜片下方的蒸发压力却很高,故阀关闭较严。

③由于温包内的液体量较少,热惯性小,故阀的调节反应较快。

④高温时能保护阀头内弹性元件免受高压的作用,这一点对于热泵装置和除霜运行十分重要。

⑤因充注的感温剂比较少,环境温度对阀的工作有影响,使用中必须保持温包处于热力头组件(包括温包、毛细管、膜片盒)中的最低温度;否则,包内感温剂将在热力头组件中的其他最低点温度处凝结,引起感温剂迁移,不能按温包处的温度正确传递压力讯号,影响阀体的正确动作。

目前,气体充注中普遍在温包内加入热稳定元件(惰性片),利用它的热惰性延缓温包压力对温度变化的反应,使阀对温包降温反应迅速,而对温包升温反应迟缓。也就是说,需要减少流量时可以迅速奏效,而需要增大流量时,奏效较慢。在温包感受蒸发器不稳定区的温度波动信号时,阀的工作平稳,能够有效地抑制阀的振荡现象发生。

(4)混合充注　温包中充注液体感温剂和不凝性气体,不凝性气体起调整温包压力的作用。若采用 R40 温包的感温剂,从图 4.32d 可以看出,蒸发压力 p_0 关系曲线与 R40 的压力曲线二者不相交。尽管能够在较宽的蒸发温度范围内有不变的过热度,但过热度太大。为此再注入一定的不凝气体,向温包内施加一个压力,使 R40 + 不凝性气体曲线左移,可以获得近似不变的低温过热度控制特性。

(5)吸附充注　温包中充入固态吸附剂(如活性炭)和被吸附气体(如 CO_2 气体),吸附剂对气体的吸附能力随温度变化,温度降低时,吸附能力增强,故温包内压力下降;反之,温包内压力升高。由此获得希望的温包压力 p_1 与温度 t_1 曲线,使热力膨胀阀的过热度控制特性得到改善,如图 4.32e 所示。吸附充注不存在感温剂凝结的问题,但吸附充注温包感温响应速度较慢,故需要特别注意改善温包与蒸发器出气管壁的热接触。

(6)热力膨胀阀的选配　热力膨胀阀的容量是指经过阀的制冷剂流量在一定蒸发温度下完全蒸发所具有的制冷能力。阀容量是膨胀阀的重要特性参数,也是设计选配阀的依据。每只阀只能用于规定的制冷剂系统中。相同开度下,阀前后压力差影响制冷剂流经阀的流速与流量。随着蒸发温度的降低,阀的容量变小。这是因为蒸发温度的降低,蒸发压力也降低,阀前后的压差增大。一方面是节流后的闪蒸气体增多,流经阀的制冷剂单位制冷量降低;另一方面因闪蒸气增多,流经阀的比容增大,通过阀的流动阻力增加,流通的量也有所降低。阀前液体过冷度影响到节流后汽-液两相制冷剂的干度,对阀的流量系数产生影响,阀的容量随阀前液体过冷度增加而增大。冷凝器至阀前的液管有阻力降时,必须增加液体过冷度,以防止阀前制冷剂汽化而影响到阀的容量。

膨胀阀的容量特性可以在相关生产厂家提供的热力膨胀阀的容量表中获取,一般膨胀阀有 20% 的容量裕度,即实际阀的容量可以达到样本给出值的 120%。所以,设计时选择容量满足系统制冷量要求即可,不必再考虑过大的容量裕度。

(7)热力膨胀阀的正确安装与使用　如图 4.33 所示,热力膨胀阀安装在冷凝器(或贮液器)与蒸发器之间靠近蒸发器的管路上,不同形式的阀应遵照相应的说明书指导的方法正确安装与使用。阀体应垂直放置,不可颠倒安装。对充气阀的热力头不应朝下,对焊接阀安装时要考虑到阀体的冷却,可采取如图 4.33a 所示的措施,用湿毛巾缠绕在阀体上,确保阀体在焊接过程中不得超过许可的最高温度。

由于热力膨胀阀的控制动作由温包信号决定,故必须保证温包正确地反映蒸发器回气温度。用厚 0.5 mm 左右的铜片将感温包包扎在蒸发器回气管的水平段上,并用螺钉扭紧以增加传热效果,同时,在温包包扎好后需用不吸水的绝热材料包裹两管,使其与环境隔热隔湿。

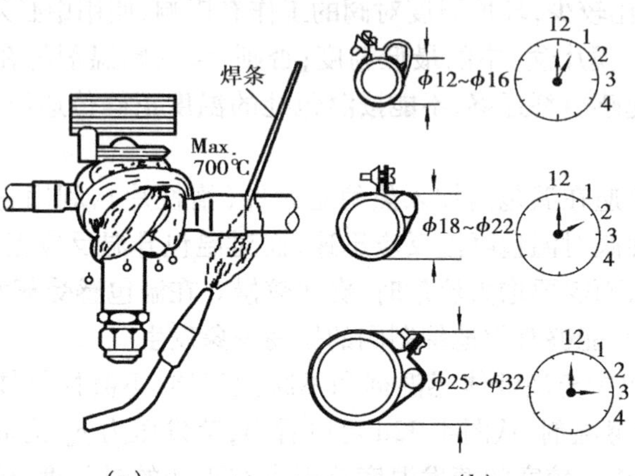

图 4.33　热力膨胀阀的焊接与温包的安装角度

图 4.34 给出了温包安装正、误的示例。温包应隔热隔湿,并与回气管有良好的金属接触,要避免热风或热辐射对温包的干扰作用(见图 4.34a)。温包不能安装在汽-液热交换器之后的回气管上,否则它感受的不是蒸发器出口过热度,而是回热后的过热度,使阀体误开过大容易造成压缩机带液(见图 4.34b)。温包不应安装在靠近管接头、阀门或其他大的金属部件处,以免影响温包与吸气管之间的传热而造成阀体对过热度反应的迟延,此外蒸发器出口有阻力件时,不能从阻力件后面引压(见图 4.34c)。安装温包的管段上若有积油、积液,阀会出现不稳定工作状态。所以,若回气管必须上升时,应设集油(液)弯,把温包装在集油弯的上游。外平衡式热力膨胀阀的外平衡引压管应在温包下游。并且从回气管的顶部引出,以免积液或积油对引出压力的影响。另外,有分液器的蒸发器,由于冷负荷分配可能存在着不均匀性,对冷却空气的蒸发器可能因风量分布的不均匀造成每路盘管的负荷不均匀,低负荷分路中未蒸发的制冷剂将以液态流出,若把温包安装在蒸发器的立管上,温包不能感受到液态制冷剂的温度,会使阀的开度过大,造成液击,见图 4.34d 中的虚线,正确的做法应如图中的实线所示,将温包装在回气管的水平段上。图 4.34e 的 4 种空气流动的方式中,方式 3,4 对蒸发盘管的负荷均匀分配不利。因此,在空气流向布局上要使空气与制冷剂顺流或逆流,避免叉流,以免负荷分配不均,影响蒸发器效果。

依据热力膨胀阀的工作原理而进行的制冷剂流量的控制存在某些固有的缺点:工作温度范围窄,温包热惰性引起反应迟延和调节波动,最小稳定过热度使蒸发器传热面积不能得到充分利用,也限制了蒸发器最大能力的发挥。因此,电子膨胀阀的发展为解决制冷剂流量调节问题开辟了新途径。

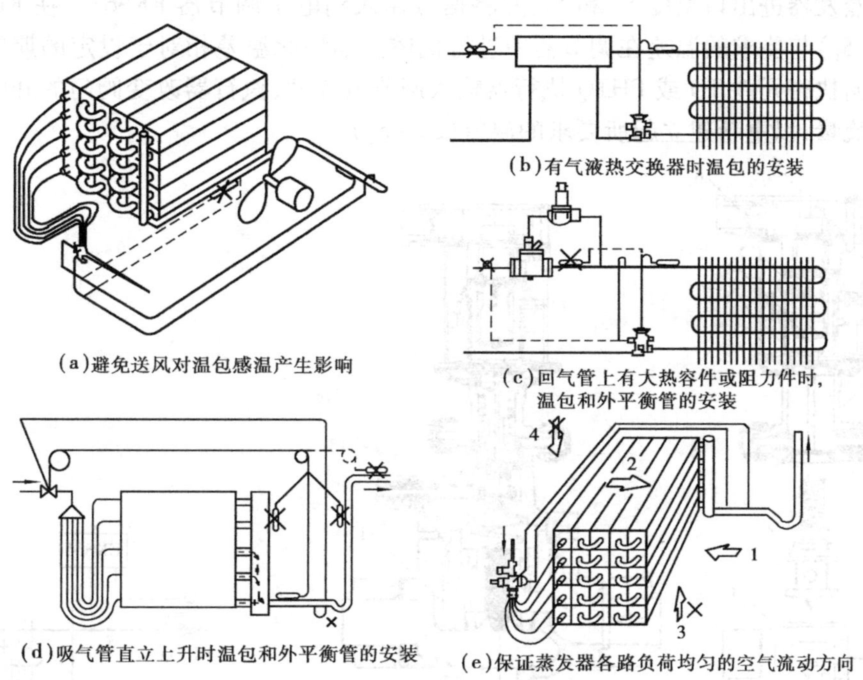

(a)避免送风对温包感温产生影响

(b)有气液热交换器时温包的安装

(c)回气管上有大热容件或阻力件时，温包和外平衡管的安装

(d)吸气管直立上升时温包和外平衡管的安装

(e)保证蒸发器各路负荷均匀的空气流动方向

图 4.34　热力膨胀阀温包安装正误示例

4.2.3　电子膨胀阀

热力膨胀阀是将发信器(温包)、调节器(波纹膜片、传动杆)、执行器(阀体)做成一体的流量调节阀。它只能适用于简单的过热度闭环反馈调节系统,实现比较粗略的比例调节,调节品质不高,调节系统无法实施计算机控制,特别是在低温装置中,热力膨胀阀的调节振荡问题比较突出。

为了克服上述热力膨胀阀的不足,新一代的电子式膨胀阀应运而生。目前,电子式膨胀阀种类很多,按阀的驱动过程的不同主要有热动式、电磁式和电动式。

1)热动式膨胀阀

热动式阀分为双金属片型和热电型。双金属片型膨胀阀头中设有电加热器和双金属片,电加热对双金属片加热,使其产生弯曲变形,带动阀针动作。由于控制对象的要求不同,将压敏元件和热敏元件(负温度系数的热敏元件)分别串接到控制调节回路中,根据传感元件的阻值变化,改变供给电加热器的电压,电压升高时,阀开大,流量增大;反之,阀关小,流量减小(目前已很少使用)。

热电型膨胀阀的动力件是个特制的膜头,其中充入一定的感温介质,加热元件对感温介质加热,输出相应的压力变化,通过膜片作用于阀杆,实现流量调节。图 4.35 示出 Danfoss 公司的 TQ/PHTQ 型热电型膨胀阀的结构。执行器做成通用型,可以与不同的阀体组合,小型直接驱动型(见图 4.35a);大型的作成导阀与主阀组合式(见图 4.35b),间接驱动。图 4.36 是用它作为调节阀所构成的电子式流量调节系统的应用示意。用 2 只 100 Ω 的铂电阻温度传感器分别检测蒸发器进出口温度 S_1 和 S_2，并将信号输入到电子调节器 EKS65。在 EKS65 中将温度差(S_2-S_1)与要求的温差在调节器中进行比较。如果此温差相对于设定的期望值有偏差，则调节器向执行元件 TQ 或 PHTQ 执行器输入调节电脉冲，执行器改变阀门的开度，相应地调整制冷剂流量，以重新建立起所要求的温差(S_2-S_1)。

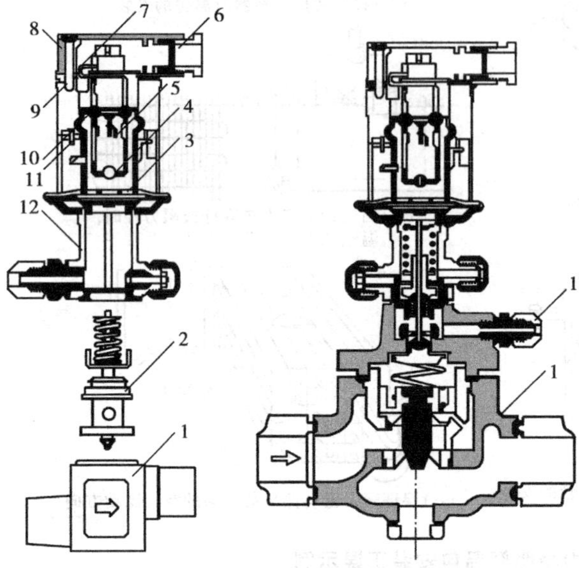

(a)　　　　(b)

图 4.35　热电膨胀阀结构

1—阀体;2—节流组件;3—膜片;4—PTC 加热元件;

5—NTC 感温元件;6—控制线入口;7—电线套管;8—上盖;

9—螺钉;10—“O”形圈;11—止动螺钉;12—阀头;13—接出液口接头

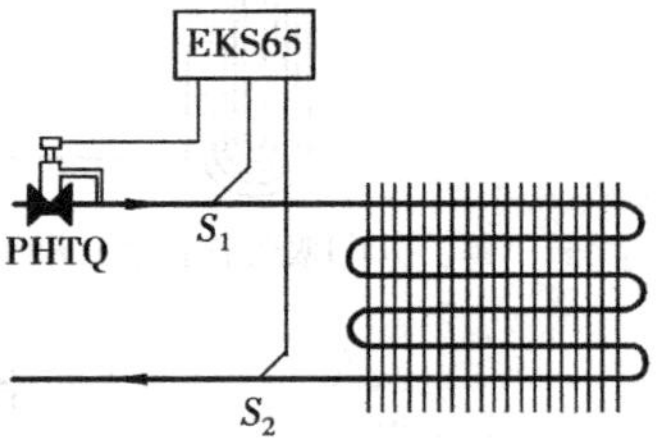

图 4.36　PHTQ 型膨胀阀的应用示意

这种流量调节系统不同于热力膨胀阀系统，热力膨胀阀以蒸发器出口过热度为控制信号，而电子膨胀阀则以蒸发器出口与入口温度之差为控制信号。考虑到蒸发器中存在压力降，热力膨胀阀可以采用外平衡型式的阀。Danfoss 公司生产的 TQ/PHTQ + EKS65 型电子膨胀阀系统温差设定范围为 2 ~ 18 ℃，调节规律为 PI(比例积分调节)比例常数和积分时间常数在现场根据控制对象等特性进行整定。输入电压是 24 V(±10%)AC，50/60 Hz。消耗电功率为5 V·A。

2)电磁式膨胀阀

电磁式膨胀阀见图 4.37a。它由柱塞、线圈、阀座、阀杆等组成，电磁线圈通电前针阀处于全开位置，通电后由于电磁力的作用，由电磁材料制成的柱塞被吸引上升，与柱塞连成一体的针阀开度变小，针阀的位置取决于施加在线圈上的控制电压。因此，可以通过改变控制电压调节流量。阀的流量特性见图 4.37b。

电磁式膨胀阀结构简单，动作响应快，但工作时必须一直为它提供控制电源。另外，还有种电磁式膨胀阀，在电磁线圈上施加 1 个固定周期的电压脉冲，1 个周期内阀开、关循环 1 次。阀的流量有脉冲带宽度来决定，负荷大时，脉冲带宽增加，阀体在 1 个周期里的打开时间长；反之，脉冲带宽减小，阀体在 1 个周期内的打开时间短。这种阀在工作中是交替打开与关闭的，

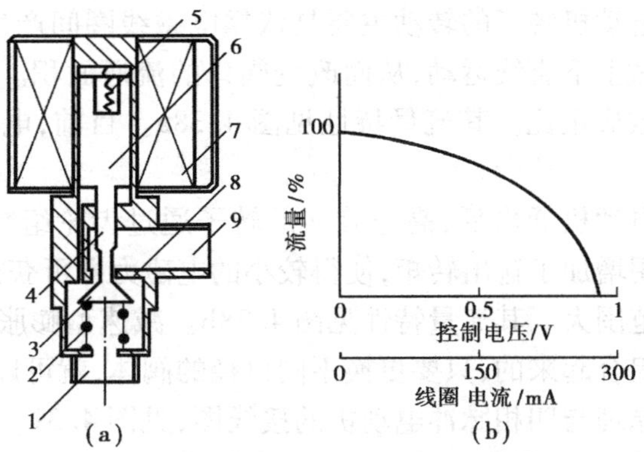

图 4.37 电磁式膨胀阀

1—出口;2—弹簧;3—阀针;4—阀杆;5—柱塞弹簧;6—柱塞;7—线圈;8—阀座;9—入口

在蒸发器液管和气管中可能会产生压力波动,对一般制冷系统影响不大。在断电时,阀体能完全关闭,还起到电磁截止阀的作用。

3)电动式膨胀阀

电动式电子膨胀阀是采用电动机直接驱动阀杆轴,以改变阀的开度来调节制冷剂流量。电动式电子膨胀阀分为直动型和减速型,见图 4.38。

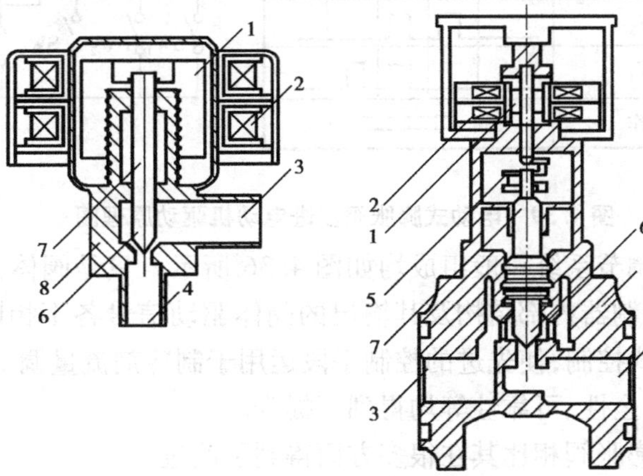

图 4.38 电动式膨胀阀的结构和流量特性

1—转子;2—线圈;3—出口;4—入口;5—减速齿轮;6—阀针;7—阀杆;8—阀体

直动型电子膨胀阀电动机转子的转动主要是依靠电磁线圈间产生的磁力进行的,转矩是由导向螺纹变换为阀针做上下直线运动,从而改变阀口的流通面积。转子的旋转角度及阀针的位移量与输入的脉冲数成正比。其流量特性见图4.38a。目前,电子膨胀阀多数是由四脉冲步进电机驱动的。

减速型电子膨胀阀电动机通电后,高速旋转的转子通过齿轮组减速,带动阀针作直线运动。由于齿轮的减速作用增加了输出转矩,使得较小的电磁力即可获得足够大的输出力矩,所以减速型膨胀阀的容量范围大。其流量特性见图4.38b。减速型膨胀阀的另一特点是电动机组合部分与阀体部分是组合起来的,只要更换不同口径的阀体,就可以改变膨胀阀的容量。

电子膨胀阀的控制原理与四相脉冲电动机的接线图,见图4.39。步进电机的转子采用永久磁铁,由转子感应的磁极与定子绕组感应的磁极之间产生磁力的吸引与排斥作用,使转子旋转。步进电机由微电脑芯片(或电子调节器)按一定的逻辑关系发出脉冲指令,在电动机定子绕组上施加脉冲电压,驱动转子动作,指令信号序列反向时,电动机反向转动。所以,脉冲信号的序列方向可以控制步进电机的正反转,使阀杆上下移动,改变阀针的开度,实现流量的调节。

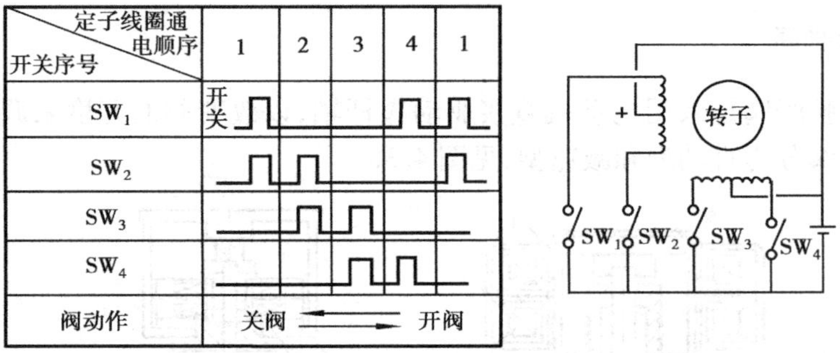

图4.39 电动式膨胀阀步进电动机驱动原理图

电子膨胀阀的流量调节系统一般组成均如图4.36所示。只是阀体执行器的结构和动作原理不同,相应的电子控制器内部结构及其输出的阀体驱动信号各不相同而已。由于制冷系统节流元件采用了电子式控制,使先进的控制手段运用于制冷剂流量调节成为可能,从而使制冷系统工作的稳定性、安全性、可靠性等均得到了提升。

电子膨胀阀与热力膨胀阀相比其在很多方面得到了改进:

①不受冷凝压力变化以及阀前过冷度的影响。

②检测蒸发器出口真实过热度,信号传递快,执行动作迅速、准确,故能及时、精确地调节流量。即使负荷变化剧烈,也能避免振荡。

③将蒸发器出口过热度控制到最小,从而最大限度地提高蒸发器传热面积的利用率。

④在整个运行温度范围内,可以有相同的过热度设定值。

⑤可以根据装置的实际情况决定调节规律,不仅限于采用比例调节,还可以采用比例积分或其他调节规律,并且能够进行调节参数整定。

电子膨胀阀除上述满意的流量控制特性外,再增加一些外部辅件,还可以扩展出一些其他功能,如最高工作压力(MOP)控制、制冷温度控制、显示和报警等,主要通过相关温度的检测,通过控制软件来实现。有些电动式膨胀阀还允许制冷剂流动方向可逆,这在热泵装置、热气融霜方式中使用,不仅产生了新的融霜控制方式,而且使制冷系统组成大大简化。

采用计算机(或电子控制器)并按制冷的工艺要求来设置调节规律,不仅可以采用反馈调节,而且还可以采用前反馈加反馈复合调节。考虑到反馈调节无法克服传递迟延对调节品质的影响,采用前反馈方式,从外界干扰通道获取信号进行补偿调节(即用热敏电阻直接检测蒸发器进风温度变化来调节流量,使控制系统获取的调节信号超前),这种前馈与PID反馈调结合使用,使蒸发器过热度的调节响应时间大大缩短。对于有压缩机能量调节的系统,如果将上述前馈加反馈的复合调节再与压缩机变频调速共同使用,所获得的过热度调节品质将进一步改善。

电子膨胀阀技术代表了制冷控制技术的发展方向,近年来引起国内外越来越多的重视。国内已研制出电动式膨胀阀,在这方面已取得了初步的成效,但还有待于进一步的研究与开发应用。

4.2.4 浮球调节阀

浮球调节阀是用于具有自由液面的蒸发器,如卧式壳管式蒸发器、直立管式或螺旋管式蒸发器的供液量的自动调节。它是根据液位变化进行流量控制的比例型调节阀,通过浮球调节阀的调节作用,在这些设备中可以保持基本恒定的液面。同时浮球调节阀还能起节流降压的作用。浮球调节阀有低压浮球阀和高压浮球阀之分。

1)高压浮球调节阀

高压浮球阀是以感应高压侧容器(冷凝器或高压侧贮液器)中的液位来控制向蒸发器供液的调节阀的,见图4.40。当高压贮液器中液位上升时,浮球升起,带动针阀,将阀孔开大,增大供液量;反之,液位下降时,减少供液量。其调节制冷剂流量的基本原理是使送入蒸发器的制冷剂流量与压缩机从蒸发器抽出的制冷剂流量相等。

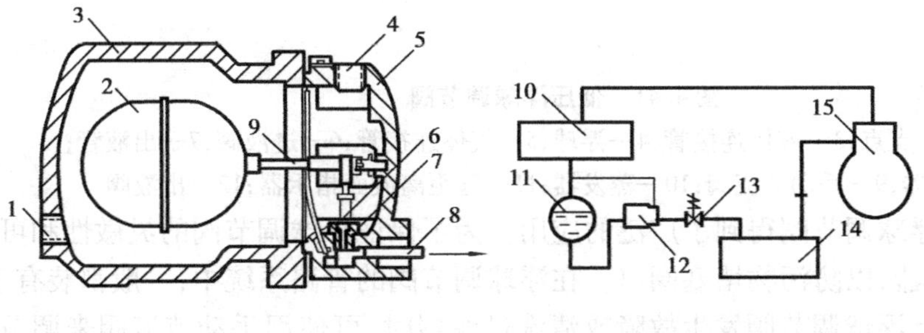

图4.40 直动式高压浮球调节阀

1—液相平衡接管;2—浮球;3—壳体;4—气相平衡接口;5—端盖;
6—阀针;7—阀座;8—节流液体出口;9—杠杆;10—冷凝器;11—贮液器;
12—浮球调节阀;13—电磁截止阀;14—蒸发器;15—压缩机

使用高压浮球调节阀的制冷系统特点是:系统中制冷剂充注量少,阀可以处于常温状态,无需隔热处理,检修方便。系统中的制冷剂绝大部分容纳在蒸发器中,设计中需要根据蒸发器的制冷量、冷凝器液量与压缩机能力的平衡,正确确定系统的制冷剂充注量,充量过多会引起液击,过少会降低系统的制冷能力。

2)低压浮球调节阀

低压浮球调节阀可分为直通式和非直通式 2 种,见图 4.41。浮球调节阀用液体连接管 3 及气体连接管 5 分别与被控制的蒸发器 10 的液体和蒸气面部分相连接,因而浮球调节阀体内的液面与蒸发器内的液面一致。当蒸发器内的液面降低时,浮球阀壳体内的液面也随之降低,浮球 4 落下,阀针 1 便将节流孔开大,供入的制冷剂量增多;反之,当液面上升时,浮球 4 被浮起,阀针 1 将节流孔关小,使供液量减少。而当液面升高到一定的高度时,节流孔被关死,即停止供液。在直通式浮球调节阀中,液体经节流后,先进入浮球阀的壳体内,再经液体连接管 3 进入蒸发器 10 中。在非直通式浮球调节阀中,节流后的液体不直接进入浮球阀的壳体,而是由出液管 7 引出,并用一根单独的管子送入蒸发器中。

直通式浮球调节阀结构比较简单,但浮球室液面易受进液流体的冲击而发生波动,使调节阀的工作不太稳定,而且液体从阀壳体流入蒸发器是依靠静液柱的高度差,液体只能供到容器的液面以下。非直通式浮球调节阀工作比较稳定,而且可以供液到蒸发器的任何部位(见图 4.41c),制冷剂液体可由最下面的实线表示的管子供入蒸发器,也可以由上面虚线表示的管路供入蒸发器。但是,非直通式浮球调节阀的构造及安装都比直通式要复杂一些。

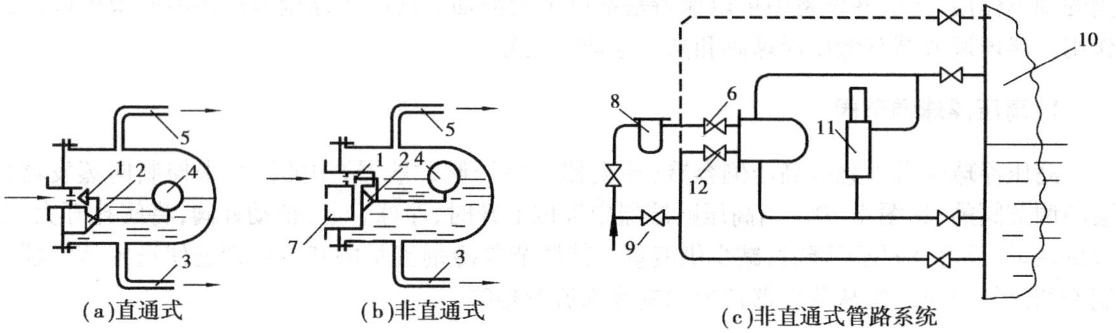

图 4.41 低压浮球调节阀

1—阀针;2—支点;3—液体连接管;4—浮球;5—气体连接管;6—进液阀;7—出液管;
8—过滤器;9—手动节流阀;10—蒸发器;11—远距离液面指示器;12—出液阀

目前,非直通式浮球调节阀得到了广泛的应用。为了保证浮球调节阀的灵敏性和可靠性,在浮球阀前设有过滤器,以防污物堵塞阀口。在浮球调节阀的管路系统中,一般都装有手动节流阀的旁路系统,一旦浮球调节阀发生故障或清洗过滤器时,可使用手动节流阀来调节供液。浮球调节阀前还装有截止阀,停机后应立即关闭。压缩机停止后,蒸发器中的制冷剂停止蒸发,液体中的气泡消失,液位下降,浮球阀开大,大量制冷剂液体就会进入蒸发器,当液位升高至上限时,浮球阀才能自动关闭。而在下次启动压缩机时,制冷剂蒸发,因液体中充满气泡而进一步扩张,容易导致压缩机发生液击。

从调节特性来说,浮球节流阀属于比例调节。根据负荷的大小调节供液量,即液面的变化与阀口开启度的变化是成比例的。它存在静态偏差,但这种静态的液面偏差一般都比较小。

浮球节流阀一般按制冷量大小选取,在缺少资料时,可根据式(4.9)计算:

$$Q_0 = 2.39\mu F q_0 \sqrt{\Delta p \rho} \tag{4.9}$$

式中 Q_0——球节流阀的制冷能力,W;

μ——量系数,$\mu=0.35$(R717);

F——浮球节流阀通道计算面积,m^2;

q_0——单位制冷量,J/kg;

Δp——浮球节流阀前后的计算压力差,Pa;

ρ——浮球阀前液态制冷剂密度,kg/m^3。

选用的浮球节流阀的通道面积,应比计算得出的数值加大30%~50%,以考虑变工况及超负荷情况下运行。

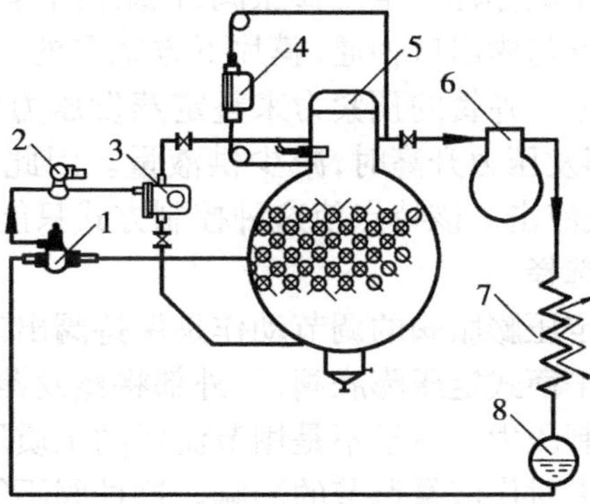

图4.42 伺服式低压浮球阀应用实例

1—主阀;2—电磁阀;3—低压浮球阀;4—液位报警器;5—蒸发器;6—压缩机;7—冷凝器;8—贮液器

直动式浮球阀开启是靠浮力来驱动的,口径过大时,要求浮球的尺寸过大。为此可以采用伺服式,用小口径直通浮球阀作控制导阀,与主阀配合使用,见图4.42。蒸发器中液位上升时,浮球阀关闭,主阀活塞上部的内压旁通至吸气侧,主阀关小;反之,浮球阀将控制压力引入主阀活塞上部,使主阀开大。主阀的工作过程在前面章节已做过介绍。

4.3 蒸发压力控制

在制冷系统中蒸发器直接与被冷却对象接触,是被冷却对象的冷源。为了使被冷却对象温度维持在工艺要求指定值,就需要有恒定的蒸发温度(冷源温度)。蒸发器产生冷量的缘由是液态制冷剂在蒸发器内吸收被冷却对象的热量而汽化,是制冷剂相变过程,其相变温度(蒸发温度)与相变压力(蒸发压力)是一一对应的。蒸发温度的恒定也就是蒸发压力的恒定,蒸发温度的调节是通过蒸发压力的调节来实现的。对于只有一种蒸发温度的制冷系统,如果蒸发压力波动过大,不仅影响被冷却对象的温度控制精度,而且使装置运行稳定性变差。此外,冷库用的蒸发器,在蒸发压力过低时,其表而温度过低,蒸发器除湿(结霜)作用增强,还会加剧冷藏食品的干耗,增加商业经济损失。冷水机组中的蒸发器,在蒸发温度过低时,会造成冷媒水结冰。可见蒸发压力调节是必要的。对蒸发压力的控制主要有2个目的:一是保持蒸发温度的恒定,从而使被冷却对象温度满足工艺要求;二是对一机多个蒸发温度要求的制冷系统,由于压缩机只可能以最低蒸发压力吸气,必须通过蒸发压力调节,以保证各个蒸发器在各蒸发温度下工作。

4.3.1 蒸发器入口压力控制

蒸发器入口压力控制措施一般针对1台压缩机配1个蒸发器的制冷系统来考虑的,在蒸发器入口安装一反恒压阀,其机构原理见图3.47,特点是以保持蒸发压力恒定为条件,自动地调节向蒸发器的供液量。它能够对压缩机超负荷起到抑制作用,适用于负荷变化小、冷却速度较慢的较小型装置。

反恒压阀亦称为定压膨胀阀,在结构上有波纹管式和膜片式,二者的工作原理基本相同。其膜片下方与阀出口相通,膜片下方感受的是阀出口压力(即蒸发器入口压力),用调节螺杆调节膜片上方弹簧的预紧力来整定蒸发压力(即膜片下方的压力),当蒸发压力降低时,增大供液量;蒸发压力升高时,减少供液量。因此,负荷剧增时,蒸发器缺液;负荷剧减时,供液过量,会造成液击。该特点使这种控制方式只能用在蒸发器负荷变化不大的装置上,并且要仔细进行容量选择。

由于定压膨胀阀的调节动作是保持阀出口蒸发压力恒定,当蒸发器侧阻力损失比较大时,应采用外平衡式定压膨胀阀,从外部将蒸发器出口处的气体压力引入膜片的下方,用来平衡所整定的控制压力。由于不是用节流后的工质压力去平衡整定的弹簧预紧力,所以能消除蒸发器压力损失对供液量调节的影响。这种阀不能用在一机多个蒸发温度制冷系统中。采用定压膨胀阀的系统不允许蒸发器出口至压缩机管路上有其他控制元件,也不能用低压侧压力控制压缩机的启、停,只能用蒸发器出口温度或被冷却对象温度来控制。一般在蒸发器出口温度比设定蒸发温度高5 ℃时控制停机。停机期间,蒸发压力升高,阀处于自动关闭状态,不再向蒸发器供液。启动时,蒸发器压力下降,达到整定压力以下,才打开供液阀。

4.3.2 蒸发器出口压力控制

采用在蒸发器出口处安装蒸发压力调节阀的方法维持蒸发压力稳定,它的基本调节原理是:蒸发压力调节阀感应阀前制冷剂压力 p_0 动作。当 p_0 高于调节阀的整定值时,将阀口开大,使从蒸发器中流出的气体量增多,p_0 下降低于整定值时。阀口关小,使从蒸发器流出的气体量减少,p_0 回升。这种阀能实施调节时,阀前后要有一定的压差,通过安装于吸气管中的调节阀的节流,使通过调节阀的制冷剂气体量与蒸发器负荷相匹配。根据蒸发压力调节容量的大小,有直动式和导阀与主阀组合的控制方式。前者用于小型装置,后者用于大型装置。

这种直动式蒸发压力调节阀属于正恒压阀,其结构原理见图3.46的ZZHA-3。在膜片上方受到整定弹簧预紧力作用,膜片下方受到阀进口处气体的压力作用。当膜片下方气体压力升高,超过弹簧的预紧力时,膜片上移,带动阀芯上移,阀口开启。随着压力逐渐升高,阀口也成比例地逐渐开大;反之,阀口关小。阀的开启度与阀的进口压力成正比,可以使阀进口处压力恒定在整定的值。

导阀与主阀组合的控制方式见图4.43,压力导阀8为ZZHA-3,主阀7为ZFS-00QB。用压力引入管将蒸发器出口的压力信号引入导阀膜片的下部,当0 ℃级蒸发器的蒸发压力 p_0 超过压力导阀8弹簧预紧力整定值时,膜片下面的压力克服膜片上部的弹簧力,膜片向上移动,导阀开启,将制冷剂蒸气引入主阀7的控制压力接口,蒸气进入主阀7活塞上部的腔室,推动活塞下移,使主阀7处于设定的 p_0 值对应的开度上;反之,当 p_0 低于整定的值时,主阀口关小;p_0 低于导阀弹簧力的设定值时,导阀关闭,主阀活塞上腔的制冷剂经过活塞上的平衡孔泄到吸气侧,在主阀活塞下部弹簧的作用下,主阀关闭。图4.43为一机多蒸发温度系统中的蒸发式压力调节,除了最低蒸发温度的那个蒸发器外,在每个高温蒸发器的出口处安装蒸发式压力调节阀,对每个蒸发压力调节阀按需要的 p_0 值进行整定。运行时,高温蒸发器出口的制冷剂蒸气经过蒸发器压力调节阀二次节流到与低温蒸发器相同的压力,然后一起向压缩机回气。在低温蒸发器的出口往往安装1只止回阀，其作用是防止因蒸发器压力不同，制冷剂从高温蒸发器向低温蒸发器倒流。

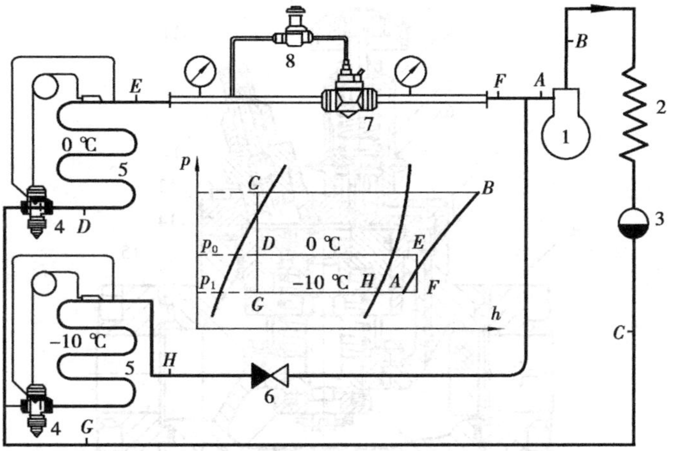

图4.43　导阀与主阀组合调节蒸发压力示意图

1—压缩机；2—冷凝器；3—贮液器；4—膨胀阀；5—蒸发器；6—止回阀；7—主阀；8—压力导阀

从调节特性上分析，定压导阀与主阀组合的调节阀属于比例型调节阀，阀的开度与蒸发压力变化成比例。虽然调节过程中存在一定的静态偏差，但由于导阀和主阀的比例系数较大，主阀的灵敏度高，所以 p_0 波动较小，基本上可以维持蒸发器压力恒定。

为了结构紧凑，还可以将导阀调节器直接连在主阀上，它是控制式蒸发压力调节阀，见图4.44。采用这种主阀调节蒸发压力，在安装时可以省去外部引压管，由阀体内的辅助通道5引导控制压力信号。

组合式控制压力调节阀在选配时，导阀作为调节器为通用型，主阀要根据生产厂家给出的主阀流通能力技术参数来选择满足装置制冷要求的型号。导阀与主阀组合的控制式阀门在制冷装置中有广泛的应用。导阀起接收和引导信号，控制主阀动作的作用，是控制阀；主阀则是放大执行机构，是调节阀。这种组合阀控制方式的优点在于：主阀根据装置容量要求制成系列尺寸规格，而导阀只需一种尺寸规格，具有通用性，能够与各种尺寸规格的主阀灵活组合，适应多种控制要求。导阀按照它的控制信号有：压力导阀、温度导阀、压差导阀、电磁导阀等。不仅可以用一种导阀，也可以用几种导阀联合控制主阀动作，取得多种控制效果。

上述蒸发压力调节阀的动作动力来源于阀前后的压差，也就是说这种阀在工作时必须保持阀前后有一定的压差，否则，阀体不能正常的工作。因此，在制冷系统中使用该阀来调节蒸发压力，使压缩机的吸气压力有所降低，因而使系统运行性能下降。为了克服这一不足，人们又研究出采用系统高压侧压力作为动力源的控制式蒸发压力调节阀。它特别适用于对控制精度和最小开阀压降有要求的系统。由导阀控制高侧压力 p_c（作为开阀动力）的引入，能够以非常小的压降将阀打开，从而使系统运行更趋于合理。

如图4.45所示，控制导阀在以下3个压力作用下使控制孔 A 启闭：膜片上方调节弹簧力 P_1、大气压力、膜片下方蒸发压力 P_e。作用在主阀活塞上的3个力是：主阀活塞上方的压力 P_2、弹簧力 P_3、蒸发压力 P_e。动作过程如下：当 P_e 降到弹簧设定压力 P_1 以下时，导阀孔关小，使主阀活塞上部压力升高，主阀活塞下移，关小阀门，最终将导致阀关闭；当 P_e 上升，导阀渐开,主阀活塞上部压力下降,主阀活塞上移,开大阀门。

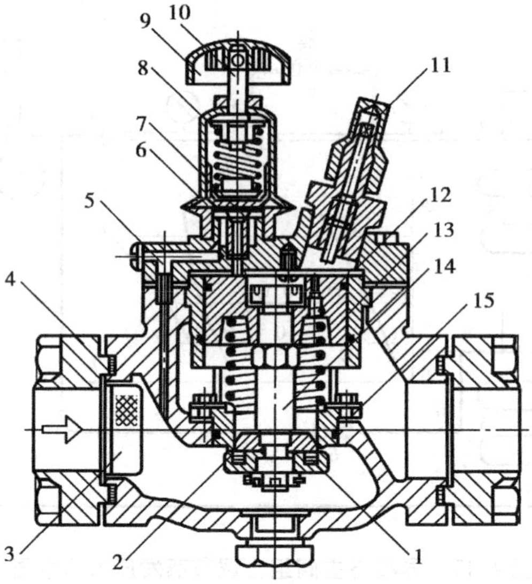

图 4.44　恒压主阀

1—主阀板;2—主阀芯;3—主过滤网;4—进口法兰;5—辅助通道;
6—薄膜片;7—辅助阀芯;8—辅助弹簧;9—手轮;10—调节杆;
11—手动强开阀;12—平衡孔;13—活塞;14—推杆;15—O 形密封圈

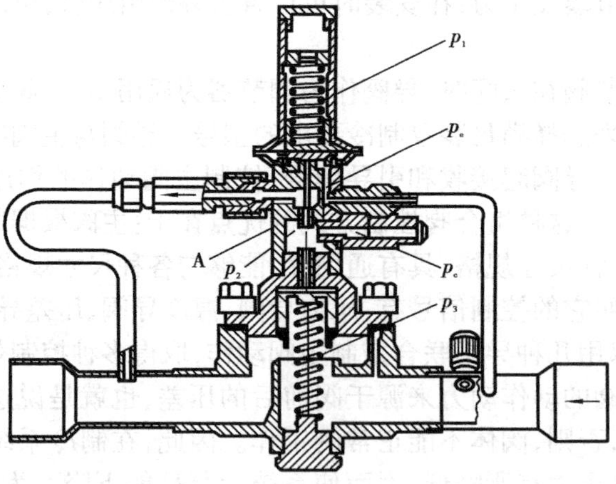

图 4.45　引入高压源的控制式蒸发压力调节阀工作原理

p_1—弹簧压力;p_2—蒸发压力;p_3—弹簧力;p_c—系统高压侧压力

4.4 吸气压力控制

吸气压力控制的目的是为了避免制冷压缩机在高吸气压力下运行，压缩机的吸气压力若在额定值以上运行，会引起压缩机电机负荷过大，甚至烧毁电机。

吸气压力控制是通过吸气节流而实现的，在蒸发器与压缩机的管路上安装吸气压力调节阀，该阀受阀后压力控制，当阀后压力升高时，阀关小，使蒸发器制冷剂蒸气在进入压缩机前节流，以较低的蒸发压力进入压缩机。当蒸发压力低于吸气压力整定的吸气压力值时，阀全开。直动式吸气压力控制阀见图 4.46，阀出口侧直接与压缩机吸气口相连接。吸气压力 p_s 作用于阀板下部，阀板在 p_s 和上部弹簧力的作用下动作。用整定螺丝调整弹簧预紧力给出最高吸气压力的整定值。随着 p_s 的降低，阀的开度增大。平衡波纹管用来平衡入口侧的压力，保证阀的开度只取决于出口压力，而不受入口压力变化的影响。这是因为平衡波纹管的有效面积与阀座的有效面积基本相等，入口压力的变化同时作用与波纹管端面和阀座的面上，大小基本相等，但方向相反，使阀板基本保持原有开度。该调节阀中还装有高效阻尼机构，能抑制制冷装置中通常出现的脉动，保证调节精度。

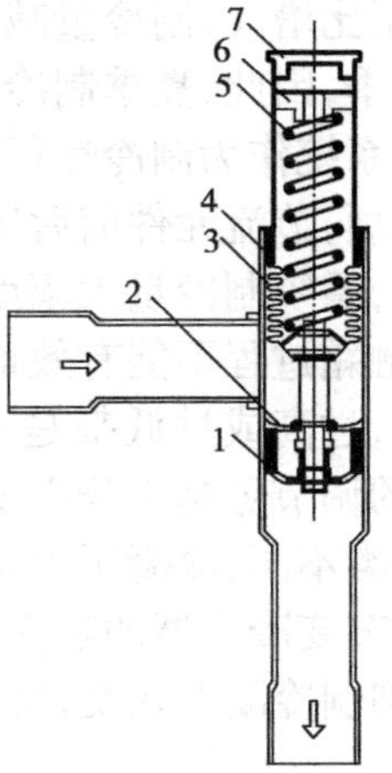

图 4.46 吸气压力调节阀结构图

1—阀座；2—阀盘；3—平衡波纹管；4—阀体；5—主弹簧；6—整定螺钉；7—上盖

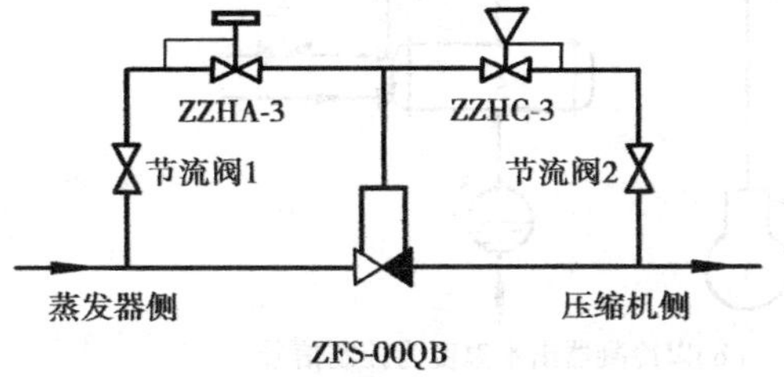

图 4.47 导阀与主阀组合控制蒸发压力与吸气压力

导阀与主阀组合控制蒸发压力同时控制吸气压力的方案，如图 4.47 所示，主阀的控制引管上装有节流阀 1、定压阀 ZZHA-3、定压阀 ZZHC-3 和节流阀 2。在正常工作情况下，左侧定压阀 ZZHA-3 控制主阀动作，主阀的驱动力由来自节流阀 1 和定压阀 ZZHA-3 引入主阀上腔的气体提供。阀 ZZHA-3 随蒸发压力的升高而成比例的打开，将一部分导压气体引入主阀 ZFS-00QB 上腔，使作用在主阀活塞上腔的压力上升，主阀开大，起到调节蒸发压力的作用。这一动作是在吸气压力低于定压阀 ZZHC-3 整定的压力下进行的，当蒸发器的负荷过大，造成吸气压力超过 ZZHC-3 的整定值时，右侧 ZZHC-3 大开。由于左侧 ZZHA-3 引导的蒸发压力气体经过 ZZHC-3 旁通到压缩机的吸气侧，使主阀上腔的压力下降，于是主阀 ZFS-00QB 关小，使吸气压力降低。由上述可知，此控制过程是以控制吸气压力为优先，即在保证吸气压力满足要求的情况下，对蒸发器压力进行控制。节流阀 1 用来改变控制气的流量大小，节流阀 2 用来抑制压缩机气流脉动对定压阀 ZZHC-3 工作的影响。

4.5 冷凝压力控制

制冷装置运行时,冷凝压力参数变化对系统性能有很大的影响。由于冷凝器内工质的主要状态为饱和状态,因此冷凝压力是代表性的控制参数。若冷凝压力偏高,压缩机排气温度会提高,压缩机压比增大,制冷量减少,功耗增大,同时还容易导致系统产生故障。冷凝压力偏高主要常见于夏季,因此,夏季制冷机运行应尽量降低冷凝压力,以确保机器运行的经济性与可靠性。但冬季系统作为制冷运行时,冷凝压力有可能过低。过低的冷凝压力又会给节流元件的工作带来麻烦,节流元件前后压力差过小,供液动力不足,使节流供液能力下降很多,结果造成蒸发器缺液,系统制冷量大幅度下降。对于采用热气融霜的装置,冷凝压力过低,则排气温度低,使热气融霜过程不能有效地进行。由此可见,制冷装置运行时,只允许冷凝压力在合理的范围内波动,过高或过低都是不利的,必须对冷凝压力进行调节。对于全年运行的制冷装置,冷凝压力的调节更是十分必要。

冷凝器种类不同,冷凝压力调节的方法也不同。但不管何种冷凝器、用何种调节方法,其最终都是通过改变冷凝器的热交换能力而实现冷凝压力调节的。增强冷凝器热交换能力,冷凝压力下降;抑制冷凝器热交换能力,则冷凝压力升高。

4.5.1 水冷式冷凝器压力调节

在水冷式冷凝器中,一般采用调节通过冷凝器的冷却水流量来控制冷凝压力。在冷却水管路上安装水量调节阀,水量调节阀可以直接用冷凝压力作为控制调节信号,也可以间接用冷凝器出水温度作为控制调节信号。调节系统布置见图 4. 48。

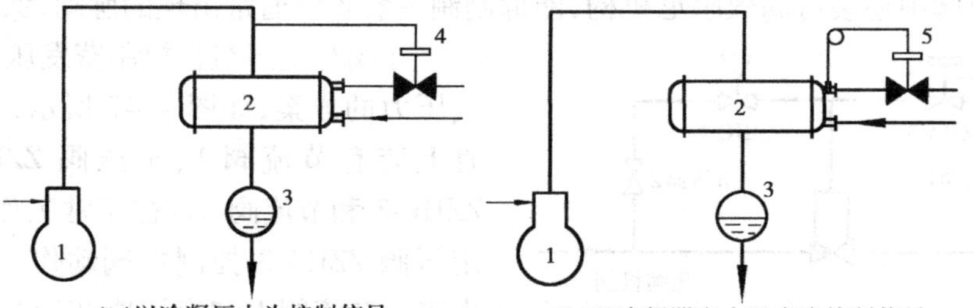

(a)以冷凝压力为控制信号　　(b)以冷凝器出水温度为控制信号

图 4. 48　水冷式冷凝器的冷凝压力调节

1—压缩机;2—水冷式冷凝器;3—贮液器;4—压力控制的水量调节阀;5—温度控制的水量调节阀

压力控制的水流量调节阀结构见图 4. 49。当冷凝压力升高时,直接作用式水量调节阀中的波纹管被压缩,推动调节杆向下,螺杆通过卡在其环槽中的簧片推动阀芯,将水量调节阀开大;当冷凝压力降低时,调节螺杆被弹簧张力向上拉动,将阀关小。可以转动阀体下端的调节螺杆的六角螺母,使弹簧座升降,从而改变预紧弹簧的张力,达到调整冷凝压力的目的。对于大型制冷装置,冷凝器的冷却水量较大,采用由导阀间接作用式冷却水量调节阀,可以减少冷却水压力波动对调节过程的影响。冷凝压力通过传压毛细管引至波纹管上侧,调节阀工作时,冷凝压力通过波纹管、推杆传递到导压阀上。当冷凝压力达到调定的开启压力时,推杆向下压

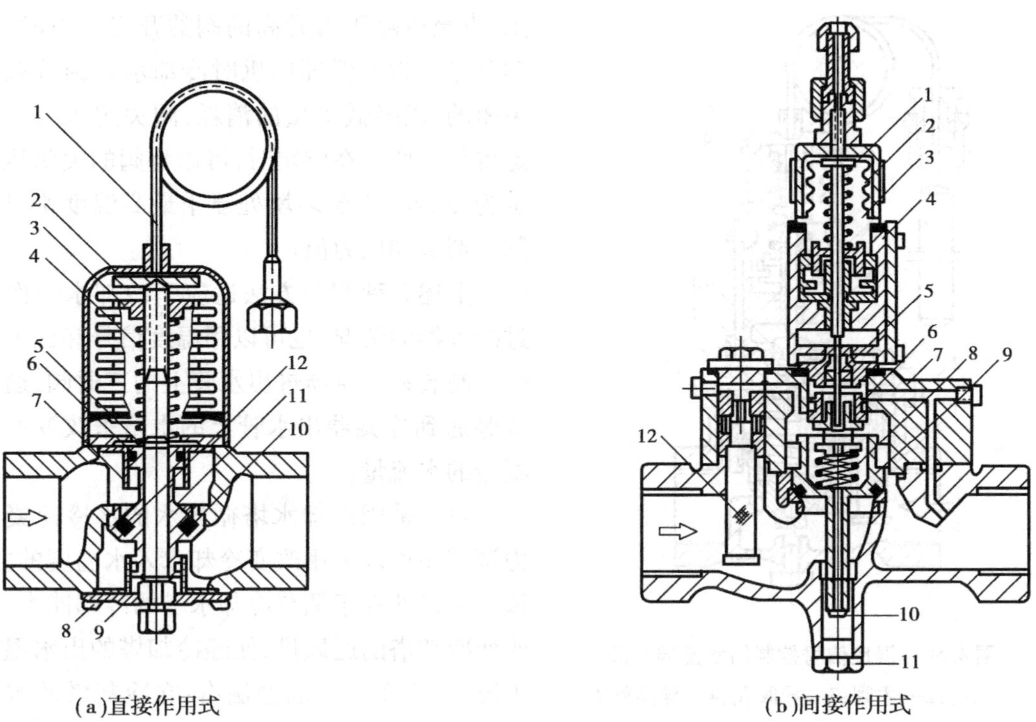

图4.49　水量调节阀

(a):1—传压细管;2—波纹管承压管;3—弹簧座;4—弹簧;5—下部弹簧座;6—防漏小活塞;7—导向套;8—螺钉;9—底板;10—阀盘密封橡胶圈;11—阀芯;12—调节螺杆

(b):1—调节弹簧;2—波纹管;3—推杆;4—上部侧盖;5—导阀;6—导阀组件;7—阀盖;8—伺服弹簧;9—主阀;10—螺钉;11—泄放口;12—导阀进口滤网

开导阀,将主阀上部空间的水泄至主阀出口,使主阀上侧压力降低。主阀在阀前后压差作用下自动打开,阀的开度随冷凝压力的升高而成比例的开启,冷凝压力升高值越大,导阀的开度也越大,同时主阀的开度也越大,以增加冷却水的流量,使冷凝压力回降至整定值。当冷凝压力降到低于阀的开启压力时,导阀就在弹簧张力作用下关闭,使主阀上部空间的压力升至与下部空间相同。主阀上部有效面积大于下部,故主阀在上下压力差和弹簧张力作用下关闭,切断冷却水的供给。

在阀的底部有泄放塞,阀停用时,旋开泄放塞和主阀底部的螺钉后,可将主阀上部空间的水放出,以免冻裂。

如图4.50所示,温度信号控制水量调节阀与压力控制的水量阀不同之处在于用温包接受冷却水温度信号,再转变成感温介质的压力信号去控制阀的启闭动作。其余动作原理与压力控制水量调节阀基本相同。它没有压力信号控制的水量调节阀动作响应快,但工作平稳,安装传感器时,不需要打开制冷系统。

各种形式的冷凝压力调节阀在调整时应做到:压缩机在停机期间,确保阀处于关闭状态。压缩机刚停机时,由于冷凝压力较高,冷却水量调节阀仍保持开启,直至冷凝压力低于阀的整定值时,冷却水量调节阀才自动关闭。压缩机再次启动时,冷却水量调节阀开始仍然保持关

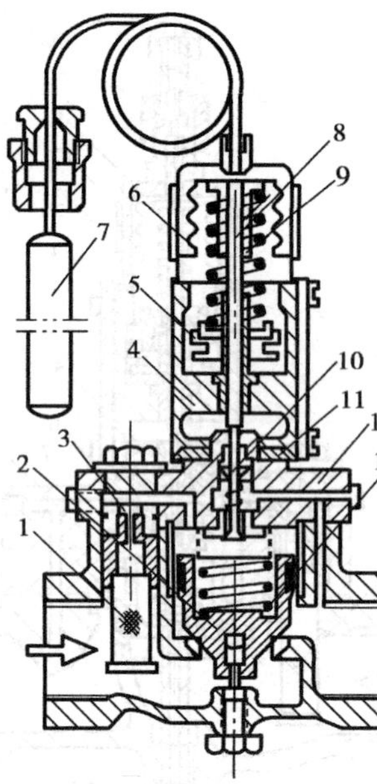

图 4.50　温度信号控制的水量调节阀

1—滤网;2—主阀;3—导阀孔;4—导阀外壳;5—调节螺母;6—波纹管;7—温包;8—推杆;9—弹簧;10—导阀芯推杆;11—密封垫片;12—阀盖;13—主阀弹簧

闭,直至冷凝压力升高的阀的开启压力时,才自动开启。为了保证停机时冷却水量调节阀总是关闭的,以降低水量的消耗,阀关闭压力总是整定得高一些。在整定时,可以将阀的关闭压力整定为冷凝器安装环境处夏季最高温度所对应的制冷剂饱和压力值。

上述 2 种调节方法适应于冷却水一次性流过冷凝器的情况,也可以用温度信号和压力信号来控制装在冷凝器进出水管上的三通阀,通过调节旁通到冷凝器出水管上的水量来改变通过冷凝器的水流量。

对于采用冷却水塔循环水的水冷冷凝器压力调节还可以采用改变冷却水入水温度的办法。该方法目的在于调节冷却水塔的冷却能力,通过改变冷却塔的通风量,使经冷却塔的出水温度发生改变,改变风量的办法有:在冷却塔的进风口设阻风阀、变频调节风机转速或减少风机的运行台数(冷却塔配有多台风机的场合)。

如图 4.51 所示,用接在冷凝器出水管上的三通水阀将部分进入冷却塔的水旁路到水泵的入口,实际上改变了冷却塔的冷却能力。三通水流量调节阀的结构图见图 4.52。对于多台泵供水系统,可以采用控制运转水泵台数来调节冷凝器压力,还可以采用变频调速的方法来改变水泵的流量,以达到控制冷凝压力的目的。

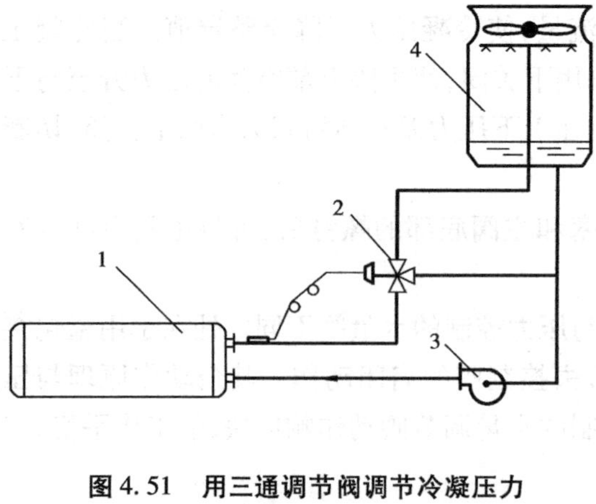

图 4.51　用三通调节阀调节冷凝压力

1—水冷冷凝器;2—三通调节阀;3—冷却水泵;4—冷却塔

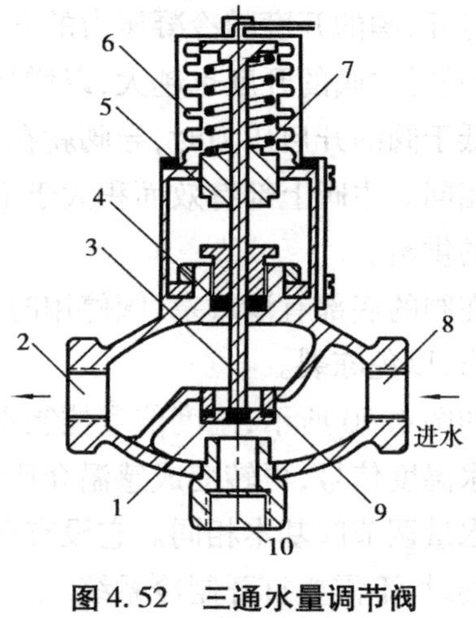

图 4.52　三通水量调节阀

1—阀盘;2—接冷凝器;3—阀杆;4—密封圈;5—调节螺栓;6—波纹管;7—弹簧;8—进水口;9—阀座;10—旁通口

4.5.2 风冷式冷凝器压力调节

对风冷式冷凝器进行冷凝压力调节一般有2种调节途径:从空气侧调节和从制冷剂侧调节。

1)空气侧进行冷凝压力调节

从风冷式冷凝器空气侧调节冷凝压力主要是改变通过冷凝器的空气流量。改变风量的方法有:风扇电机变转速;冷凝器进风口或出风口设置阻风阀;对采用多台风扇的冷凝器,还可以改变风扇运行的台数。

风冷冷凝器冷凝压力的调节系统,可以用冷凝压力发信,也可以用环境温度发信。冷凝器风扇电机变速调节的方法有多种,采用多极电机,根据需要切换电机的极数,分级调速来改变风量;也可以采用变频无级调速,根据冷凝压力或环境温度信号,改变变频器的频率来调节风机电机的转速,这种调节精度比较高,实施此调节系统成本比较高,一般不采用,除非用于对控制要求比较高的场合。用可控硅来调速是一种比较实用的方法,是用改变可控硅导通角的方法来改变电动机端电压的波形,从而改变电动机端电压的有效值,达到调速乃至于风量随冷凝压力的改变而成比例变化的目的。用环境温度来发信,调节比较稳定,冷凝压力波动小。

采用风阻阀来调节冷凝器压力时,应考虑到风机的特性曲线对工况变化的适应能力,避免使用那些伴随风阀节流、风量下降、风阻提高和功率上升较明显的风机。

风机开、停控制只适应于冷凝器配多台风机的场合。只配1台风扇的冷凝器不能用风扇启、停的控制方法,因为这会引起冷凝压力波动、风扇启停频繁。

上述从空气侧调节的方法在环境温度不太低时比较有效,调节也比较方便、可靠。但若冬季空气温度太低,变风量调节有可能不能有效地保证所要求的冷凝压力。因为即使风扇关闭,户外空气自然对流也会使冷凝压力降到正常运行要求的最低压力值以下。

2)制冷剂侧进行冷凝压力调节

从制冷剂侧进行冷凝压力调节的措施实际是通过相应阀门的调节来改变冷凝器的积液,使冷凝器的冷凝空间和有效传热面积发生改变,从而达到调节冷凝压力的目的。如图4.53所示,在冷凝器出口管上安装一只高压调节阀8,该阀为受阀前压力控制的比例型调节阀,其开度与阀前压力(冷凝压力)和开启压力(整定压力值)的偏差成比例。在压缩机排气管与贮液器入口管之间接一旁通管路,旁通管路上安装一只压差调节阀2,该阀为受阀前后压差控制的调节阀,压差大时阀开大,压差减小时,开度变小,压差低于开阀压差整定值时,阀体全关。利用高压调节阀8与压差调节阀2的配合动作实现冷凝压力的调节。

制冷剂侧进行冷凝压力调节主要是用于冬季,当环境温度使冷凝压力高于高压调节阀的开启压力,并使其达到全开的程度时,该调节过程对冷凝压力就不起调节作用了。夏季工作时,高压调节阀8全开,压差调节阀2全关。冬季工作时,压缩机开机前,冷凝器和贮液器中的压力都很低,高压调节阀8与压差调节阀2都处于关闭状态。开机后,冷凝压力升至高压调节阀8的开启整定值之前,高压调节阀8仍是关闭的。压缩机排出的制冷剂在冷凝器冷凝后产生的液体积在冷凝器内占据了部分冷凝空间,冷凝器的有效传热面积相应减少,冷凝压力逐步

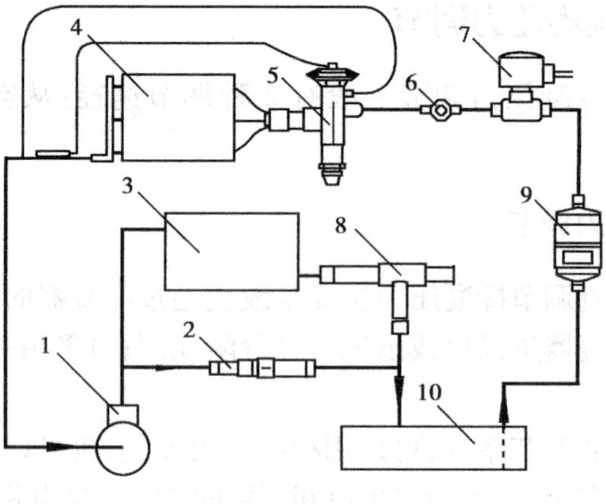

图 4.53　冷凝器侧调节风冷冷凝器压力

1—压缩机;2—压差调节阀;3—冷凝器;4—蒸发器;5—热力膨胀阀;
6—视液镜;7—电磁阀;8—高压调节阀;9—干燥过滤器;10—贮液器

升高。由于调节的主要目的是保持贮液器有足够的压力,以便为膨胀阀提供足够的供液动力。随着冷凝器压力的提高,当冷凝器与贮液器压差超过压差调节阀 2 的整定压差值时,压差调节阀 2 打开,将压缩机部分排气送入贮液器 10,使贮液器 10 的压力上升。随着制冷剂液体在冷凝器中积存量的增加,冷凝压力逐渐上升,同时因压缩机的排气不断进入贮液器,贮液器中的温度与压力也逐渐上升。在它们向各自整定的压力控制值接近的过程中,高压调节阀 8 逐渐开启,而压差调节阀 2 逐渐关小。达到平衡时,冷凝器有部分积液,贮液器有部分排气进入。

采用这种调节方法时,必须在系统中设置单独的高压贮液器,并且高压贮液器容积要有足够大以及系统中制冷剂的充注量要足够多,以保证冷凝器在最大可能积液时,贮液器中仍有一定的液位。否则,若冷凝器积液时,贮液器腾空,使膨胀阀前有气体,系统无法正常工作。

4.5.3　蒸发式冷凝器压力调节

蒸发式冷凝器中冷却水带走的热量,除因水温升高而吸收的热量外,更主要的是水在空气中蒸发而吸收的热量。因此,除了控制冷却水量的方法以外,还可以通过控制风机的启、停或控制通风量的方法来调节冷凝压力,见图 4.54。调节方法有以下几种:

1)启停淋水泵调节

在冷凝器气体入口处装一压力控制器,冷凝压力达到其整定值时,淋水泵开启,当冷凝压力下降到整定值下限时,淋水泵停止工作,这样蒸发式冷凝器就相当于 1 台干式风冷冷凝器,冷却能力下降,冷凝压力提高。但此法若单独使用,

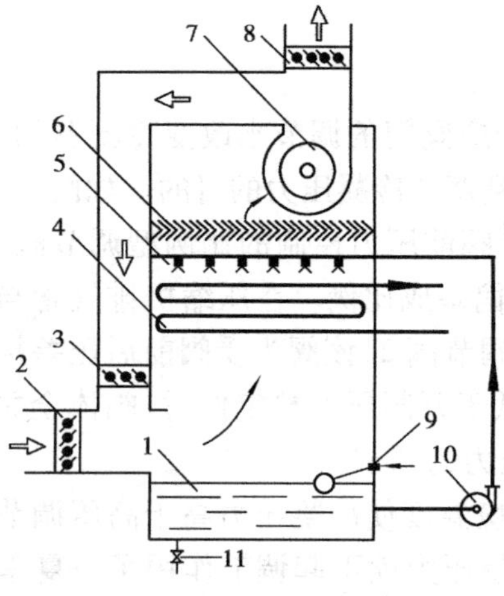

图 4.54　蒸发式冷凝器压力的调节

1—水池;2—入口风门;3—旁路风门;4—冷凝盘管;
5—淋水喷头;6—挡水板;7—风机;8—出口风门;
9—补水阀;10—淋水泵;11—排污阀

由于盘管由喷水到不喷水冷却能力相差太大(尤其是光盘管),停水后,冷凝压力迅速上升,压力控制器会使淋水泵频繁启、停。另外,盘管处于干、湿交替变化的工作条件,会加剧腐蚀,而且水垢和脏物容易在盘管表面附着。所以,此法常与其他某种方式结合起来使用,可以提高调节的灵活性和稳定性。如果环境温度低于 0 ℃,停泵的同时必须及时将水排除,以防止池水结冰。

2)风量调节

以冷凝压力发信控制风机启、停。这在某种负荷条件下会使风机启、停频繁,可以用调速风机代替。也可以用冷凝压力发信控制阻风阀。阻风阀可以安装在空气进口或出口。对多台运行的风机,可以采用启停风机台数来进行风量的调节。

3)进风空气状态调节

在蒸发式冷凝器进风管和出风管之间设一旁通风管,用旁通风门 3 改变旁通风量,使一部分排出的湿空气与进风混合,提高蒸发式冷凝器的进风湿度,降低蒸发冷却的效果,从而使冷凝压力回升。

4.6 典型制冷装置的控制系统

4.6.1 冷库系统自动控制

冷库在生产运行中,库内热负荷受室外空气温度变化、食品进库和冷加工中食品热焓变化的影响而不断波动,要克服热负荷的波动,满足食品冷藏过程中的工艺要求,就要使制冷装置的制冷量和冷库的耗冷量不断趋于或达到平衡,要达到这一要求,就必须进行及时、准确地调节。而制冷系统是一个严密的封闭系统,制冷系统的运行工况是通过温度、湿度、压力、压差、液位等参数来反映的,如果靠人工直观地去检测温度计、压力表、液位计和显示仪表等,然后再进行人工调节,则需要操作技术很熟练的工人才能进行这项工作,而且不一定能保证及时、准确地进行调节。如果采用自动调节,无论贮藏时间的长短或外界条件的变化,不用人工参与,均能自动调节制冷工况,从而不仅简化了管理,而且也能保证贮藏食品的质量,也保证了制冷装置运行的可靠性、安全性和经济性。因此,冷库实现自动调节和自动控制是制冷装置自动化的主要任务。

一般的控制内容包括:压力控制、温度控制和安全控制。压力控制可通过压力继电器令系统在压力过高或过低时,使主机自动停止运转。而温度控制一般可采用 2 种控制方式。对中小型冷库而言可采用温度控制装置来使压缩机运行或停机。当温控器检测到库温达到要求时,压缩机停机,而库温上升到一定温度时,压缩机则可自动启动运行。对大型冷库而言,由于制冷机经常启、停,不仅会使冷库温度发生急剧变化,而且还会影响制冷机的正常运转,也会使电网电压产生波动,当库温过低时,制冷机通过汽缸自动卸载,或者以控制压缩机运转台数的方式来达到控制能量的目的,而当库温升高后再次投入运行。由于几台压缩机是并联制冷的,其中一台压缩机的开、停并不会使电网电压波动过大,也可减小对压缩机组的冲击。

1)大型氨冷库制冷装置

目前,国内大中型冷库较多采用氨制冷系统。制冷系统的自动控制近年来发展较快,在一些新建的大型制冷装置中采用了先进的电子技术,自动操作、控制制冷系统。根据控制方式,目前常用的方式有吸入压力控制法、温度控制法和时间控制法等。一般在机房设置集中控制自动化操作信号屏,按工艺流程和设备情况,安装各式自动仪表、讯号装置和开关等,电动设备正常运行均用指示灯表示,各房间和库房的各类继电器、遥测温度记录器都集中在屏上,这样可以掌握整个制冷系统的工作情况。一般来说,制冷系统自动控制装置分3类:安全控制装置、温度调节装置和自动操作装置。安全控制装置就是在机器和设备上装置各类高低压继电器、油压继电器、水量调节继电器、止逆阀、安全阀和各种液面指示器,做到机器设备安全运行。温度调节装置就是在机器设备上装置各类型式的主阀、恒压阀、温度调节阀、电磁阀以及各控制房间和库内温度继电器,用来维持一定温度并对压缩机的能量进行调节,从而保证工艺要求。自动操作装置就是在制冷系统中自动放油、自动放空气、自动除霜和自动开车/停车,以达到经济运行和自动操作,减轻劳动强度。下面以冷藏库制冷装置为例,对制冷系统自动控制装置情况做一简单介绍。

(1)冷藏库制冷系统自动控制装置　如图4.55所示,在大型的冷库中,有数个冷库并联运行,可以有不同的库温。

①在压缩机上装有油压继电器18,高低压力继电器21,温度继电器22和水流量开关19等保护装置。如果当油压低于规定的最低压力差时,油压继电器立即自动切断压缩机电机电源,停止运行。当压缩机吸入压力低于调定值或高压侧排汽压力超过规定的最高调定值时,高低压力继电器立即自动切断压缩机电机电源,停止压缩机的运行。当压缩机排汽温度达到规定的极限温度时,温度继电器即自动切断电机电源。在压缩机启动或运行过程中,如冷却水断水时,水流量开关即动作,压缩机将启动不了或停止运行,避免压缩机缸套无冷却而发生故障。

②在氨泵7上装有压差继电器16和低压安全阀15,当氨泵不供液空载运行时,压力差值建立不起来,压差继电器将切断氨泵电机电源,避免氨泵的损坏。低压安全阀是控制氨泵排出压力,当排出压力超过安全阀调定的压力值时,将氨液旁通至低压循环贮液桶中。

③在低压循环贮液桶上装有高液位遥测液面控制器11,起安全保护作用。如果桶内液面升至容器的70%以上时,液面控制器即停止压缩机的运行,防止压缩机的湿冲程。

④在蒸发式冷凝器上装有压力继电器6,以便根据不同的冷凝压力控制风机7和水泵8的停开。

⑤在供液管上装有供液主阀10和电磁阀9,电磁阀和主阀在压缩机投入正常运行后,即由低压循环桶的低压液位遥测液面控制器12开启供液或关闭,以保持正常操作液面。

⑥在低压循环贮液桶与氨压缩机相连的吸入总管上装有主阀5、主阀两侧均装有导压管,进气侧导压管上装有电磁阀4和恒压阀。电磁阀控制主阀的开关,恒压阀控制容器内的蒸发压力,并按比例调节主阀的开启度。另一侧,导压管上的反比例恒压阀是控制主阀的开启度,该阀开启越大,主阀开启就越小,其作用是防止压缩机吸入压力过高,起到逐步打开吸入阀的作用,同时保护压缩机电机不致超载运行。

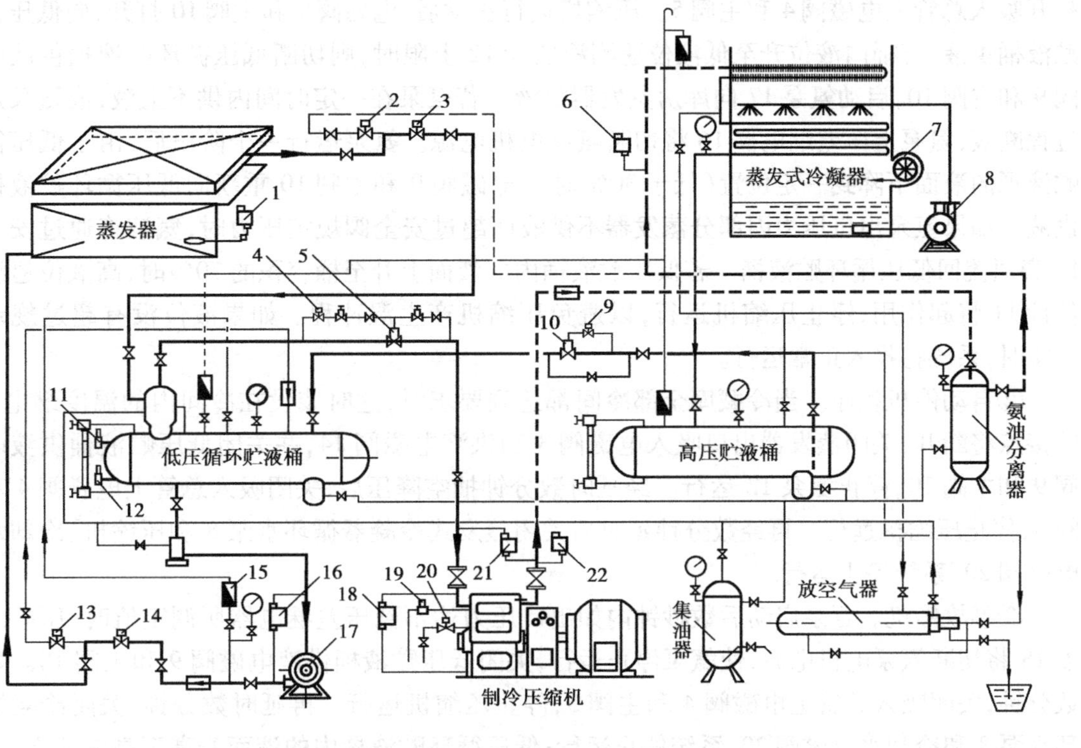

图 4.55　冷藏库自动控制系统原理示意图

1—温度继电器；2—热氨电磁阀；3—蒸发器出口电磁阀；4—吸入管电磁阀；
5—吸入总管主阀；6—压力继电器；7—风机；8—循环水泵；9—供液电磁阀；
10—供液主阀；11—高液位遥测液位计；12—低液位遥测液位计；13—排液电磁阀；
14—供液电磁阀；15—低压安全阀；16—氨泵压差继电器；17—氨泵；18—油压继电器；
19—水流量开关；20—冷却水电磁阀；21—高低压继电器；22—排气温度继电器

⑦在蒸发器供液管和蒸发器出气管上都装有电磁阀（14，3），它们由设置在库房内的温度继电器 1 进行控制。在热氨管及排液管上各装一只电磁阀（2，13），它们由手动万能开关进行控制。

（2）冷藏库制冷工艺自动控制操作过程

①自动开车程序。各冷藏库内的温度是由装在库内的温度继电器来控制的。只要库内某一房间达不到库温要求时，设在房间内的温度继电器即与系统接通，系统可以投入运行。如果库内所有房间库温全部达到所要求的温度时，装设在房间的温度继电器接点将断开系统，自动停止运行。

系统充氨以后，将系统有关手动阀门全部打开，并做好一切准备工作方可投入运行。投入运行前，将控制屏上的切换开关拨至自动位置，此时库房温度继电器 1 的接点接通，蒸发器出口电磁阀 3 和供液电磁阀 14 开启，蒸发式冷凝器循环水泵 8 向冷凝器供水。如冷凝压力超过压力继电器 6 预调值时，压力继电器将使风机 7 投入运行。当冷凝压力降至压力继电器预调的断开值时，风机停止运行，只有水泵工作。开启压缩机时，当冷却水电磁阀 20 有冷却水通过，则冷却水出口水流量开关 19 的接点接通，并启压缩机投入运行。经数秒钟的延时时间，再打开吸入总管上电磁阀4和主阀5。压缩机运行正常后,电磁阀9和主阀10打开,向低压循环贮液桶供液,当桶内液位升至低液位遥测液位计12上限时,则切断低压循环贮液桶供液电磁阀9和主阀10,启动氨泵17向库房蒸发器供液。若氨泵在一定时间内供不上液,或氨泵运行过程断液,氨泵上压差继电器16将切断氨泵电机电源。氨泵运行一个阶段后,由于低压循环贮液桶的液面下降到一定位置(低于30%时),电磁阀9和主阀10重新向低压循环贮液桶内供液。如果氨泵出口压力因部分蒸发器不供液而超过安全阀规定压力时,氨液将通过安全阀15旁通流回低压循环贮液桶。若低压贮液桶内的液面上升至桶容积的70%时,高液位遥测液位计11将起作用,停止压缩机运行,以避免压缩机产生湿冲程。如果液位没有超过规定的70%时,系统将投入正常运行。

②自动停机程序。当冷藏库全部冷间都达到要求时,这时装设在冷间内的温度继电器1的接点将断开,关闭蒸发器出口吸入电磁阀3和供液电磁阀14,并关闭低压贮液桶供液电磁阀9和主阀10,停止氨泵12运行。经延时数分钟抽空降压后,关闭吸入总管上电磁阀4和主阀5,停止压缩机远行。再经数分钟延时后关闭蒸发式冷凝器循环水泵8和压缩机、冷却水泵电磁阀20,系统停止运行。

③事故停机。氨泵启动后数秒钟内如出口压力达不到压差继电器所调定值时,压差继电器18将切断氨泵电机电源,使氨泵停止运行,关闭低压贮液桶供液电磁阀9和主阀10。延时数分钟,关闭吸入总管上电磁阀4和主阀5,停止压缩机运行。再延时数分钟,关闭冷凝器循环水泵8和冷却水电磁阀20,系统停止运行;低压循环贮液桶内的液面升高至高液位上限时,遥测液位计动作关闭低压贮液桶供液电磁阀9和主阀10,停止氨泵运行。关闭吸入总管上的电磁阀4和主阀5,停止压缩机运行,系统停止工作;如果压缩机排气温度超过温度继电器22的调定值时,或者压缩机排气压力高于(吸入压力低于)高低压继电器21调定值时,或者压缩机油压达不到油压继电器18调定值时,都将切断压缩机电源。同时,关闭低压贮液桶的供液电磁阀9和主阀10,切断氨泵8的电机电源,关闭吸入管上电磁阀4和主阀5。但其冷凝器循环水泵8和压缩机、冷却水泵不能立即停止。

④库房温度控制。每个冷库有温度控制器控制本库蒸发器供液管通断或蒸发器风机的运行与停止(冷风型蒸发器),实行库温的双位调节。蒸发器进液管和回气管上均使用了电磁阀,库温降至设定值的下限时,2个电磁阀同时关闭,停止蒸发器制冷。库温回升到上限值时,供液电磁阀与回气电磁阀重新接通,蒸发器恢复制冷。

⑤蒸发器除霜控制。氨冷库蒸发器广泛采用热气融霜或热气融霜与水冲霜相结合的融霜方式。空气自然对流的蒸发器只用热气融霜;冷风型蒸发器则用热气与水冲霜结合的方式融霜。现以后者为例加以说明。融霜时,停止蒸发器的制冷作用,关闭供液电磁阀14,延时关闭回气电磁阀3。开启热氨电磁阀2,将压缩机排出的热氨气体通入蒸发器内,管外再辅以水冲霜。利用排气的显热和潜热以及水的热焓,使蒸发器表面的霜层融化,并被冲落到接水盘中(图4.55中未示出水冲霜系统),蒸发器管内凝结的氨液经排液电磁阀13排入低压循环贮液桶(有的系统是将蒸发管内凝结的氨液经排液电磁阀先排入排液桶,待排液桶收集氨液至一定的液位高度时,打开排液桶上的加压阀,使系统的高压气进入排液桶,用“气泵液”的方式,将排液桶中的氨液压回低压循环贮液桶)。

融霜控制程序为（开始融霜的信号发出后）：

a. 关闭供液电磁阀，延时一段时间（待蒸发器中氨液抽空后）关闭回气电磁阀，风机断电，打开热氨电磁阀和排液电磁阀（针对有排液桶的系统），该状态保持一段时间（待蒸发器表面霜层与管外壁脱离）；

b. 打开冲霜水电磁阀，向蒸发器表面淋水，将霜冲落，冲水持续一段时间；

c. 冲霜水电磁阀关闭，持续一段时间，待管外水滴净，并受管内热氨作用而蒸干，至此融霜完毕。停止融霜的信号发出后，关闭热氨电磁阀和排液电磁阀，打开供液电磁阀和回气电磁阀，风机通电运行。于是蒸发器重新切换回到制冷状态。

国产的 TDS-04，TDS-05 型程序控制器是冷库蒸发器融霜专用控制器件。TDS-04 型为定时融霜控制，融霜周期和融霜时间可以在控制器上事先调定，每天在设定的时间发出开始融霜信号，经过设定的融霜持续时间后，发出停止融霜的信号。TDS-05 型为指令融霜控制，它接受手动或自动电气指令使融霜开始与结束。采用自动融霜指令时，可以与微压差控制器配合使用。微压差控制器根据冷风机进出口风压差的变化，发出电气通、断信号。冷风机结霜严重时，其进出口风的压差增大，电触点闭合，向 TDS-05 发出开始融霜的电气指令。融霜完成后，冷风机风阻减小，压差减小，使微压差控制器的电触点断开，又向 TDS-05 发出停止融霜的电气指令。

⑥氨泵供液系统的控制。大型冷库装置与小型冷库装置的一个重要的不同之处在于蒸发器往往不用直接膨胀的干式蒸发器，而采用液体再循环的所谓湿式蒸发器。直接膨胀的干式蒸发器虽然可以使系统比较简单，但因节流后无汽液分离设备，闪发蒸气连同液体一起进入蒸发器，蒸发器传热表面的润湿度比较低，蒸发器传热效果差，对并联多路的蒸发器也难以保证液体分配均匀。所以，大型装置的蒸发器采用液体再循环供液方式，在蒸发器与节流件之间安装低压循环贮液桶。高压氨液节流后首先进入低压循环贮液桶，闪发蒸气在这里分离，从低压循环贮液桶下部用氨泵将氨液送入各冷库蒸发器。氨液在蒸发器中吸热蒸发后仍然返回低压循环贮液桶，再次在其中进行汽、液分离。氨气由低压循环贮液桶上部引入压缩机。液体再循环供液方式可以采用重力供液自然再循环，也可以用泵强制供液再循环。后者对低压循环贮液桶与蒸发器的相对位置没有要求，而且循环倍率大，蒸发器供液量数倍于蒸发量，管内氨液流速高，不仅管内壁充分润湿，过量液体还起到冲刷管内壁油膜的作用，有助于提高蒸发器的换热强度。

低压循环贮液桶的正常液位在立式贮液桶高度的35%处，在卧式贮液桶直径的25%处。对氨泵强制供液的系统，低压循环贮液桶的进液电磁阀打开时的流量必须大于氨液在冷库中液体蒸发的流量，才能实现低压循环贮液桶液位的两位控制。若供液流量过大，会使补充加液时间过短；若供液流量过小，则电磁阀打开时间过长，甚至于一直处于打开状态。这显然对电磁阀的工作是不利的。为了便于调节供液量，在供液电磁阀后增设1只手动调节阀，通过手动调节，使电磁阀启、停比适中。

氨泵的正常运行控制为：只要有库房需要降温，氨泵就启动运行，各库都停止制冷时，氨泵停止运行。氨泵出口安装止回阀，防止停泵时氨液倒流。另外，当整个冷库负荷下降、需要降温的库房数目减少时，蒸发器的供液电磁阀相继有一些处于关闭状态。这时，泵的排出通路减少，会造成泵的排出压力升高，排出压力的升高又会使仍需降温的库房蒸发温度提高，影响库房降温。为了消除这种影响，在氨泵排出管到低压循环贮液桶之间接1根旁通管，旁通管上安装旁通阀，当泵排出压力升高时，旁通阀自动打开，使一部分排出液溢流回贮液桶。

对于氨制冷系统，不凝性气体存在的危害性比氟利昂制冷系统更甚，所以系统中设空气分离器自动排除不凝性气体（空气分离器的自动控制从略）。

2）冷库其他辅助控制电路

（1）制冷压缩机安全保护信号电路　如图4.56所示，当各项参数都正常时，中间继电器9K线圈通电吸合，压缩机可以开机或继续运转。当某项参数不正常时（如压缩机冷却水套断水），该项保护的触点动作，相应的K_2（如$8K_2$）触点闭合，指示灯（如1HL）亮，指示出相应的故障种类。同时，K_1（如$8K_1$）触点断开使9K线圈断电，$9K_1$闭合电笛报警。值班员按下按钮SB_1，继电器10K得电并自锁，音响报警停，事故信号灯光闪烁。当故障排除，K_1（如$8K_1$）触点闭合，$9K_1$断开，事故音响、闪光消除。

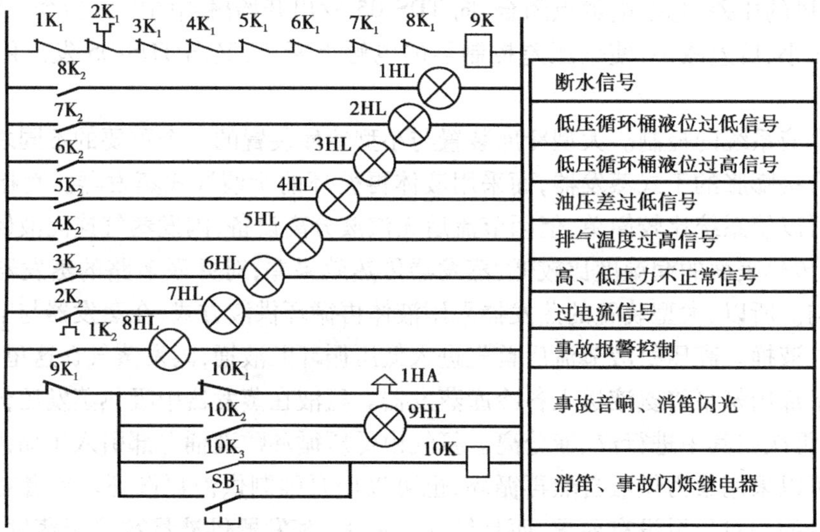

图4.56　制冷压缩机安全保护电气线路图

（2）风幕、电动门控制电路　为减少冷库门开门时的冷量损失，在冷库门上装上风幕，冷库门开启时联动风幕开启，在开启的冷库门口产生一道风幕，阻止冷库门内外冷热空气的对流。当冷库门关闭时，在冷库门处进行的库内外冷热空气的对流被库门隔断，不需要风幕工作，风幕电机停止运转。关门后防止门与门框冻结而引起开门困难，在电动门两边的胶条内，各装一组电阻丝加热器，由温度控制器控制，保持在25 ℃左右。

如图4.57所示，当开门拉动拉线按钮S_2时，齿轮交互继电器1K通电，常开触点$1K_1$闭合，接触器1KM通电吸合，电机启动开门；全开后，门框边上的行程开关S_4被撞开而切断1KM回路，电机失电停止工作。刚开门时，撞击闭合行程开关S_6，3KM吸合，使风幕的2台电机启动，风幕工作。当需要关门时，再拉动拉线按钮S_3使交互继电器1K产生与开门时相反的动作，使常闭触点 $1K_2$ 闭合，2KM 吸合通电，电机产生反转，将门关闭。当门关闭后，撞开行程开关 S_5，2KM 失电，关门结束。此时，风幕风机也停止了工作。若关门过程中，碰到物体，装在门缝内的安全开关 S 闭合，使 2K 通电，常闭触点 $2K_2$ 断开，停止关门，同时常开触点 $2K_1$ 闭合，使交互继电器 1K 又产生相反动作，重新开门。用温度控制器控制门缝电阻丝加热器，在电阻丝加热器电路中加上漏电保护开关进行漏电时自动保护。当库房工作结束，为防止开、关门的误动作，采用门搭开关 S_1。当门搭搭上后，S_1 断开，切断控制回路的电源，此时再拉动拉线按钮，也不能使电机通电开门了。

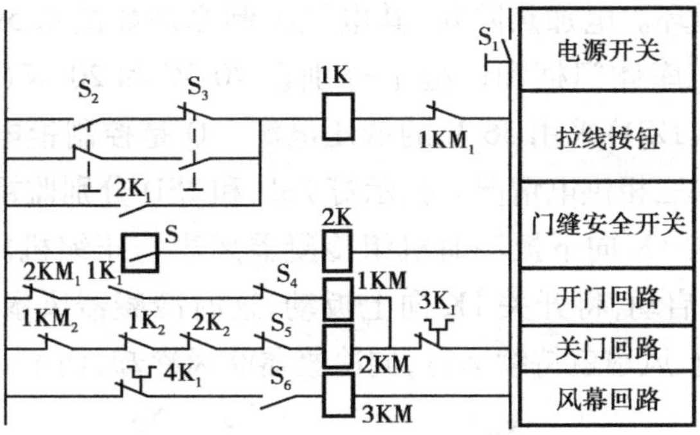

图 4.57　风幕、电动冷藏库门控制线路图

（3）库房呼救信号电路　如图 4.58 所示，为了使偶然被关在库房内的工作人员能够把消息通知自控室或机房值班人员，每间库房均应安装呼救按钮。为了容易找寻，还应在呼救按钮上方装上长明指示灯。当按下库房呼救按钮 SB_1（其他库房的呼救相同）时，继电器 2K 通电吸合，使 1K 闪烁继电器接通，发出呼救的闪烁灯光和电笛报警信号。值班人员得到呼救信号后，根据闪光灯确定房间，采取相应的救护措施，并按下答复按钮 SB_3 答复库房呼救人员，其呼救已起作用，同时音响电笛断电，呼救过程结束。

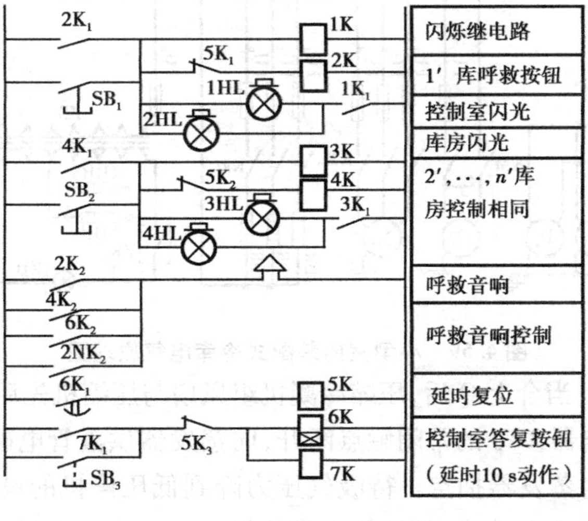

图 4.58　库房呼救信号控制线路图

3)小型全自动室内装配式冷库

冷藏食品链中零售环节的冷藏装置主要使用小型装配式冷库和食品冷陈列柜。由于实际使用条件的限制,这类装置要求系统尽可能简单,故尽管有不同的温度要求均采用单级压缩制冷系统。

小型全自动室内装配库有低温库和高温库2种。低温库库温为-18~-20 ℃;高温库库温为-5~+5 ℃。风冷式压缩冷凝机组置于库外,库内悬挂翅片式冷风机,用4个风扇(D_1,D_2,D_3,D_4)使库内空气循环。电加热除霜,其电气控制原理如图4.59所示。1D为压缩冷凝机组风扇,2D为压缩机,库体门框和门槛上分别设70 W和20 W(24 V)电加热器防凝露(4DR,5DR)。库内照明(1ZD)采用36 V的低压电源。Q是控制柜电源总开关。3个电源指示灯3SD~5SD分别监视三相供电情况。指示灯1SD和2SD分别监视库内风扇和除霜电加热器的工作情况。选择开关1K向下扳动时机组冷凝器风扇与压缩机同步启、停。夏季温度较高,为了防止压缩机重载启动,将开关1K向上扳动,这时冷凝器风扇与压缩机不同步。也就是说,只要总电源Q接通,风扇就持续运行,向冷凝器吹风冷却,而不受压缩机启、停的影响。

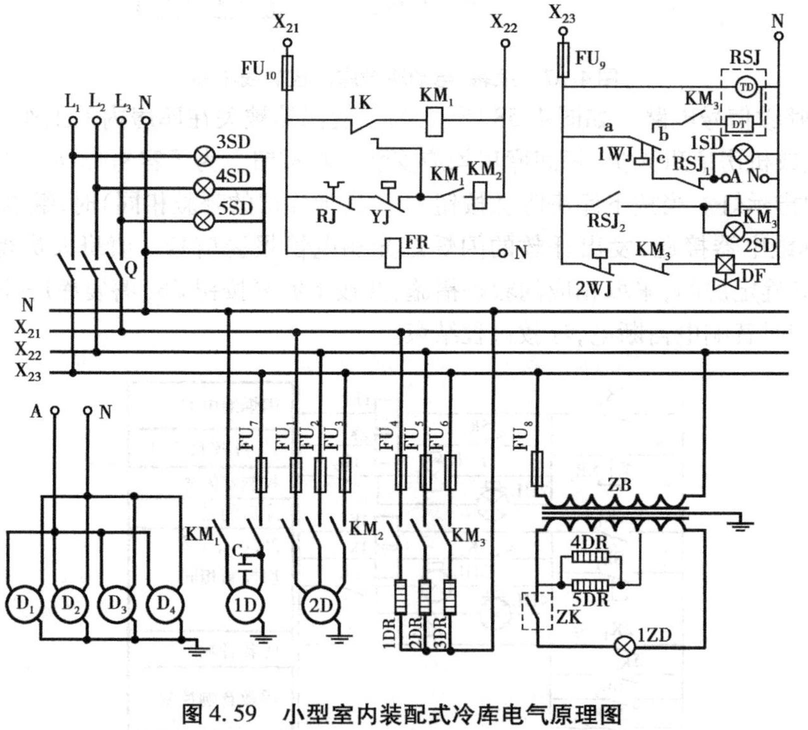

图4.59 小型室内装配式冷库电气原理图

(1)库温双位控制 当合上Q后,压缩冷凝机组风扇与压缩机先后动作,当库内温度降到设定值下限时,库温控制器2WJ的常闭触点断开,向蒸发器供液管电磁阀DF失电,切断供液回路,压缩机继续运转将蒸发器抽空。待吸气压力降到低压停机的设定值时,高低压控制器YJ的低压控制触头动作,KM_2失电,压缩机正常停机。当库温回升到库温控制器2WJ设定值的上限时,2WJ的常闭触头复位,电磁阀DF通电,重新向蒸发器供液,蒸发器压力回升到低压开机的设定值时,压力控制器 YJ 的低压常闭触头复位,接通交流接触器 KM_2,压缩机又重新启动。

(2)除霜控制　采用时间-温度控制方式。配备除霜定时控制器 RSJ 和终止除霜温度控制器 1WJ。除霜开始动作由 RSJ 控制,除霜终止则受定时(RSJ)和温度(1WJ)双重控制。除霜温度控制器 1WJ 的温包感应蒸发器壁面温度,起到根据霜层除尽的信号终止除霜之作用。定时器则按预先调定的除霜持续时间起到除霜过程进行了一定时间后终止除霜的作用。除霜定时器 RSJ 中的同步微电机 TD 在总电源 Q 接通后即通电计时,累积压缩机工作和停止时间。累积时间到达预定的除霜时间时,RSJ 上的所有触头动作一次,即常闭触头 RSJ_1 断开,库内蒸发器风扇停止;常开触头 RSJ_2 闭合,交流接触器 KM_3 得电,除霜电加热器 1DR ~ 3DR 通电加热。开始除霜;与此同时,KM_3 的常闭触点 KM_3 断开,停止电磁阀 DF 供液。待压缩机将蒸发器抽空到低侧压力降至停机的控制值时,由 YJ 动作,使压缩机停止。上述状态在除霜进行过程中一直保持着。当除霜过程经历了 RSJ 预定的持续时间(通常定为 40 min),RSJ 上的所有触头复位;RSJ_2 断开,KM_3 除霜电加热器停止,KM_3 常闭触点闭合,电磁阀打开供液,使吸气压力恢复正常,YJ 的触头闭合,压缩机重新启动;RSJ_1 闭合,但不能马上启动库内蒸发器风扇,后者的启动不仅受触头 RSJ_1 控制,还受除箱温控器 1WJ 的触头控制。1WJ 的温包感应蒸发器表面温度。该温度高于 7 ℃时,1WJ 触点 a,b 接通;a,c 断开。蒸发器风扇不工作;停止除霜转入制冷运行一段时间,待蒸发器表面温度降到 -4 ℃时,1WJ 触点 a,b 断开,a,c 接通,这才接通风扇运行。另外,若在 RSJ 预定的除霜持续时间(40 min)到达之前,霜已被除尽,使蒸发器表面温度已达到 7 ℃以上,则 1WJ 的触点 a,b 接通,这时由于正在除霜 KM_3 又是闭合的,故除霜定时器 RSJ 中的电磁线圈 DT 得电,吸合线圈中的铁芯,带动联动机构,使 RSJ 的触头复位。RSJ_2 断开,除霜立即终止。这时,RSJ 上的计时装置继续走完预定的 40 min,但触头已经复位,不再动作了。可见,除霜温控器 1WJ 在这里起到终止除霜和除霜结束后延时启动蒸发器风扇的作用。

(3)自动保护　若由于某种原因使系统的吸气或排气压力异常,YJ 动作,KM_2 失电,使压缩机保护性停机。故障排除,压力恢复正常后,又能自动重新启动压缩机。如果由于运行超载或其他原因造成压缩机过热,过热保护器 RJ(装在压缩机内)的触头断开,KM_2 失电,也使压缩机保护性停机。

4)开式食品冷陈列柜

超级市场广泛采用食品冷陈列柜向顾客敞开售货。冷陈列柜的使用使售货现场整齐、豪华,又能有效防止销售过程中食品品质下降造成的经济损失(尤其是果蔬鲜品和高档水产珍品),为商场获得多方面的综合效益。

如图 4.60 和图 4.61 所示,柜内温度为 -18 ℃,制冷剂采用 R502 单级压缩式制冷系统,蒸发温度为 -37 ℃。分体式结构,风冷式压缩冷凝机组在室外安装,蒸发器组件(包括风扇 2、蒸发器 3、回热器 17 和热力膨胀阀 16)装在柜内。用风扇 2 使空气沿风道循环,出风口设布风栅 5,使柜的上敞口面形成有速度梯度的冷风幕,阻止外界热空气的侵入。

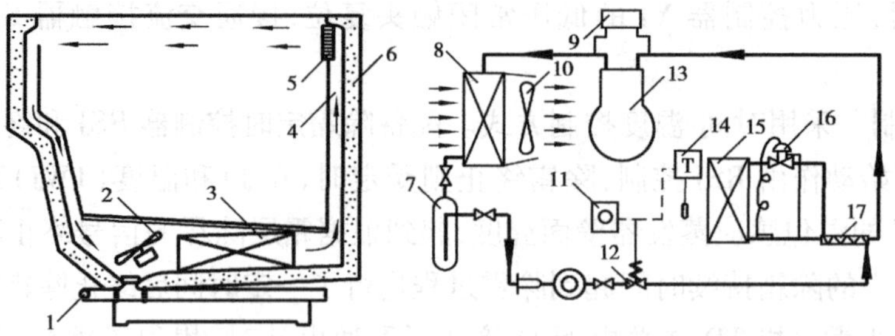

图 4.60　开式食品冷陈列柜及系统流程图

1—排水管；2—蒸发器风扇；3—蒸发器；4—风道；5—布风栅；6—柜体；7—贮液器；8—冷凝器；9—高低压力控制器；10—冷凝器排风扇；11—除霜定时器；12—电磁阀；13—压缩机；14—柜温控制器；15—蒸发器；16—外平衡热力膨胀阀；17—回热器

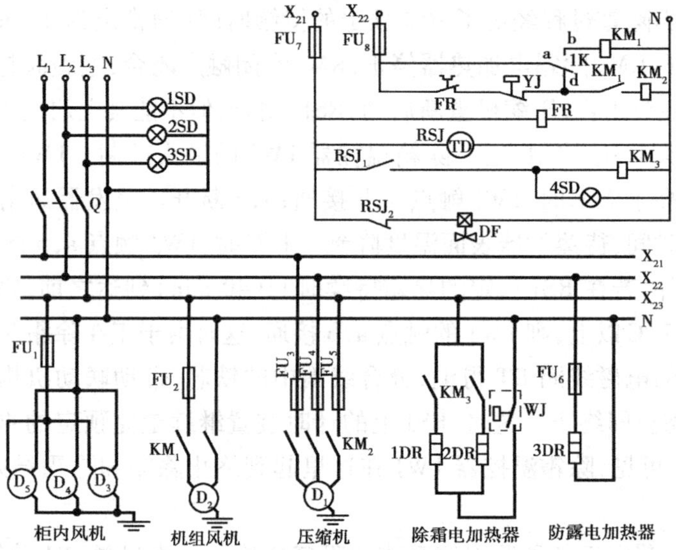

图 4.61　开式食品冷陈列柜电气原理图

用气充型外平衡热力膨胀阀调节制冷剂流量，能够保证只有在蒸发压力降到 MOP 值以下时，阀才开启供液，避免启动超载。采用与小型全自动室内装配式冷库类似的抽空停机方式，即柜温控制器 14 或者除霜定时器 RSJ 发出停机指令时，RSJ 所有触点反向动作。常闭 RSJ_2 断开，关闭供液电磁阀；常开 RSJ_1 闭合，除霜加热器通电。待蒸发器被抽空到低压停机控制值时，压力控制器 YJ 动作，使压缩机停机。这样，可以保证停机前将低压侧的工质尽量抽净，避免停机后工质在曲轴箱凝聚，下次开机时造成曲轴箱油位上蹿，对于冬季运行尤其有利。电加热除霜控制方式也与上例类似，其控制方式为定时-温度式控制。不同的是除霜温控器采用双金属片型，断开温度为 10 ℃，接通温度 -1 ℃，已设定，不需调整。另外，由于柜内湿度大，冷空气流道又狭窄，蒸发器表面及附近的流道内壁上均有结霜，故将电加热管置于蒸发器前，靠风机吹过电加热管产生热风化霜，因而除霜时蒸发器风机不停。保护措施有排气压力超高保护，设定为 2.45 MPa（表压力），贮液器安装易熔塞（熔点为 90 ℃），压缩机内置过热保护。

4.6.2 氨水吸收式制冷系统的自控系统

由于环保意识的增长及国际性地限制 CFC 类物质的举措,促使吸收式制冷机的生产和应用有明显增长。吸收式制冷机运行平稳、维护操作简单、可以直接利用热能驱动,具有节电等优点。

氨水吸收式制冷机简称氨吸收制冷机。它以氨为制冷剂,水为吸收剂,是天然的工质,对环境十分友好,也是很好的环保工质。它是一种可以获得 0 ℃以下冷量的吸收式制冷机,目前主要应用于如石油化工等这类需要冷量较大,温度又要求较低,同时有丰富热能资源可以利用的工业生产部门。随着氨吸收制冷技术的发展,氨吸收制冷机目前已有多种形式。它们使用各种类型的热源,吸收、发生的级数和制冷装置具体的工作流程都各不相同,一台装置还可具有多种蒸发温度。但任何形式的氨吸收制冷装置均从单级氨吸收制冷装置发展而来,都是以它为基础的。因此,本节主要讨论单级氨吸收制冷机的特性与控制原理。

1)氨吸收制冷装置运行特性

在氨吸收制冷装置的实际运行中,往往受到一些外界条件变化的影响。例如,冷却水温度的变化、热源温度有时也会波动、用冷量的变化等,这些外界条件的变化将使得氨吸收制冷装置的一系列参数发生变化,其运行的经济消耗指标也将随之而变。因此,很有必要对装置运行进行自动控制,以确保运行的稳定与经济。

由吸收式制冷机原理及相关溶液热力学知识可知,热源温度决定了发生器内溶液发生时的最终温度。当冷凝压力一定时,也就决定了系统中氨水稀溶液的浓度,冷却水温度决定了吸收终了的氨水浓溶液温度及冷凝器的冷凝压力;当蒸发压力一定时,系统中的氨水浓溶液的浓度也就确定了,蒸发温度的变化将改变吸收压力,吸收终了的氨水浓溶液浓度也将随吸收压力的变化而变化。总的来说,热源温度、冷却水温度与蒸发温度均和放气范围(系统中浓溶液与稀溶液浓度之差)有关。由理论分析与试验可知,在蒸发温度和冷却水温度已确定的情况下,蒸发压力和吸收器内溶液吸收终了温度均可确定,浓溶液浓度就成定值。如果升高热源温度,发生终了的稀氨水溶液浓度就要降低,放气范围增大,循环倍率降低,溶液循环量减少。这时,发生器、吸收器热负荷均发生变化,首先是降低,热力系数增大。但当热源温度继续升高时,则发生器、吸收器热负荷又会上升,热力系数下降。

同样,在冷却水温度发生变化时,随着冷却水温度的降低,冷凝压力下降,自然发生压力也下降。吸收终了溶液温度的降低,使吸收终了氨水浓溶液浓度上升,结果放气范围增大,循环倍率降低。但这时发生器、吸收器、冷凝器热负荷均相应降低,这对氨吸收制冷装置的工作是非常有利的。

当用户冷负荷发生变化时,对采用载冷剂的系统表现在回入系统的载冷剂(盐水)温度的变化,对直接蒸发系统,则表现为蒸发器压力、蒸发温度的变化。当冷负荷减少时,由于蒸发压力的降低,使吸收终了氨水溶液的浓度降低,系统运行的放气范围减小,循环倍率增大,其他设备热负荷均增大,因而系统运行的热力系数降低。为了使装置的产冷量随用冷量进行相应的变化,就必须对氨循环量、溶液循环量等进行相应的调节。

2)氨吸收制冷装置的控制

由于制冷系统的冷负荷及外界热源或冷源都可能随时发生变化,从而引起系统参数的变化。为了保证装置的正常运行,必须对这些参数进行控制。此外,为了了解系统的运行情况,掌握其技术数据及计量装置的生产指标,还应对一些参数进行指示或记录。目前,大型氨吸收制冷装置多考虑集中控制,重要参数实行自动控制。

(1)负荷调节　用户冷负荷发生变化时,要求装置的制冷量相应变化。制冷量变化反应在蒸发器里氨蒸发量的变化。这就要求氨循环量相应变化,从而引起吸收量、发生量等一系列变化。因此,负荷调节实际上是对氨循环量的调节,即对蒸发量、吸收量及发生量的一系列调节。这些调节是氨吸收制冷装置稳定运行的关键,目前多采用自动调节。

①蒸发量的调节(盐水温度或蒸发压力的控制)。用户的冷负荷变化时,对采用载冷剂的系统表现在载冷剂(盐水)温度的变化。对直接蒸发的系统,表现为蒸发器压力的变化。为了保持这些参数正常,必须调节装置的产冷量,即调节蒸发量。蒸发量的调节目前有下列几种方法:

a. 调节蒸发器负荷:在蒸发器的气氨出口设置气氨调节阀,以盐水出口温度(或蒸发器压力)为信号,控制调节阀,从而调节蒸发器的氨蒸发量,当然对进液膨胀阀也应作相应的调节。这种调节方案的优点是,调节比较直接,反应快。缺点是氨气压力损失大,运行经济性差,而且设置气体调节阀,尺寸大,造价高。

b. 调节吸收器的负荷:以盐水出口温度(或蒸发器压力)为信号,控制吸收器的吸收量。其方法是调节进入吸收器的稀溶液量,或是调节吸收器的冷却水量,或是同时调节稀溶液量及冷却水量,见图4.62。当进入吸收器的稀溶液量发生变化时,必然会影响到发生塔釜的液位,因此,以塔釜液位为信号,控制浓溶液的进塔量,除了保证塔釜液位稳定外,还对发生塔的负荷(进塔浓溶液量发生改变)进行了调节,可以分析控制流程是闭合的,也就是当冷负荷发生变化后,系统进行了一系列的自调,使系统的产冷量随用冷量变化而变化。这种调节方法的优点是调节阀的尺寸小,氨压力损失小,消耗指标低;其缺点是反应比较滞后。

c. 调节精馏塔负荷:以盐水温度(或蒸发器压力)为信号控制进入发生器的浓溶液量。这种调节方法是首先调节发生器的发生量。从而达到调节吸收量,最后达到调节蒸发量的目的。这种调节方案的优点是投资省,消耗指标低,塔釜液面较稳定;其缺点是调节反应滞后较大。

上述3种调节方法中,第二种方法应用较为普遍,调节效果较好。

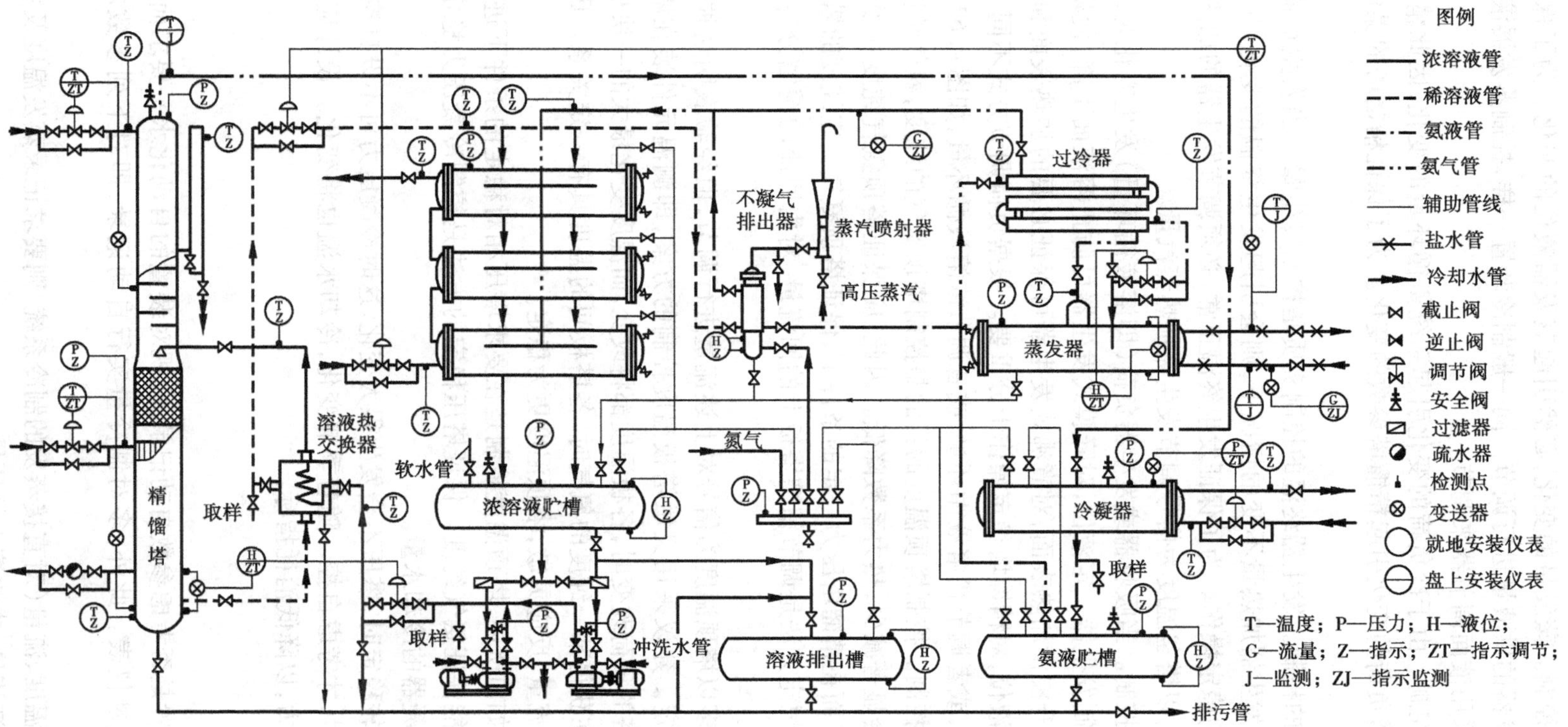

图4.62　单级氨吸收制冷工艺流程及控制原理图

②蒸发器液位控制。蒸发量的变化，必然引起蒸发器液位的变化。为了保持蒸发器的正常液位，必须对蒸发器的供液量进行调节。同一般制冷装置一样，控制蒸发器液位或者采用浮球直接调节，或者采用液面调节器来调节。

(2)精馏塔的控制　由于冷负荷的变化引起系统氨循环量的变化，因此精馏塔的负荷也随之变化，而精馏塔负荷的变化引起精馏塔参数的变化。为了保证精馏塔的操作稳定，下列参数必须加以控制。

①发生器温度的控制。发生器终温的控制实质是控制发生量。当发生负荷(即溶液循环量)发生变化时，在发生器加热量不变的情况下，则会引起发生终温的变化，从而使稀溶液浓度变化，影响系统的稳定操作。为了保证发生终温正常，必须调节发生器的加热量。调节发生器加热量的方法是，以塔釜温度为信号调节发生器加热蒸汽量。

②发生器液位控制。当吸收器或发生器负荷(即溶液循环量)发生变化时，都会影响发生器液位的变化。控制发生器一定液位，对降膜式发生器可防止溶液面下降，使稀溶液带气，亦可防止由于液面上升浸没加热表面，对煮沸式发生器可保证必要的加热表面和溶液之间的换热。故维持一定的液位，对精馏塔稳定操作十分重要。根据负荷调节方式不同，发生器液位控制采用不同的方法，或者调节稀溶液循环量，或者调节浓溶液循环量，如图 4.62 所示。

③塔顶温度的控制。控制塔顶温度的目的是控制塔顶氨气的纯度，氨气纯度降低，在相同条件下，则制冷量会显著减少，热力系数降低。因此，应保证塔顶氨气纯度在设计要求的浓度(如 99.8%)以上。而在精馏塔压力一定的条件下，保证塔顶氨气一定纯度的塔顶温度是一定的。控制塔顶温度恒定方法是调节精馏塔板上的回流量，对内回流的精馏分冷凝器则调节回流冷凝器冷却水量。

以往的设计中多以塔顶温度为信号对上述流量进行调节，但经验表明这种控制方案不易保证塔顶温度的稳定。建议采用灵敏塔板温度控制的方案，即测温元件装在塔的灵敏板上。所谓灵敏板，是指塔的负荷改变时，各板温度都将改变，而温度变化最大的一块板即称灵敏板。从精馏原理可知，在获得某一纯度的氨气时，各塔板间的温度具有一定关系。因此，用灵敏板控制方案来控制回流量，反应灵敏，塔顶温度更为稳定。

④塔压控制。如前所述，塔顶温度控制是在要求塔压相对稳定的条件下进行的；否则，仅控制塔顶温度仍不能保证氨气纯度。保证塔压稳定的方法是控制冷凝压力稳定，即以冷凝器压力为信号控制冷凝器的冷却水量。

在冷却水温比较稳定时，塔压不会发生很大变化，这时冷凝压力可不设自控。只有当冷却水温、水压不稳定时，才考虑自控。随着季节变化，冷却水温也将变化。设计应考虑不同季节采用不同的冷凝压力，以降低消耗指标。

3)自动记录

氨吸收制冷装置是否考虑参数自动记录，应视对装置的自动化水平要求而定。一般自动调节都带有自动记录仪表。此外，多对制冷量实行自动记录，即对下列参数之一进行自动记录。

①盐水进出口温度、流量(对直接蒸发的制冷系统，则要求记录蒸发温度及蒸发压力)；

②过冷器后氨液流量，或浓溶液循环量；

③过冷器出口氨气流量,或精馏塔顶出口氨气流量。

4)指示仪表

除上述温度、压力、液面等调节记录的参数应有相应的就地指示仪表外,还应在系统下列各点设置检测点:

①蒸发器压力及氨气出口温度;

②吸收器压力及氨气进口温度;

③热交换器浓溶液及稀溶液进出口温度;

④吸收器冷却水进出口温度;

⑤发生器及回流冷凝器入口温度;

⑥浓溶液贮槽压力及液位;

⑦氨水泵出口压力;

⑧回流冷凝器冷却水进出口温度;

⑨氨冷凝器压力、氨贮液器压力及液位;

⑩氨冷凝器冷却水进出口温度。

此外,为了统计消耗指标,装置的供水、供汽、供电系统应相应设置计量仪表。对大型制冷装置,上述检测点应尽量考虑集中指示。

5)安全保护措施

为保证制冷装置在运行中一旦发生故障而自动停车或发出报警保护。下列各参数可考虑设置报警或保护设施:

①盐水温度下限;

②精馏塔压力上限;

③液氨贮槽液位上下限;

④浓溶液贮液器液位上下限。

4.6.3 溴化锂吸收式制冷系统的自控系统

溴化锂吸收式制冷机组的自动控制包括冷量自动调节、程序启停及安全保护装置等。冷量自动调节装量根据外界负荷的变化,可自动地调节机组的制冷量,使蒸发器出口冷媒水的温度保持恒定。程序启动和程序停止是根据溴化锂吸收式制冷机组的操作要求,按照一定的程序自动进行的。安全保护装置则保障机组的顺利运行或发出故障警报,并指示故障的原因和位置,以便操作人员及时地排除故障。溴化锂吸收式制冷系统有单效、双效,有直燃型、蒸汽型和热水型之分,但其控制的思路基本相同。本节仅对单效及直燃型的控制方法做一介绍,请读者对溴化锂吸收式制冷过程控制进一步了解与掌握。

1)机组制冷量的自动调节方法

在溴化锂机组的正常运行过程中,其用冷量是随外界热负荷的变化而变化的,这就要求溴化锂吸收式机组的产冷量也要相应地变化,以满足变负荷的要求。在制冷原理等有关书籍中,已经具体地分析了影响溴化锂吸收式制冷机组性能的各种因素及制冷量的变化规律,同时也指出了调节冷量的途径。

溴化锂吸收式制冷机组是以消耗热能为制冷逆向循环的补偿过程来实现制冷的。加热介质的参数变化会引起制冷机组性能的变化。就加热蒸汽而言,蒸汽压力不稳定,制冷机组的运行就不稳定,冷量的自动调节也就难于实现。因此,稳定加热蒸汽压力是制冷机组正常运行,进而实现冷量自动调节的前提,也是必不可少的环节。

溴化锂吸收式制冷机组在一个稳定工况下运行时,意味着机组的产冷量与用冷量相等。如果外界用冷负荷发生变化时,而加热介质和冷却介质的参数不变,则蒸发温度将降低,制冷量下降,蒸发器出口处冷媒水的温度也随之降低。但随着蒸发器冷媒水出口温度的降低,机组的热效率将明显降低,经济性变差。当用冷量变化幅度较大时,使蒸发温度降低到 0 ℃时,制冷机组的正常运行将遭到破坏。因此,必须采用冷量调节装置来调节机组的制冷量,使制冷机组的运行具有较高的热效率,同时不至于因外界负荷降低过大而影响机组的正常运行。

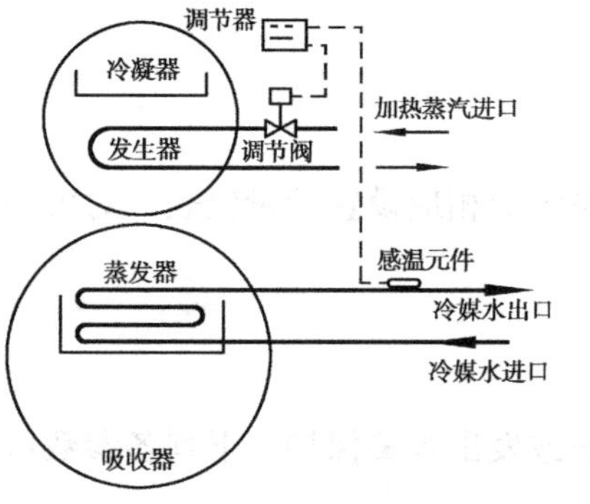

图 4.63　加热蒸汽量调节法示意图

溴化锂吸收式制冷机组制冷量的自动调节,是围绕保持蒸发器冷媒水出口处温度的恒定来设定的,一般采用的方法有:加热蒸汽量调节法、加热蒸汽凝结水量调节法、冷却水量调节法、溶液循环量调节法及彼此间的组合调节法。下面分别介绍这几种调节方法的工作过程。

(1)加热蒸汽量调节法　加热蒸汽量调节法是以蒸发器冷媒水出口处的温度为信号,通过调节加热蒸汽量来改变制冷量的,如图 4.63 所示。当外界用冷负荷减小时,蒸发器冷媒水出口处温度降低。安装在冷媒水管道上的感温元件(热电偶或铂电阻)会发出信号,经调节器和执行机构,使调节阀动作。发生器的加热蒸汽量减小,且热负荷降低,使发生器出口处浓溶液的浓度降低,从而改变了机组运行时的放气范围,降低机组的制冷量,使蒸发器冷媒水出口温度回升至给定值。

此调节方法的优点是:调节元器件安装在蒸汽管道上,不涉及机组的真空系统,而且不和溴化锂溶液接触,因而调节元器件不受溶液的腐蚀,运行可靠。此外,当外界用冷负荷降低时,由于进入发生器的蒸汽量减小,发生器出口处浓溶液的浓度随之降低。这对于制冷机组运行过程中防止溴化锂溶液的结晶也是有利的。

此方法的缺点是:当制冷机在低负荷(如 50%以下)运行时,单位制冷量的蒸汽消耗量增大,即热力系数降低。

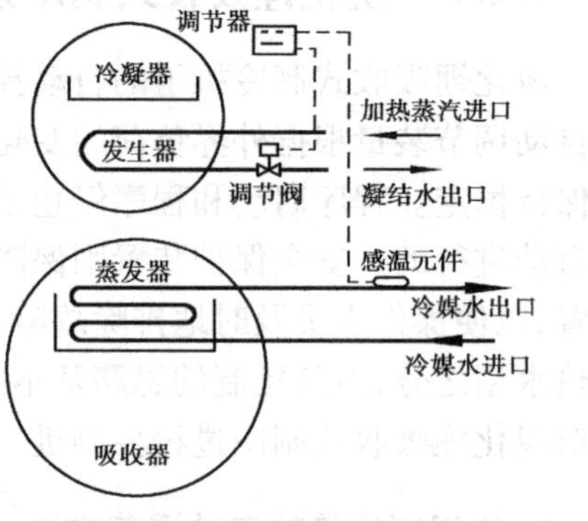

图 4.64　加热蒸汽凝结水量调节法示意图

(2)加热蒸汽凝结水量调节法　这种调节方法与加热蒸汽量调节法相似,都是以改变发生器的热负荷来改变制冷量的。当外界用冷负荷降低时，蒸发器冷媒水出口温度降低，如图 4.64 所示。由安装在冷媒水管道上的感温元器件发出信号，通过调节器和执行机构，使蒸汽凝结水管道上的调节阀动作，以减小凝结水的排泄量。这样，发生器管内的凝结水逐渐蓄积，减小了有效传热面积。因此，发生器热负荷下降，机组的制冷量也随之下降，直至蒸发器冷媒水出口温度恢复为给定值。

上述 2 种调节法相比较，此方法最大的优点就是凝结水管道直径小，且所选用的调节阀尺寸小，使整套调节机构外形轻巧且安装和维修方便。

(3)冷却水量调节法　这种调节法的原理图如图 4.65 所示。它通过改变冷却水量来调节机组的制冷量，从而使蒸发器出口处冷媒水的温度保持恒定。

当外界冷负荷降低时，蒸发器出口处冷媒水的温度降低。由感温元器件发出信号，经调节器和执行机构使调节阀动作，减小进入冷凝器的冷却水量，对吸收器、冷凝器冷却水串联的系统，进入吸收器的冷却水量液减小。因此，冷凝温度升高，抑制发生器的作用，减少冷剂发生量；吸收器冷却水量的减小，吸收终了溶液浓度增大，从而降低机组的制冷量。

冷却水调节阀安装不涉及机组的真空系统，从而没有泄漏问题和元器件的防腐问题，安全可靠。但是，采用冷却水调节法时，制冷量的调节范围较窄，通常仅在 80% ~ 100%。如果要使制冷量降得更低，就必须显著地减少冷却水量（如制冷量减少 20% 时，冷却水量要减少 50%）。在这种情况下，冷凝温度升高，冷凝器中传热管的结垢情况加剧。这对制冷机的运行是不利的。另外，这种调节方法若不与前两种方法组合，则当外界负荷降低时，加热蒸汽的消耗量并不显著降低，而制冷量却明显地下降，即单位制冷量的蒸汽消耗量增大，热力系数降低，这是不经济的。

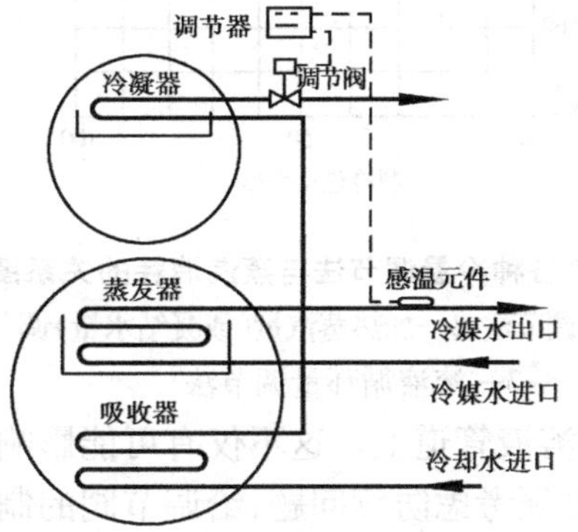

图 4.65　冷却水量调节法示意图

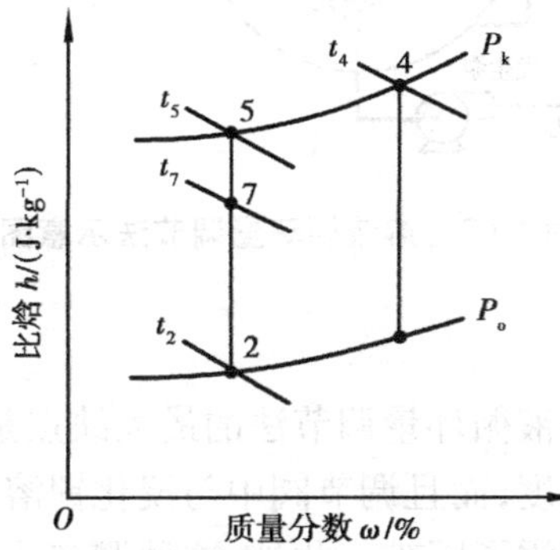

图 4.66　发生器中溶液的加热过程

冷却水量调节法的另一个缺点是冷却水管道比较大。由于与此调节法相对应的调节阀与执行机构的尺寸也比较大，所以整套调节机构比较笨重。

(4)溶液循环量调节法　如图 4.66 所示，发生器中加热蒸汽必须先把状态点 7 的稀溶液加热至饱和状态（点 5），然后把稀溶液浓缩，产生冷剂蒸汽，过程线 7—5—4 表示了这一过程。将流量为 m_a 稀溶液从 t_7 加热到 t_5 所需的热量：$Q_L = m_a(t_5 - t_7)c_p$，其中 c_p 为温度在 $t_7 - t_5$ 的平均比定压热容。在同一个条件下，可认为温差（$t_5 - t_7$）和平均比定压热容 c_p 为常数，那么 Q_L 与 m_a 成正比。当外界负荷降低时，若 m_a 不变，则 Q_L 几乎为定值，而制冷量 Q_0 降低。随着 Q_0 值的不断降低，Q_L/Q_0 的比值增大，单位制冷量的蒸汽消耗量增大，制冷机组的热效率降低。所以,不论采用加热蒸汽量调节法、凝结水量调节法或冷却水量调节法,低负荷时,单位制冷的蒸汽消耗量都增大,即经济性降低。

采用溶液循环量调节法可克服上述调节方法所带来的缺点。当外界冷负荷降低时,通过感温元器件、调节器和执行机构,使安装在稀溶液管道上的调节阀动作,减少进入发生器的稀溶液量,如图 4.67 所示。随着 m_a 的减少,Q_0 降低,蒸发器出口处冷媒水的温度回升,直至恢复到给定值。同时,由于 m_a 的减少,循环中的热耗量 Q_L 也跟着减少,因而单位制冷量蒸汽消耗量不增加。实践表明,采用溶液循环量调节法的经济效果最佳。当制冷量从 100% 降低至 10%时,单位制冷量的蒸汽消耗量几乎不变,如图 4.68 中的曲线 3 所示。图中,纵轴表示产生每千焦冷量所消耗的加热蒸汽量;横轴表示制冷量变化的百分率。曲线 1 和曲线 2 为采用冷却水量调节法和加热蒸汽量调节法(或凝结水量调节法)时,单位蒸汽消耗量与制冷量的变化关系。冷却水量调节法的经济效果较差,而当机组制冷量降低到 50% 以下时,蒸汽量的调节法的经济效果也明显下降。

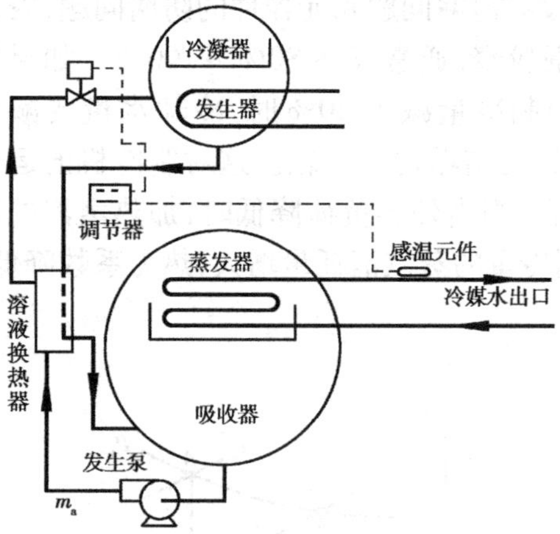

图 4.67　溶液循环量调节法示意图

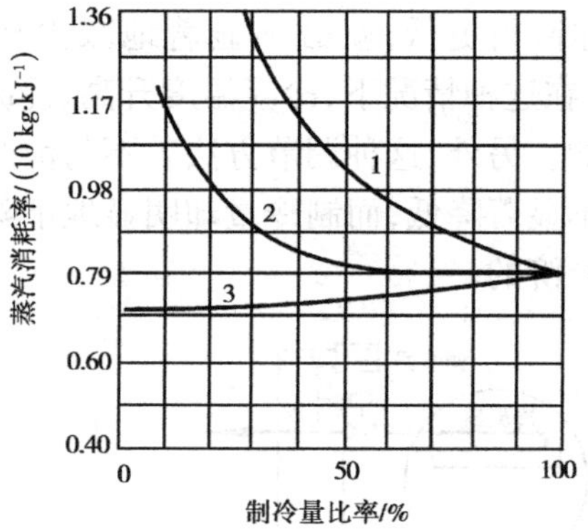

图 4.68　各种冷量调节法与蒸汽消耗的关系图

1—冷却水量调节法;2—加热蒸汽量(或凝结水量)调节法;3—溶液循环量调节法

溶液循环量调节法的最大缺点是调节阀必须安装在溶液管道上。这不仅有可能影响机组的真空度,而且调节阀中与溴化锂溶液接触的元器件还必须考虑防腐问题,给调节阀的制造和安装增添了困难。此外,这种调节法若不与蒸汽流量调节法或凝结水量调节法相组合,则由于进入发生器的稀溶液量减少,而加热蒸汽量又不受控制,发生器中溶液的浓度增大,有可能产生结晶,所以溶液循环量调节法不宜单独采用。

(5)组合式调节法　组合式调节法可以是溶液循环量调节法与蒸汽量调节法相组合,也可以是溶液循环量调节法与凝结水量调节法相组合。

蒸汽量调节法与溶液循环量调节法相组合的调节原理,如图 4.69a 所示。当外界冷负荷降低时,通过蒸发器出口冷媒水管道上的感温元器件发出的信号来调节进入发生器的溶液量和加热蒸汽量,使制冷量降低,从而维持蒸发器出口处冷媒水的温度在给定的范围内,其另一种调节系统见图 4.69b。当制冷机组在低于 50% 的负荷下运行时,将稀溶液的旁通阀打开,减少进入发生器的稀溶液量,即稀溶液旁通与蒸汽量调节法联合使用,而当制冷机组在 50% 以

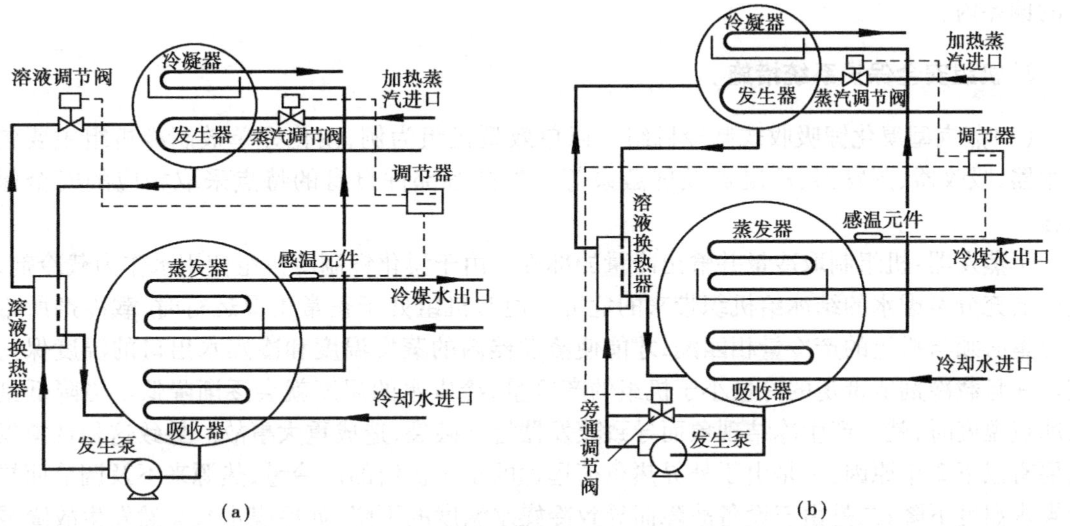

图 4.69　蒸汽量与溶液循环量组合调节法系统原理示意图

上的负荷下运行时，旁通阀关闭，仅依靠调节加热蒸汽量来改变机组的制冷量。旁通阀可采用双位式调节阀。

蒸汽凝结水量调节法和溶液循环量调节法组合方式的工作情况与上述相似，只是将调节阀安装在凝结水管道上。

(6)稀释运行控制　稀释运行就是停止蒸汽的加热作用，而维持溶液泵和冷剂水泵继续运行，使系统中溴化锂溶液稀释，其目的是防止浓溶液结晶。当发生器没有加热作用时，在溶液泵的作用下由发生器返回吸收器的溶液浓度降低，进入吸收器后继续吸收蒸发器来的冷剂蒸气，从而使系统的溶液被稀释。

(7)直燃型机组能量的调节方法　以燃气型机组为例，对于直燃型机组来说，在全负荷条件下燃烧器将处于最大燃烧量的状态。当外界热负荷减小，冷媒水出水温度下降时，燃烧器将减小燃烧量以适应外界热负荷的变化。当所需燃烧器的热量低于最小燃烧量时，燃烧器将出现断续工作的状态。直燃型机组制冷量调节的自动控制原理见图 4.70。它主要是由温度传感器、温度控制器、执行机构(调节电机)和调节阀组成的。为了保证燃烧器中具有一定的助燃空气，在燃烧管路和空气管路上同时设有流量调节阀，二者通过连杆机构保证同步动作。温度传感器安装在冷媒水进口或出口处，被测冷媒水的温度与设定的冷媒水温度相比较，根据它们的偏差与偏差积累控制进入燃烧器中的燃料和空气的量，以此来控制冷媒水温在一

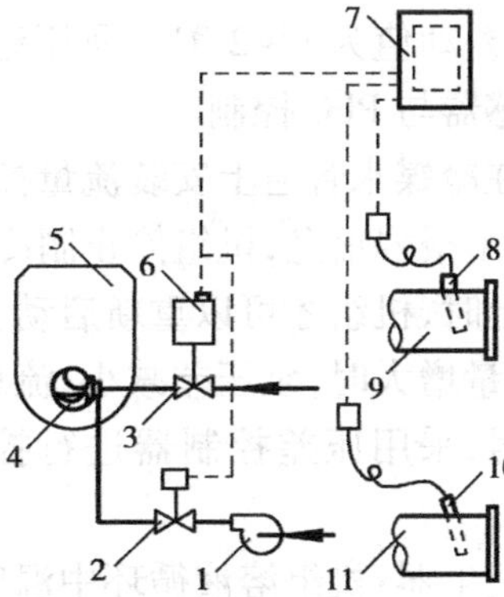

图 4.70　直燃型机组制冷量控制原理示意图

1—燃烧器风机；2—空气流量调节阀；
3—燃气调节阀；4—燃烧器；5—高压发生器；
6—调节电机；7—温度控制器；
8,10—温度传感器；9—冷/热水出口连接管；
11—冷/热水进口连接管

定的偏差内。

2)机组安全保护系统措施

(1)蒸汽型溴化锂吸收式制冷机组　以单效型机组为例,溴化锂单效制冷机组主要包括发生器、吸收器、蒸发器、冷凝器及屏蔽泵等。根据各部件自身的特点采取相应的安全保护措施。

①蒸发器:机组制取冷量并输出冷量的部件。由于溴化锂制冷机组使用水作为载冷剂,因此就要充分考虑水的结冰给机织带来的危害。通常机组处于正常工况运行时,载冷剂所带走的冷量必须与机组的产冷量相匹配,才能使蒸发器内的蒸发温度和冷媒水出口的温度保持稳定。一旦载冷剂所带走的冷量小于机组的产冷量,冷媒水的温度就会逐渐降低。当降低到水的冰点温度时,就会产生冻结现象而导致蒸发器管子破裂,造成重大事故。导致这种现象发生主要有以下2个原因:一是由于外界热负荷远远的小于机组的产冷量,热源来不及调节而导致冷媒水温度下降;二是由于设备故障而导致冷媒水温度的下降,如冷媒水泵突然发生故障或冷媒水系统中管道阀门未打开,以及管道中杂质过多堵塞过滤装置,使冷媒水的流量降至额定值的50%以下等。针对上述2种情况,通常所采用的保护措施有:

a.在冷剂水或冷媒水管道上安装温度控制器。当冷剂水或冷媒水温度低于温度控制器设定值时,温度控制器动作,发出报警信号,同时切断工作热源(如加热蒸汽),机组转入稀释运行状态。当冷媒水温回升至高于设定值与设定差动值的和之后,机组重新投入正常运行。一般冷剂水报警温度设定值为2~3 ℃,设定差动值为1~2 ℃;冷媒水报警温度设定值为3~4 ℃,设定差动值为1~2 ℃。所用温度控制器包括WTZK-50-C型温度控制器,新机型广泛采用温度传感器与PLC控制。

b.在冷媒水管道上安装流量控制器,当冷媒水流量低于额定流量的50%时,流量控制器动作,发出报警信息,机组停止制冷运行。待冷媒水系统故障排除后,流量恢复到额定流量的65%以上时,机组才可以重新启动。另外,由于管道中的流量变化,与泵两端的压差变化密切相关,流量增大时,泵压差减小;流量减小时,泵压差增大。因此,也可用冷媒水泵两端的压差发出信号,采用压差控制器进行控制。这时,设定的压差值为上述设定流量所对应的泵压差值。

②发生器:机组溶液循环中温度和压力最高的部位。这里突出的安全保护是指溴化锂溶液的防结晶和恒定液位等问题。通常在机组运行过程中,溴化锂溶液温度过高或质量分数过高,都会产生结晶现象。在发生器中,温度越高,溶液质量分数也越高。因此,要合理控制溶液温度。限制高压发生器中溶液的最高温度,是保证溶液质量分数低于结晶范围的前提。防止结晶所采取的安全保护措施是,在发生器浓溶液的出口管道上安装温度控制器,进行发生器溶液超温保护。当发生器溶液温度高于设定值时,温度控制器触点动作,发出报警信号,同时切断加热源,机组进入稀释运行状态。待机组故障排除后,才能重新启动运行。虽然控制了溶液的质量分数,但若稀溶液温度过低,也会在溶液热交换器浓溶液出口处产生结晶。为此,在发生器液囊中装有自助融晶管,并在融晶管上装有温度继电器。当融晶管处于高温状态时,表示机组中出现了结晶现象。温度继电器动作并报警,同时切断热源使机组转入稀释运行。

此外,发生器的液位必须被控制在某个范围内,因而装有液位控制器。液位控制器可进行高液位和低液位保护。当发生器的液位超过规定的高液位时，溶液泵关闭；当发生器的液位低于规定的低液位时，溶液泵重新启动。在工作液位的范围内，也可通过变频装置控制溶液泵的流量，起到稳定液位的调节作用。

③吸收器和冷凝器：与发生器所采取的安全保护措施相类似，吸收器中的安全保护措施也是紧紧围绕着溶液的防结晶问题。吸收器中的吸收热是通过冷却水带走的，冷却水的温度及流量就直接决定了吸收器中吸收热被带走的情况，也就直接决定了吸收器的吸收效果。容易形成溶液的结晶现象的原因如下：

a. 冷却水流量减少或发生断流，会使稀溶液质量分数升高而易发生结晶故障；

b. 冷却水温度过低，会导致溶液热交换器稀溶液侧温度过低，从而引起热交换器浓溶液侧结晶。

除发生结晶现象外，吸收器中冷却水温度过低，还会引起溶液质量分数下降等情况的发生，使蒸发器冷剂水液位下降而影响冷剂泵的正常工作。采取的安全保护措施有：

a. 在冷却水管道上安装流量控制器。当冷却水的流量小到一定值时（如减小到额定值的70%以下），启动报警信号，同时切断热源，机组进入稀释运行状。另外，与前面所述蒸发器中冷媒水管道上的流量控制相类似，也可在冷却水管道上安装压差控制器。通过冷却水泵进出口之间的压差发出信号，控制压差控制器开关动作，达到水流量安全保护的目的。

b. 在冷却水管道上安装温度控制器。控制器检测冷却水的出水温度，根据设定值确定偏差，再发出控制信号，使用二通阀或三通阀控制冷却水量的增减，以使冷却水出水温度基本稳定。另外，控制器检测冷却水的进口或出口温度，控制冷却塔风机的启停或转速，这样也可保证吸收器进水温度基本恒定。

④屏蔽泵：为整个系统得以循环的动力，对机组的正常运行起着关键作用。它与常规泵相同，主要包括2种安全保护形式：

a. 吸空保护：泵的吸空现象主要是由于屏蔽泵工作时的吸入高度不够而引起的，特别是冷剂泵，其吸入高度随运行状态及运行工况而变化，更需进行吸空保护。保护方法是设置液位控制器，直接对蒸发器液囊液位进行控制。低液位时停止，高液位时启动。

b. 屏蔽泵电机的过流保护：该保护是在电路中安装热继电器或熔断器等保护装置，当屏蔽泵因故障而出现过载情况时，保护装置能够及时切断电源。有些屏蔽泵，电机线圈中安装有温度继电器，进行高温过热保护。

⑤机组：其安全保护主要涉及机组内的真空度保护，溴化锂机组是在高真空状态下工作的。一旦机组发生泄漏，系统将混入不凝气体，会使机组的吸收和蒸发效果大大减弱，使送往吸收器的稀溶液质量分数升高，导致发生器出口处浓溶液的质量分数过高而发生结晶故障。因此，为检测真空度及泄漏情况，并能够及时采取补救措施，在自动抽气装置集气筒中设置真空检测仪表，可随时监控机组内的真空度，一旦发现泄漏，可立即启动真空泵。

（2）直燃型溴化锂吸收式冷热水机组　以燃气为例，直燃型机组与蒸汽型机组的主要区别来自于热源。它在许多部位上与蒸汽型机组具有同样的安全保护装置。但由于热源的不同，直燃型机组还需一些特殊的安全保护装置。

①安全点火装置：直燃型机组的燃烧系统分为主燃烧系统和点火燃烧系统。主燃烧系统是机组的加热源，它是由主燃烧器、主稳压器及燃烧控制阀等组成的，供机组在制冷或制热时

使用。点火燃烧系统是由点火燃烧器、点火稳压器、点火电磁阀等组成的，其作用是辅助主燃烧器点火。点火燃烧器内设有电子打火装置。启动时，点火燃烧器先投入工作，经火焰检测器确定正常后，延时打开主燃料阀，使主燃烧系统进行正常燃烧。一旦主燃烧器正常工作，点火燃烧器即自动熄灭。如果点火燃烧器点火失败，受火焰检测器控制的主燃烧器阀将不会被打开，防止燃料大量溢出，发生泄漏或爆炸事故。

②燃气压力保护系统：燃气压力过高或过低，都会影响燃料的供给量和燃烧过程。压力过低可能造成回火，压力过高会威胁管道系统。因此，机组工作时需要保持燃料压力相对稳定。采取的措施是，在系统中安装燃气压力控制器。当燃气压力的波动超过允许的范围时，压力控制器立即动作，发出报警信号，同时切断对燃料的供应，停止燃烧过程，并使机组转入稀释运行状态。

③熄火自动保护系统：熄火自动保护系统的功能是当燃烧器在点火失败或正常运行过程中火焰熄灭时，能够迅速切断对燃料的供给，并使机组转入稀释运行状态。如果机组运行中，火焰熄灭后，没有及时切断对燃料的供给，燃烧继续进入炉膛，当足够多的燃料在高温下自燃时，则会引起炉膛爆炸。因此，熄火保护系统不但要可靠，而且应响应迅速。熄火保护系统的关键部件是火焰检测器。当它检测出熄火信号后，燃烧监视继电器动作，发出报警信号，同时切断对燃料的供应，机组转入稀释运行状态。

④烟气高温控制器：当烟气温度在 300 ℃左右时，机组将自动停止运行。

⑤风压过低自动保护：风压过低，说明送风系统阻力过大或发生故障，空气流量不足以维持正常的燃烧。因此，当空气压力低于 490 Pa 时，保护系统应及时切断燃料供给，停止燃烧过程，机组转入稀释运行状态。

⑥燃烧器风扇的过流保护：为防止燃烧器风扇故障，则在燃烧器风扇电机电路中，安装热继电器或熔断器等保护装置。若过载保护器动作，机组将自动停止运行。

溴化锂吸收式制冷机虽然设备比较庞大，但常规的控制还是比较简单的。在其控制内容、要求和基本控制方法基础上，溴化锂吸收式制冷机的自动化水平不断提高，越来越多地使用微型计算机控制，可以实现复杂的调节规律、改善调节品质，并对运行过程实现最优控制以节省运行能耗；同时，计算机系统的终端设备对制冷机运行参数、状态及故障等进行显示、打印或超限报警。

不管控制设备与控制技术有多优越，一个好的计算机控制系统的设计必须是建立在对制冷机工艺流程和运行特征的深入了解，以及具有微机控制方面系统知识和熟练技能的基础之上的，并通过不断的理论与实践而获得完善。

5 空调装置及系统自动控制

空调装置包括的种类很多,本章主要讨论的对象是直接对房间空气进行处理的房间空调器和为用户提供冷冻水的冷水机组。本章仅对其中几种典型的装置进行介绍,使读者对制冷装置的自动控制功能、原理、方法有所掌握。

对制冷装置的自动控制系统,其应当实现的目标至少包括以下几个方面:

①满足人们的舒适性要求或对冷/热源的温度要求:这是制冷装置的工作目标,即实现对房间温湿度、风速的控制和对冷冻水温的控制。

②保证制冷装置安全、高效地运行:无论在何种情况下,包括不同的气候状态、不同的运行模式,模式间的切换瞬间,正常操作与误操作等情况下,装置及自控系统本身都不应受到物理性的损伤,同时还要保持较高的运行效率,以节约能源。

③便于操作和管理:即人机对话方式简洁、明了,操作简单。使用者对状态设置、装置的运行状态参数有清晰、明确的了解。

控制是为装置安全高效工作的目标服务的。实现制冷空调装置的有效控制首先需要对于装置运行原理、运行特性、功能需求有明确而且深刻的理解,特别需要了解装置在环境条件、运行模式、压缩机台数、转速等条件部分和全部变化时装置的各个状态参数、耗功、回油及润滑效果的连锁变化。离开了对控制对象的了解,控制系统将变成无的之矢。

在计算机技术迅猛发展的今天,制冷空调装置的控制都采用了计算机控制技术。

大规模集成电路技术的发展,可以将 CPU,RAM,ROM,定时器/计数器以及输入/输出接口电路等主要计算机部件集成在一块集成电路芯片上。这样,所组成的芯片级的微型计算机称为单片微型计算机(SCM,Single Chip Microcomputer),即单片微机或单片机。虽然单片机只是一个芯片,但从组成和功能上看,它已具有了微机系统的含义。

单片机从功能和形态来说都是为满足控制领域应用的要求,而设计发展到新一代系列单片机时,在其中着力扩展了各种控制功能,如 A/D,PWM,PCA 计数器捕获/比较逻辑、高速 I/O 接口等,已突破了微型计算机的传统内容,所以更准确地反映单片机本质的叫法是微控制器 Microcontroller-MCU。这些微控制器已广泛地应用到制冷空调装置中,如常用的单元式房间空调器等。

对于大型制冷装置,如离心式、螺杆式、活塞式电动冷水机组,由于附件多,系统庞大,系统被检测的参数多,控制功能更为复杂。微控制器的 I/O 通道数量,内存容量,通信能力等已不能满足监控要求,故对于大型制冷装置大多采用可编程逻辑控制器(PLC)作为系统控制器件。

而在建筑物中,空调制冷系统则是由多个制冷装置、冷热量输送系统、空气处理装置所组成,同时建筑物中还包括给排水系统、供配电系统、照明系统等其他机电设备系统。所有这些机电设备系统都需要统一进行监控管理。作为建筑物机电设备系统的管理平台,现在主要采用计算机网络控制技术来实现，即楼宇自动化系统(BAS,Building Automation System)。楼宇自动化系统的基本架构是通过计算机网络连接起现场的各个小型控制器，组成一个控制网。实现分散控制，集中管理的功能，将建筑机电设备系统的控制管理提高到一个新的层次。

5.1 定频房间空调器的控制

定频房间空调器，指空调器运行过程中，压缩机的转速不变，不进行制冷剂流量的调节。对房间的温度的调节通过空调器启/停方式实现。下面针对热泵型分体空调器的一般控制原理进行介绍。

5.1.1 控制系统的实现

房间空调器的控制系统以微控制器为核心。微控制器通过对输入条件与机内控制软件的设定条件进行比较，输出控制结果，对工作单元进行控制，以实现不同的功能。

1)控制系统的组成

图5.1是某型号分体式热泵空调器的控制系统框图。

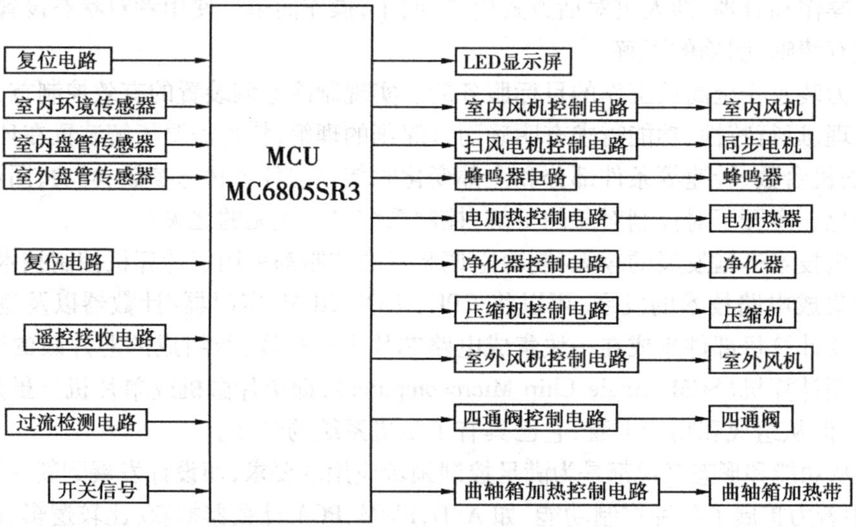

图5.1 控制框图

控制电路主要由电源电路、复位电路、晶振电路、室内机风机控制电路、扫风电机控制电路、蜂鸣器驱动电路、温度传感器电路、显示电路、开关信号电路、步进电路驱动电路、电加热器控制电路、遥控接受器电路和室外风机、压缩机、四通阀控制电路等组成。

在控制电路中，微控制器是核心设备，全部输入数据的处理及驱动信号的输出都由它完成。

图5.2和图5.3为对应于控制系统框图的空调器电气接线图。

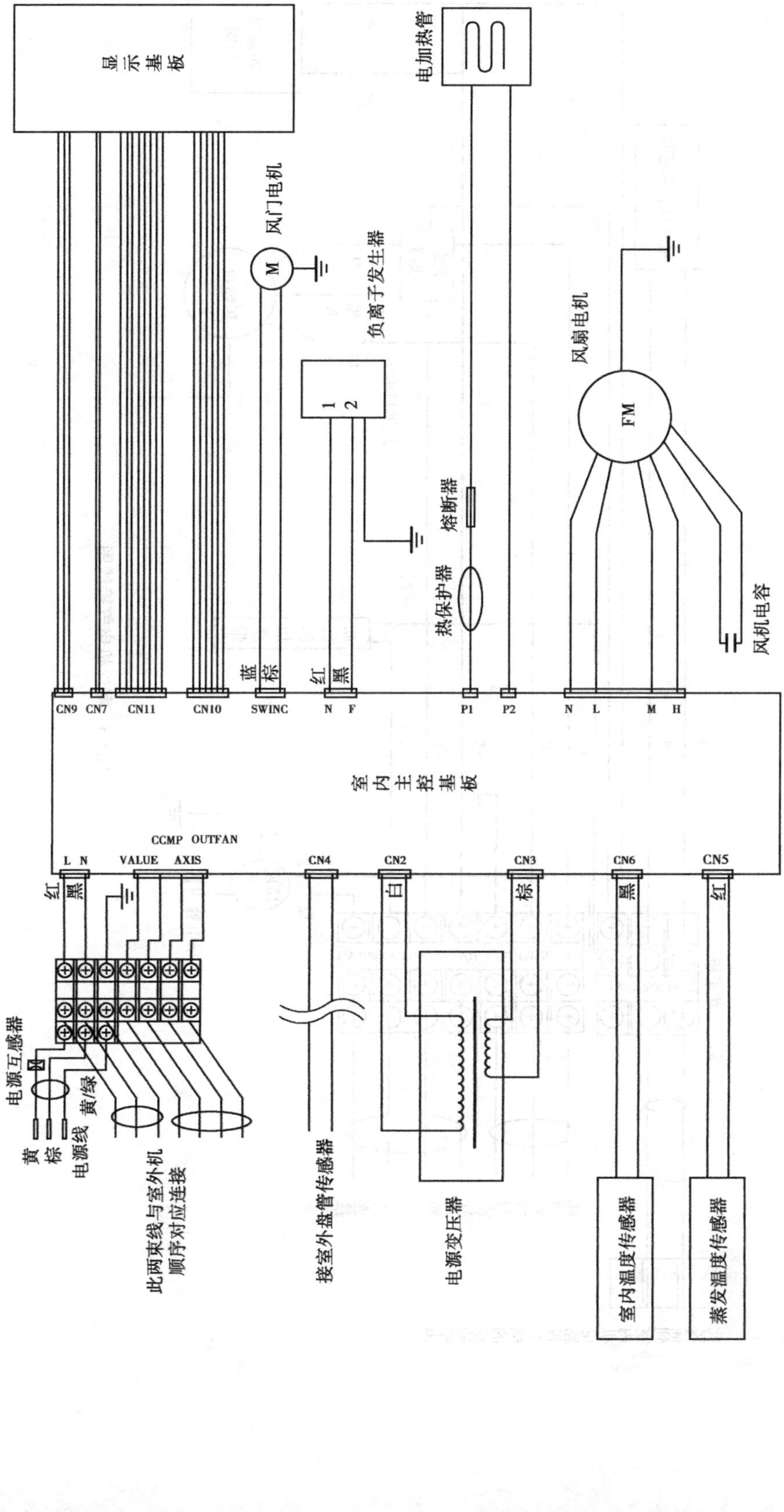

图5.2 室内机电气接线图

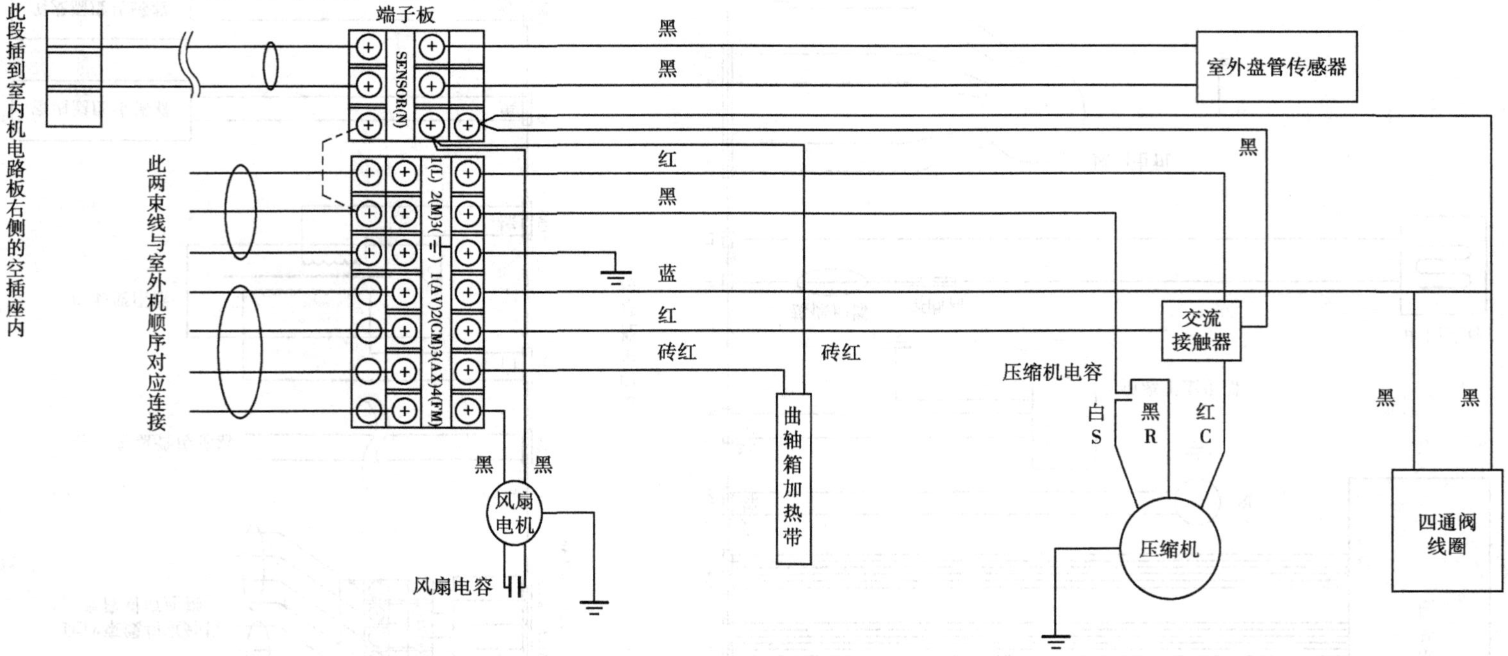

图5.3 室外机电气接线图

图 5.4 为 MC6805SR3 微控制器的端口分布,其端口的定义见表 5.1。

表 5.1　微控制器(MC6805SR3)端口分布

管　脚	定　义	状　态	管　脚	定　义	状　态
1	Vss	接地	9~16	PC0~PC7	输出口,驱动压缩机,风机等
2	RESET	复位	17	PD7	闲置
3	INT	遥控接受口	18	PD6	电流检测口
4	V_{DD}	+5 V 电源接入	19	VRH	闲置
5,6	XTAL	晶振输入口	20~24	AN0~AN4	模拟量输入口
7	COPC	闲置,接 +5 V	25~32	PB0~PB7	I/O 口 显示驱动口
8	TIMER	闲置,接 +5 V	33~40	PA0~PA7	I/O 口 显示驱动口

2)微控制器的工作原理

(1)基本工作电路　基本工作电路是微控制器工作所必要的基础电路,分为电源电路、复位电路、振荡电路 3 个部分。

a. 电源电路:AC 220V经过保险丝到达变压器(外置)初级,降压输出 13.5 V 电压,经整流滤波后输出 DC 12V,为各继电器提供工作电压。12 V的直流电经三端稳压器输出DC 5V。DC 5V 为单片机、驱动芯片等提供工作电压。单片机的④脚是电源脚,①脚为电源地。

b. 振荡电路:振荡电路提供微控制器的时钟基准信号,振荡信号的频率为 6 MHz,用示波仪测量⑥脚时可看到 6 MHz 的正弦波形。⑤,⑥脚为振荡信号的输入/输出脚。正常工作时,⑤脚的电压为 2.0~2.1 V,⑥脚的电压为 2.2~2.3 V。

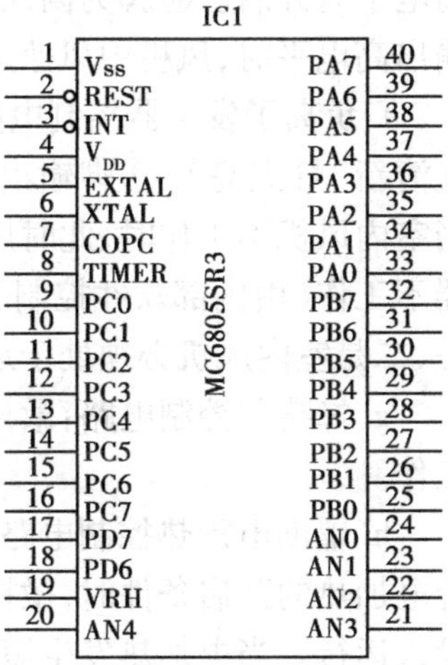

图 5.4　端口分布

c. 复位电路:复位电路提供单片机的起始工作条件,当复位端出现负脉冲时,微控制器回复到初始工作状态,微控制器的复位端是②脚。

(2)控制电路

a. 遥控输入电路和应急信号输入电路:遥控输入电路用于接收遥控器发出的信号,应急信号输入电路用于接收面板上应急按钮输入的信号。单片机的③脚为遥控信号接收脚。当接收到遥控信号时,用万用表直流电压挡可测到波动的电压值。

b. 温度输入检测电路:温度输入检测电路包括环境温度检测电路、室内盘管温度检测电路和室外盘管温度检测电路。通过检测温度传感器的阻值变化,改变分压点的电压,从而改变输入到单片机模拟口 P22~P24 上的输入电平。微控制器采样分压点的电压通过微控制器内置的 A/D 转换器转换成数字信号后,与微控制器内的存储温度数字对比后确定所检测的温度值。㉒脚为室外盘管温度检测脚,㉓脚为室内盘管温度检测脚,㉔脚为室内环境温度检测脚。当室内环境温度为基准温度时(一般为 25 ℃),㉔脚的电压为 2.5 V,当环境温度降低时,㉔脚的电压降低,反之则上升。

c. 过流检测电路:过流检测电路的作用是对整机的电流进行检测,具体过程是:通过电流互感器将检测的结果传输到外置的比较电路。当电流过高时,比较器的输出使⑱脚输出低电平,微控制器将对压缩机进行保护,此时压缩机停止运转,显示基板上将会显示“E4”故障信号(过流保护)。在电路中设置一个可调分压电阻,调节可调分压电阻,可改变过电流保护值,分压电阻越大,保护电流越小。

d. 室外风机、压缩机、四通阀、曲轴箱加热带控制电路:在对室外机组的控制中,通过控制继电器的吸合及断开来控制室外风机、压缩机、四通阀、曲轴箱加热带的运行及停止。芯片引脚输出高电平时开启,输出低电平时停止。其中微控制器⑬脚控制四通阀线圈继电器,⑭脚控制压缩机继电器,⑮脚控制曲轴加热带继电器,这 3 个引脚输出的电平信号由反向驱动器作为驱动,工作电压是 +12 V。

⑯脚控制室外风扇继电器的吸合或断开,它由 NPN 放大三极管进行驱动。

e. 室内风机控制电路:通过控制继电器的吸合及断开来控制风机的启、停。芯片引脚输出高电平时开启。⑩脚为高风速控制脚,输出高电平时,风机高风速运转;⑪脚为中风速控制脚,输出高电平时,风机中风速运转;⑫脚为低风速控制脚,输出低电平时,风机低风速运转。

f. 负离子发生器控制电路:室内风机运转时,当遥控器设定“空气清新”功能有效时(“空气清新”灯点亮),⑨脚输出高电平,经驱动器反相驱动后,输出低电平,负离子发生器工作。当室内风机不工作时,此时用遥控设定“空气清新”功能键时,⑨脚不输出高电平,负离子发生器不工作(由内部软件控制)。负离子发生器工作的条件:一是必须设定有效“空气清新”状态,二是室内风机必须处于运转状态。

g. 蜂鸣器控制电路:微控制器接收到有效控制信号后,㉞脚输出一脉冲电平,蜂鸣器得电工作。

h. 辅助电加热控制电路:辅助电加热控制电路是用来控制电加热的开启与关闭的。当符合电加热的开启条件时,微控制器的㊱脚输出高电平,外接的三极管导通,继电器吸合,电加热投入运行。当电加热发生短路时,保险丝会熔断,起到保护作用。

i. 显示控制电路:在显示控制电路中,采用逐行扫描显示方式,内置译码器,单片机的㊳~㊵脚作为译码器的输入脚,控制译码器的 6 个输出口,分别驱动 6 个三极管。微控制器的 I/O 端口 PB0 ~ PB7 即㉕~㉜脚输出驱动片 P1 ~ P8(8 个三极管)。这样,总共控制 48 个发光二极管的亮或灭。

5.1.2 不同运转模式下的控制

空调器能够在多种工况下工作,以满足不同季节下不同人们的舒适性要求,工作模式由使用者选定,空调器开始工作时,通过电路的自检便可以确定应当采取的运行模式。

1)制冷运行模式

启动时,首先比较室内温度与设定温度的高低。当室内温度高于设定温度时,压缩机工作,启动制冷循环。室外风机延时 2 s 后工作,室内风机的风速,摆叶按照使用者设定运转;当室内温度低于设定温度时,进入停机状态,此时压缩机、室外风机停止运行,室内风机风速、摆叶仍按设定状态运行。当设定温度≤室内温度≤设定温度 +1 ℃时,保持前一时刻的运行状态,以避免压缩机的频繁启动。温度设定和控制范围为 16 ~ 30 ℃。

当风速设为“自动”时，室内风机的控制根据室内环境温度与设定值之差值大小决定。

①室内环境温度>设定温度+4 ℃时，高速风。

②设定温度+2 ℃≤室内环境温度<设定温度+4 ℃时，中速风。

③室内环境温度<设定温度+1 ℃，低速风。

关机时，压缩机及室内外风机都停止运行，摆叶停止转动，导风片回归原始位置。

在制冷运行模式下，四通阀继电器始终不工作，保证制冷剂的流程按制冷方式流动。

压缩机再次启动间隔3 min以上，不仅在本模式下如此，在其他模式下也如此。停机后，排气侧和吸气侧的压差通常达到1.0 MPa以上，如果立即启动，电机力矩必须要克服这个压差，这将使得电机的启动力矩大大增加，电机的电流剧增，温度提高，甚至可能烧毁电机。因此，再次启动时，必须等待3 min以上时间，使两侧压力差缩小后方可再行启动。

2）除湿运转模式

空调器的除湿仍然是通过制冷降温来实现的。制冷运行模式是以室内温度为控制目标，而除湿则是以去除室内空气的水分为目标。二者目标不同，虽然都以制冷循环为基础，但在运行控制上有所区别。

其区别在于除湿模式下，空调器按制冷循环运行进行除湿，但室内温度控制室内风机低速或间断运行。具体控制逻辑如下：

①当室内温度≥设定温度+2 ℃时，室内风机中速运行，压缩机连续运行。

②当设定温度-1 ℃≤室内温度≤设定温度+2 ℃时，室内风机低速运行。

③当16 ℃≤室内温度≤设定温度-1 ℃时，室内风机低速运行，压缩机间隔性开机/停机。开6 min/关4 min。

与一般控制不同的是，这里对除湿量或者室内空气含湿量状态没有确定的目标，只是实现了一种运行模式。

3）制热运转模式

空调器依靠四通换向阀实现制冷/制冷工况的切换。在制热模式下，四通阀在非除霜运转时始终工作，制热运行的主要任务是对室内温度的控制。

（1）温度控制

①当室内温度≤设定温度-1 ℃时，压缩机启动，室外风机延时2 s工作，室内风机按设定风速运行。但在启动时，为避免室内风机吹出冷风给居住者造成的不适，按“免吹风”模式工作。

②当室内温度>设定温度1℃时，压缩机、室外风机停止运行，室内风机按照设定条件运行，四通阀保持原状态不变，仍带电工作。

③当设定温度-1 ℃≤室内温度≤设定温度，压缩机、室内外风机按原运行状态运行。

在风速设为“自动”状态时，室内风机的控制方法如下：

①温度偏差>4 ℃时，高速风。

②2 ℃<温度偏差≤4 ℃时，中速风。

③温度偏差≤2 ℃时，低速风。

(2)防冷风功能　制热模式下，空调器刚启动时，室内盘管的温度仍较低，如室内风机也立即启动则会吹出冷风，使人们感觉不舒适。因此，在启动初期，应根据室内盘管的温度状态来设定风机的风速，以避免使用者受到冷风的侵袭。具体控制方法如下：

①当室内盘管温度<30 ℃时，室内风机不运行。

②当30 ℃≤室内盘管温度<35 ℃，室内风机以低速运行。

③当室内盘管温度≥35 ℃时，室内风机以设定风速运行。

④压缩机运行30 s后，将忽视盘管内的温度，室内风机以设定风速运行。

(3)吹余热功能　在温度控制中，出现室温超过设定值，压缩机停机时，室内风机仍需运行一段时间，将室内盘管的热量带给室内空气，以节省能源。

在室内盘管温度下降过程中，当盘管温度≥33 ℃时，室内风机以设定风速运行，盘管温度在28～33 ℃时，室内风机低速运行；当盘管温度<28 ℃时，室内风机停止运行。

4)除霜运行模式

在制热运行模式下，由于室外换热器结霜，需要对其除霜，除霜的方式通常是利用四通阀换向，将制热模式改成制冷模式，通过制冷剂加热融化盘管外的霜层，化霜结束后，再转换成制热模式运行。

除霜运行控制主要解决的问题是对化霜时机的判断：即要判明室外盘管结霜的程度，以及化霜的效果，确定何时开始化霜，何时结束化霜。室外盘管结霜受到诸多因素的影响，室外空气温度、含湿量、制冷剂性质、盘管材料等都影响到结霜的速度、结霜量和结霜时机组的运行参数。

结霜时，由于霜层的增加，导致室外换热器的热阻增加，使换热量逐渐减少。当霜层增加到一定厚度时，换热量便迅速下降，对应着机组的蒸发压力和蒸发温度都要开始加速下降，在室内外盘管压力和温度下降的同时，室内盘管的温度和压力也随之下降。而在化霜时，随着盘管表面霜层的融化，室外盘管表面的温度也会逐渐升高。在化霜后期，盘管的温度和压力则会加速上升。其变化规律如图5.5所示。

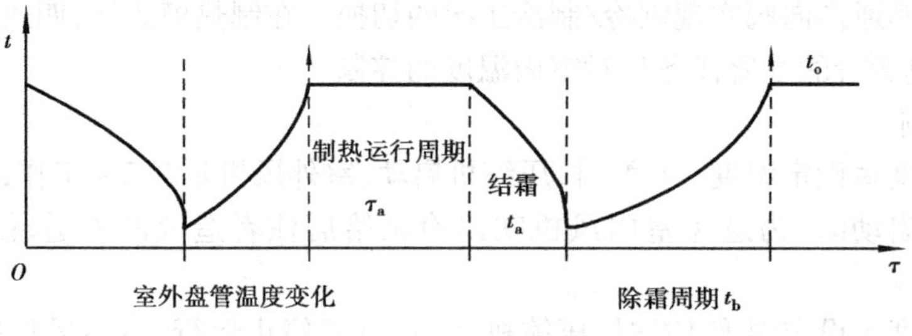

图5.5　室外盘管除霜控制

根据盘管温度、压力变化的特性，多数情况下采用温度(压力)与时间双因子判断法进行除霜控制。即设定制热运行周期时间 τ_a、除霜点温度 t_a；除霜周期时间 τ_b，化霜结束温度 t_b，当时间和温度都同时满足时，即开始执行对应的工况(开始除霜和结束除霜)，τ 和 t 的确定需要根据具体情况进行。

以下是采用R22制冷剂的某型号壁挂式空调器的运行逻辑：

①室外机连续运转45 min,且室外盘管温度< −8 ℃,室内盘管温度<40 ℃时,开始除霜。压缩机、室外风机同时停机,延时30 s后四通阀掉电,室内风机停。

②延时32 s后压缩机启动,即四通阀掉电后2 s压缩机开启,开始除霜运行。室内风机仍然停运。

③当室外盘管温度高于17 ℃,且持续除霜运行4 min后,除霜结束,压缩机、室外风机停机,延时30 s后四通阀加电,为制热运行准备,四通阀加电2 s后压缩机、室外风机开机,免冷风运行结束后,室内风机切换到设定风速。

④延时30 s的目的是使2个换热器之间的压差有所减少,以使压缩机平稳工作。虽然在除霜工况下,压差的影响不如普通启/停机情形下的危害,但减少两侧压差仍是必要的。

5)自动运转模式

自动运转模式是控制器在开启时检测室内环境温度,根据室温设定值和室内环境实测值的相对关系,确定一种运行模式,其基本逻辑是:

①当室内温度高于设定温度时(设定温度范围为20~27 ℃),空调器进入制冷模式。

②当室内温度设定值在16~22 ℃,且室内环境温度低于设定值时,空调器进入制热模式运行。

③当室内温度设定值在22~25 ℃,且室内温度在设定值范围±2 ℃时,空调器进入通风模式。

④空调器一旦进入制热模式/制冷模式,则一直以相同的模式运行,在运行时间内不再更改,以保证系统稳定安全运行。

6)通风运转模式

在该模式下,室外风机、压缩机停止运行,仅室内风机运转,为室内通风,此时温度调节无效。

5.1.3 房间空调器的保护功能

为了保证制冷系统的可靠、安全运行,需要对空调器的运行状态实时监测,并为系统提供必要的保护手段,特别是要加强对压缩机的保护,以防对其的损害。对压缩机的损害主要来自于冷凝器高压、蒸发器过低压力各种原因造成的电机过流、过载,以及启/停切换时,由高、低压变化造成的对压缩机工作环境的破坏。

具体的保护措施包括:

1)过流保护

高、低压差过大,电路缺相等多种原因都可能造成压缩机电流过大。在压缩机启动后的几秒(如5 s)内,当检测到电流大于允许值,则压缩机和室外风机停止运行。当连续出现多次该现象后,室内外风机和压缩机均停止运行,并显示出故障代码。

2)压缩机保护

压缩机一旦停机,3 min后才可以再次启动,原因前已叙及,上电后的第一次不做此种保护。

3)高压、低压、温度保护

当冷凝器压力、温度超过保护值,或蒸发器压力、温度低于保护值时,压缩机和室外风机停止运行。若在一段时间内(如30 min)连续多次(如4次)出现该现象,则室内外风机及压缩机均停止运行,并显示故障代码,但可重新上电开机。

4)传感器保护

温度传感器出现短路或断路时,压缩机会继续运行。此时系统会显示出相应温度传感器的故障代码,提供该传感器的故障信息。

5.1.4 其他控制功能

除温度控制功能外,许多空调器还根据使用者的需求和空调器本身的特点附加了一些新的控制功能。并且针对人们不断提高的生活质量要求,开发出新的控制功能。

1)睡眠运行

睡眠状态下人体的新陈代谢速率减慢,人体发热量大为减少,睡眠中的人体对温度的舒适度感应与处于活动状态时是不同的。人体与空气温度之间的差距应有所缩小。

制冷模式下,设定睡眠1 h后,设定温度上升1 ℃,而后按此温度连续运行7 h后自动停机。

制热模式下,设定睡眠1 h后,设定温度降低3 ℃,再过2 h后,设定温度再降低4 ℃,而后按此温度连续运行5 h后自动停机。

睡眠工作状态下,若再次人工设定温度,则以新设定时间为起始时间重新执行睡眠功能。

2)定时控制

控制器可提供0.5,1,2,4 h等多种可选时间控制,当然也可不设定运行时间。在延时运行时期内,使用者可以重新设定延时时间,也可取消原延时时间。

3)曲轴加热带功能

对于活塞式压缩机,冬季室外气温较低时,曲轴箱内制冷剂呈液态,如立即开机,压缩机易吸入液态制冷剂,造成液击。

通电后,若室外盘管温度≤0 ℃,曲轴加热带开通加热,但压缩机不工作,一段时间(如5 min)后,压缩机满足开机条件后自行开启,压缩机开机后,立即关闭曲轴加热带。

5.1.5 人机界面

现在家用空调器的操作多采用遥控器,以方便使用。

遥控器即是将控制信号载波于红外线中,通过红外线发射到空调器的接收器窗口中,接收器将接收到的信号放大,处理还原成控制信号,再转入到空调器的控制器中。

下面以某个实际的空调器的遥控装置为例说明其工作原理。

图 5.6 所示的是某一 KF-25GW 型空调器的遥控发射器。它由遥控发射 μPDS1210001 集成电路、键盘矩阵电路、驱动器和红外发光二极管组成。在电路中，VD_2 为发光指示二极管。当遥控发射器发射控制信号时，VD_2 发光，表示操作功能正常。

集成电路 μPDS1210001 采用 20 引脚双列直插式塑料封装结构，它由振荡器、定时发生器、键扫描信号输入/输出编码(引导码、用户码、用户反码、功能码、功能反码)电路、指令译码电路、编码调制器以及遥控信号输出缓冲器等组成。集成电路 μPDS1210001 是发射器的核心组成部分，键盘信号识别、遥控信号产生及调制都在其内部完成。

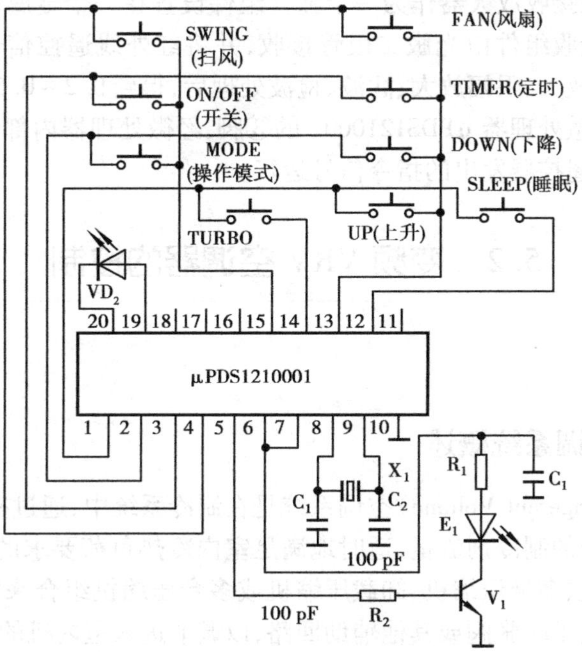

图 5.6　无线遥控发射器电路

从图 5.6 中可以看出，μPDS1210001 的⑧，⑨脚外接陶瓷振荡器。由集成电路内部的振荡电路和外接陶瓷振荡元件可以组成一个完整的发射振荡电路。振荡器的振荡频率由陶瓷振荡元件的谐振频率决定，其振荡频率为 455 kHz。由振荡获得的 455 kHz 振荡信号经 12 分频后，形成供遥控信号调制用的 38 kHz 载波信号，经 256 分频产生 1.78 kHz 的时钟脉冲信号，时钟脉冲周期为 0.562 6 ms，用来控制集成电路内部的各部分电路协调动作。

1)红外遥控发射器的工作原理

当按下某一功能按键时，按键矩阵的某一行与某一列接通。与此同时，电源被接通，振荡器开始工作，在定时脉冲信号的作用下，键位编码器对键位扫描脉冲进行识别后确认这一按键的功能，再在集成电路内部的数据寄存器中查找出相应编码指令。信号发生器在编码指令的控制下产生标准的遥控信号，此信号再对 38 kHz 的载波进行调制。已被调制的信号由⑤脚输出。输出载波信号经三极管 V_1 放大，控制红外线发射管 E_1，E_1 在 V_1 集电极电流的驱动下，发出波长为 9 400 mm 的红外线。V_1,E_1 工作在开关状态,当无信号输出时,三极管截止,发射二极管不工作;当输出端输出指令码时,指令码经放大电路放大后,加到 E_1 上,将指令码以红外线的形式发射出去,完成遥控发射功能。

2)遥控接收电路

遥控发射器发射出来的红外调制信号被安装在空调器室内机面板上的红外接收窗接收,并将红外光信号转变为电信号,经高增益放大后,进行同步检波,滤去 38 kHz 载波分量,再经脉冲形成和缓冲放大后,恢复出完整遥控信号。

空调器的红外遥控接收放大器作为一个独立组件设置在一个金属屏蔽盒内,并安装在室内机的面板上。遥控接收组件由光敏二极管接收,并将红外线遥控信号变成 38 kHz 的脉冲码,输入内部后经前级放大、限幅放大、滤波、检波处理后,得到 0.2 ~0.5 V 的编码指令并从组件的②脚输出,送入到微处理器 μPDS1210001 的③脚,经微处理器内部电路运算、比较后输出控制电平,空调器便按遥控器发出的指令信号运行。

5.2 变频 VRV 空调器的控制

5.2.1 VRV 空调系统概述

VRV(Variable Refrigerant Volume)空调系统是在制冷系统中,通过控制压缩机的制冷剂循环量和进入室内换热器的制冷剂流量,适时地满足室内冷热负荷要求的空调系统。VRV 空调系统需采用变频压缩机、多极压缩机、卸载压缩机或多台压缩机组合来实现压缩机容量控制;在制冷系统中需设置电子膨胀阀或其他辅助回路,以调节进入室内机的制冷剂流量;通过控制室内外换热器的风扇转速,调节换热器的能力。在变频调速和电子膨胀阀技术逐渐成熟之后,VRV 空调系统普遍采用变频压缩机和电子膨胀阀,它们是 VRV 空调系统智能控制不可缺少的部件。在 VRV 空调系统中,把由一台室外机与一台室内机相连的系统称为单元 VRV 空调系统或变频空调器;把由一台或多台室外机与多台室内机相连的系统称为多元 VRV 空调系统。

空调系统在环境温度、室内负荷不断变化下工作,因为系统各组成部件之间、系统与环境之间相互作用,相互影响,所以各运行参数难以达到稳定。VRV 空调系统是随环境温度、室内负荷的不断变化,通过其控制系统适时调节空调系统的容量,消除其影响的一种空调系统。其工作原理是由控制系统采集室内舒适性参数、室外环境参数和表征制冷系统运行状况的状态参数,通过控制空调系统的风扇、电子膨胀阀、风向调节板及电磁阀等一切可控部件,调节制冷量或制热量,从而保证室内环境的舒适性,使被控空调系统稳定工作在最佳工作状态。

目前,多元 VRV 空调系统主要有单冷型、热泵型和热回收型 3 种形式。

1) VRV 空调系统的特点

①VRV 空调系统依据室内负荷的大小，在不同转速下连续运行，减少了压缩机因频繁启停造成的不可逆损失；无论在制冷还是在制热工况下能效比（COP）随频率的降低而升高，由于压缩机长时间工作在低频区域，故系统的季节能效比相对于传统空调系统有较大提高；采用压缩机低频启动，降低了启动电流，电气设备将大大节能，同时避免了对其他用电设备和电网的冲击。

VRV 空调系统的节流运用电子膨胀阀以控制制冷剂的流量，这使得变频空调器压缩机的优越性得到充分发挥。微处理器可以根据设在膨胀阀进/出口、压缩机吸气管等处的温度传感器收集的信息，控制阀门的开启度，随时改变制冷剂的流量。压缩机的转速与膨胀阀的开启度是相对应的，使压缩机的输送量与通过阀的供量相适应，使其过热度不至于太大，蒸发器的能力得到最大限度的发挥，从而实现制冷系统的最佳控制。

变频空调器运用变频技术与模糊控制技术，具有先进的记忆识别功能。变频空调器的微处理器把随时收集到的室内环境温度的有关参数和芯片内部的设定值进行比较，经运算处理后输出控制信号。变频压缩机能在 12 ~ 150 Hz 的频率范围内连续变化，调节范围大，反应快，制冷迅速。若使室内温度改变 10 ℃，只需普通（定速）空调器的 1/3 时间即可完成，节约时间 3 ~ 5 min。

②温度波动小，舒适度高。VRV 空调系统具有能调节容量的特性，在系统初开机时室温与设定温度相差很大，利用压缩机高频运行的方式，使室温快速地到达设定值，缩短室内不舒适的时间；系统调节容量使室温维持在设定温度上下极小的波动范围内，改善了室内的舒适性；极少出现传统空调系统那种启停压缩机时所产生的振动和噪声，室内机风扇电机普遍采用直流无刷电机驱动，速度切换平滑、圆润，降低了室内机的噪声。

变频空调器从启动至达到设定温度的时间短（约为定速空调器的 1/2）。在室内环境温度接近设定温度时，便逐渐降低频率进行控制，这样室内环境温度变化小且较为平稳，人体没有忽冷忽热的感觉。用电子膨胀阀节流元件后，在化霜时不停机。它利用压缩机排气时的热量先向室内供热（余下的热量输送到室外机），将换热器翅片上的霜融化掉。

③运行电压适应范围宽。变频空调器在市电电压为 160 ~ 250 V，仍能可靠、安全地进行工作。

④传感器控制精确。变频空调的室内机和遥控器均设有传感器，结合自动风向调节，控制精确，可实现人体周围环境的最佳调节。

⑤超低温运行时适应性强。定速空调器在室外环境温度低于 15 ℃时，制热效果较差，但变频空调器在室外温度为 10 ~ 15 ℃时，仍能正常工作，适应性强。

⑥较好的独立除湿功能。变频空调器能利用合理的循环风量进行除湿，耗电少，而又不会改变室内环境温度。

2) 单冷或热泵型多元 VRV 空调系统

图 5.7 示出了各种单冷和热泵型多元 VRV 空调系统的原理图。在典型的单冷（图 5.7-1）或热泵（图 5.7-3）型多元 VRV 空调系统中，压缩机通常采用一台变频压缩机；在大系统中，由

一台变频压缩机或多级压缩机与多台定速压缩机构成压缩机组；在各室内机和室外机上，设置有供节流和流量调节的电子膨胀阀；在系统的典型部位安放有温度传感器和压力传感器。在制冷工况下，室外机电子膨胀阀全开，通过室内机电子膨胀阀节流降压，控制室内温度和各室内机热交换器出口制冷剂的过热度，由压缩机频率调节吸气压力；在制热工况下，室外机电子膨胀阀控制室外机热交换器出口制冷剂的过热度，室内机电子膨胀阀控制室温和室内热交换器出口的制冷剂过冷度，通过改变压缩机频率调节压缩机排气压力。为提高系统的稳定性、可控性和可靠性，在一些系统中增设了辅助回路。

图 5.7 表示带有内部热交换器(Heat Inter Changer)回路的变频单冷型多元 VRV 空调系统。通过回热回路，实现了制冷剂的有效移动，减少了系统的压力损失，提高了系统的能效比。

序号	系　统	空调系统原理图	备　注
1	单冷型多元 VRV 系统	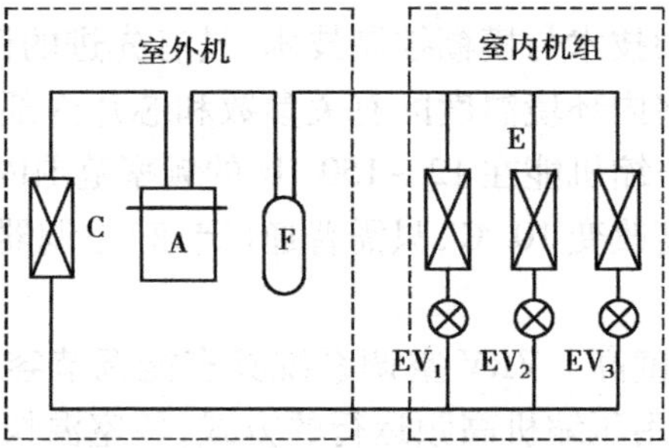	A:压缩机 C:室外热交换器 E:室内热交换器 F:气液分离器 EV_1:电子膨胀阀 EV_2:电子膨胀阀 EV_3:电子膨胀阀
2	带内部热交换器单 冷型多元 VRV 系统	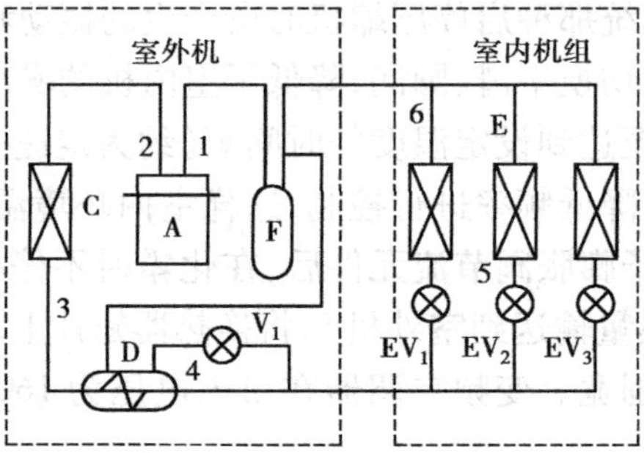	同上 D:内部热交换器 (HIC 回路)
3	热泵型多元 VRV 系统	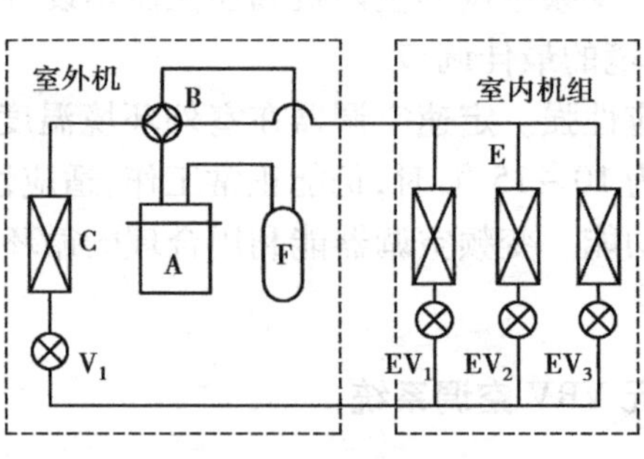	同上 B:四通阀 V_1:电子膨胀阀

图 5.7　VRV 空调系统结构

5.2.2　空调压缩机频率控制算法

制冷系统是一个由多个部件,多种换热过程组成且受到多种外部条件影响的复杂系统。系统的各部件之间及其与外部环境、工作负荷之间是极其复杂的耦合关系,存在许多不确定因素,难以用确切的数学模型来描述。在变频空调器中,各种因素还是动态的。对于这种多变量、非线性、时变的系统适宜于采用智能控制方法,目前工程上主要采用模糊控制法。

1)变频空调器的控制结构与原理

变频空调器的智能化体现在模糊控制技术的应用以及各种保护功能和故障诊断功能。变频空调器的控制结构见图5.8。

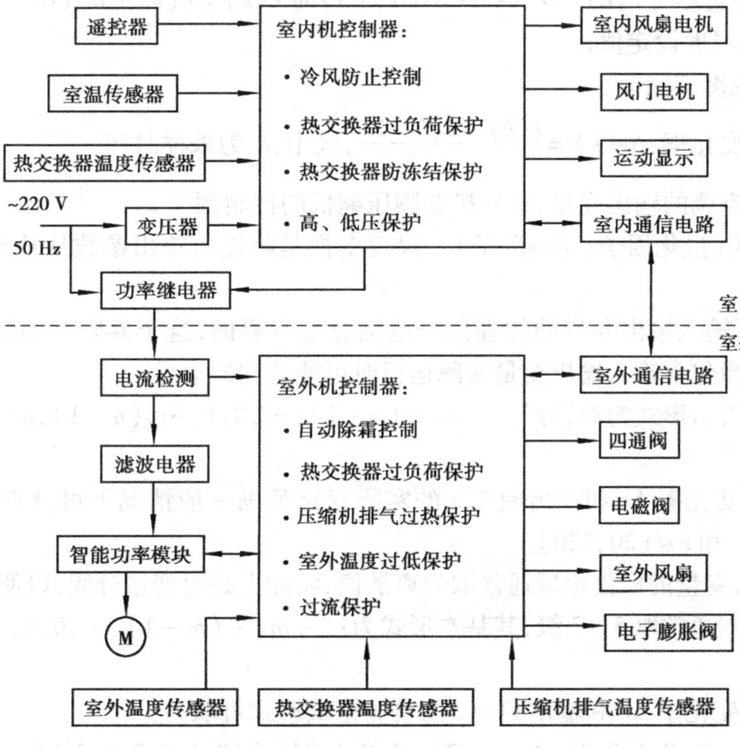

图5.8　变频空调器的控制结构

变频空调器通过室内机接收来自遥控器的指令,将其与室温传感器测得的温度进行比较,经模糊控制器推理得出室外压缩机的供电频率,再通过室内外机通信电路送至室外,控制压缩机的运转速度。这样,当室内空调负荷加大时,压缩机转速在微电脑控制下按模糊推理结果加快,制冷量相应增加;当室内空调负荷减小时,压缩机转速则相应减小。

2)变频空调的频率模糊控制技术

变频空调的频率模糊控制器结构见图5.9。

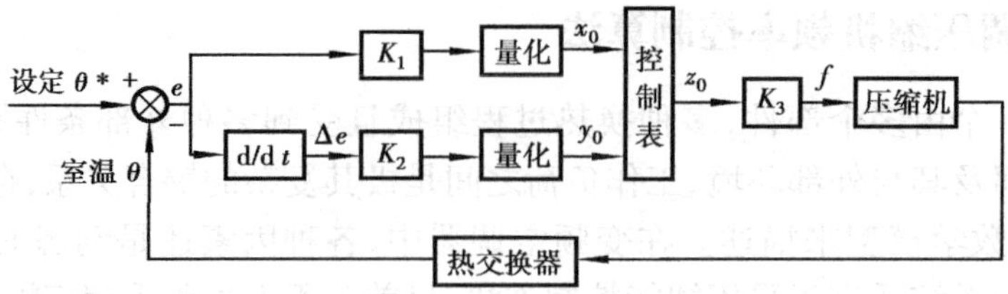

图 5.9　变频空调的模糊控制器结构

频率模糊控制的算法设计过程如下：

(1)输入、输出变量的选取　变频空调模糊控制器通常将温度差值 e 及差值导数 Δe 作为输入，变频压缩机的频率值 z 作为输出。模糊控制器为双输入单输出控制器。

①温度偏差：制热时 $e(k)=\theta^*(k)-\theta(k)$；制冷时 $e(k)=\theta(k)-\theta^*(k)$

$\theta^*(k)$：室内温度设定值；

$\theta(k)$：室内温度实测值。

②温度偏差变化率：$\Delta e(k)=\dfrac{e(k)-e(k-1)}{t_s}$，式中，$t_s$ 为采样时间。

③模糊变频空调的输出变量：室外机变频压缩机的控制频率 z。

(2)尺度变换(量化因子、比例因子)　尺度变换是将输入输出参数从基本论域映射到模糊论域范围。

实际运行时，输入输出变量的物理信号范围总是有界的，这个界限称为该变量的基本论域。基本论域应当包含输入输出变量实际运行时可能达到的边界。

基本论域的表示形式为对称形：$\{-n,-(n-1),\cdots,0,1,\cdots,(n-1),n\}$，也可以表示为不对称形式。

温差 e，温差变化率 Δe 和输出频率 z 的实际变化范围一般情况下可分别取为 $x\in[-7,7]$，$y\in[-10,10]$ 和 $z\in[20,120]$。

在控制领域，变量的模糊论域通常取为离散值，实际上是对变量分级，以便于运算。

模糊论域范围通常取 5 ~7 级，其基本形式为：$\{-m,-(m-1),\cdots,0,1,\cdots,(m-1),m\}$ $m=2$ 或 3。

温差 e，温差变化率 Δe 和输出频率 z 的模糊论域形式可取为：

e：$\{-3,-2,-1,0,1,2,3\}$；Δe：$\{-2,-1,0,1,2\}$；f：$\{0,1,2,3,4,5,6\}$。

变量在基本论域与模糊论域中的比例关系 $k=m/n$。这种关系，对输入变量称为量化因子，对输出变量，其比例关系为 $k=n/m$，称为比例因子。

①温差 e 的量化因子 k_1：对于实际温差输入量 e，通过比例变换式 $e=k_1x$，将连续值变成模糊论域范围内的整数量。

②温差变化率 Δe 的量化因子为 k_2；$\Delta e=k_2y$。

③输出频率 f 的比例因子 k_3，对于前述的 z 和 f 的范围，$k_3=50/3=16.6$，近似取 16；对于清晰量输出 z，通过尺度变换公式 $z=70+k_3(f-3)$ 得到实际的输出频率。

(3)模糊语言变量值及隶属函数　变量的模糊化过程首先是建立变量的模糊语言变量值，再选定变量的隶属函数。

温差 e，温差变化率 Δe 和输出频率 f 相应的模糊语言变量分别为 A,B,C，其取值如下：

A = {负大(NB)，负小(NS)，零(ZR)，正小(PS)，正大(PB)}

B = {负大(NB)，负小(NS)，零(ZR)，正小(PS)，正大(PB)}

C = {负大(NB)，负小(NS)，零(ZR)，正小(PS)，正大(PB)}

变量的隶属函数：隶属函数主要选择三角形状。温差 e，温差变化率 Δe 和输出变量 f 的模糊变量赋值如表 5.2 ~ 表 5.4 所示。

表 5.2　温差 e 的模糊变量赋值表

$\mu(x)$		E				
		$NB(A_1)$	$NS(A_2)$	$ZR(A_3)$	$PS(A_4)$	$PB(A_5)$
量化域	-3	1	0	0	0	0
	-2	0.5	0.5	0	0	0
	-1	0	1	0.5	0	0
	0	0	0	1	0	0
	1	0	0	0.5	1	0
	2	0	0	0	0.5	0.5
	3	0	0	0	0	1

表 5.3　温差变化率 Δe 的模糊变量赋值表

$\mu(x)$		Δe				
		$NB(B_1)$	$NS(B_2)$	$ZR(B_3)$	$PS(B_4)$	$PB(B_5)$
量化域	-2	1	0	0	0	0
	-1	0	1	0	0	0
	0	0	0	1	0	0
	1	0	0	0	1	0
	2	0	0	0	0	1

表 5.4　输出变量 f 的模糊变量赋值表

$\mu(x)$		f				
		$NB(C_1)$	$NS(C_2)$	$ZR(C_3)$	$PS(C_4)$	$PB(C_5)$
量化域	0	1	0	0	0	0
	1	0	1	0	0	0
	2	0	1	0	0	0
	3	0	0	1	0	0
	4	0	0	0	1	0
	5	0	0	0	1	0
	6	0	0	0	0	1

(4)模糊规则的建立与模糊推理

模糊控制的规则需要根据实际运行经验和专家知识等进行分析归纳来确定。例如,可以给出如下一些规则:

(1)IF $\Delta e = NB$ and $e = NB$ or NS or ZR, Then $f = NB$;

(2)IF $\Delta e = NB$ and $e = B$, Then $f = NS$;

⋮

(15)IF $\Delta e = PB$ and $e = M$ or B, Then $f = PS$;

(16)IF $\Delta e = PB$ and $e = PB$, Then $f = PB$。

对于规则(1):当温度变化率为负大,且温差值为负大、负小或零时,压缩机频率为负大。规则表明,尽管室内温差较小或者没有温差,但室内温降速度较大,压缩机需要保持在较低转速上。对于规则(2):当温度变化率为正大,且温差也为正大时,则压缩机频率应为最大。表明当室内温升速率很快,且室内温度正偏差也很大时室内负荷很大,压缩机需要最高速运行。

模糊控制规则建立的基本原则是当误差大或较大时,选择控制量以尽快消除误差为主;而当误差较小,选择控制量要注意防止超调,以系统的稳定性为主要出发点。

模糊控制规则的表格形式如表 5.5 所示。

表 5.5 变频空调器的模糊控制规则表

f		Δe				
		$NB(B_1)$	$NS(B_2)$	$ZR(B_3)$	$PS(B_4)$	$PB(B_5)$
e	$NB(A_1)$	NB	NB	NB	NS	ZR
	$NS(A_2)$	NB	NB	NS	ZR	ZR
	$ZR(A_3)$	NB	NS	ZR	ZR	PS
	$PS(A_4)$	NS	ZR	ZR	PS	PS
	$PB(A_5)$	ZR	ZR	PS	PS	PB

模糊推理方法:

表 5.5 对应着 16 种模糊关系:

表 5.6 模糊控制关系

<table>
<tr><th colspan="2" rowspan="2">f</th><th colspan="5">Δe</th></tr>
<tr><th>NB(B1)</th><th>NS(B2)</th><th>ZR(B3)</th><th>PS(B4)</th><th>PB(B5)</th></tr>
<tr><td rowspan="5">e</td><td>NB(A1)</td><td rowspan="3">R1</td><td rowspan="2">R4</td><td>R7</td><td>R11</td><td rowspan="2">R14</td></tr>
<tr><td>NS(A2)</td><td>R8</td><td rowspan="2">R12</td></tr>
<tr><td>ZR(A3)</td><td>R5</td><td rowspan="2">R9</td><td rowspan="2">R15</td></tr>
<tr><td>PS(A4)</td><td>R2</td><td rowspan="2">R6</td><td rowspan="2">R13</td></tr>
<tr><td>PB(A5)</td><td>R3</td><td>R10</td><td>R16</td></tr>
</table>

采用 Mamdani 极小运算法作为推理方法,其过程如下:

先确定模糊关系:

$$R_l = R_{Al} \cap R_{Bl} (l = 1,2,\cdots,16) \tag{5.1}$$

$$R_1 = (B_1 \times C_1) \cap (\bigcup_{j=1}^{3} A_j \times C_1) = R_{B1} \cap R_{A1}$$
$$R_2 = (B_1 \times C_2) \cap (A_4 \times C_2) = R_{B2} \cap R_{A2}$$
$$R_3 = (B_1 \times C_3) \cap (A_5 \times C_3) = R_{B3} \cap R_{A3}$$
$$R_4 = (B_2 \times C_1) \cap (\bigcup_{j=1}^{2} A_j \times C_1) = R_{B4} \cap R_{A4}$$
$$R_5 = (B_2 \times C_2) \cap (A_3 \times C_2) = R_{B5} \cap R_{A5}$$
$$R_6 = (B_2 \times C_3) \cap (\bigcup_{j=4}^{5} A_j \times C_3) = R_{B6} \cap R_{A6}$$
$$R_7 = (B_3 \times C_1) \cap (A_1 \times C_1) = R_{B7} \cap R_{A7}$$
$$R_8 = (B_3 \times C_2) \cap (A_2 \times C_2) = R_{B8} \cap R_{A8}$$
$$R_9 = (B_3 \times C_3) \cap (\bigcup_{j=3}^{4} A_j \times C_3) = R_{B9} \cap R_{A9}$$
$$R_{10} = (B_3 \times C_4) \cap (A_5 \times C_4) = R_{B10} \cap R_{A1}$$
$$R_{11} = (B_4 \times C_2) \cap (A_1 \times C_2) = R_{B11} \cap R_{A11}$$
$$R_{12} = (B_4 \times C_3) \cap (\bigcup_{j=2}^{3} A_j \times C_3) = R_{B12} \cap R_{A12}$$
$$R_{13} = (B_4 \times C_4) \cap (\bigcup_{j=4}^{5} A_j \times C_4) = R_{B13} \cap R_{A13}$$
$$R_{14} = (B_5 \times C_3) \cap (\bigcup_{j=1}^{2} A_j \times C_3) = R_{B14} \cap R_{A14}$$
$$R_{15} = (B_5 \times C_4) \cap (\bigcup_{j=3}^{4} A_j \times C_4) = R_{B15} \cap R_{A15}$$
$$R_{16} = (B_5 \times C_5) \cap (A_5 \times C_5) = R_{B16} \cap R_{A16}$$

总的模糊关系为：

$$R = \bigcup_{l=1}^{16} R_l = \bigcup_{l=1}^{16} (R_{Bl} \cap R_{Al}) = (\bigcup_{l=1}^{16} R_{Bl}) \cap (\bigcup_{l=1}^{16} R_{Al}) = R_B \cap R_A \tag{5.2}$$

模糊关系 R 的计算：

现分别求出 R_{Bl}, R_{Al}：$(l=1,2,\cdots,16)$

$$R_{B1} = B_1 \times C_1 = \begin{bmatrix} 1 \\ 0 \\ 0 \\ 0 \\ 0 \end{bmatrix} \times [1 \quad 0 \quad 0 \quad 0 \quad 0 \quad 0 \quad 0] = \begin{bmatrix} 1 & 0 & 0 & 0 & 0 & 0 \\ 0 & 0 & 0 & 0 & 0 & 0 \\ 0 & 0 & 0 & 0 & 0 & 0 \\ 0 & 0 & 0 & 0 & 0 & 0 \\ 0 & 0 & 0 & 0 & 0 & 0 \end{bmatrix}$$

$$\bigcup_{j=1}^{3} A_j = A_1 \cup A_2 \cup A_3 = [1 \quad 0.5 \quad 1 \quad 1 \quad 0.5 \quad 0 \quad 0]$$

$$R_{A1} = \bigcup_{j=1}^{3} A_j \times C_1 = \begin{bmatrix} 1 \\ 0.5 \\ 1 \\ 1 \\ 0.5 \\ 0 \\ 0 \end{bmatrix} \times [1 \quad 0 \quad 0 \quad 0 \quad 0 \quad 0 \quad 0] = \begin{bmatrix} 1 & 0 & 0 & 0 & 0 & 0 \\ 0.5 & 0 & 0 & 0 & 0 & 0 \\ 1 & 0 & 0 & 0 & 0 & 0 \\ 1 & 0 & 0 & 0 & 0 & 0 \\ 0.5 & 0 & 0 & 0 & 0 & 0 \\ 0 & 0 & 0 & 0 & 0 & 0 \\ 0 & 0 & 0 & 0 & 0 & 0 \end{bmatrix}$$

同样可分别求得 R_{Bl},R_{Al}($l=2,3,\cdots,16$),并按 $R_B=\bigcup_{l=1}^{16}R_{Bl}$ 和 $R_A=\bigcup_{l=1}^{16}R_{Al}$,求得:

$$R_A=\begin{bmatrix}1&1&1&1&0&0&0\\0.5&0.5&0.5&0.5&0&0&0\\1&1&1&1&0.5&0.5&0\\1&1&1&1&1&1&0\\0.5&1&1&1&1&1&0\\0&0.5&0.5&0.5&0.5&0.5&0.5\\0&0&0&0&1&1&1\end{bmatrix}\quad R_B=\begin{bmatrix}1&1&1&1&0&0&0\\1&1&1&1&0&0&0\\1&1&1&1&1&1&0\\0&1&1&1&1&1&0\\0&0&0&1&1&1&1\end{bmatrix}$$

设当前的偏差是 e,偏差变化率是 Δe,则对于第 l 条规则的输出推理为:

$$f_l=e\circ R_{Al}\cap\Delta e\circ R_{Bl}\qquad(l=1,2,\cdots,16)\tag{5.3}$$

因此,控制总量的输出控制量是:

$$\begin{aligned}f&=\bigcup_{l=1}^{16}f_l=\bigcup_{l=1}^{16}(e\circ R_{Al}\cap\Delta e\circ R_{Bl})\\&=(e\circ\bigcup_{l=1}^{16}R_{Al})\cap(\Delta e\circ\bigcup_{l=1}^{16}R_{Bl})=e\circ R_A\cap\Delta e\circ R_B\end{aligned}\tag{5.4}$$

示例:求 $e=S(\alpha)$,而 $\Delta e=NS$(负 α)时的控制量输出值。(注:$e=NS$, $\Delta e=NS$)

由式(5.4),这时的控制量应该是:

$$f=e\circ R_A\cap\Delta e\circ R_B$$

$$e\circ R_A=[0,0.5,1,0,0,0,0]\circ\begin{bmatrix}1&1&1&1&0&0&0\\0.5&0.5&0.5&0.5&0&0&0\\1&1&1&1&0.5&0.5&0\\1&1&1&1&1&1&0\\0.5&1&1&1&1&1&0\\0&0.5&0.5&0.5&0.5&0.5&0.5\\0&0&0&0&1&1&1\end{bmatrix}$$

$$=[1\quad 1\quad 1\quad 0\quad 0\quad 0\quad 0]$$

$$\Delta e\circ R_B=[0\quad 1\quad 0\quad 0\quad 0]\circ\begin{bmatrix}1&1&1&1&0&0&0\\1&1&1&1&0&0&0\\1&1&1&1&1&1&0\\0&1&1&1&1&1&0\\0&0&0&1&1&1&1\end{bmatrix}=[1\quad 1\quad 1\quad 1\quad 0\quad 0\quad 0]$$

因此,模糊推理的结果为:

$$f=[1\quad 1\quad 1\quad 0\quad 0\quad 0\quad 0]\cap[1\quad 1\quad 1\quad 1\quad 0\quad 0\quad 0]=[1\quad 1\quad 1\quad 0\quad 0\quad 0\quad 0]$$

(5)解模糊　模糊推理的结果仍然是模糊值,不能直接用于控制被控对象,需要把模糊推理结果转化成精确量,此过程称为解模糊或模糊判决。

解模糊化过程目前尚无系统而统一的方法,常用的有最大隶属度法、中位数法、加权平均法、平均最大隶属度法、求和中心法、最大面积中心法等多种方法。具体采用何种方法,应视推理结果情况而定。

对于上面得到的控制总输出模糊控制量$f=\frac{1}{0}+\frac{1}{1}+\frac{1}{2}+\frac{0}{3}+\frac{0}{4}+\frac{0}{5}+\frac{0}{6}$,由于具有3个相邻的隶属度最大值,分别对应$f$的输出等级为0,1,2。因此,采用最大隶属度法解模糊化,取它的平均值为1.0级。经过尺度变换得到实际的输出频率为:70 Hz + 16 × (1.0 − 3) Hz = 38 Hz。

(6)建立模糊控制表　为了节省内存,提高计算机应用系统的工作速度,实现有效的实时控制,对于各种输入变量的组合通常根据隶属度函数(见表5.2~表5.4)和模糊控制规则表(见表5.5)以及模糊推理和解模糊方法离线计算为对应的模糊控制表,并将该表内置于应用软件的ROM表中,供实时控制过程使用。将模糊控制表中的清晰量经过尺度变换式变成实际的控制量,即变频压缩机的供电频率,见表5.7。

表5.7　空调变频压缩机的供电频率

f		Δe				
		−2	−1	0	1	2
e	−3	22	22	22	46	70
	−2	22	22	38	54	70
	−1	30	38	50	70	82
	0	38	46	70	70	94
	1	46	58	70	90	94
	2	54	70	86	94	102
	3	70	70	94	94	118

5.2.3　电子膨胀阀及其控制算法

1)电子膨胀阀的工作原理

电子膨胀阀是由电子电路控制的膨胀阀。在变频式空调设备中,压缩机由变频电动机驱动,电动机的转速可以根据室内制冷量的需要而连续变化,最终压缩机的制冷量达到连续变化的自动控制。为配合制冷量的连续变化,采用电子膨胀阀与变频式压缩机匹配使用。电子膨胀阀能够根据单片机的指令,按预设的各种调节规律动作,迅速调节阀的开启度,快速控制制冷剂的流量,可减小房间室内的温差波动,因而能够增强空调的舒适程度,又可最大限度地节能。对制冷系统本身来说,则可以获得很好的过热度调节品质,使制冷装置的启动特性和变负荷动态特性大为改善,因而能保证换热器的使用效率高,运行稳定,能耗低,温度控制精度好。目前,已广泛应用于变频空调器等变频制冷机组中,是变频空调器中的关键部件。

2)控制算法

变频空调器在工作时,压缩机功率、制冷剂流量均是可变的,各种影响因素处于动态多变的过程中,空调制冷系统的各部件之间及其与外部环境、工作负荷之间存在极其复杂的耦合关系,难以用确切的数学模型来进行描述。模糊控制方法仍然是目前电子膨胀阀的主要控制方法。

通常在空调器的模糊控制中,绝大多数是采用直接查表法来实现,虽然这种模糊算法结构简单、响应速度快、资源开支少,但是,这种模糊控制表往往是事先根据人们的经验经简单的模糊推理而得到的,一旦生成控制表,则调整起来就比较困难,而实际被控系统往往具有很强的非线性、时变性和滞后性,系统中存在许多不确定的因素。因此,这种模糊控制器往往不具备自适应能力,影响了电子膨胀阀对于运行工况的适应能力。为此,在电子膨胀阀的模糊控制中提出了一种具有智能判断和带调整函数的自调整算法。

(1)输入参数的选择　蒸发器供液量的状态通常以过热度表示,恰当的过热度对应着蒸发器供液量合理流量。对于蒸发器供液量的控制通过对过热度控制实现。因此控制参数可以取为制冷剂过热度偏差 e、偏差变化 Δe。

在实际系统中偏差 e 和偏差变化 Δe 按下式计算:

$$e(nT) = \Delta T(nT) - R(nT)$$

$$\Delta e(nT) = e(nT) - e(nT - T)$$

式中　n——第 n 次取样;

T——过热度取样周期,通常取 $T=6\sim15$ s;

$\Delta T(nT)$——nT 时刻室内换热器实际过热度;

$R(nT)$——nT 时刻室内换热器过热度目标值。

检测制冷剂在蒸发器入口处的温度和出口处的温度,计算温度差作为过热度。考虑到制冷剂流过换热器存在一定的阻力压降,蒸发器入口处的温度并不等于蒸发器中制冷剂的饱和温度,但仍然可以在一定程度上代表蒸发器中的制冷剂饱和温度,当然该计算温度差也在一定程度上可以反映过热度,但并不是真实过热度。

(2)确定输入、输出变量的实际变化范围　通过实验的方法来确定过热度偏差 e、偏差变化 Δe 和电子膨胀阀开口度增量值 ΔU 的最大变化范围值,设它们分别为 X,Y,Z。这些值与设定目标值 R 及采样周期 T 有关。

(3)确定变量论域等级及输入变量的归一模糊化　过热度偏差 e 和偏差变化 Δe 的论域划分可以较细,通常将 $e/X,\Delta e/Y$ 在[-1,1]闭区间划分 11 级,从而获得偏差 E 及偏差变化 EC 论域值。

对于 E 和 EC 的模糊论域划分应满足无混叠、无空挡。零挡划分要保证控制精度的要求,不必均匀分挡,通常设计成零挡区间值最小,随着挡次增大,相应的区间值依次增大。

对于电子膨胀阀模糊控制系统,归一模糊化的 E 及 EC 可进行如下划分:

$$E = \begin{cases} \pm 1 & |e/X| \geqslant 0.8 \\ \pm 0.8 & 0.55 \leqslant |e/X| < 0.8 \\ \pm 0.6 & 0.3 \leqslant |e/X| < 0.55 \\ \pm 0.4 & 0.15 \leqslant |e/X| < 0.3 \\ \pm 0.2 & 0.03 \leqslant |e/X| < 0.15 \\ 0 & |e/X| < 0.03 \end{cases} \tag{5.5}$$

$$EC = \begin{cases} \pm 1 & |\Delta e/Y| \geqslant 0.8 \\ \pm 0.8 & 0.55 \leqslant |\Delta e/Y| < 0.8 \\ \pm 0.6 & 0.3 \leqslant |\Delta e/Y| < 0.55 \\ \pm 0.4 & 0.15 \leqslant |\Delta e/Y| < 0.3 \\ \pm 0.2 & 0.03 \leqslant |\Delta e/Y| < 0.15 \\ 0 & |\Delta e/Y| < 0.03 \end{cases} \tag{5.6}$$

对于输出控制量 ΔU 的论域可以不进行划分，而采用计算结果直接取值作为精确值，从而得到较为连续和精细的控制量。

(4)模糊推理　由过热度确定的开口度输出增量值 ΔU 的论域值可采用下式计算：

$$U = \begin{cases} aE(nT) & |e(nT)| > |e_m| \\ aE(nT) + (1+a)EC(nT) & |e_w| < |e(nT)| \leqslant |e_m|,\text{且 } e(nT)\Delta e(nT) < 0 \\ 0 & |e(nT)| < |e_w|,\text{且 } e(nT)\Delta e(nT) < 0 \\ aE(nT) + (1+a)EC(nT) + k_I \sum e_i & |e(nT)| \leqslant |e_m|,\text{且 } e(nT)\Delta e(nT) > 0 \end{cases} \tag{5.7}$$

$$a = k|e(nT)/R(nT)|^p \tag{5.8}$$

式(5.8)中 k,p 为待定控制参数。通过设置其合理的修正函数 a，可以根据偏差 e 的变化，灵活地调整模糊控制规则，其取值范围为 $1 \leqslant k \leqslant |R(nT)/e_m|^p$，$R(nT)$ 为 nT 时刻过热度目标给定值。k 值越大，a 随偏差 e 的递增越快。当参数 $p<1$ 时，修正函数 a 值随偏差递增较快，偏差 E 的控制作用相对增强；反之，当 $p>1$ 时，偏差变化 EC 的控制作用加强，p 值越大其作用越强。通常 $p \in [0.5,3]$。

式(5.7)中 e_m 为设定的上限阈值，一般取恒值，通常 $e_m = 4 \sim 5$ ℃；e_w 为设定的下限阈值，但它与 e 的最大偏差 X、偏差变化论域值 EC 大小等有关，可按式(5.9)计算：

$$e_w = k_w|EC|X \tag{5.9}$$

式(5.9)中 k_w 为 e_w 的取值系数，它与被控制系统的响应滞后时间 t 及控制要求等有关，可以通过实验取得最佳值，可以取 $k_w = 0.1 \sim 0.2$。$|EC|$ 为偏差变化 Δe 归一模糊化论域值，偏差变化 EC 值越大时，则下限 e_w 越大。

(5)求过热度确定的开口度输出控制值 ΔU　nT 时刻由过热度确定的开口度输出控制值 ΔU 为：

$$\Delta U = K_U U \tag{5.10}$$

其中，$K_U = Z/1 = Z$。

上述模糊算法控制的基本思想是：当偏差较大时，对偏差的控制作用给予较大的权重，以尽快消除偏差，提高响应速度；当偏差较小时，为避免系统响应的超调，对偏差变化的作用给予较大的加权，以尽快进入稳态；当系统进入超调区时，则引入智能积分控制，一方面可以迅速减少超调趋势，另一方面可以消除系统稳定偏差（静态偏差），避免普通模糊控制器在零区域的振荡现象；直接对偏差 e 精确量积分还可以完全消除余差和极限环振荡；此外还考虑到电子膨胀阀开口度对过热度响应是一个具有较大时间滞后的控制过程，采用智能判断器控制输出量开关 K,可以将控制作用在特定的条件下进行“断开”,使系统处于具有观察功能的积极等待状态,这种等待的目的是为了更好地为下一步控制做准备。同时,利用偏差变化论域值 EC 的大小自动设置“断开”的阈值,从而确保这种模糊系统的优良品质,这种模糊控制系统对阶跃响应的控制作用可用图 5.10 表示。

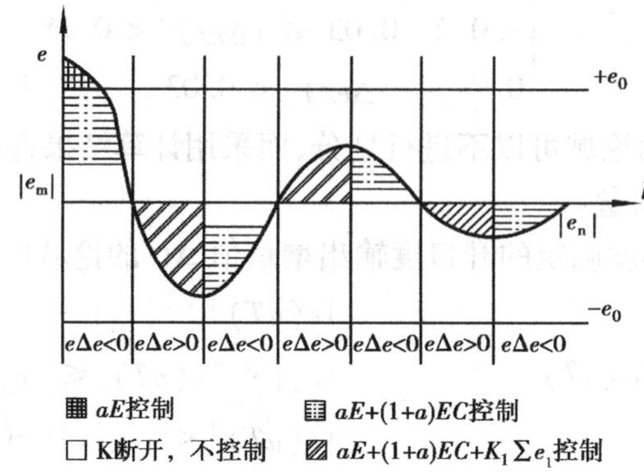

图 5.10　模糊控制系统作用下的阶跃响应

5.2.4　多元 VRV 系统容量控制

1)容量控制的基本方法

多元 VRV 系统在工作时,制冷负荷要适应室内空调负荷的变化进行不断的调整,以节省运行能耗。整个系统的容量调节通过改变压缩机的频率来实现。

室内空调负荷变化后,室内换热器侧的电子膨胀阀开度进行调节,改变制冷剂供液量以保证室内温湿度参数。电子膨胀阀的调节直接导致压缩机吸气压力和排气压力的变化,因此变容量调节的控制参数一般选择为吸气压力或排气压力。

由于 PID 控制的稳态精度高(含积分环节),而模糊控制特别适合非线性、大滞后的过程,实用中可以考虑把模糊(Fuzzy)控制和 PID 控制相结合。其复合控制的方式有 2 种:串联式和并联式,如图 5.11 所示。

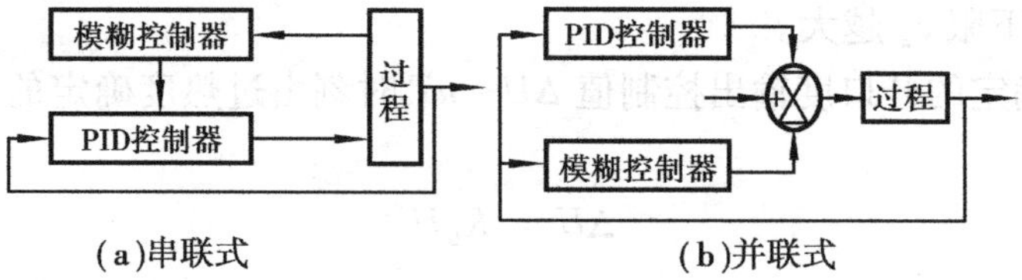

图 5.11　Fuzzy-PID 复合控制

串联式的模糊控制器根据过程的一些基本信息,推理输出 PID 控制器的控制器参数,从而使 PID 控制器在过程参数时变时也能达到好的控制效果。

并联式的特点是当起始误差大时启用模糊控制器,而当误差小时切换成 PID 控制器,既保证动态响应效果,又能改善稳态控制精度,使模糊控制器和 PID 调节器共同合成控制作用。这就兼顾了 2 种控制器的优点,而避免了它们的缺点。

并联式调节压缩机转速控制分为3个阶段:开机设定阶段、模糊逻辑控制阶段、PID调节阶段。开机阶段根据系统运行状态确定压缩机运行转速和持续时间,经过开机阶段后进入模糊逻辑控制。当经过确定时间后或模糊控制目标值达到后进入PID调节,如图5.12所示。

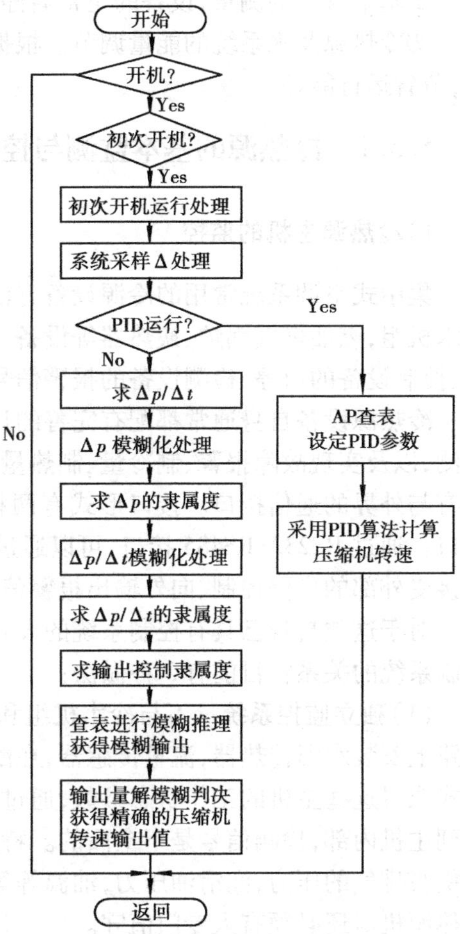

图5.12　系统压缩机转速控制程序流程图

2)输入输出变量

控制系统的输入输出变量,以系统设定压力目标值与系统实际压力值的偏差,即系统压力偏差Δp作为模糊控制器的一个输入量,以系统压力偏差Δp的变化率$\Delta p/\Delta t$作为另一个输入量,经过模糊控制器模糊化成为模糊矢量E和EC。而以制冷系统的压缩机转速U_n作为模糊控制器的输出变量。系统压力偏差Δp是指实测被控对象系统的压力值减去压力目标值所得的值即为系统压力偏差Δp。

3)模糊区与确定区的划分

将系统压力偏差Δp的控制范围分为模糊控制区和确定控制区,以系统压力偏差Δp的适应度$X=1$为界。系统压力偏差Δp的适应度$X=1$以内为模糊控制区,以外为确定控制区。在开机工况完成后的6 min内,为模糊控制区,以利于系统迅速稳定;在开机工况完成后的6 min,则为确定控制区,即可进入PID调节。

关于模糊控制的算法设计与前述变频空调的频率模糊控制和电子膨胀阀的内容相似,不再赘述。

5.3　空调系统冷热源及水系统的监控

在现代建筑中,空调系统的能耗占据了建筑物总能耗的65%左右,而冷热源设备及水系统的能耗又是建筑物空调系统能耗的最主要部分,占80%~90%。如果提高了冷热源设备及水系统的效率就解决了建筑物节能的主要问题。冷热源设备与水系统的节能控制是衡量建筑节能成功与否的关键因素之一。同时冷热源设备又是建筑设备系统中最核心,最具经济价值的设备之一,保证其安全、高效地运行的重要意义不在一般。

冷热源系统和水系统的监控主要完成以下2大功能:

①基本参数的测量，设备的正常启停与保护；

②冷热源及水系统的能量调节。根据具体的设备及水系统构造形式，通过合理的调节策略，节省运行能耗。

5.3.1 冷热源的基本监测与控制

1）冷热源主机的监控

集中式空调系统常用的冷源设备有活塞式、螺杆式、离心式水冷冷水机组，空气源热泵冷热水机组，燃油燃气锅炉、换热器等设备。BAS 监控的任务是监测各设备的工作状态、工作参数、控制设备的启停、检测设备的报警信号、保证设备安全运行。

冷热源设备自身通常都配有完善的计算机监控系统，能实现对机组各部位的状态参数的监测，以及实现故障报警、制冷量、制热量的自动调节及机组的安全保护。而且大多数设备都留有与外界的通信接口。接口形式有两种，一种为 RS232/RS485 通信接口，另一种为干触点接口。通过 RS232/RS485 接口，可以通过通信实现 BAS 与主机的完全通信，而干触点接口只能接受外部的启停控制、向外输出报警信号等，功能相对简单。

对于这类自身已具有控制系统的设备，BAS 怎样实现对它们的监控？怎样处理与设备的控制系统的关系？目前有 3 种做法：

（1）独立监控系统　不与冷水机组和锅炉主机的控制器通信，而是另外在冷冻水、冷却水管路上安装水温传热器，流量传感器，在配电箱中通过交流接触器辅助触头、热继电器触点等方式取得这些主机的工作状态参数，通过交流接触器控制设备的启停。显然这种监测不能深入到主机内部，检测信号是不全面的。特别是报警信号只能检测到电机的过载、缺相等，对压缩机吸排气的压力，润滑油压力，油温等等都无法检测。主机设备不能放心地交由 BAS 管理，冷热源机房还必须有人专门值守。

图 5.13 是常见的电动冷水机组冷冻站的监控点位图。监控点指的是直接数字控制器（Direct Digital Control，DDC）的输入/输出通道。AI/AO 为 DDC 的模拟量输入/输出通道，DI/DO 为 DDC 的数字量输入/输出通道。

对于水泵电机、冷却塔电机、制冷压缩机电机，它们的监控点配置是相同的。实际工程中除图中现有的状态、故障、启停 3 个信息点外，还经常加上手/自动模式状态点。如果冷冻机与水泵不是一一对应配置的，则在冷冻机的冷却水、冷冻水接口上应通过蝶阀控制机组的流量分配，与机组分台数运行相适应。

检测冷冻水供回水温度和流量是为了给冷冻机台数控制提供参数；检测冷却塔供回水温度是为了控制冷却塔运行台数，使冷冻机的冷却水入口温度较低，提高制冷机效率。

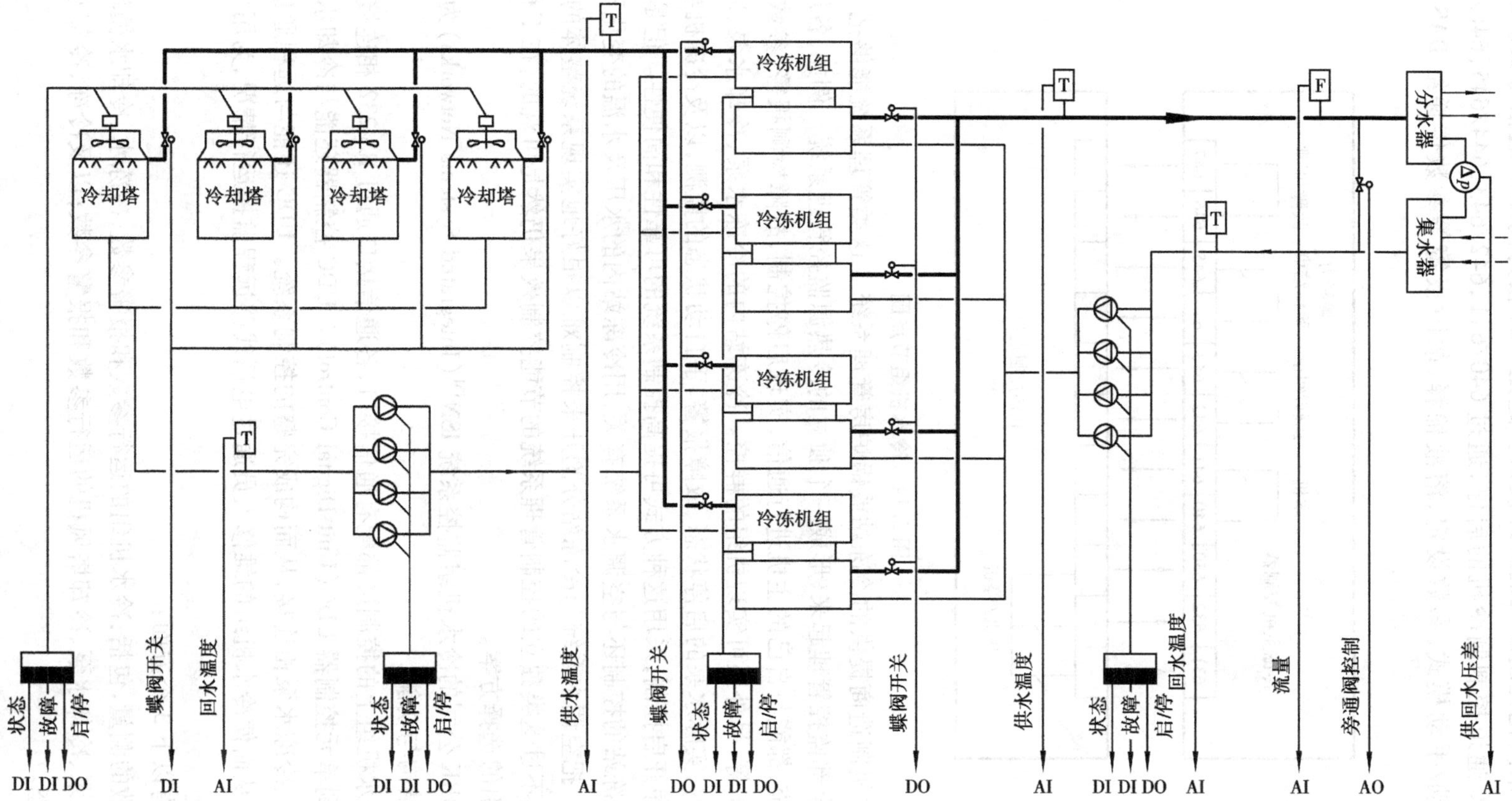

图5.13　冷冻站监控点位

图5.14为某溴化锂制冷机的对外接口。这是一种较为简单的通信方式。BAS可以通过631,632,630通道控制制冷机的启停,通过640/641,642/643,644/645,646/647通道,将制冷机的自动/手动模式,参数设定,溶液稀释,故障报警等参数传递给BAS,供管理者参考。

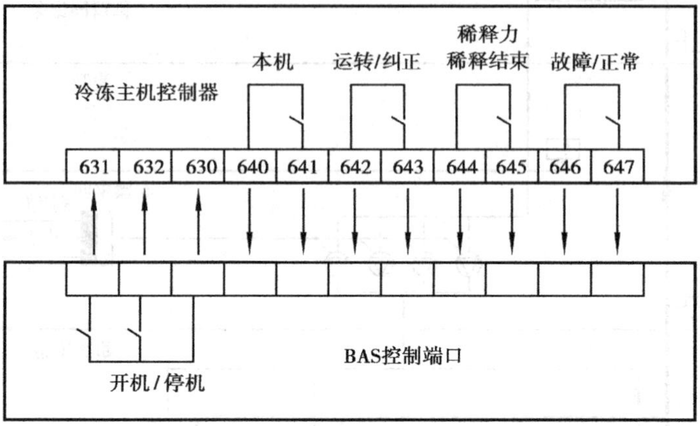

图5.14 冷水机组节点图

(2)采用主机制造商提供的冷冻站或锅炉房管理系统　这类管理系统能够把冷冻站或锅炉房内的设备全部监控管理起来,形成一个独立的冷热源监控管理系统。例如,各厂商推出的冷冻站监控系统,都能与自己的主机进行通信,实现启停控制,故障检测报警,参数监视,能量调节与安全保护等,另外还可实现机组的群控。冷冻站内的冷冻水泵、冷却水泵、冷却塔也在系统的控制之内,实际水泵的启停状态、故障报警、手自动状态的监测,以及冷冻机与冷却水泵冷冻水泵的程序开启控制,采用这种方式可提高控制系统的可靠性和简便性。但是,从优化的角度看,由于冷冻站的控制还与空调水系统有关,用冷冻站内的水压及水温的变化不能完全反映系统的特性。把空调水系统与冷冻站分割开来控制难以很好地实现系统整体的、理想的优化控制与调节,不过这类独立的控制管理系统的节能控制效果仍然是可观的,在工程设计中仍不失为一种可引的选择方案。

下面以YORK公司的冷水机组监控系统ISN^{TM}(Integrated Systems Networks)为例,介绍这类监控系统的结构与功能。

图5.15冷水机组上的控制屏都配有通信接口,各通信接口通过RS-232相连接,把冷水机组的信息传送到单元控制器UDC(Unit Digital Control)。UDC控制器还能与冷却水泵、冷却塔风机、电动水阀、冷冻水泵相连接,从而构成完整的控制系统。UDC还能与远程通信接口和调制解调器相连,从而使冷水机组的维修人员通过电话线路远程监控运行情况,为用户提供全面的售后服务。

主要功能有以下3个方面:

①基本参数的测量,包括:冷水机组的运行参数和报警参数,冷冻水、冷却水循环系统总管的水温,冷冻水泵、冷却水泵、冷却塔风机的运行参数和报警参数;以及冷冻,冷却水路的电动阀门的开关状态。

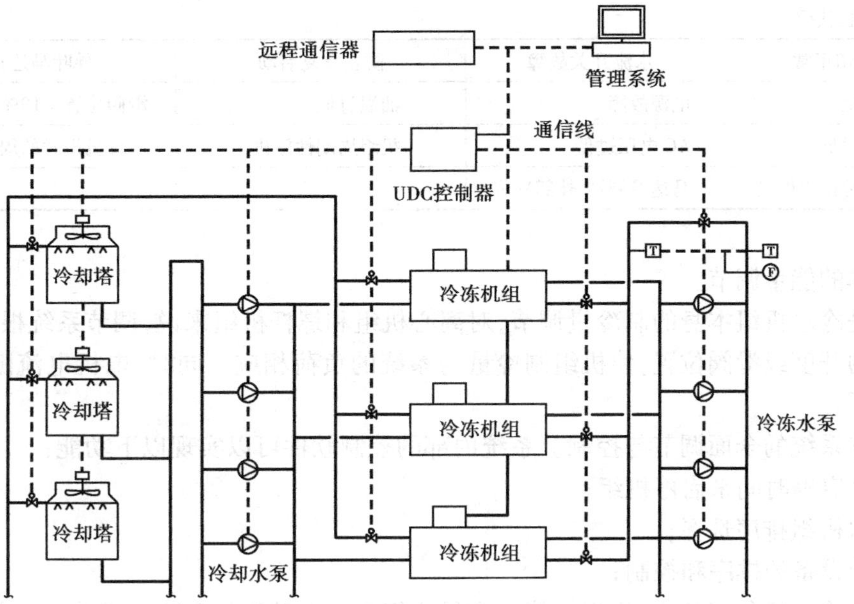

图 5.15　ISN 群控系统图

其中对冷水机组的典型的监控内容为：

控制功能		
机组启/停	远程设定电流值	设定冷冻水出水温度

运行状态

冷冻出水温度	冷冻回水温度	蒸发器压力	冷凝器压力
冷却出水温度	冷却回水温度	蒸发器饱和温度	冷凝器饱和温度
排气温度	油　温	油　压	限流设定值
电机电流百分比	运行时间	压缩机启动次数	压缩机电机状态
油路电磁阀状态	启动开关状态	冷冻水流开关状态	引射电磁阀状态
防止重复启动时间	油分离器低油位状态	操作模式(本地,遥控,维修)	

运行代码

一切正常	RTC 电池故障	最小滑阀位置	冷凝器高压限定
油过滤器堵塞	电流限值在实施中	高油温超限	蒸发器低压限定
制冷剂冲注过量	延时 2 min 重新启动	高压传感器故障	

安全保护性停机代码

一切正常	电源故障	蒸发器压力过低	油压或冷凝器的传感器故障
油压过低	排气温度过高	冷凝器压力过高	辅助安全保护装置使之停机
油压过高	液流温度过高	蒸发器压力过高	蒸发器的传感器或探头故障
热电偶开路	马达相电流不平衡	油分离器油位过低	排气温度传感器故障
止推轴承探头故障	启动器故障		

周期性停机代码

一切正常	水流开关故障	防止重复启动	导叶马达打开
水温过低	电源故障	油温过低	滑阀位置>10%不能开机
线电压过低	AC 电压过低	机组周期性停机	多台机组时的周期性停机
内部时钟使之停机	马达控制器-外部复位		

②基本的能量调节。

主要是冷水机组本身的制冷量调节,对离心机组和螺杆机组来说,调节系统根据水温自动调节导叶的开度或滑阀位置,使机组制冷量与系统的负荷相应。同时,电机电流随之改变,降低机组能耗。

③冷冻系统的全面调节与控制。系统内部的控制软件可以实现以下功能:

a. 预设启停时间来启停机组;

b. 冷水机组排序选择;

c. 联动设备的排序和控制;

d. 最优冷水机负荷分配,将根据能效和最优组合来自动为每台冷水机分配负荷;

e. 冷冻水温度重设,可自动重设或调节冷冻水的出口温度设定值。

存储和显示冷水机组的数据、档案记录和报告。报告包括:冷水机的功率档案、每日的制冷量、冷水机的运行时间、超前/滞后机组的选择、冷负荷档案、冷水机故障、最近的冷水机报警、冷却塔运行时间、泵运行时间、自然冷却运行时间、整个冷水机组的功率消耗(估计值)。冷水机记录包括:所有冷水机组的工作温度、压力、冷水机功率、泵、冷却塔和冷水机的运行状态;以及整个系统的功率消耗(估计值)。所有的记录包含前 48 h 的数据,每小时登记 1 次。

可以看出,由制造商提供的上述监控功能是非常完善的,用其他方式难以达到如此周全的程度。

对传感器和执行器的设置要求如下:

a. 冷冻泵、冷却泵和冷却塔的运行状态和故障信号分别来自相应启动柜的接触器辅助触点和热继电器辅助触点,启动柜应设有手动/自动转换开关和开停控制点。

b. 电动蝶阀控制屏应设有手动/自动转换开关和开停控制点,以及提供开关状态的触点。

c. 冷冻、冷却供水总管上分别设置 1 个温度传感器检测水温。

d. 不设流量计,因为水温和冷水机的满负荷电流百分比足以反映冷负荷的变化。

e. 冷冻水系统应设置独立的压差旁通装置。

BAS 则可以通过 YORKTalk 译码器与冷冻机与监控系统相连。通过 YORKTalk 与监控系统通信。此时,BAS 可以读取系统的所有信息,同时也可通过 YORKTalk 实现对机组的启停等控制。

(3)BAS 与冷热源主机通信　为了解决建筑物各种机电设备,特别是暖通空调设备的互联问题。早在 1995 年,ASHRAE(美国采暖通风空调制冷工程师学会)就制订了解决这一问题的通信协议 BACnet(Building Automation Control network)。BACnet 协议是专门为建筑设备系统的计算机网络控制而制定的通信协议,意在为建筑设备的控制系统提供统一的“标准语言”。如果各设备制造商和控制系统公司都遵守这一协议,则大楼内的各种机电设备就有望实现无缝的连接。但是由于各种原因,BACnet 协议未能得到广泛的应用,使得原来预期的实现各种控制器统一通信和信息互换的局面没有如期实现。但实现通信协议的统一是发展方向,现在使用 BAC 通信协议的空调制冷设备和控制系统已越来越多。除 BACnet 协议外,采用 TCP/IP 协议进行通信的控制系统也在增多。

当控制系统与冷水机组的协议不统一时,需要开发通信接口来解决互联问题。在通信接口开发时,冷水机组制造商应开放其通信协议。冷水机组控制器通常采用异步通信方式,其协议文本一般应包含下列内容:

a. 异步串行通信接插件引脚的定义;

b. 串行通信数据格式和通信参数(波特率、起始位、数据位、停止位、校验位等数据帧结构);

c. 串行通信的呼叫联络应答方式;

d. 所有读写控制命令;

e. 全部数据结构和数据选址方法;

f. 异步通信的定时规则。

不同厂商的楼宇自控产品一般都采用其自定义的控制网络,同时也对一些开放型的控制网络提供支持,如 BACnet,LONWORKS,RS-232/RS485 等。大多数冷冻机制造商(包括其他楼宇系统设备)都提供 RS-232/RS-485 通信接口。现有接口程序主要是基于 RS-232/RS485 开发的。

在 Microsoft Windows 下,开发串行通信程序通常有如下几种方法:

a. 利用 Windows API 通信函数;

b. 利用 Windows 的读写端口函数_inp,_inpw,_inpd,_outp,_outpw,_outpd 或开发驱动程序(Windows NT 系列下)直接对串口进行操作;

c. 使用串口通信组件,如 ActiveX 控件 MSComm。

相比较而言,第三种方法较为简单,只需要对串口进行配置,编程工作量不大;第一种方法使用面较广,但程序编制比较复杂,使用较困难;第二种方法则需要了解硬件电路结构原理,深入驱动层次,专业性更强。

2)冷却水系统的监控

冷却水系统的作用是为冷水机组的冷凝器供应冷却水,吸收制冷剂的冷凝热量,并将冷凝热转移到大气中去。冷却水系统由水泵、管道及冷却塔组成。对它的监控要达到以下目的:

①保证冷却塔风机、水泵安全运行。

②保证冷却机组内有足够的冷却水流量。

③根据室外气温及冷水机组开启台数,调整冷却塔运行台数。使冷冻机冷却水进口处的温度不高于设定温度。

图 5.16 为装有 4 台冷却塔及 2 台冷却水循环泵的冷却系统及监控点示意图。

对风机和水泵的监控要求与一般做法相同,即包括启/停控制、手/自动模式、故障报警、启/停状态的监控。冷却塔系统中最主要的控制任务是根据冷冻机对冷却水温的要求,确定冷却塔的开启台数。冷却塔出水温度高于设定温度,则增开 1 台冷却塔,低于设定温度可停开 1

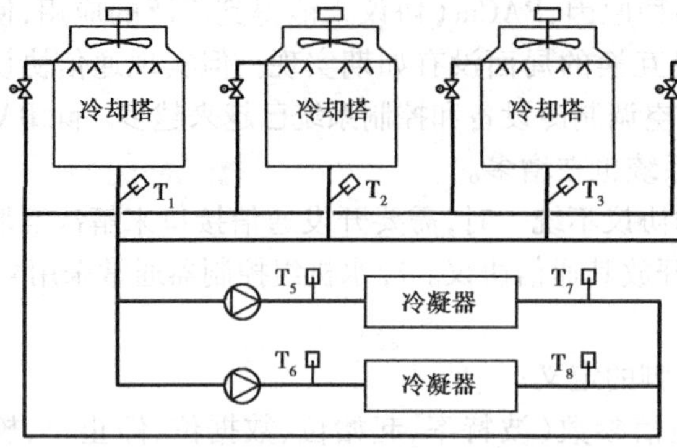

图 5.16　冷却水系统及监控点

台冷却塔，出水温度在设定值 ±0.5 ℃内时可不作调节。有的冷却塔风机还采用双速电机，通过转速的变化来调节冷却水温度，因此还应配合高/低速的转换确定冷却塔开启台数。

为配合冷却塔台数的调节，各冷却塔进水管上需要装电动阀 $V_1 \sim V_4$。电动阀的开启应与冷却塔的风机连锁。由于电动阀仅起到水路的开关作用，采用电动蝶阀即可满足要求。而在冷却塔出水管上则不必安装电动阀。

为防止冷却塔的浮球补水阀出现故障，使集水盘中的水位降低，出现倒空现象或过度补水出现溢流，在冷却塔的水盘或水池上可安装水位传感器，实现高低水位报警，在 BAS 中进行水位监控。

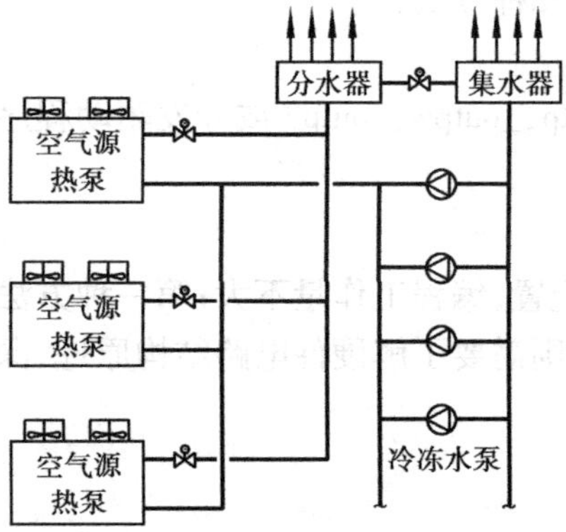

图 5.17　空气源热泵系统

在冷冻机的冷却水出口管路上安装温度计是为了判断冷却水系统的水量是否正常。当冷冻机的冷凝器由于内部堵塞或管道系统误操作造成冷却水量过小时，会使冷凝器的出口水温异常升高，通过水管温度计便可及时发现故障。

3）冷水机组启停的连锁控制和群控的序列策略

冷冻站系统通常由冷水机组、冷却水系统、冷冻水系统组成。当冷冻水机组为空气源热泵时，则没有冷却水系统如图 5.17 所示。

对直燃式溴化锂机组，除冷却水系统和冷冻水系统外还包括供油/气系统，如图 5.18 所示。

冷水机组运行时，通过蒸发器中的制冷剂吸收冷冻水的热量，使冷冻水保持低温。在冷凝器中制冷剂需通过冷却水向大气中排出热量。因此，在冷水机组开启时，必须首先开启冷却水和冷冻水系统的阀门和水泵、风机。保证冷凝器和蒸发器中有一定的水量流过，冷水机组才能启动。否则，会造成制冷机高压超高、低压过低，直接引起电机过流，易造成对机组的损害。冷水机组都随机携带有水流开关，需安装在冷却水和冷冻水管上。水流开关的电气接线要串联在制冷机启动回路上。当水流达到一定流速值，水流开关吸合，制冷机才能被启动。在制冷机停机时，根据上述工作特性，制冷机停机后，应延时一段时间（3 ~5 min），再停止冷却水和冷冻水系统的运行。

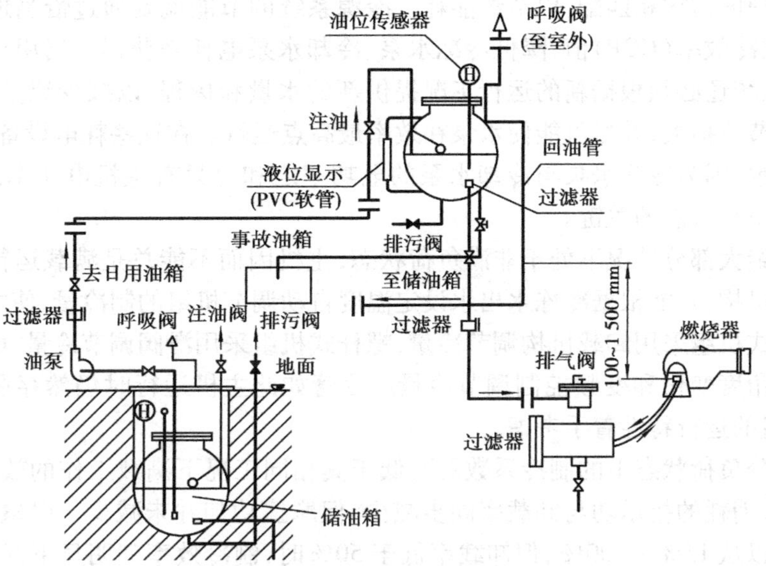

图 5.18 溴化锂冷水机组及系统

目前,制冷机组内部的控制系统能够完成启动时的保护,但还不能完成对冷却水、冷冻水系统的预先启动,以及停机后的延时运行。这些功能都需要 BAS 来实现。

BAS 在对某个制冷机组下达启动命令时,其相关设备的动作时间顺序应为:

①对应冷却水、冷冻水管路上的阀门立即开启;

②冷却塔风机、冷却水水泵、冷冻水水泵的启动延迟 2 ~3 min 执行;

③制冷主机启动延迟 3 ~4 min 执行。

在对某个制冷机组下达停止命令时,其相关设备的动作执行时间设为:

①立即切断主机电源;

②冷却水水泵、风机,冷冻水水泵延时 3 ~5 min 停止;

③对应的管路阀门延时 4 ~6 min 后关闭。

群控的序列策略,就是解决在启动下一台制冷机组时,决定哪台先开启;在停止 1 台运行的制冷机组时,决定哪台先停止。这种序列策略目的是与设备管理、维修计划更好地配合,充分利用设备的无故障周期,提高设备的使用寿命。

在需要启动 1 台制冷机时可按当前停运时间最长的优先;累计运行时间最少的优先;轮流排队等原则来进行。

在需要停止 1 台制冷机组时可按当前运行时间最长的优先;累计运行时间最长的优先;轮流排队等原则来进行。

选择哪种序列策略与物业管理方式、设备维护计划等密切相关。BAS 应尽量提供灵活的序列模式,便于物业管理部门按需选择。

5.3.2 能量调节及水系统控制

冷冻站的能耗由制冷机组的电耗及冷却水泵、冷却塔风机、冷冻水泵的电耗构成。如果冷冻水末端用户(如风机盘管、新风机组、一次回风机组)能进行冷量自动调节,那么冷冻机的产冷量必须与用户的需求相匹配,以节约能耗。冷源系统的节能就要通过恰当地调节主机运行状态,提高其制冷效率(COP)值,降低冷冻水泵、冷却水泵电耗来获得。当用户末端采用变水量时,冷冻水系统还必须根据新的运行工况提供新的水量和扬程,以减少流量和扬程的过盈,减少调节阀的节流损失,并尽可能使水泵在效率最高点运行。在这些耗电设备中,主机电耗占有最主要的位置,因为冷冻水泵与冷却水泵的电功率之和也只有主机电功率的20%~25%。提高主机的效率是节能的关键。

空调系统绝大部分情况下处于非满负荷状态,主机因而不能总是满载运行。好在主机均具有能量调节机构,它能根据冷冻水出水设定温度自动调节机组的制冷量,使之与用户的负荷相适应。活塞式机组采用卸载机构调节冷量,螺杆式机组采用滑阀调节冷量,而离心式机组则采用入口导叶角度变化和变频控制调节冷量。尽管如此主机运行时仍然存在节能提效的问题,这要从机组的运行特性着手考虑。

主机在部分负荷状态下的制冷系数总要低于其相同工况下满载工作的效率,这是因为主机虽然卸载了,消耗的指示功与卸载率同步减少,但摩擦功却并未减少。以螺杆式机组为例,尽管卸载率可以从15%~100%,但卸载率低于50%时,制冷效率就明显下降,运行的经济性受到了很大影响;对于离心式机组,制冷量低于50%时易引起机组的喘振。因此,在多台并联的冷水机组运行时,尽量使机组处于满载状态运行是节能的重要措施之一。这就是机组的台数控制的目标,又称为群控目标。

主机的效率还与机组的运行工况有关。运行工况的外在参数主要是冷却水温度或环境空气温度和冷冻水温度。在一定范围内冷却水温度越低,冷冻水温度越高,主机的制冷效率就越高;反之,则下降。因此,在机组运行时,希望降低冷却水温度而提高冷冻水温。这就是水温的控制目标。

1)制冷机组的台数控制

台数控制的基本思想是使制冷机组提供的制冷能力与用户所需的制冷量相适应,因此,在空调系统运行过程中,实时地检测当前系统的制冷量,判断用户的制冷量需求是确定投入运行主机台数的前提。

通常工程中都在冷冻水供回水总管上设置流量和温度传感器,检测冷冻水总流量和供回水温度。根据冷冻水流量以及进出蒸发器的温差即可方便地计算出单位时刻的总制冷量。这个制冷量是主机实际提供的,但是它并不一定正好是用户所需的制冷量,实测制冷量与用户需要制冷量 Q 存在多种关系。

若单台主机的最大制冷量为 q_{max},运行台数为 N,则当 $Q<q_{max}N$ 时,表明主机尚有部分余力没有发挥出来,通过能量调节机构卸载了部分制冷量,使其与用户所需制冷量相匹配。主机提供的制冷量与用户实际需求的制冷量是相等的。

若 $Q=q_{max}N$,则表明在运行的主机已全部满负荷工作。它可能对应着供需双方达到了平衡状态,更可能是对应着供不应求的局面。具体是哪种状态需通过系统的其他参数作出判断。实际运行过程中,常通过冷冻水出水温度测量值与设定值的差值来判别。若在一段时间 Δt 内,出水温度总是高于出水温度设定值,则表明总制冷量不能满足用户要求。这是由于供冷量不足导致回水温度过高造成的,Δt 可取15~25 min。为了可靠起见,可将不确定关系的转变

点的判别式由 $Q = q_{max}N$ 改为 $Q \geq 0.95q_{max}N$。

根据上述分析，可以得出台数控制的规则为：

①若 $Q \leq q_{max}(N-1)$，则关闭 1 台冷冻机及相应循环水泵。

②若 $Q \geq 0.95q_{max}N$，且冷冻机出水温度在 Δt 时间内高于设定值，则开启 1 台主机及相应循环泵。

③若 $q_{max}(N-1) < Q < 0.95q_{max}N$ 则保持现有状态。

单台主机的最大制冷量 q_{max} 并非固定值，它随运行工况参数有较大的改变。主要影响参数是冷却水的水温和流量、冷冻水水温及流量。由于冷冻水水温及水量变化不大影响较小，冷却水量变化也较小，故主要受冷却水温的影响，各制冷机供销商都能提供在不同冷却水温下，制冷机制冷量的变化曲线。热泵机组则能提供不同的室外气温下机组制冷量的变化曲线，这样可在程序设计时，反映 q_{max} 随外界参数的变化。

实际工程中，由于温度测量和流量测量不准确导致控制系统不能正常工作的案例屡见不鲜。在台数控制中，怎样提高参数测量的准确性应给予高度重视。

(1)测量点的选定　如图 5.19 所示，空调设计时一般采用(a)方式，这样传感器只能安装在旁通阀前。由于回水管上已有旁通水量混合，故回水管水量降低，这使得供回水温差减少。对同等精度的温度传感器而言，总温差的减少将使总体测量的相对误差加大。因此，建议采用(b)方式设计。传感器安装在旁通阀之后，以增加供回水温差，这可在一定程度上减少相对误差。

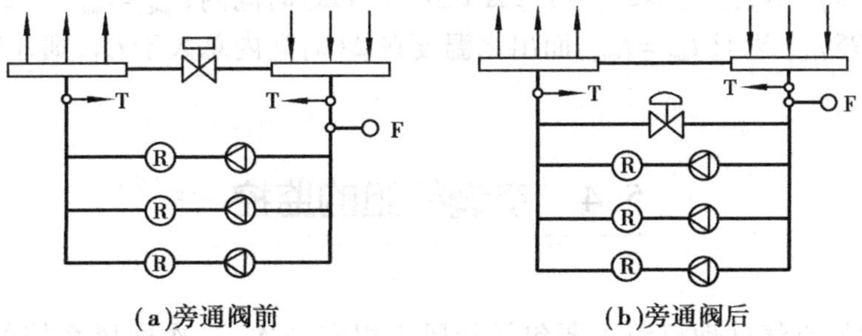

图 5.19　传感器安装位置

(2)温度传感器的选择　空调冷冻水供回水的温差通常在 3 ~ 5 ℃。大多数工程选用的水管温度传感器精度为 0.3 ℃，有的精度仅为 0.5 ℃。此项测量的相对误差便可达到 6% ~ 15%，加上流量测量的误差会导致总体测量误差达到 15% ~ 25% 甚至更高。使通过 $Q = c_pG(t_2 - t_1)$ 计算出的冷量失去实用意义。因此，温度传感器的精度应在 0.1 ~ 0.2 ℃，温差范围的提高和传感器的精度的增加对减少测量误差影响很大。

温度传感器选用时要注意的另一个参数是热响应时间，为保证测量的真实性必须保证其实时性。温度传感器的热响应时间应不大于 30 s。

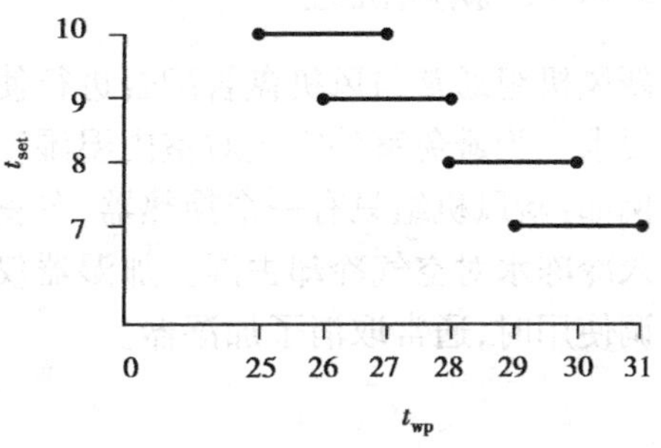

图 5.20　日平均温度与冷冻水温

2)冷冻水温的再设控制

可以有多种方式实现冷冻水温的再设控制,一种是工程上常用的简化方式,即根据室外气温分阶段设定出水温度,如可以根据日平均气温 t_{wp} 按日设定出水温度 t_{set},如图 5.20 所示,水温可从 7 ~ 10 ℃变化。但每天的出水温度恒定。由于夏季出现高温的时间毕竟有限,大多数情况下,出水温度都可以高于 7 ℃,在 10 ℃左右,因而可提高主机工作效率。

比上述方法更精细的再设控制方式是不断根据用户负荷的变化与运行台数的关系,来确定出水温度的设定值。

当需要增加制冷机台数时,在一定程度上可以通过降低冷冻水出水温度来满足用户负荷的增长,即较低温度的冷冻水温可以扩大末端设备的传热温差,从而增加传热量,进而推迟开启冷冻的时间。降低出水温度所增加的制冷主机的电耗总是小于增开 1 台制冷主机和对应水泵产生的电耗。

当制冷主机提供的负荷与用户负荷达到平衡时,可以试图提高出水温度,以减少电耗,提高效率。使水温和用户负荷在新的温度上建立热平衡。

设冷冻水的允许温度范围为 $t_{min} \sim t_{max}$,台数控制的规则可以进一步完善为:

①若 $Q \leqslant q_{max}(N-1)$,则关闭一台制冷主机及相应循环泵。

②若 $q_{max}(N-1) < Q < 0.95 q_{max} N$, $t_{set} < t_{max}$,则每 Δt 时间($\Delta t = 20$ min)内,则:$t_{set} = t_{set} + 0.5$ ℃。

③若 $Q \geqslant 0.95 q_{max} N$,且 $t_{set} > t_{min}$,则每 Δt($\Delta t = 5$ min)时间内,$t_{set} = t_{set} - 0.5$ ℃。

④若 $Q \geqslant 0.95 q_{max} N$,且 $t_{set} = t_{min}$,而出水温度在 Δt 时间内总大于 t_{set},则开启 1 台制冷主机及相应的循环泵。

5.4 空调机组的监控

空调工程中的空气处理机组主要包括新风机组和一次、二次回风系统的空调机组。对于这些机组实现自动控制是提高空调系统运行效率和管理效率,以及节约能耗不可缺少的手段。

5.4.1 新风机组

新风机组通常与风机盘管配合进行使用,主要是为各房间提供一定的新鲜空气,满足人员卫生要求。为避免室外空气对室内温湿度状态的干扰,在送入房间之前需要对其进行热湿处理。例如:新风机组只有一个换热器,冬夏季共用。在冬季送入热水对空气进行加热,在夏季则送入冷冻水对空气冷却去湿。加湿器仅在冬季对新风加湿。新风机组在南方地区作为舒适性空调使用时,通常取消了加湿器。

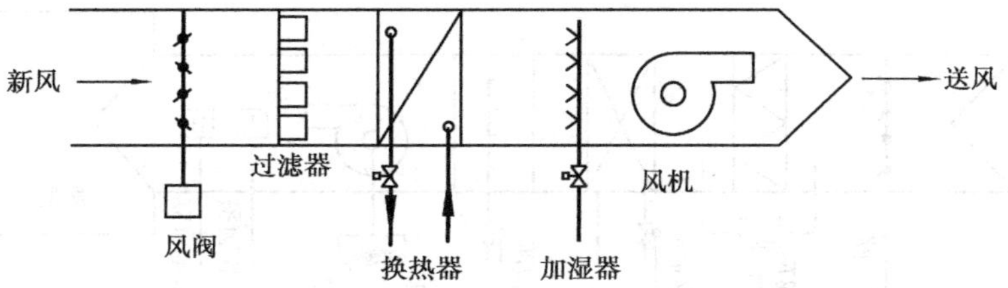

图 5.21　新风机组

5.4.2　新风机组的基本监控功能

1）监测功能

①检查风机电机的工作状态，确定是处于“开”或是“关”；

②检测风机电机的电流是否过载；

③测量风机出口处的空气温湿度，以了解机组是否已将新风处理到要求的状态；

④测量空气过滤器两侧的压差，以了解过滤器是否要求清洗、更换；

⑤检查新风阀状态，确定是“开”还是“关”。

2）控制功能

①根据要求启/停风机；

②控制换热的水量调节阀，使机组出口空气温度达到设定值；

③控制干蒸汽加湿器调节阀，使冬季机组出口处空气相对湿度达到设定值；

④冬季换热器的防冻保护。

3）集中管理功能

①显示新风机组启/停状态，送风温湿度、风阀、水阀状态；

②通过中央控制管理机启/停机组，修改送风参数的设定值；

③当过滤器压差过大，风机电机过载，以及发生其他故障时，通过中央控制管理机报警；

④用户可以根据需要增加其他功能，如有关节能控制的管理功能。

5.4.3　新风机组的硬件配置

为实现上述基本监控功能，相应的硬件配置见图 5.22。

新风机组的新风阀配置开关式风阀控制器。这是因为新风机组的风量是根据工作区内人员数计算出来的，一般不作调节，因此新风门只有开、关两种状态。在风机开启时，风阀全开，停机时，风阀全关。风阀的控制通过一路 DO 通道完成。当输出为高电平时，风阀全开；低电平时，风阀全关。若要了解风阀的实际状态，还可以用一路 DI 接受风阀执行器的反馈信号。

用微压差开关即可监视新风过滤器两侧的压差，当过滤器阻力增大到一定数值时，微压差开关吸合，从而产生“通”的开关信号。微压差开关吸合时的压差对应过滤器的阻力，可以进

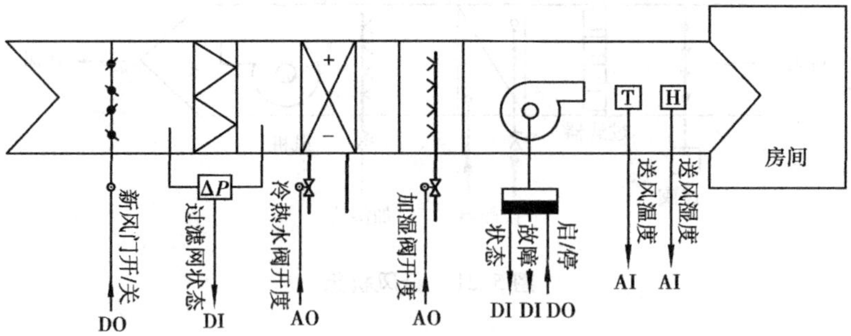

图 5.22　新风机组的控制点配置

行人工调整。安装压差开关时，应尽可能将测压管放在管道和设备的中心部位气流较为平稳处，以消除气流涡流的干扰，使测得的压差较为准确可靠。

水阀为连续可调的电动调节阀。通过水量的变化调节送风温度。通常通过 AO 输出通道输出 4 ~ 20 mA 的电流信号直接对阀门的开关进行控制。阀门的实际开度也可以通过 AI 通道接受调节阀的反馈信号来反映。

干蒸汽加湿器也是通过电动调节阀来调节蒸汽量，配置方法与水阀相同。为监测风机电机的工作状态，将风机电机交流接触器的辅助触点的状态作为输入信号，由 DI 通道接入。电机过载报警则从继电器的辅助触头取得，由 DI 通道接入。同时通过 DO 通道发出对电机的启/停控制信号。

为准确地了解和控制送风参数，温度传感器的测量精度在其工作范围内应小于 ±0.5 ℃，相对湿度传感器的精度应小于 ±(5% ~ 10%)，同时其热响应时间不能太长。

室外新风温度、供水温度不需要在每台新风上进行测量，它们可以通过室外空气温度、冷冻站/换热站供水温度的集中测量获得。然后通过计算机网络传送给现场的 DDC。再由 DDC 启动相应的监控程序。

5.4.4　送风温、湿度的控制

温度传感器和空气加热器都存在一定的惯性，在选用控制算法时，通常采用比例积分调节(PI)方式。提出调节器放大系数的范围为 5 ~ 10。积分时间 T_1 为 3 ~ 10 min，时间间隔约 1 min。冬季工况的运行逻辑与夏季工况不同，故 Δt 的符号应反号。在冬季应为设定温度减去送风温度，表明当送风温度偏低时应开大调节阀。在夏季刚好相反，送风温度偏低时，应关小调节阀，冬夏季工况的转换，可以通过检测供应水温度而定，如水温以 20 ℃为界。低于 20 ℃表明为夏季，否则为冬季。也可以人工进行冬夏季运行模式的切换。

冬季用喷蒸汽的方法控制空气的湿度是效果最好的方式。向空气中喷蒸汽仅仅改变了空气中的绝对含湿量 d，而对空气温度基本没有影响。这样使得湿度控制和温度控制可以分为 2 个独立控制环节，减少了控制量之间的耦合。

湿度传感器通常配置为相对湿度传感器，湿度的设定值也常以相对湿度给出，但相对湿度与空气温度是有关联的。因此，在湿度控制时，宜在控制程序中改为按绝对含湿量 d 进行比较和控制。d 可以通过空气温度和相对湿度二者计算得到。由于蒸汽加湿器本身近似为 $K=1$ 的线性放大器，无延迟和惯性。因此，流量调节阀可选择线性流量特性，使蒸汽喷射量与开度成线性关系。调节器可采用比例调节规律或比例积分调节规律。

5.4.5 防冻保护

换热器内的水温接近0 ℃时,其体积不仅不收缩反而会膨胀,因而会使换热器被胀裂。新风机停止工作时,通常水量调节阀都关闭至零位,换热器内水流停止流动。因此,当空气温度下降时极易发生冻裂现象,这是产生冻裂的主要原因。

防止冻裂可采取以下措施:首先应关闭新风阀,防止冷空气进入。同时关闭风机,不使换热器温度进一步降低。新风阀应有良好的气密性,同时要有良好的保温性阻止与室外冷空气的传热。但大多数风阀本身的气密性和保温性并不好,难以起到保温隔热的作用。比较可靠的方法是机组停止工作后仍然把水量调节阀打开(如开启30%),使换热器内的水流缓慢循环流动起来,若水泵已停机,则整个水系统还应开启一台小功率的水泵,保证水系统有一定的水流速度,而不至冻裂。

出现下列情况之一时,应启动防冻保护程序:

①风机停机,室外空气温度不高于5 ℃时;

②风机未停机,换热器出口水温低于8 ℃时。

5.4.6 空气处理机组的监控

对空气处理机组(Air Handling Unit,AHU)的监控实际上是对全空气空调系统的监控。对全空气空调系统的所有监测、控制调节功能都是通过空气处理机组完成的。空气处理机组的监测功能与新风机组相同,防冻控制方法也相同,但是在调节功能上却有很大的差别。空气处理机组最终是要控制房间的室内状态。而不是像新风机那样控制送风状态的参数。由于控制目标的改变,控制系统的组成环节发生了变化,采用的调节方法也随之改变。空气处理机组除有新风外,还有室内的回风。在总风量中怎样处理新回风的关系,调节新回风量的比例,使之既能满足室内卫生条件的要求,同时又能节约运行的能耗。因此,在控制功能中需要采用全年多工况节能的运行调节方式。空气处理机组往往同时承担若干个房间的空气调节任务,而各房间的热湿特性、负荷大小,甚至要求的室内状态都不相同,空气处理机组应采取有效措施去适应这些不同的要求。其中一个方法就是采用VAV调节。

新风机组仅存在室外空气状态变化对调节系统的干扰。而全空气系统除了有室外空气状态变化的干扰外(称为外扰),还存在室内人员、设备散热、散湿量变化引起的干扰(称为内扰)。调节系统必须同时考虑这两种干扰的影响,满足室内温湿度要求,同时减少运行能耗。

由于对象特性的这些变化,全空气系统的调节方式和规律较之新风机组将发生很大的改变。

5.4.7 空气处理机组的硬件配置

图5.23所示为具有双风机的空调机组。包括送风机和回风机。其加热、冷却干燥过程分别由加热器和表面式冷却器完成。加湿由干蒸汽加湿器实现。这种配置较为完善。它适合于风道系统阻力较大,温湿度控制要求严格的场合,而且在过渡季节能充分利用室外新风通风换气,使室内达到较好的卫生条件。

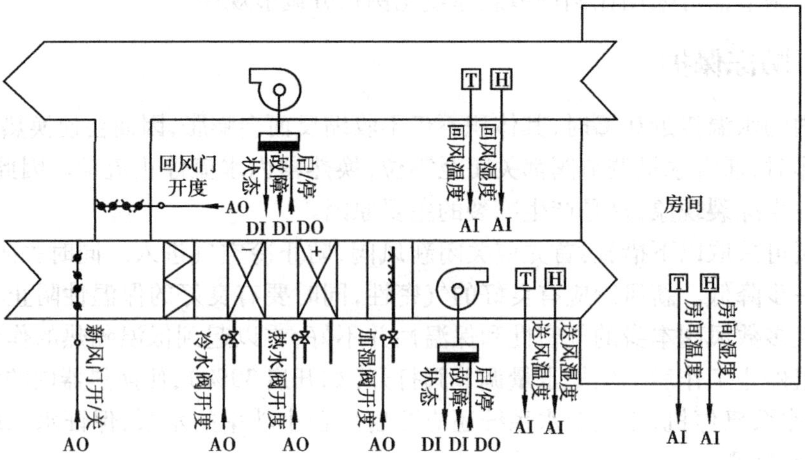

图 5.23 双风机空调系统监控点

图 5.24 所示为现实工程中常常采用的空调机组,即单风机空调系统。它只有一个风机,负责送风和回风。只有一个热交换器,夏季对空气进行冷却干燥处理,冬季则进行加热处理。设备的配置较为简单。在民用建筑中,所涉及的全空气系统的风量都不太大,控制精度要求在 ±(1 ~2)℃,主要使用这种类型的空调器。

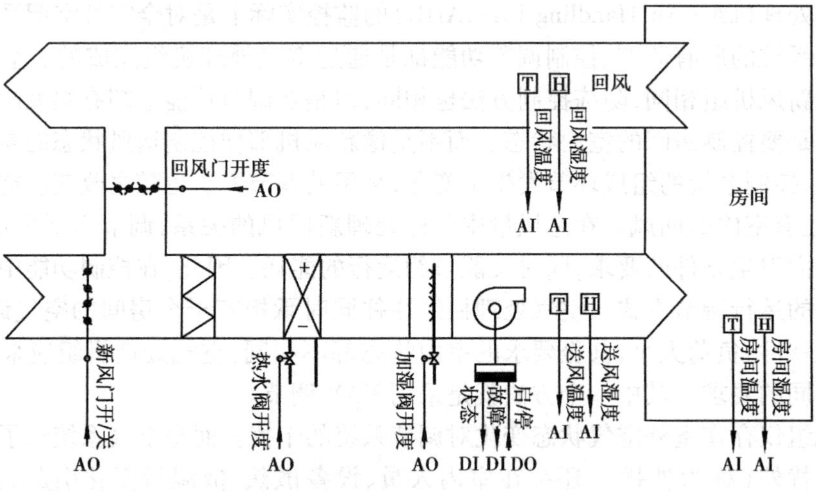

图 5.24 风机空调系统监控点

与新风机组相比,需要增加被调房间或被调区域内的温湿度传感器。如果被调区域较大,或是由几个房间构成一个区域作为调控对象,则要安装几组温湿度测点,以这些测点温湿度的平均值或其中重要位置的温湿度作为被调区域的温湿度代表值。当被调房间不大,且回风道不长,亦可测量回风道内空气的温湿度作为被调区域的空气参数。室外空气的参数可集中测量,通过通信网络下传至各现场的 DDC。

单个设备的控制点配置与新风机组相同,由于空气处理机组内包含的设备数量增多,所需的输入输出通道远多于新风机组。

6 PLC 在制冷空调装置中的运用

6.1 PLC 概述

可编程控制器(Programmable Controller,PC)是从 20 世纪 60 年代末开始发展起来的工业控制装置,它是以微处理器或单片机为核心的一种工业控制专用微机。其英文简称为与个人计算机(Personal Computer,PC)区别,国内仍沿用旧称 PLC(Programmable Logic Controller),但实际上,PLC 的控制范围包括逻辑量和模拟量。

在可编程控制器出现以前,生产过程中的控制主要是由各种继电器为主要元件的电气控制电路来实现。复杂的控制系统往往需要成百上千个继电器和接触器,安装这些器件需要很多电器控制柜,运行时会产生很大噪声,并消耗电能,维护工作量也很大。某个继电器的损坏,或是触点接触不良,都可能影响整个系统的运行。如果系统出现了故障,排查故障也非常困难。当需要改进工艺时,往往需要重新接线或改线,增加新的继电器,甚至是重新设计整个系统,给工艺的更新带来了困难和阻力。

在这样的情况下,人们迫切需要一种更易用,体积更小,且更容易扩展的工业控制装置来代替传统的继电器控制系统。可编程控制器就是在这样的市场需要下应运而生的。

1968 年,通用汽车公司(GM)为适应汽车生产工艺不断改进的需要,提出了著名的 10 条技术指标在社会上招标,要求控制设备制造商为其装配线提供一种新型的通用工业控制器。这些技术指标如下:

①编程简单,可在现场方便地编辑及修改程序;

②价格便宜,其性能价格比要高于继电器控制系统;

③体积要明显小于继电器控制柜;

④可靠性要明显高于继电器控制系统;

⑤具有数据通信功能;

⑥输入可以是 AC115 V;

⑦输出为 AC115 V,2 A 以上;

⑧硬件维护方便,最好是插件式结构;

⑨扩展时,原有系统只需做很小改动;

⑩用户程序存储器容量至少可以扩展到 4 kB。

1969 年,美国数字设备公司(DEC)根据上述要求研制出了世界上第一台可编程控制器

PDP-14,并在 GM 公司的汽车生产线上首次应用成功。

可编程控制器这一新技术一出现,就受到了各国工程技术界的极大关注。美国国际电工委员会(IEC)在 1987 年对可编程控制器做出如下定义:可编程控制器是一类专门为在工业环境下应用而设计的数字式系统,它采用了可编程的存储器,用来在其内部存储执行逻辑运算、顺序控制、定时、计数和算术运算等功能的面向用户的指令,并通过数字式或模拟式的输入和输出,控制各种类型的机械或生产过程。可编程控制器及其相关外部设备,都应按照易于与工业控制系统联成一个整体,易于扩展其功能的原则进行设计。

这一定义强调了可编程控制器是数字运算操作的电子系统,是一种计算机,是专为在工业控制下应用而设计的工业控制计算机。

早期的 PLC 主要由分立式的电子元件和小规模集成电路组成,采用了一些计算机技术,指令系统简单,一般只具有逻辑运算的功能。但它极大地简化了计算机的内部结构,并且设计得更为可靠,以适应工业控制现场的恶劣环境。经过长时间的发展,特别是微电子技术的进步,大规模集成电路和微处理器在 PLC 中得到应用。现在,PLC 已不只是单一的控制单元,还出现了配备有 A/D,D/A 单元、触摸屏、高速计数单元、温控单元、位控单元、通信单元、主机链接单元等具有不同功能的特殊模块构成的功能强大的可编程控制器系统,而且不同系统间通过网络进行信息传递和联控,与上位管理机之间进行数据的交换和处理控制。

可编程控制器从产生到现在,虽然只有几十年的时间,但因为它具有编程简单、可靠性高、性价比高、使用方便、易于扩展等优点,发展非常迅速,在很多部门都得到了广泛的应用。

6.1.1 PLC 的基本组成与工作原理

1)基本组成

可编程控制器也是一种计算机,它与通用的计算机相似,也是由中央处理器(CPU)、存储器(Memory)、输入/输出(I/O)接口及电源组成的。但它比一般的计算机具有更强的与工业过程相连的接口和适应控制要求的编程语言。

不同的可编程控制器的具体结构有一定的差别,但其基本的结构和层次都是类似的。下面以小型的可编程控制器为例,说明可编程控制器的基本结构。

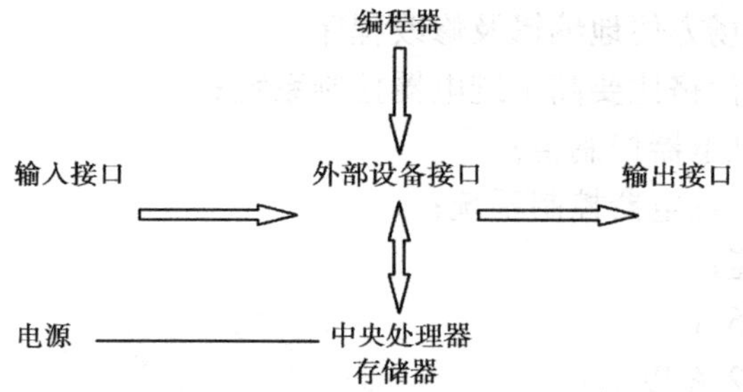

图 6.1 可编程控制器的基本结构图

PLC 基本结构如图 6.1 所示。PLC 主要是通过编程器录入相应的程序,存储在存储器中。在控制过程中,由电源提供能量,从输入设备的接口读入采集到的信息,中央处理器根据相应的程序,经过逻辑处理后,确定输出量,通过输出接口送出,对工业生产过程进行控制。

2)**硬件结构**

(1)中央处理器(CPU)　CPU是可编程控制器的核心单元,是可编程控制器实现功能的关键。它的主要任务是:

在编程过程中:

①接收用户从编程器送入的用户程序和数据,并把它们存储到存储器中;

②检查编程过程中的语法错误等,给出相应信息,提醒用户修改;

③诊断电源和PLC内部的故障,并给出相应信息;

在运行过程中:

①用扫描方式,接收输入信号,并保存到相应的存储器中;

②从存储器中逐条读出用户程序并执行,完成用户程序所规定的计算和处理等操作;

③根据运算结果,更新相应标志位;

④根据运算结果,通过输出接口送出相应的控制信号。

(2)存储器　存储器是一类有记忆功能的半导体电路,用来存放系统程序、用户程序和数据等信息。系统程序是用来控制和完成可编程控制器各种功能的系统监控程序,不能由用户直接存取。它主要包括:

①系统管理检查程序。可编程控制器加电后,首先由检查程序检查各个部分的工作是否正常,并将检查结果显示给工作人员;

②解释指令程序。将用户输入的程序指令转换成CPU指令所组成的程序,以通过CPU执行,同时对用户程序进行语法检查;

③标准程序及系统调用程序。根据用户的需要调用相应的内部程序。例如,在用手写编程器输入用户程序时,系统就会调用键盘输入的处理程序,来接收用户键入的程序,并存储起来。

系统程序通常由PLC厂家根据相应CPU的指令系统编写固化到只读存储器(ROM)中。

用户程序是由用户编写的程序。它存入在用户程序存储器中,主要是存储可编程控制器的内部输入输出信息,内部继电器、移位寄存器、累加寄存器、数据寄存器、定时器和计数器的动作状态,以及用户的程序指令。通常所说的PLC内存大小指的就是用户程序存储器的空间大小。用户程序存储器通常为随机存储器(RAM),一般对于小型可编程控制器,存储容量不超过8 kB,中型的存储能力为2~64 kB,大型的可达到几百kB以上。RAM中的信息在电源掉电后会丢失,通常采用锂电池做后备保护。如果用户程序已经完全调试好,并且一段时期内不用改变,也可以固化到ROM中。但用户程序存储区中仍需要有部分RAM来存储一些动态的数据。随着存储技术的发展,现在用户程序通常被存储在E^2ROM(电可擦除存储器)中,既有RAM随机存取数据的特点,又像ROM一样不受掉电的影响,无需后备电池。

(3)电源　电源部件将交流电源转换成可编程控制器的内部器件(如CPU、存储器等电子电路)工作所需要的电源。通常大部分采用开关式稳压电源供电,并用锂电池作为后备。

对于可编程控制器输出端子上所接负载的工作电源,由用户提供。

电源的好坏对于可编程控制器能否正常工作非常重要,特别是现场的电网环境可能会比较恶劣,要求电源模块对于外界提供的工作电源有一定的适应能力。

(4)输入部分　从现场工作环境中通过主令元件和检测元件等采集到的信号通过输入接口送入可编程控制器。

主令元件信号指由用户在控制端(如键盘)上发出的控制信号(如开机、关机、转换、急停)。检测元件的信号是指由检测元件(如各种传感器、继电器触点,限位开关,行程开关等元件的触点)对生产过程中的参数(如压力、流量、温度、速度、位置、电压、电流等)检测得到的信号。简单地说,主令元件信号是用户的控制量,检测元件的信号则是现场生产状况中的状态量。这些信号有的是数字量(如开关信号等),有的是模拟量(如电压、电流信号),有的是直流量,有的是交流量,需要根据不同的信号类型选择不同的输入接口。通过这些输入接口,对采集到的信号进行处理,转换成中央处理器能够接收和处理的信号。

为了提高系统的抗干扰能力,各种输入接口都需要采取抗干扰的设计,常用的方法是通过光电耦合电路,使可编程控制器与外部输入信号隔离。为了消除噪声,一般还要加入滤波电路。再通过电平转换及信号锁存电路,得到方便中央处理器处理的信号。

采用光电耦合电路是为了在与现场信号相连时防止现场的强电干扰进入 PLC。光电耦合电路的关键器件是光电耦合器,一般由发光二极管和光电三极管组成。

光电耦合器的原理是在光电耦合器的输入端加入变化的电信号,发光二极管发出与输入信号变化规律相同的光信号。光电三极管在光信号的照射下导通,在光电三极管的线性区,导通的程度与光信号的强弱变化相同。这样,输入与输出通过光信号耦合,而在电气上是完全隔离的,输出端的信号不会反馈到输入端,也不会产生地线干扰等其他干扰。

在输入接口的外部都设有接线端子排。

(5)输出部分　由 PLC 产生的各种输出控制信号经过输出接口去控制和驱动负载(如指示灯的亮、熄,电机的启动和停止及正反转,等等)。而 PLC 的直接输出驱动能力有限,所以输出接口事实上的负载,通常是接触器的线圈、电磁阀的线圈、信号指示灯等。

为了适应工业控制的需要,输出接口电路除了有处理器的输出信号接口(包含输出数据寄存器,选通电路和中断请求电路)以外,还有功率放大电路。PLC 一般采用继电器输出,也有的采用可控硅或晶体管输出。

3)PLC 基本工作原理及过程

PLC 控制系统是一个执行逻辑功能的工业控制装置,其中 CPU 根据程序和读入的信号完成逻辑运算,存储器用来存储数据和程序,处理结果再经输出接口输出。它的等效电路可以分为输入部分,内部控制电路和输出部分。输入部分是系统采集信号的部分,输出部分是系统的执行部件。内部控制电路通过编程的方法用软件实现控制逻辑。

PLC 的基本组成和工作原理与普通计算机类似,但是工作过程有自己的特点。小型 PLC 的工作过程有 3 个特点:

(1)周期性顺序扫描　周期性顺序扫描是 PLC 特有的工作方式。PLC 在运行中,不断地循环顺序扫描各个端口。

(2)集中批处理　对得到的数据进行批处理。这样可以简化操作过程,提高可靠性。

当 PLC 启动后,先进行初始化操作,对工作内存初始化、复位所有的定时器、将输入/输出继电器清零、检查I/O单元连接是否完好。如有异常,则会发出报警信号;反之,则进入周期性扫描的阶段。

PLC的工作过程可以分为4个阶段:

①公共处理扫描阶段:这一阶段PLC进行自检,并且执行来自外部设备的命令,对警戒时钟(Watch Dog Timer,WDT)清零。

警戒时钟是在PLC内部设置一个硬件时钟,以监视PLC每次扫描是否正常。对它预先设定值后,在每个扫描周期,PLC中都会有程序对它清零,如果扫描的时间在允许范围内,则WDT不会动作,如果超过了扫描时间,WDT没有被及时清零,超出了允许范围,它就会让系统复位。这样可以防止系统进入死循环,提高系统的可靠性。

②输入采样扫描阶段:这是第一个集中批处理过程。PLC按顺序采集所有输入信号,不论是否有接线,在内部程序中是否用到。按顺序读取后的结果被保存到输入映像寄存器中。由于PLC扫描速度很快,基本可以忽略扫描各个信号之间的时间差。

③执行用户程序处理信息阶段:这是第二个集中批处理过程。CPU逐行读入用户程序,并从寄存器中读取所需要的信号,计算得出的结果再保存起来。

④输出阶段:CPU处理完所有数据后,将计算得出的输出继电器的状态送到输出锁存器上,经输出端子驱动各个负载。一个周期结束后,PLC进入下一个周期,如此循环。

6.1.2 PLC的软件构成

1)基本指令系统

软件是可编程控制器的灵魂,只有有了与工业控制现场相适应的程序,可编程控制器才能发挥作用,进行复杂的工业控制。而作为可编程控制器的用户,主要工作是用户程序的编写。

与其他计算机程序一样,可编程控制器的程序也是用一定的语言来编写的。编程就是一个把人类的自然语言翻译成计算机语言,以实现所需功能的过程。首先介绍几个相关的概念:

(1)编程指令　指令是PLC被告知要做什么,以及怎样去做的代码或符号。从本质上讲,指令只是一些二进制代码,这一点与普通计算机是完全相同的。同时,PLC也有编译系统,它可以把一些文字符号或图形符号编译成机器码,所以用户看到的PLC指令一般不是机器码而是文字代码,或图形符号。常用的助记符语句用英文文字(可用多国文字)的缩写及数字代表各相应指令。常用的图形符号即梯形图,它类似于电气原理图,比较直观而且概括性强,易为电气工作人员所接受。

(2)指令系统　一个PLC所具有的指令的全体称为该PLC的指令系统。它包含着指令的多少,各指令都能干什么事,代表着PLC的功能和性能。对于不同厂家的可编程控制器,指令系统是不同的。一般来讲,功能强、性能好的PLC,其指令系统必然丰富,所能干的事也就多。在编程之前必须弄清PLC的指令系统。

(3)程序　PLC指令的有序集合,PLC运行它,可进行相应的工作。当然,这里的程序是指PLC的用户程序。用户程序一般由用户设计,PLC的厂家或代销商不提供。用语句表达的程序不大直观,可读性差,特别是较复杂的程序,更难懂,所以多数程序用梯形图表达。

(4)梯形图　梯形图是通过连线将PLC指令的梯形图符号连接在一起的连通图,用以表达所使用的PLC指令及其前后顺序,它与电气原理图很相似,连线有2种:一是母线,二是内部横竖线。内部横竖线把一个个梯形图符号指令连成一个指令组,这个指令组一般总是从装载(LD)指令开始,必要时再继以若干个输入指令(含LD指令),以建立逻辑条件。最后为输出类指令,实现输出控制,或为数据控制、流程控制、通讯处理、监控工作等指令,以进行相应的工作。母线是用来连接指令组的。

PLC的程序有如下的特点:

①通常为图形式指令结构:程序由图形方式表达,指令由不同的图形符号组成,易于理解和记忆。系统的软件开发者已把工业控制中所需的独立运算功能编制成象征性图形,用户根据自己的需要把这些图形进行组合,并填入适当的参数。现在,通常使用的是梯形图的形式,将在6.2中详细讨论。

②明确的变量常数:图形符相当于操作码,规定了运算功能,操作数由用户填入。PLC中的变量和常数及其取值范围有明确规定,由产品型号决定,可查阅产品目录手册。

③简化的程序结构:PLC的程序结构通常很简单,典型的为块式结构,不同块完成不同的功能,各块之间有相应的接口。使程序的调试者对整个程序的控制功能和控制顺序有清晰的概念。

④简化应用软件生成过程:使用汇编语言和高级语言编写程序,要完成编辑、编译和连接3个过程,而使用编程语言,只需要编辑一个过程,其余由系统软件自动完成,整个编辑过程都在人机对话下进行的,不要求用户有高深的软件设计能力。

⑤强化调试手段:PLC的程序调试提供了完备的条件,使用编程器,利用PLC和编程器上的按键、显示和内部编辑、调试、监控等,并在软件支持下,诊断和调试操作都很简单。总之,PLC的编程语言是比较直观和易于掌握的,很容易上手,不需要操作人员有很深的编程功底。

2)PLC的编程语言

(1)FBD(Function Block Diagram)功能图块语言(功能块)　这是一种由逻辑功能符号组成的功能块图来表达命令的图形语言,基本上沿用了半导体逻辑电路的逻辑图,对每一种功能使用一个运算方块,其运算功能由方块内的符号确定。用"与"、"或"、"非"等来表达控制逻辑。对于熟悉逻辑电路,具有逻辑代数基础的人来说,是一种非常方便的语言。

(2)SFC(Sequence Function Chart)顺序功能图语言(流程图)　顺序功能图编程方式采用画工艺流程图的方法。在每一个工艺方框输入/输出端,标上特定的符号。对于在工厂中搞工艺设计的人,这种方法不需要太多的电气知识,比较方便。

(3)LD(Ladder Diagram)梯形图语言　梯形图是一种图形编程语言,是面向控制过程的一种"自然语言"。它一方面沿用了继电器的触点、线圈、串并联等术语和图形符号,另一方面增加了一些继电器中没有的特殊功能。梯形图语言直观、形象,易于被工程人员接受,且不需要专门学习计算机知识,使用的是最基本、最普遍的语言。

(4)ST(Structure Text)结构化文本语言　它类似于Pascal语言等。

(5)IL(Instruction List)语句表语言　它类似于汇编语言等。

这里ST(Structure Text)结构化文本语言和IL(Instruction List)语句表语言相对复杂,可以实现较为复杂的控制,功能强大,但是对于编程基础的要求也很高。

各种语言都有它各自的特点和适用的场合。正如在前文所说的梯形图的编程语言因为有直观、简洁等优点而被广泛使用。在本书中,将主要对这种编程语言进行讨论。

3)梯形图基本介绍

梯形图是 PLC 常用的程序表达方式,可以把它理解为和其他计算机语言一样的一种语言,只是它是用图形方式来表达一定的逻辑关系和运算方式。首先,通过一个梯形图的例子来了解它的基本组成。

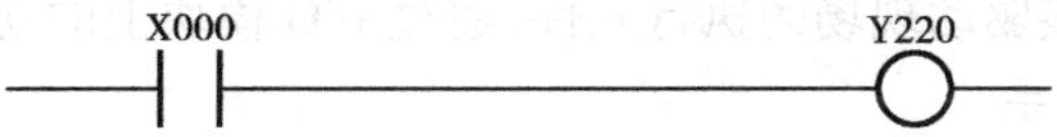

图 6.2　梯形图举例

图 6.2 是一个最简单的梯形图语言,包含了一个开关量输入(X000)和一个电动机输出(Y220)。从图形我们可以直观地想,要使 Y220 有输出信号,要让这根线从左到右能够连通,则 X000 要有输入为 1。也就是说,这是一个点动的装置。可以想像 X000 是一个开关,按下时为 1,X000 按一下,Y220 就转一下。这个梯形图就表达了这样的含义。

现在已经有了最基本的梯形图的概念,即用一定的图形来表示输入与输出量之间的逻辑运算关系。下面进行更深一步的讨论。

6.2　PLC 的编程方法

这一节将重点讨论怎么用梯形图来编写 PLC 程序,从最初的准备工作、构思,一直到程序实现的过程,并且给出一些常用的逻辑模块。

6.2.1　编程前的准备

在编写程序之前,先做好下列准备工作:

①设计 PLC 控制系统的结构、配置;确定 I/O 位置;

②根据 I/O 位置确定信号的 I/O 地址(端口表);

③设计、整理输入/输出信号间的逻辑关系。

这部分内容需要长期的经验积累,并且与实际项目有关,将在后面的章节中根据具体实例做一定的介绍,具体过程还需要通过实践才能逐渐体会。在这一节中,主要介绍在这些前提条件已经具备的情况下,如何把要实现的逻辑关系用梯形图的方式表达出来。

6.2.2　梯形图的编程规则和编写方法

梯形图作为一种编程语言,也有一定的编写规则,这样才能让编译器进行编译,得到 PLC 所能执行的计算机语句。

(1)梯形图的编程规则

①梯形图由多个梯级组成,每个线圈可构成一个梯级,每个梯级有多条支路,每个梯级代

表一个逻辑方程。

②梯形图中的继电器、接点、线圈不是物理的，是 PLC 存储器中的位(1:ON;0:OFF)；故编程时常开/常闭接点可无限次引用，线圈输出只能是 1 次。

③梯形图中流过的不是物理电流而是“概念电流”，只能从左向右流。

④用户程序的运算是根据 PLC 的输入/输出映像寄存器中的内容，逻辑运算结果可以立即被后面的程序使用，不必考虑延时。

⑤PLC 的内部继电器不能做控制用，只能存放逻辑控制的中间状态。

⑥输出线圈不能直接驱动现场的执行元件，通过 I/O 模块上的功率器件来驱动。

(2)梯形图的逻辑关系

画梯形图时的逻辑关系是从上到下，从左到右，应注意以下几点：

①在左右两条逻辑电源线之间，按系统逻辑要求从左到右排列接点和线圈；计算机编程可只画左边。

②逻辑可以是一个或多个接点的串并联，然后接到输出线圈(定时器、锁存器、移位寄存器等)，即输出线圈的控制信号可以是多个输入和中间逻辑量的与或非的逻辑组合。

③所有接点必须在输出线圈左边，即输出线圈就是这一条逻辑电路的终点，是最后的输出量。

④输出线圈不能不经过任何接点直接接在 2 个逻辑电源线之间。

6.2.3 梯形图的符号对照

使用梯形图时，各种符号对应一定的实际电器元件，将这些符号按一定的逻辑关系连接起来，可以实现最终的逻辑功能。为了进行接下来关于具体编程的讨论，首先学习一下几个最常用的符号：

表 6.1 梯形图主要符号含义

符 号	含 义
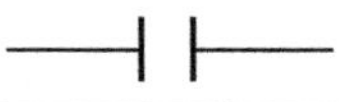	常开节点，在没有输入动作的时候，它是断开的
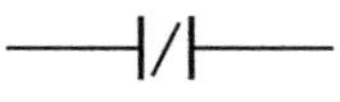	常闭节点，在没有输入动作的时候，它是闭合的
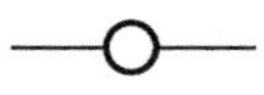	当输入为 1 时，此输出线圈动作
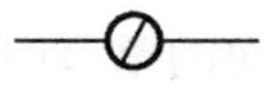	当输入为 0 时，此输出线圈动作

注意：这里的动作都是指的逻辑量，实际输出的接线并不一定是接到一个电动机或者是线圈上。

6.2.4 梯形图的常用逻辑

本节介绍一些控制中常用到的逻辑，在编程中，可以根据实际需要把这些逻辑相组合。为了方便理解，先做如下的约定：

- 以 X 开头的为输入量，如 X00，X10(输入可以是多个，每个输入也可以复用)。
- 以 Y 开头的为输出量，如 Y220，Y230(输出只能是唯一的)。

- 以 M 开头的为中间变量,如 M400,M700。
- NO = Normally Open; NC = Normally Close。
- I/O 变量的 I 只能作为输入(多次);O 只能作为输出(唯一)。
- 特殊功能内部寄存器可以直接使用,如 963,964 是输入。这些是 PLC 内部提供的一些特定的信号。
- 注意程序启动、运行条件和结束命令。

本节中的梯形图都是最典型的设计,在各种 PLC 上都可以复用。

1)点动逻辑图(见图 6.3)

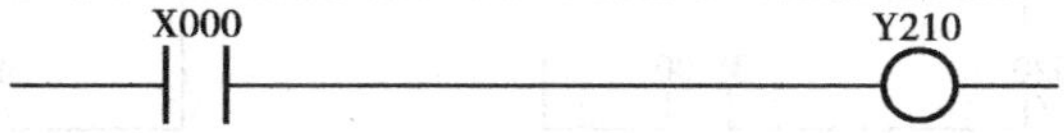

图 6.3　点动逻辑梯形图

当输入 X000 有信号时,输出 Y210 动作。

2)与逻辑图(见图 6.4)

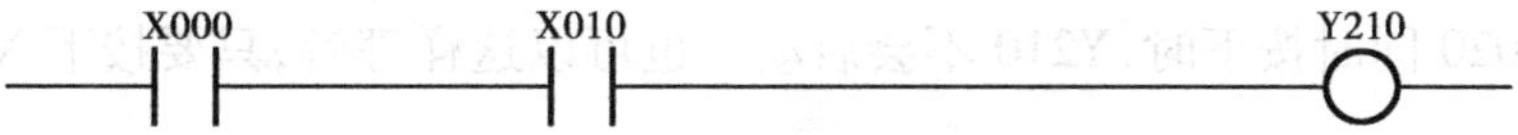

图 6.4　与逻辑梯形图

当 X000 与 X010 均有输入时,输出 Y210 才动作。

3)或逻辑图(见图 6.5)

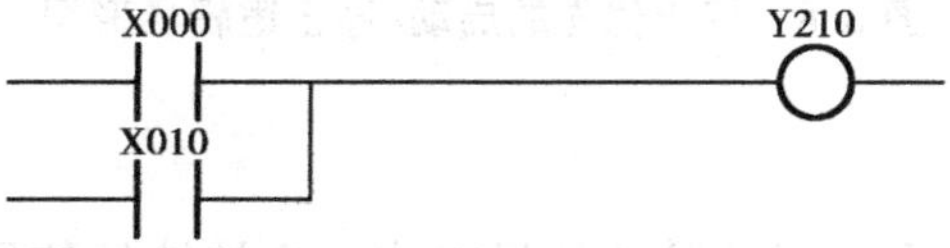

图 6.5　或逻辑梯形图

当 X000 或 X010 有输入时,输出 Y210 动作。

4)非逻辑图(见图 6.6)

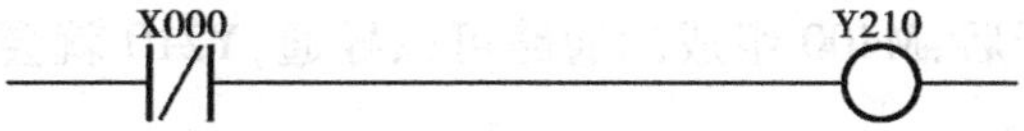

图 6.6　非逻辑梯形图

当 X000 没有输入时,输出 Y210 动作。

与或非逻辑是 3 种最基本的控制逻辑,通过它们的组合,可以形成复杂的控制逻辑。

6.2.5 PLC 控制中常用的控制逻辑组合

1)启动/停止逻辑

(1)启动优先的启动停止逻辑　使用 M400 是用于进行自保持。因为 X000 只是一个开关,按下时有输入,松开后恢复到 0,如果没有 M400,则是一个点动逻辑。如图 6.7 所示,当 X000 输入后,M400 值为 1,则 X000 松开后,X020 与 M400 组成的通路可以导通,Y210 就会持续动作(即第 3 章中所说的自锁电路功能)。当按下 X020 时,M400 值为 0,Y210 停止。

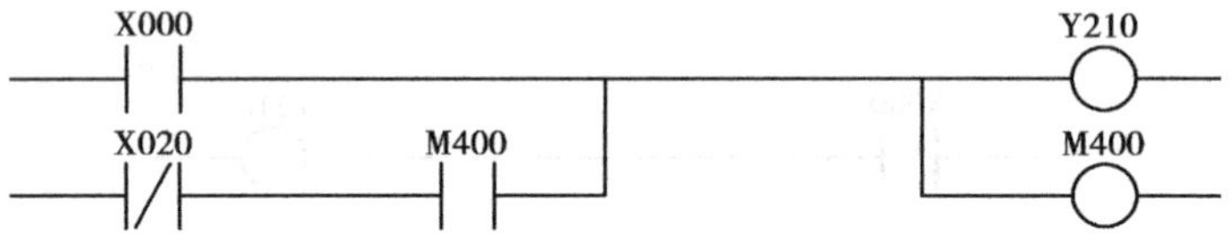

图 6.7　启动优先的启动/停止逻辑梯形图

启动优先是指当 X000 与 X020 同时按下时,Y210 则会启动,无论 X020 处于何种状态,按下 X000,Y210 就会启动。

(2)停止优先的启动/停止逻辑　图 6.8 电路的自保持原理与图 6.7 相同,停止优先是因为当 X000 与 X020 同时按下时,Y210 不会启动。也可以这样理解,只要按下 X020 与 Y210 就启动不了。

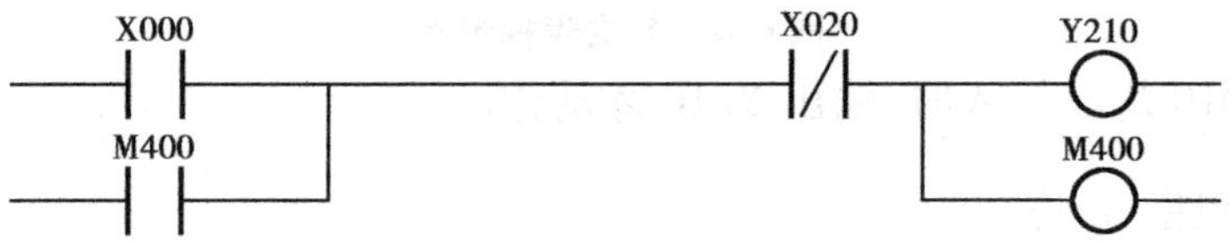

图 6.8　停止优先的启动/停止逻辑梯形图

2)自保持逻辑

自保持逻辑是为了把一个短暂的脉冲信号变成一个持续的信号。可以通过中间变量或者是 PLC 内部功能实现。

(1)上升沿自保持逻辑　原理在上小节启动停止逻辑中已经有说明。使用中间变量 M400 进行自保持。因为 X000 只是一个开关,按下时状态由 0 跳变为 1(称为上升沿),松开后又恢复到 0(称为下降沿),如果没有 M400,则是一个点动逻辑。如图 6.9 所示,X000 输入后,M400 值为 1,则 X000 松开后,M400 组成的通路可以导通,Y210 就会持续动作。

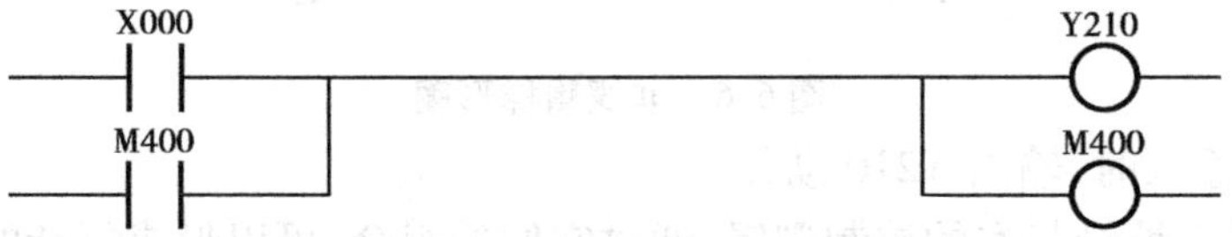

图 6.9　上升沿自保持逻辑梯形图

(2)PLC 内部保持函数实现自保持　某些 PLC 有可以实现掉电自保持的函数,具体请读者查阅相关的用户手册。

3）连锁控制

在 PLC 控制中，常常会出现有一些输出量要同时产生，或者一个是另一个的条件，也可能有不能同时发生的情况。这些都可以通过连锁控制来实现。

（1）顺序连锁控制　如图 6.10 所示，仅当 Y210 动作时（M400 = 1），Y220 可能动作。即 Y210 动作是 Y220 动作的必要条件。如 Y210 停止，则 Y220 也停止。

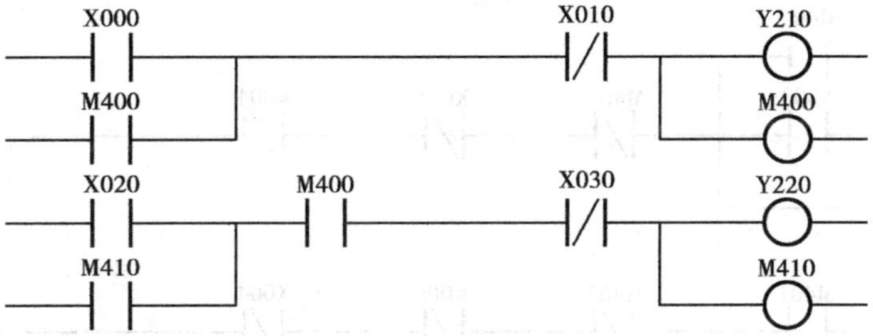

图 6.10　顺序连锁控制梯形图

（2）互相闭锁控制　如图 6.11 所示，Y210 和 Y220 不能同时动作。这种情况通常在电机正反转时会用到。

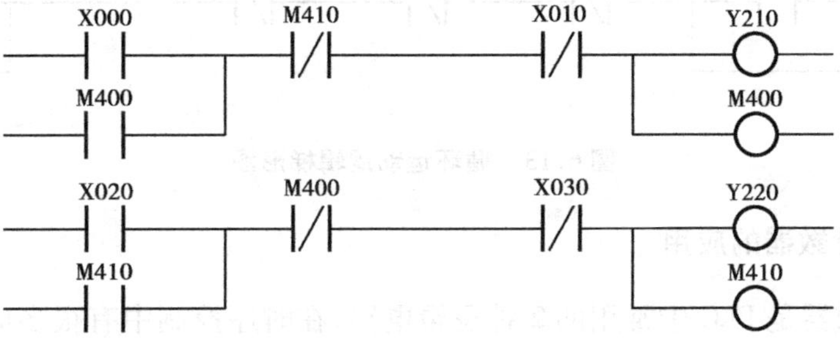

图 6.11　互相闭锁控制梯形图

（3）优先控制　如图 6.12 所示，在抢答器的逻辑中，无论 X000，X010，X020 哪个先有信号，另外两路信号均会被屏蔽，只有这一路信号驱动的装置起作用。

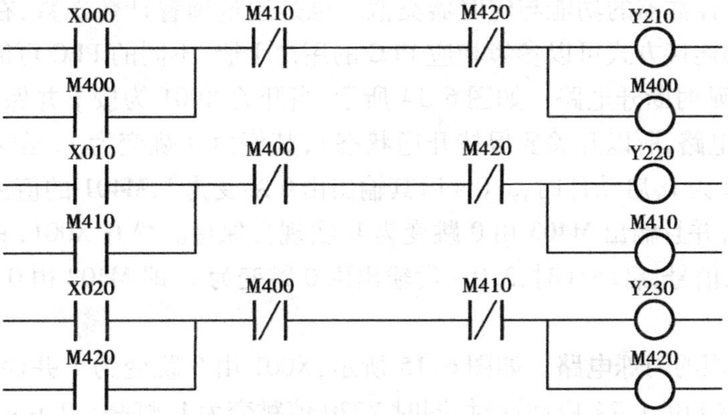

图 6.12　优先控制梯形图

4)循环运动逻辑

图 6.13 所表达的控制逻辑是:当控制量 X001 和 X003 同时为 1 时,电机 Y220 开始转动,同时中间变量 M401 值为 1,M401 实现电路的自保持。此时,如按下 X002,电机 Y230 开始转动,Y220 停止;此时,如按下 X003,电机 Y240 开始转动,Y230 停止;此时,再按下 X001,则 Y220 开始转动,Y240 停止;如此循环。X005 和 X114 分别为停止按钮和急停按钮。

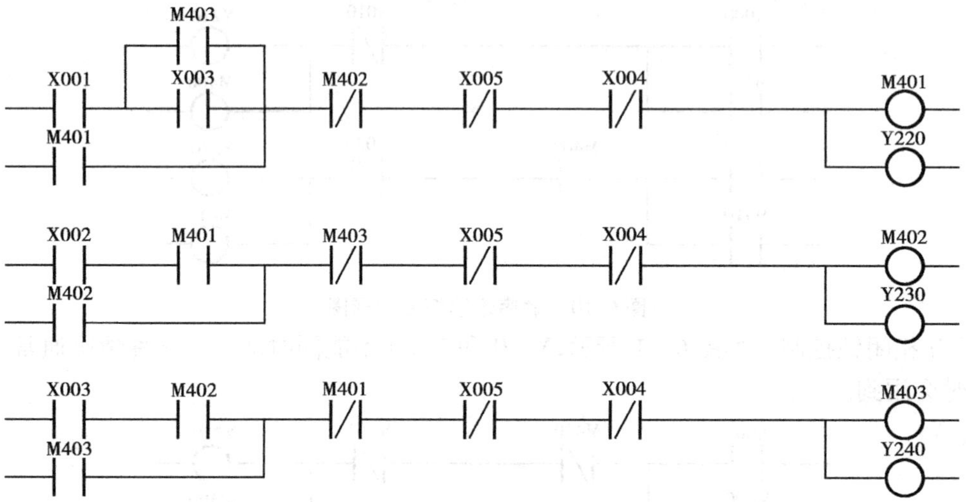

图 6.13　循环运动逻辑梯形图

5)定时器与计数器的应用

定时器和计数器是 PLC 中常用的 2 种逻辑电路,在时序控制中有很多应用。定时器有延时打开,延时关闭等类型。以延时打开的定时器为例,当输入为高电平时,定时器开始计时,如果输入保持为高电平时间超过计时器设定的延时时间,则定时器完成计时后,输出跳变为 1,如果还没有完成计时,定时器输入即变为 0,则定时器停止计时,当下一次输入跳变为 1 时,重新从 0 开始计时。计数器的功能与定时器类似。也是通过预置计数次数,在输出触发脉冲后开始计数。具体的连接方式可以参考相应 PLC 的用户手册,不同的 PLC 可能有一些区别。

(1)延时接通延时断开电路　如图 6.14 所示,当开关 X001 为按下并保持(此处为简单起见,未加入自保持电路,所以开关要保持开通状态),其值由 0 跳变为 1,延时开通(TON)模块 Time1 得到输入 IN 为 1,启动计时,5.0 s 后其输出由 0 跳变为 1,M401 的值由 0 跳变为 1,则输出 Y220 开始转动,并且输出 M403 由 0 跳变为 1,实现自保持。松开 X001,其值由 1 变为 0,模块 Time2 得到输入信号,启动计时,2.0 s 后输出由 0 跳变为 1,即 M402 由 0 跳变为 1,则 Y220 停止转动。

(2)占空比可调的闪烁电路　如图 6.15 所示,X001 由 0 跳变为 1 并保持,M401 和 M402 初始值为 0,计时器 FBI_1_74 启动计时,同时 Y220 值跳变为 1,灯亮。2.0 s 后 M401 值由 0 跳变为 1,计时器 FBI_1_75 启动计时,同时 Y220 值由 1 跳变为 0,灯灭。1.0 s 后 M402 的值由 0 跳变为 1,计时器 FBI_1_74 复位,M401 值由 1 跳变为 0,则计时器 FBI_1_75 被复位,M402 的值又由 1 跳变为 0，计时器 FBI_1_74 再次开始计时，且 Y220 值再次跳变为 1，灯亮。如此重复，通过改变 2 个计时器计时的长度，可以改变闪烁电路的占空比。输入信号与输出信号波形，见图 6.16。

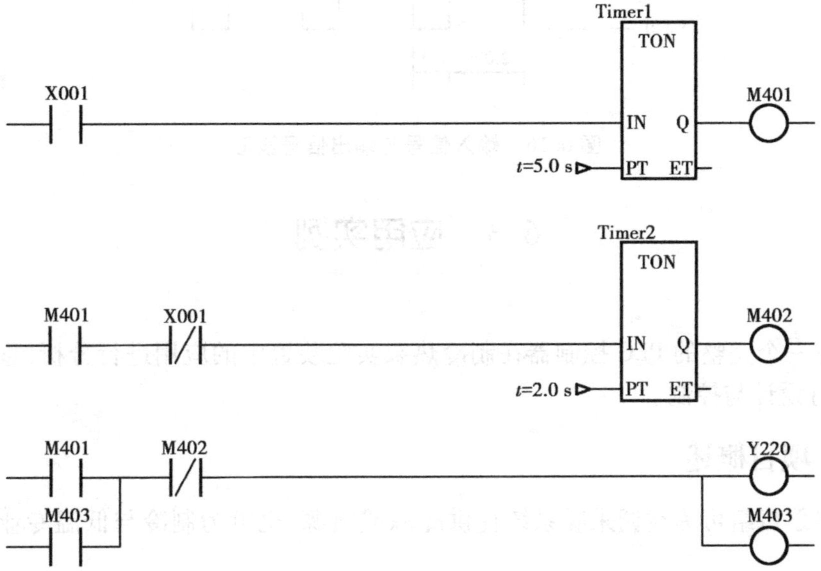

图 6.14　延时接通延时断开电路

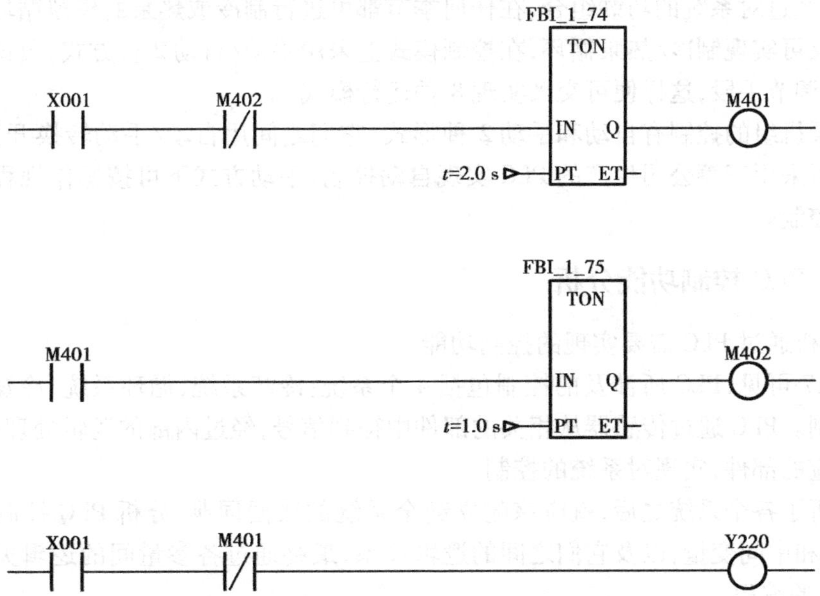

图 6.15　占空比可调的闪烁电路梯形图

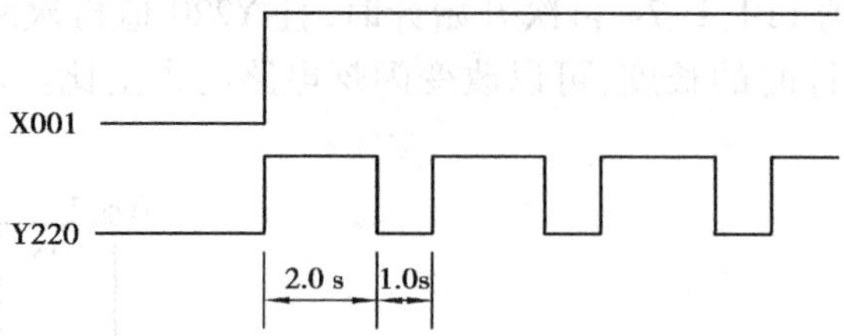

图 6.16　输入信号与输出信号波形

6.3　应用实例

本节将对一个完整的 PLC 控制器在制冷热泵实验装置中的应用进行分析，进一步说明如何用 PLC 进行设计与控制。

6.3.1　项目概述

该制冷热泵机组可为空调采暖系统提供冷源或热源，也可为制冷与低温专业开设专业课相关实验。

该机组以制冷装置实验室为对象实现制冷循环，向实验室各房间提供冷源，但不实现真实的供热循环，经过对系统的巧妙组合，在任何季节都可进行制冷或热泵的模拟循环实验。

机组不仅可实现制冷/热泵循环，在控制模式上采用手动/自动 2 种方式，负荷调节采用工频/变频 2 种调节手段，这样便可交叉实现 8 种运行模式。

制冷热泵机组的控制有自动和手动 2 种形式，它们之间用自动/手动转换开关进行切换。自动方式下可采用三菱公司生产的 PLC 实现自动控制，手动方式下可按操作规程所定时序通过按钮实施控制。

6.3.2　PLC 控制功能分析

首先，分析通过 PLC 需要实现的控制功能。

由图 6.17 可见，PLC 所涉及的控制包括 4 个系统：冷却系统，循环系统，冷媒系统和控制柜的相关控制。PLC 通过传感器从相关的部件中得到信号，经过内部的逻辑处理后，再把控制信号送到相应的部件，实现对系统的控制。

初步分析了各个系统之后，就应该建立起全系统的数据词典，分析 PLC 控制中涉及哪些输入/输出量和中间变量，以及它们之间的逻辑关系，最终通过各参量间的逻辑关系画出梯形图，实现 PLC 的编程。

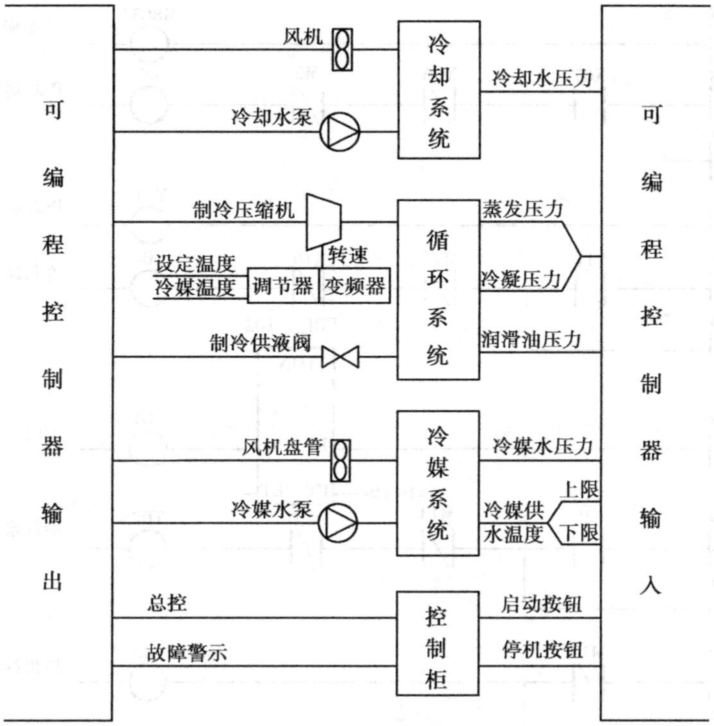

图6.17　机组自动控制网络

6.3.3　梯形图

梯形图见图6.18～图6.20。其中各参量含义见表6.2：

表6.2　参量含义表

参量名称	表达含义	参量名称	表达含义
T0	计时器	X00	压差继电器触点
T1		X01	压力继电器触点
T2		X04	冷媒温度下限开关
T3		X05	PLC运行按钮
T4		X06	PLC停机按钮
Y02	冷却水泵	X07	手动/自动转换开关
Y03	冷媒水泵	X10	急停按钮
Y04	冷却塔风机	M0	PLC运行标记
Y05	风机盘管	M2	PLC停机标记
Y07	制冷压缩机	M3	故障停机标记
Y10	供液阀	M10	供液阀停止标记
Y11	PLC运行指示灯	M11	压缩机停止标记
Y12	PLC停止指示灯	M12	冷媒水泵停止标记
M13	风机盘管停止标记	M14	冷却水泵停止标记
M15	冷却塔风机停止标记	M8034	三菱PLC中禁止输出的寄存器

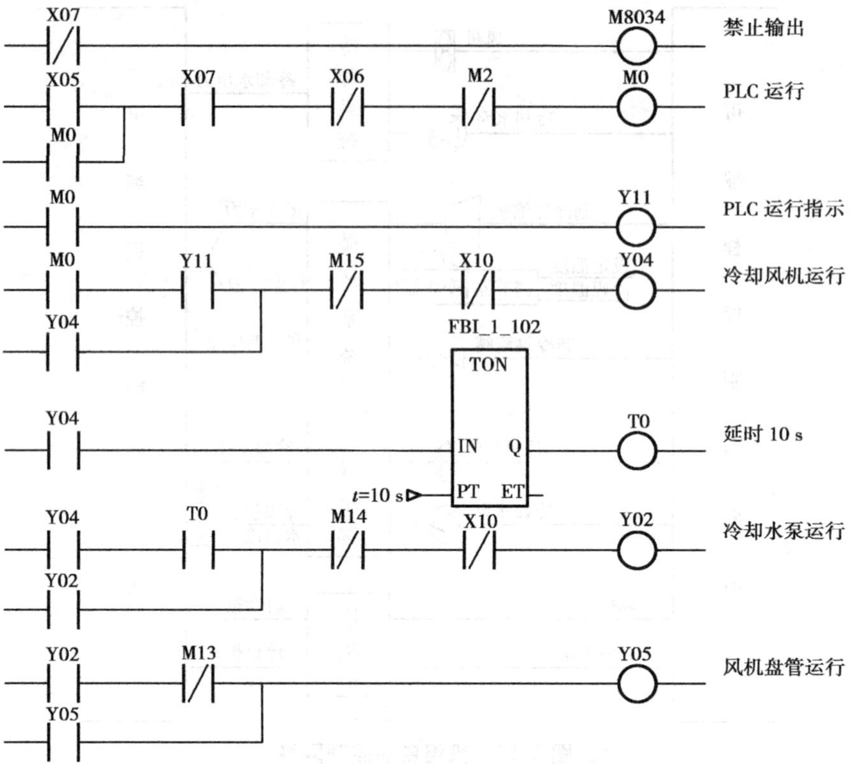

图 6.18　机组自动控制系统 PLC 梯形图(1)

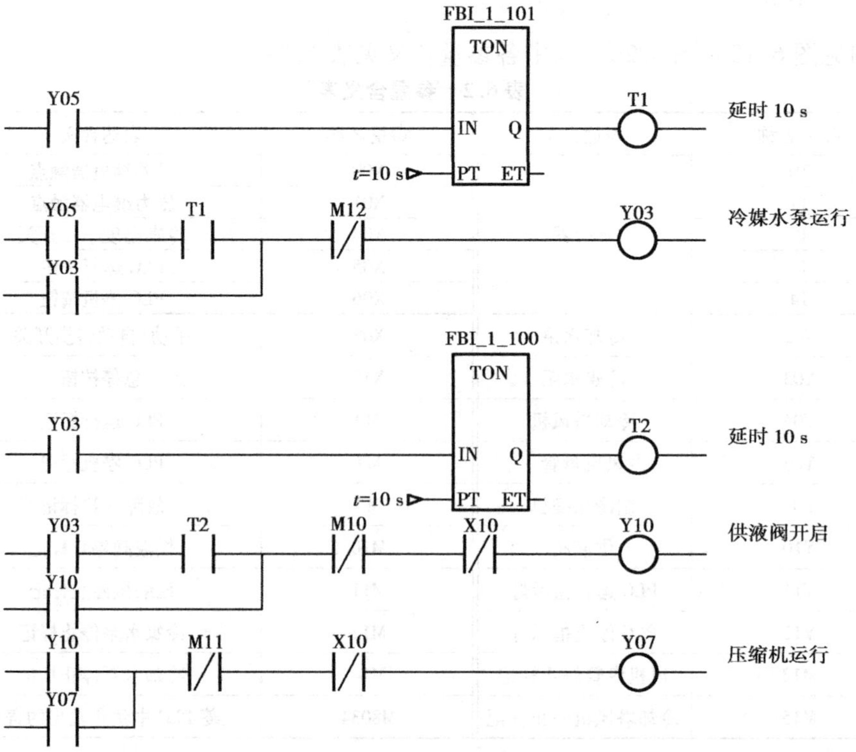

图 6.19　机组自动控制系统 PLC 梯形图(2)

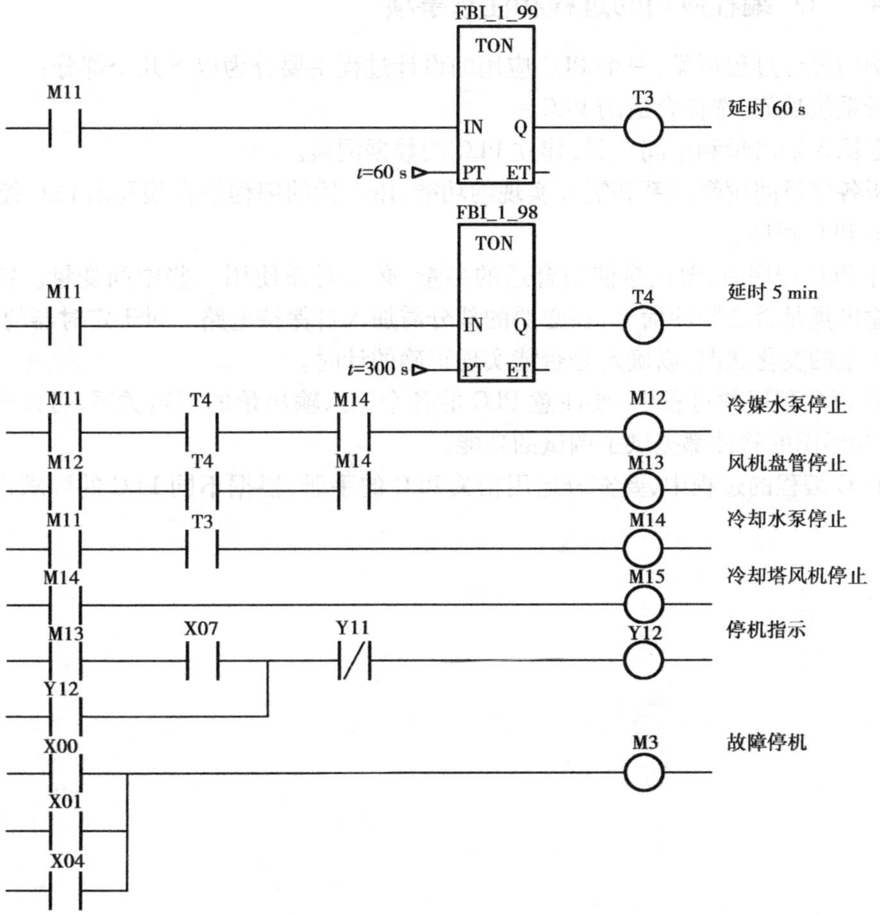

图 6.20　机组自动控制系统 PLC 梯形图(3)

由梯形图和参数表可以清楚地看出 PLC 的控制逻辑：

①当手/自动转换开关在手动位置时，其触头 X07 接通，禁止输出寄存器 M8034 值为 1，PLC 没有任何输出，此时机组为手动控制状态。

②PLC 运行按钮 X05 接通，且手动/自动转换开关在自动位（X07 取反），运行标记 M0 值为 1，PLC 运行指示灯（Y11）亮；

③此时冷却风机（Y04）首先开启，延时 10 s 后冷却水泵（Y02）开启，同时风机盘管（Y05）

开启，再延时 10 s 开启冷媒水泵（Y03），再延时 10 s 开启供液阀（Y10），同时压缩机（Y07）开始运行，至此已完成机组的开机程序；

④当按下停机按钮（X06）时，运行标记 M0 值为 0，运行指示灯（Y11）灭，停机标记 M2 值为 1，供液阀停止，同时压缩机停止，T3 和 T4 开始计时，延时 60 s 后冷却水泵停止，同时冷却风机停止，延时 300 s 后冷媒水泵停止（这样可以有效防止蒸发器水侧结冰），同时风机盘管停止，停机指示灯（Y12）亮，至此完成机组的停机程序；

⑤当压差继电器（X00）、压力继电器（X01）和冷媒水温度下限开关（X04）有任何一个发生动作时，都会产生故障停机。

6.3.4 PLC 编程应用的过程和注意事项

由本例的设计过程可见，一个 PLC 应用的设计过程主要分为以下几个部分：

①分析系统功能，选择合适的 PLC。

②确定输入输出量和中间变量，建立 PLC 的数据词典。

③分析各参量间逻辑关系和需要实现的功能，用合适的编程语言编写出 PLC 控制程序。

④调试 PLC 程序。

在设计 PLC 程序时，要注意使用合适的参量，必要时需使用一些中间变量。特别是要弄清楚输入输出量是否是脉冲信号，在必要的部分需加入自保持电路。对于定时器的使用，要特别注意输入量的变化状况，以确定是否能实现正确的计时。

在调试 PLC 程序的过程中，要注意 PLC 的各个输入输出量的逻辑关系，可以分步进行调试，很多画梯形图的软件都提供了调试的功能。

使用 PLC 编程的过程中，要充分运用相关 PLC 的手册，根据不同 PLC 的要求进行程序的编写。

附　录

附录 1　常见图形符号（新、旧对照表）

国家新标准符号（GB 4728）		国家旧标准符号（GB 2312—64）	
名　称	图形符号	名　称	图形符号
直流电	—	直流电	—
交流电	～	交流电	～
交直流电		交直流电	
继电器、接触器、磁力启动器线圈	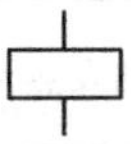	继电器、接触器、磁力启动器线圈	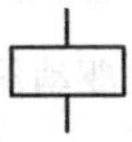
直流电流表		直流电流表	
交流电压表		交流电压表	
按钮开关（动断按钮）		带动断触点的按钮	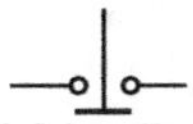
按钮开关（动合按钮）		带动合触点的按钮	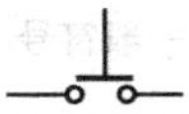
手动开关一般符号	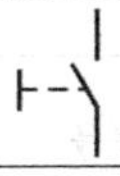		
继电器动断触点		继电器动断触点	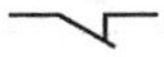
继电器动合触点		继电器动合触点	
开关一般符号（动合）		开关的动断触点	
开关一般符号（动断）	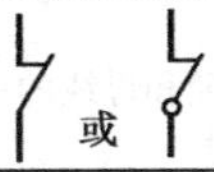	开关的动断触点	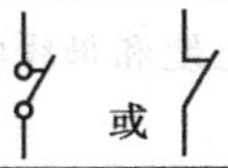

续表

国家新标准符号(GB 4728)		国家旧标准符号(GB 2312—64)	
名　称	图形符号	名　称	图形符号
液位开关(常开触点)	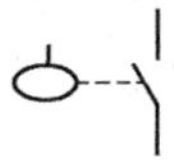	液位继电器动合触点	
热敏开关动合触点 注:可用动作温度 t 代替	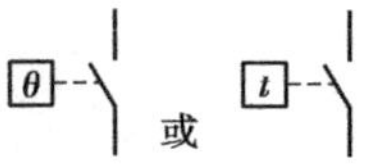	温度继电器动合触点	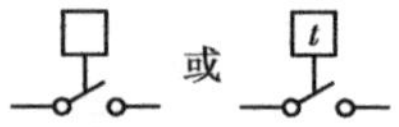
热继电器动断触点	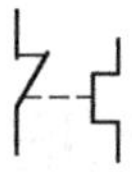	热继电器动断触点	
接触器动合触点		接触器动合触点	
接触器动断触点		接触器动断触点	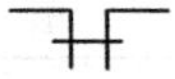
单极断路器		自动空气断路器	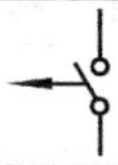
三极断路器	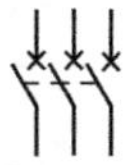	三极自动空气断路器	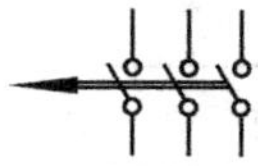
热继电器的驱动器件	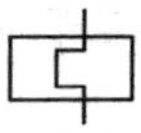	热继电器的发热元件	
三相笼型异步电动机	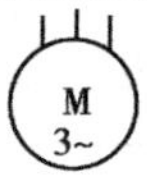	三相鼠笼异步电动机	
双绕组变压器	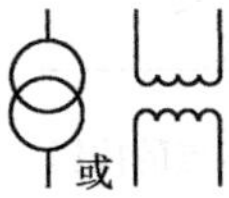	双绕组变压器	单线表示 多线表示 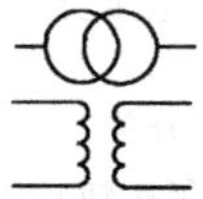
电阻器的一般符号	优选形 其他形 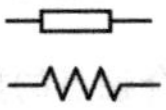	电阻器的一般符号	
中性线	N	中性线	N
接地一般符号		接地一般符号	
保护接地			
接机壳或接底板	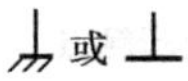	接机壳或接底板	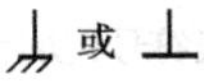
导线、电缆和母线的一般符号	—	导线、电缆和母线的一般符号	—

续表

国家新标准符号(GB 4728)		国家旧标准符号(GB 2312—64)	
名　称	图形符号	名　称	图形符号
3 根导线的单线表示	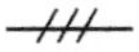 或 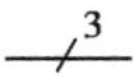	3 根导线的单线表示	
柔软导线		柔软导线	
屏蔽导线	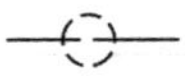	屏蔽导线	 或 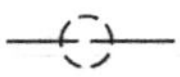
端子		端子	
导线的连接	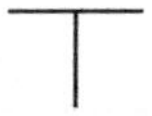 或 	导线的连接	
导线的多线连接	 或 	导线的多线连接	 或 
插头和插座	优选形  其他形 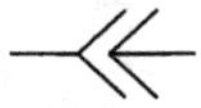	插头和插座	 或 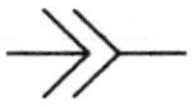
接通的连接片	 或 	接通的连接片	
断开的连接片		断开的连接片	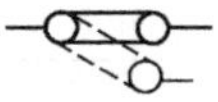
电容器的一般符号	优选形  其他形 	电容器的一般符号	
电感器、线圈、绕组、扼流圈		电感器、线圈、绕组、扼流圈	
带磁心(铁芯)的电感器	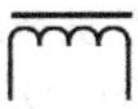	带磁心(铁芯)的电感器	
发光二极管	优选形 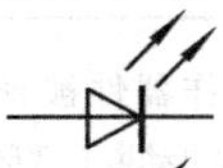 其他形 		
直流电动机		直流电动机	
交流电动机		交流电动机	

续表

国家新标准符号(GB 4728)		国家旧标准符号(GB 2312—64)	
名　称	图形符号	名　称	图形符号
自耦变压器一般符号	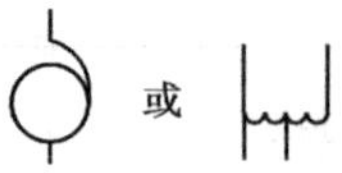	自耦变压器一般符号	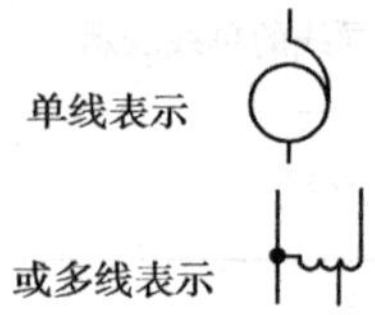
电流互感器、脉冲变压器	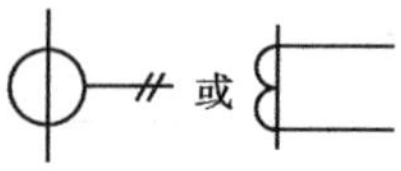	电流互感器、脉冲变压器	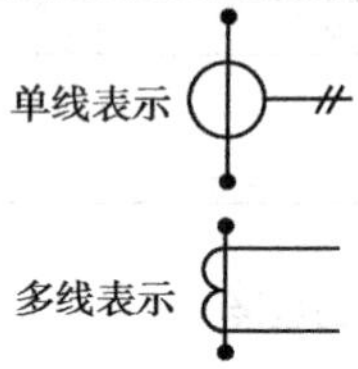
电压互感器	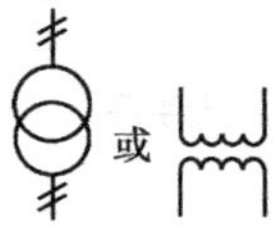	电压互感器	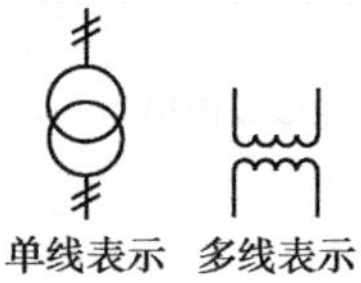
先断后合的转换触点		先断后合的转换触点	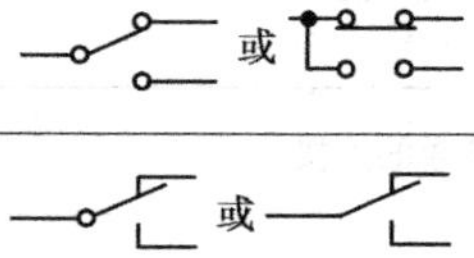
中间断开的双向触点		中间断开的双向触点	
当操作器件被吸合时延时闭合的动合(常开)触点	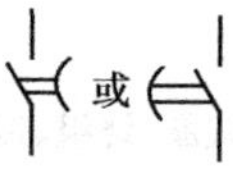	当操作器件被吸合时延时闭合的动合(常开)触点	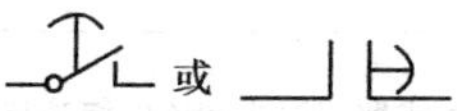
当操作器件被释放时延时断开的动合(常开)触点		当操作器件被释放时延时断开的动合(常开)触点	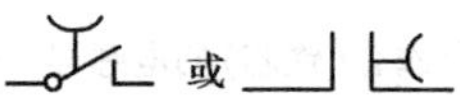
当操作器件被释放时延时闭合的动断(常闭)触点	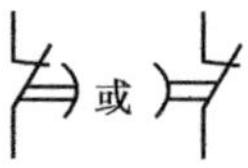	当操作器件被释放时延时闭合的动断(常闭)触点	
当操作器件被吸合时延时断开的动断(常闭)触点		当操作器件被吸合时延时断开的动断(常闭)触点	
吸合时延时闭合和释放时延时断开的动合(常开)触点		吸合时延时闭合和释放时延时断开的动合(常开)触点	

续表

国家新标准符号(GB 4728)		国家旧标准符号(GB 2312—64)	
名　称	图形符号	名　称	图形符号
带动断(常闭)和动合(常开)触点的按钮	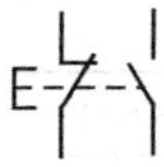	带动断(常闭)和动合(常开)触点的按钮	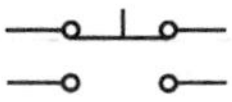
旋钮开关、旋转开关			
三极开关(单线表示)		三极开关(单线表示)	
三极开关(多线表示)	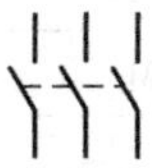	三极开关(多线表示)	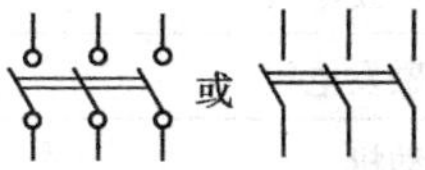
缓放继电器线圈	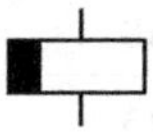	缓放继电器线圈	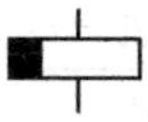
缓吸继电器(快吸和快放)的线圈	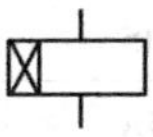	缓吸继电器(快吸和快放)的线圈	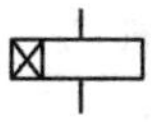
三相电路中三极热继电器的驱动元件	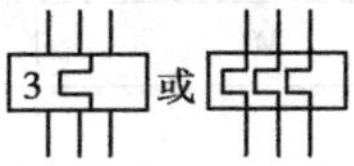	三相电路中三极热继电器的驱动元件	
三相电路中二极热继电器的驱动元件	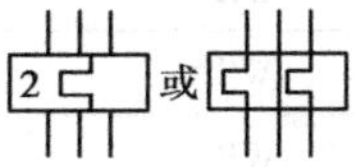	三相电路中二极热继电器的驱动元件	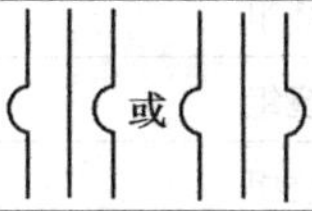
熔断器一般符号		熔断器一般符号	
功率表		功率表	
检流计		检流计	
灯的一般符号		灯的一般符号	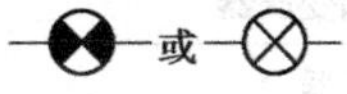
电　铃	 优选形　其他形	电　铃	
风扇一般符号	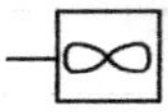	风扇一般符号	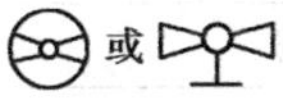

附录2 常用基本文字符号

名 称	新标准文字符号(GB 7159—87)		旧标准文字符号(GB 2312—64)
	单字母符号	双字母符号	
发电机	G		F
直流发电机	G	GD	ZF
交流发电机	G	GA	JF
同步发电机	G	GS	TF
异步发电机	G	GA	YF
永磁发电机	G	GM	YCF
电动机	M		D
直流电动机	M	MD	ZD
交流电动机	M	MA	JD
同步电动机	M	MS	TD
异步电动机	M	MA	YD
笼型电动机	M	MC	LD
绕组	W		Q
电枢绕组	W	WA	SQ
定子绕组	W	WS	DQ
转子绕组	W	WR	ZQ
励磁绕组	W	WE	LQ
控制绕组	W	WC	KQ
变压器	T		B
电力变压器	T	TM	LB
控制变压器	T	TC	KB
自耦变压器	T	TA	OB
稳压器	T	TS	WY
互感器	T		H
电流互感器	T	TA	LH
电压互感器	T	TV	YH
变流器	U		BL
逆变器	U		NB
变频器	U		BP
断路器	Q	QF	DL

续表

名　称	新标准文字符号(GB 7159—87)		旧标准文字符号(GB 2312—64)
	单字母符号	双字母符号	
隔离开关	Q	QS	GK
自动开关	Q	QA	ZK
转换开关	Q	QC	HK
刀开关	Q	QK	DK
控制开关	S	SA	KK
微动开关	S	SS	WK
按钮开关	S	SB	AN
继电器	K		J
电压继电器	K	KV	YJ
电流继电器	K	KA	U
时间继电器	K	KT	SJ
压力继电器	K	KP	YLJ
信号继电器	K	KS	XJ
接触器	K	KM	C
控制继电器	K	KC	KJ
电磁铁	Y	YA	DT
电阻器	R		R
变阻器	R		R
电位器	R	RP	W
启动电阻器	R	RS	QR
电容器	C		C
电感器	L		L
电抗器	L		DK
启动电抗器	L	LS	QK
感应线圈	L		GQ
电　线	W		DX
电　缆	W		DL
母　线	W		M
熔断器	F	FU	RD
照明灯	E	EL	ZD
指示灯	H	HL	SD
调节器	A		T
压力变换器	B	BP	YB
温度变换器	B	BT	WDB

续表

名　称	新标准文字符号(GB 7159—87)		旧标准文字符号(GB 2312—64)
	单字母符号	双字母符号	
速度变换器	B	BV	SDB
送话器	B		S
受话器	B		SH
拾声器	B		SS
扬声器	B		Y
耳　机	B		EJ
天　线	W		TX
接线柱	X		JX
连接片	X	XB	LP
插　头	X	XP	CT
插　座	X	XS	CZ
测量仪表	P	PM	CB
分流器	RA	RA	
分压器	RV	RV	
电　桥	A	AB	
电　键	S	SK	
滤波器	Z	ZF	
保护接地		PE	
保护接地与中性线公用		PEN	

参考文献

[1] 陈芝久. 制冷装置自动化. 北京:机械工业出版社,2002
[2] 杨献勇. 热工过程自动控制. 北京:清华大学出版社,2000
[3] 金以慧. 过程控制. 北京:清华大学出版社,1993
[4] 王积伟,吴振顺. 控制工程基础. 北京:高等教育出版社,2001
[5] 杨叔子,杨克冲. 机械工程控制基础(第四版). 武汉:华中科技大学出版社,2002
[6] 余永权. 模糊控制技术模糊家用电器. 北京:北京航空航天大学出版社,2000
[7] 俞炳丰. 制冷与空调应用新技术. 北京:化学工业出版社,2002
[8] 王如竹,丁国良,吴静怡,连之伟,谷波. 制冷原理与技术. 北京:科学出版社,2003
[9] 吴业正,韩宝琦. 制冷原理及设备(第二版). 西安:西安交通大学出版社,1997
[10] 沈维道,蒋智敏,童钧耕. 工程流体力学(第三版). 北京:高等教育出版社,2001
[11] 张玘,王光明,唐莺编著. 电工电子技术基础典型题解析与实战模拟. 长沙:国防科技大学出版社,2004
[12] 许崴主编. 维修电工基本技术. 北京:金盾出版社,2000
[13] 李洋主编. 维修电工操作技能手册. 北京:机械工业出版社,2005
[14] 杨新艺,李晋生主编. 电工学/电工技术. 北京:机械工业出版社,2004
[15] 倪远平主编. 现代低压电器及其控制技术. 重庆:重庆大学出版社,2003
[16] 王仁祥著. 常用低压电器原理及其控制技术. 北京:机械工业出版社,2001
[17] 张凤珊主编. 电器控制及可编程序控制器. 北京:轻工业出版社,2003
[18] 单翠霞主编. 制冷与空调自动控制. 北京:中国商业出版社,2003
[19] 李守成主编. 电工电子技术. 成都:西南交通大学出版社,2002
[20] 赵清,于喜洹,等编著. 新电工识图. 北京:电子工业出版社,2004
[21] 宋军,陆秀令主编. 电工技术. 长沙:湖南大学出版社,2004
[22] 蒋能照,余有水,等编. 氟利昂制冷机. 上海:上海科学技术出版社出版,1989
[23] 卫宏毅编. 制冷空调设备电气与控制. 广州:广东科技出版社,1998
[24] 金苏敏主编. 制冷技术及其应用. 北京:机械工业出版社,1999
[25] 姜守忠主编. 制冷与空调设备. 北京:中国商业出版社,1997
[26] 朱瑞琪. 制冷装置自动化. 西安:西安交通大学出版社,1994
[27] 吕崇德主编. 热工参数测量与处理. 北京:清华大学出版社,2001
[28] 张子慧,黄翔,张景春编著. 制冷空调自动控制. 北京:中国科学出版社,1999
[29] 辛长平编著. 溴化锂吸收式制冷机实用教程. 北京:电子工业出版社,2004

[30] 戴永庆.溴化锂吸收式制冷空调技术实用手册.北京:机械工业出版社,1999
[31] 王寒栋主编.制冷空调测控技术.北京:机械工业出版社,2004
[32] 梁春生,智勇.中央空调变流量控制节能技术.北京:电子工业出版社,2005
[33] 李金川,郑智慧.空调制冷控制系统运行与管理.北京:中国建材工业出版社,2006
[34] 河北水产学校主编.冷藏库制冷装置自动化.北京:农业出版社,1981
[35] 孙见君,林勇,付璞,谭本军.制冷与空调装置自动控制技术.北京:机械工业出版社,2004
[36] 陈嘉庚,张剑主编.家用、商用电冰箱和小型冷库.北京:北京出版社,1990
[37] 于庆广编著.可编程控制器原理及系统设计.北京:清华大学出版社,2004